Springer-Lehrbuch

Olle Häggström

Streifzüge durch die Wahrscheinlichkeits- theorie

Aus dem Schwedischen übersetzt
von Arne und Christina Ring

Mit 38 Abbildungen

 Springer

Olle Häggström
Mathematical Sciences
Chalmers University of Technology
S-412 96 Göteborg, Schweden
e-mail: olleh@math.chalmers.se

Übersetzer:
Arne Ring und Christina Ring
e-mail: arne.ring@lycos.de

Die schwedische Originalausgabe erschien 2004 bei Studentlitteratur, Lund, Schweden mit dem Titel „Slumpens skördar: Strövtåg i sannolikhetsteorin".

Bibliografische Information der Deutschen Bibliothek

Die Deutsche Bibliothek verzeichnet diese Publikation in der Deutschen Nationalbibliografie; detaillierte bibliografische Daten sind im Internet über http://dnb.ddb.de abrufbar.

Mathematics Subject Classification (2000): 60-01, 91-01, 60K35

ISBN-10 3-540-23050-5 Springer Berlin Heidelberg New York
ISBN-13 978-3-540-23050-2 Springer Berlin Heidelberg New York

Springer ist ein Unternehmen von Springer Science+Business Media

springer.de

© Springer-Verlag Berlin Heidelberg 2006
Printed in Germany

Satz: Datenerstellung durch den Übersetzer unter Verwendung eines Springer TEX-Makropakets
Herstellung: LE-TEX Jelonek, Schmidt & Vöckler GbR, Leipzig
Einbandgestaltung: design & production GmbH, Heidelberg

Gedruckt auf säurefreiem Papier   46/3142YL - 5 4 3 2 1 0

Vorwort

Die Wahrscheinlichkeitstheorie – die Mathematik des Zufalls – ist ein spannendes Gebiet mit vielen interessanten Phänomenen und lehrreichen Herausforderungen. Seit 1991 arbeite ich fast ausschließlich auf diesem Gebiet. Dabei kann ich mich nicht daran erinnern, dies auch nur einmal bereut oder irgendwelche Zweifel an der Wahl meines Faches gehabt zu haben.

Mit diesem Buch möchte ich die Faszination weitergeben, die ich für den Zufall und die Wahrscheinlichkeitstheorie empfinde. Die Idee zum Buch ist entstanden, als ich über die Einführungskurse[1] in die Wahrscheinlichkeitstheorie nachdachte, die an der Göteborger Chalmers Universität und an anderen schwedischen Hochschulen und Universitäten gehalten werden. Nur selten gelingt es, mit diesen Kursen das Interesse der Studenten zu wecken, so dass sie denken: „Mit diesem Gebiet will ich mich intensiver beschäftigen." Wie passt dies zu meiner Behauptung, dass die Wahrscheinlichkeitstheorie spannend und stimulierend sei? Meiner Meinung nach kann man dies damit erklären, dass die Kurse zwar durchaus viel Wichtiges behandeln (dies vielleicht aber auch etwas zu intensiv), wie beispielsweise die Anpassung der Normalverteilung an bestimmte Datenmengen. Dadurch bleibt jedoch keine Zeit für die Überraschungen, Paradoxa und anderen faszinierenden Phänomene, die die Wahrscheinlichkeitstheorie bereit hält. Dabei können viele dieser Phänomene ohne umfassende Beschreibung der Voraussetzungen präsentiert und verstanden werden. Dieses Buch enthält deshalb hauptsächlich eine Auswahl solcher Anwendungen.

Mein Anliegen ist es, dass dieses Buch parallel zu den genannten Einführungsvorlesungen als stimulierende Zusatzlektüre genutzt wird. Gleichzeitig hoffe ich, dass es auch ein breiteres Publikum mit Freude liest. Ich denke dabei nicht zuletzt an Lehrer und Schüler von Gymnasien.

Das Buch muss nicht Kapitel für Kapitel durchgearbeitet werden. Stattdessen im Folgenden einige Vorschläge, wie es gelesen werden könnte.

---

[1]Dies entspricht an deutschen Universitäten den Vorlesungen in den ersten Semestern (Anm. d. Übers.).

1. Nach einem einleitenden Kapitel über philosophische Aspekte des Zufalls und der Wahrscheinlichkeiten behandeln die restlichen sieben Kapitel verschiedene Themengebiete der Wahrscheinlichkeitstheorie. Diese Kapitel sind weitgehend voneinander unabhängig und können deshalb ohne größere Probleme in beliebiger Reihenfolge gelesen werden. Es gibt jedoch zwei Ausnahmen:

   - Im Abschnitt 2.1 werden einige Grundbegriffe des Fachgebietes eingeführt – zum Beispiel Wahrscheinlichkeiten, Erwartungswert und Unabhängigkeit – die im Rest des Buches immer wieder verwendet werden.

   - Das abschließende Kapitel 8 zur Frage, wie ein Zufallswanderer nach Hause findet, baut auf dem vorhergehenden Kapitel 7 auf.

   Die meisten der Kapitel sind so gestaltet, dass sie relativ einfach beginnen, um am Schluss immer höhere Anforderungen an die Aufmerksamkeit und die Fähigkeiten der Leserinnen und Leser zu stellen, die mathematischen Gedankengänge nachzuvollziehen.[2] Das hat zur Folge, dass diese Darstellung vielen Leser sehr anspruchsvoll erscheinen könnte. Wenn es zu schwierig wird, empfehle ich, einige Seiten zu überspringen, um z. B. im nächsten Kapitel weiterzulesen! Im ersten Teil des Buches werden einige Leser vielleicht die Abschnitte 4.2 und 4.3 sowie 5.3–5.5 beim ersten Lesen überspringen.

2. Ich habe mich dafür entschieden, mit Fußnoten ziemlich großzügig umzugehen. Diese enthalten eine Mischung aus Abschweifungen, Vertiefungen und Quellenhinweisen, die ich dem Leser nicht vorenthalten wollte, die aber auch nicht unbedingt für das Verständnis des Haupttextes notwendig sind. Wer glaubt, dass Fußnoten das Verständnis erschweren, kann sie einfach ignorieren.

3. Für den ambitionierten Leser habe ich im Anhang C eine Anzahl an Übungen und Projektaufgaben zusammengestellt, mit denen man das Verständnis der Kapitel 2–8 weiter vertiefen kann.

Es ist bereits deutlich geworden, dass das Buch auf verschiedene Art und Weise und mit verschiedenen Ansprüchen gelesen werden kann. Wer das gesamte Buch durchliest, kann sich darauf freuen (a) einen guten Einblick in die mathematische Beweisführung zu bekommen und (b) mit mehreren aktuellen Forschungsgebieten Bekanntschaft zu machen.

---

[2]Schon beim ersten schnellen Durchblättern wird man feststellen, dass einige Abschnitte ziemlich „formelbeladen" sind. Der Physiker Stephen Hawking zitiert in seinem berühmten Buch *Eine kurze Geschichte der Zeit* (Hawking, 1988) eine Faustregel, die besagt, dass jede mathematische Formel in einem Buch die Auflagenstärke halbiert. Hawking entschied deshalb, aus seinem Manuskript alle Formeln außer einer ($E = m\,c^2$) zu streichen, von der er glaubte, sie nicht streichen zu können. Wie man sieht, habe ich diese Strategie nicht gewählt. Der Leser, der an die beschriebene Faustregel glaubt – und der aus offensichtlichen Gründen weiß, dass die Auflage mindestens bei einem Exemplar liegt – kann ausrechnen, welche formidable Auflage das Buch hätte erreichen können, wenn ich mich dafür entschieden hätte, ähnlich unterhaltsam wie Hawking zu sein.

Es war nicht ganz einfach, Themen der Wahrscheinlichkeitstheorie auszuwählen, die die Grundlage der verschiedenen Kapitel bilden können. Einige Gebiete, wie die Brownsche Bewegung und die Diffusion, habe ich von vornherein ausgeschlossen, da sie ein umfassenderes und technisch anspruchsvolleres mathematisches Vorwissen benötigen, um analysiert oder auch nur definiert zu werden. Was noch aussteht und in diesem Buch nicht behandelt wird, kann grob als **diskrete** oder **kombinatorische** Wahrscheinlichkeitstheorie klassifiziert werden. Trotz dieser Einschränkung und Abgrenzung gibt es eine Vielzahl an Themenbereichen, die man hätte aufnehmen können, so dass das Buch ohne Probleme dreimal so dick geworden wäre.

Wenn genügend Leser Interesse an einem Nachfolgeband „STREIFZÜGE DURCH DIE WAHRSCHEINLICHKEITSTHEORIE II" signalisieren, kann man über eine Fortsetzung sprechen. Jegliche Kommentare zum Text sind mir willkommen. Auf der Internetseite `http://www.math.chalmers.se/~olleh/` findet man meine Adresse.

Es gibt zu viele Personen in meiner Umgebung, aus deren Kenntnissen ich für meine Arbeit direkt oder indirekt Nutzen gezogen habe, als dass ich sie hier alle aufzählen könnte. Deshalb beschränke ich mich darauf, Jenny Andersson, Jean Bricmont, Stellan Brynell, Judith Kleinfeld, Christian Maes, Alan Sokal und Johan Wästlund zu nennen, die bereitwillig Fragen beantwortet haben, die ich im Zusammenhang mit diesem Buchprojekt gestellt habe. Ein herzliches Dankeschön richte ich auch an Axel von Arbin, Gunnar Englund, Jan Grandell, Jonas Häggström, Peter Olofsson, Bo Rothstein, Jeff Steif, Pontus Strimling, Hermann Thorisson und Johan Tykesson, die verschiedene Teile des Manuskripts gelesen und kommentiert haben. Natürlich ist keine dieser Personen für verbliebene Unstimmigkeiten und Fehler verantwortlich – die Verantwortung für den Text liegt allein bei mir.

Göteborg,   *Olle Häggström*
im März 2004

Anmerkungen zur Übersetzung

Wie der Autor des Buches sind auch die Übersetzer der Ansicht, dass die Mathematik noch mehr als bisher auf die Lernenden zugehen muss. Eine allgemeinverständliche Einführung in die Wahrscheinlichkeitstheorie ist dafür eine gute Möglichkeit, zumal mit dem vorliegenden Buch auch aktuelle, fachlich anspruchsvollere Themen besprochen werden.

Während es in anderen mathematischen Disziplinen seit längerer Zeit derartige Lehrbücher in deutscher Sprache gibt (wie die Einführung in die Topologie von Jänich (2005) oder der „Roman" zur Graphentheorie von Gritzmann & Brandenberg (2005)), fehlte dies bisher für die Wahrscheinlichkeitstheorie. Dabei ist es nicht überraschend, dass ein solches Buch nun aus Schweden kommt, denn die dortigen Universitäten sind für ihre sehr gute Ausbildung in Wahrscheinlichkeitstheorie und Statistik bekannt.

Zufällig hat auch die Übersetzung dieses Buches in Stockholm ihren Anfang genommen: Im letzten Jahr hatten sich dort die Mathematiker zum europäischen Kongress *4ecm* getroffen, und am Rande der Konferenz wurden Übersetzer für das Buch von Prof. Häggström gesucht. Wie aktuell die Themenstellungen seiner *Streifzüge* sind, zeigt sich auch in den Beiträgen dieser Konferenz, denn eine ganze Reihe von Wissenschaftlern stellten vertiefende Untersuchungen in den hier behandelten Gebieten vor.[3]

Inhaltlich haben wir versucht, uns bei der Übersetzung am informellen Stil des Originals zu orientieren. So wurde die persönliche Anrede des Autors wie im Schwedischen beim *Du* belassen. Auch die typisch schwedischen Beispiele haben wir direkt übernommen. Wenn der Autor vom schwedischen Lotto oder von schwedischen Fussballspielen spricht, kann man diese Beispiele leicht selbst auf den eigenen Erfahrungskreis übertragen.

Außerdem wurden einige mathematische Begriffe aus dem Schwedischen übernommen. Besonders möchten wir auf den Begriff des „Zufallswanderers" hinweisen, den wir im Zusammenhang mit Irrfahrten in den Kapiteln 7 und 8

---

[3]Nachzulesen im Tagungsband (Laptev, A. (2005)) oder auf der Internetseite http://www.math.kth.se/4ecm/.

anstelle des im Deutschen (und Englischen) üblichen unbelebten „Teilchens" verwenden.

Dagegen verwenden wir durchgängig den älteren deutschen Begriff der „Zufallsgröße" nicht den der „Zufallsvariable", mit der Begründung, die schon von Krengel (2003)[4] angegeben wurde.

Auch der Buchtitel weicht von der schwedischen Ausgabe ab. In der deutschen Ausgabe haben wir den Untertitel des Originals als Haupttitel gewählt. Der Originaltitel lautete „Die Ernte des Zufalls" – seine Bedeutung wird im Kapitel 5 näher erläutert.

Häufig existiert die zitierte englische Literatur auch in deutscher Sprache. Für diese Bücher wurde im Literaturverzeichnis der deutsche Titel mit aufgeführt – die im eventuell Original genannte schwedischen Ausgabe wurde dann nicht erwähnt.

Mit der Wendung „Leserinnen und Leser" wollen wir beide Geschlechter direkt ansprechen, während es im Schwedischen praktisch keine männlichen bzw. weiblichen Formen einzelner Wörter gibt.

Auch wenn die Diskussion zur alten und neuen Rechtschreibung noch nicht beendet ist, haben wir uns weitgehend an die neue Rechtschreibung gehalten. Lediglich bei der Getrennt- und Zusammenschreibung weichen wir zu Gunsten des besseren Verständnisses von ihr ab.

Abschließend möchten wir uns sehr herzlich bei Frau Prof. Gantert (Münster) bedanken, die durch ihre Hinweise und Anregungen wesentlich zur Verbesserung der Übersetzung beigetragen hat.

Ulm,   *Christina und Arne Ring*
im Juli 2005

---

[4] „Eine Zufallsvariable ist ... mathematisch nichts anderes als eine Funktion. Nur weil ω das Ergebnis eines Zufallsexperimentes ist, ist auch der Wert $X(\omega)$ zufällig. Denkt man an die übliche Bedeutung des Terms ‚Variable' in der Mathematik, so erscheint die Bezeichnung Zufallsvariable unpassend ..."

Inhaltsverzeichnis

1

Zufall und Wahrscheinlichkeit

Die Frage nach der Existenz des Zufalls gehört zu den wirklich großen Fragen, die Philosophen und Naturwissenschaftler seit Jahrhunderten beschäftigen. Vom 16. Jahrhundert an entdeckte die Wissenschaft – angeführt von Isaac Newton und anderen – in rascher Folge immer neue physikalische Gesetzmäßigkeiten. Ein deterministisches Weltbild erschien deshalb immer plausibler. Determinismus bedeutet in diesem Zusammenhang, dass die Naturgesetze so beschaffen sind, dass sie keinen Raum für irgendeinen Zufall lassen. Das heißt, wenn vollständig spezifiziert ist, wie das Universum in diesem Augenblick beschaffen ist, kann die Zukunft nur auf eine einzige, vorherbestimmte Weise ablaufen. Der französische Astronom und Mathematiker Pierre Simon de Laplace drückte diesen Sachverhalt 1814 in einigen oft zitierten Zeilen wie folgt aus:

> Wir müssen also den gegenwärtigen Zustand des Weltalls als die Wirkung seines früheren und als die Ursache des folgenden Zustands betrachten. Eine Intelligenz, welche für einen gegebenen Augenblick alle in der Natur wirkenden Kräfte sowie die gegenseitige Lage der sie zusammensetzenden Elemente kennte, und überdies umfassend genug wäre, um diese gegebenen Größen der Analysis zu unterwerfen, würde in derselben Formel die Bewegungen der größten Weltkörper wie des leichtesten Atoms umschließen; nichts würde ihr ungewiss sein und Zukunft wie Vergangenheit würden offen vor Augen liegen. [1]

Dieses deterministische Weltbild wurde in der Zwischenzeit mehrfach in Frage gestellt. Der Durchbruch der Quantenmechanik in den 20er Jahren des letzten Jahrhunderts führte zu heißen Diskussionen, wie diese Ergebnisse zu deuten sind. Der dänische Physiker Niels Bohr schlussfolgerte aus der Quantenmechanik, dass die Natur selbst im Kleinsten für Zufälle offen sei, während sich Albert Einstein gegen diese Deutung mit den berühmten Worten wandte, dass Gott nicht würfele. Die heute vorherrschende Sichtweise auf die Quantenme-

---

[1]Laplace (1814) in der deutschen Übersetzung von 1932.

chanik ist die so genannte *Kopenhagener Deutung* (so benannt, weil sie auf Bohr zurück geht). Wir haben an dieser Stelle keine Möglichkeit, darauf näher einzugehen, sondern begnügen uns damit zu erwähnen, dass der so genannte Kollaps der quantenmechanischen Wellenfunktion als echtes Zufallsphänomen aufgefasst wird. Diese Deutung ist jedoch nicht unproblematisch[2], und es existieren konkurrierende Theorien, von denen das deterministische Modell, das David Bohm in den 50er Jahren des 20. Jahrhunderts formulierte, am meisten respektiert ist.[3] Die Streitfragen zur Quantenmechanik und zum Determinismus können momentan nicht als entschieden angesehen werden.[4]

Ein weiterer Angriff gegen den Determinismus, wie er von Laplace formuliert wurde, kam zu Beginn der 80er Jahre des letzten Jahrhunderts aus Richtung der Chaostheorie[5]. Für lesenswerte populärwissenschaftliche Einführungen in dieses Gebiet siehe Ekeland (1984) und Gleick (1987). Die Chaosforschung beschäftigt sich (unter anderem) mit so genannten sensitiven Abhängigkeiten vom Startwert. Dies bedeutet, dass zwei Systeme, die in fast dem gleichen Startzustand anfangen und dann beispielsweise von Newtons Kraftgesetzen getrieben werden, nach und nach voneinander abweichen und völlig

---

[2]Das größte Problem der Kopenhagener Deutung ist, dass behauptet wird, die Wellenfunktionen kollabieren in Folge von Interaktionen mit makroskopischen Phänomenen, was in der Regel dadurch beschrieben wird, dass man eine *Beobachtung* des Systems durchführt. Das ist recht verwirrend (wie definiert man den Begriff Beobachtung physikalisch exakt?) und man riskiert, in einem Zirkelschluss zu landen. Ein führender mathematischer Physiker drückt dies so aus, dass physikalische Erklärungen am Ende immer „einen reduktionistischen Weg verfolgen: Die Eigenschaften von ‚Objekten' werden mit denen ihrer Teile erklärt, die schließlich durch die Quantenmechanik beherrscht werden. Doch an dieser Stelle schweigt die Theorie plötzlich und spricht nur von makroskopischen Objekten, so dass der reduktionistische Weg zu einem Zirkelschluss führt" (Bricmont, 1999).

[3]Was das Modell Bohms angeht, siehe z. B. Bell (1993), Albert (1994) und Bricmont (1999). Über die Quantentheorie im Allgemeinen, und speziell zu ihren philosophischen Konsequenzen, gibt es eine Vielzahl populärwissenschaftlicher Zusammenstellungen von variierender Qualität. Ein gutes Buch für den Anfang ist Lindley (1997). Es lässt sich leicht lesen (wenngleich es etwas zu weitschweifig ist) und vermeidet gleichzeitig den verbreiteten Fehler, morgenländischen Mystizismus einzustreuen. Außerdem sollte auch die bemerkenswerte populäre *Jagd auf Schrödingers Katze* (Gribbin, 1984) genannt werden. Während sich Lindley positiv für die Kopenhagener Deutung ausspricht, ist Gribbin skeptischer und zieht eher die spektakuläre „Viele-Welten"-Theorie vor.

[4]Siehe auch Kümmerer & Maassen (1998) und Gill (1998) für eine verwandte (und stimulierende) Debatte darüber, wie der quantenmechanische Zufall mit klassischer Wahrscheinlichkeitstheorie behandelt werden kann, oder ob man eine spezielle Quantenwahrscheinlichkeitstheorie (mit anderen Axiomen als die klassischen) benötigt.

[5]Damit ist nicht gesagt, dass die Chaostheorie zu dieser Zeit erfunden wurde: zentrale Teile gehen sogar auf bahnbrechende Arbeiten des französischen Mathematikers Henri Poincaré um 1890 zurück.

verschiedene Zustände erreichen. Dass die Welt reich an derartigen Phänomenen ist, steht außer Zweifel, und das populäre Bild vom Flügelschlag des
Schmetterlings auf dem Platz des Himmlischen Friedens, der darüber entscheidet, ob es einige Monate später im Nordatlantik Sturm gibt oder nicht, ist im
Prinzip sicherlich richtig.[6] Das ist der Grund, weshalb die Wettervorhersagen
bekanntlich so schwierig sind – je weiter wir die Prognosen in die Zukunft
verlängern wollen, desto mehr wächst die Anforderung an die Genauigkeit
der Startwerte und an die Rechnerkapazitäten, bis die Prognosen nicht mehr
in zufriedenstellender Zeit bearbeitet werden können. Gemäß einer populären
Auffassung bringt diese Tatsache Laplace's Weltbild zu Fall, weil sie es unmöglich macht, die Entwicklung des Weltalls in alle Zukunft vorherzusehen.
Der Determinismus ist tot!

So einfach ist es natürlich nicht. Wie der belgische Physiker Jean Bricmont
in seinem Artikel *Science of chaos or chaos in science*[7] von 1995 zeigt, baut
diese Kritik gegen Laplace und den Determinismus auf einer Vermischung
der Begriffe Determinismus und Vorhersagbarkeit auf. Dass wir Menschen die
Entwicklung eines physikalischen Systems nicht vorhersagen können, bedeutet nicht unbedingt, dass dieses System fundamental indeterministisch ist.[8]
Tatsächlich gibt es in der Chaostheorie nichts, was gegen den Determinismus
spricht.

Die obige Diskussion hat bis heute keine entscheidenden Argumente zur
Klärung der Frage gebracht, ob die Naturgesetze deterministisch oder stochastisch (d. h. dem Zufall unterworfen) sind. Wir wissen es einfach nicht.
Vielleicht ist es sogar so, dass wir es nicht wissen *können*. Nehmen wir beispielsweise an, wir hätten ein physikalisches System, von dem wir zu wissen
glauben, dass seine Dynamik vollkommen zufällig sei. Können wir uns dabei
wirklich sicher sein, dass wir keinen Aspekt des Systems – z. B. eine früher
völlig unbekannte Messgröße – vergessen haben, der eindeutig (also deterministisch) die weitere Dynamik des Systems definiert? Man kann sich schwer
vorstellen, dass es möglich ist, darüber Gewissheit zu erreichen.

---

[6]Jedoch ist es offenbar nicht möglich, dies mit einem direkten Experiment zu
beweisen – denn das würde erfordern, dass wir in der gesamten Atmosphäre und
darüber hinaus zwei Mal exakt den gleichen Ausgangszustand, mit Ausnahme des
kleinen Schmetterlings, herstellen.

[7]Bricmonts Artikel ist die beste Zusammenstellung, die ich zu diesen Fragen kenne. Sachlich und elegant korrigiert der Autor einige der meist genannten Missverständnisse zu Chaos, Determinismus und dem thermodynamischen Zeitpfeil. Demje-
nigen, der sicht generell dafür interessiert, wie pompöse Pseudowissenschaft entlarvt
wird, kann ich Sokal & Bricmont (1997) wärmstens empfehlen.

[8]Oder auf eine andere Weise ausgedrückt: Der Determinismus beinhaltet nicht
Vorhersagbarkeit. Wie Bricmont (1995) nachweist, war sich Laplace darüber vollständig im Klaren, und Laplace betont sogar, dass wir Menschen immer „unendlich
weit" von der perfekten Intelligenz entfernt sein werden, die er sich im obigen Zitat
vorstellt (siehe Fußnote 1 auf Seite 1).

Doch was glaube ich selbst? Die Wahrscheinlichkeitstheorie ist die Mathematik des Zufalls und sollte ich als Wahrscheinlichkeitstheoretiker nicht auch eine Meinung zur Existenz des Zufalls haben? (Ich habe diese Frage schon mehrmals gestellt bekommen.) Sollte ich nicht zwangsläufig darauf *hoffen*, dass es den Zufall gibt? Wenn sich zeigen würde, dass es keinen Zufall gibt, würde ich dann nicht arbeitslos werden?

Nun, während wir auf den überzeugenden Beweis unserer Freunde, der Physiker, warten – einen Beweis, der möglicherweise nie erbracht wird – ziehe ich eine agnostische Haltung vor. Außerdem ist der Gedanke, die Wahrscheinlichkeitstheorie sei mit einem Schlag sinnlos, wenn wir einsehen würden, dass die Welt deterministisch ist, aus meiner Sicht falsch. Das hängt mit dem Unterschied von Determinismus und Vorhersagbarkeit zusammen, den wir bereits erklärt haben.[9]

Nehmen wir an, wir würden die grundlegendsten Naturgesetze kennen, die unsere Welt steuern, und sie wären deterministisch. Sie würden *alles* steuern, einschließlich sämtlicher Atome und Moleküle, aus denen ein Fußballspieler zusammengesetzt ist, und auch alles andere, was den Ausgang eines Fußballspiels beeinflussen kann. Das Ergebnis wäre somit vorherbestimmt, bevor das Spiel beginnt. Damit wäre jedoch nicht gesagt, dass wir das Ergebnis mit Hilfe von Naturgesetzen *vorhersagen* könnten. Um das zu können, würden wir ein extrem detailliertes Wissen über den Ausgangszustand benötigen – denn das kleinste Elektron im Gehirn des kreativen Mittelfeldspielers könnte einen entscheidenden Einfluss haben – ganz zu schweigen von der gigantischen Rechnung, die wir benötigen würden, um festzustellen, zu welcher Entwicklung des Spiels dieser Zustand führen würde.[10] Man kann sich nur schwer vorstellen, dass irgendwann eine Analyse auf dem Niveau der Elementarteilchen bei der Fußball-Elferwette eher möglich ist, als die heutigen Spekulationen über Formkurven und Mannschaftsaufstellungen. Wir können damit rechnen, dass sich die Lottogesellschaften nicht von einem eventuellen Nachweis abschrecken ließen, dass die Naturgesetze prinzipiell deterministisch seien. Ohne Zweifel würden sie weiterhin Wetten auf Fußballspiele aussetzen, als wären sie zufällig.

---

[9]In den folgenden Abschnitten werde ich versuchen, glaubhaft zu machen (auch wenn das noch nicht zu einem Beweis führt), dass der Determinismus keine Bedrohung für die Wahrscheinlichkeitstheorie darstellt. Es gibt jedoch wichtigere Angelegenheiten, die in diesem Zusammenhang auf dem Spiel stehen würden: der freie Wille des Menschen. Jedoch argumentiert Dennett (2003), dass, wenn der freie Wille bedroht ist, es nicht in jedem Fall der Determinismus ist, von dem das Problem ausgeht. Dies ist nicht zuletzt vor dem Hintergrund interessant, dass es vermutlich die empfundene Bedrohung des freien Willens ist, die der Ursprung für die (oft gefühlsmäßig begründete) Ablehnung des Determinismus ist, die unter den Intellektuellen heute so verbreitet ist.

[10]Eine nur grobe Rechnung reicht nicht aus, wie beispielsweise der Lattenschuss von Anders Svensson in der Verlängerung des Spiels zwischen Schweden und dem Senegal in der Fußball-WM zeigt.

Prozesse und Verläufe wahrscheinlichkeitstheoretisch zu modellieren, hat sich in Situationen, in denen wir keine Möglichkeit haben, den Verlauf im Detail zu beschreiben und vorherzusehen, als fruchtbare Herangehensweise erwiesen. Ein Paradebeispiel hierfür ist die Modellierung der Ausbreitung eines Gases in einem Behälter. Die Anzahl der Moleküle ist so groß (in der Regel in der Größenordnung von 10^{23}), dass wir unmöglich die exakte Position und Geschwindigkeit aller Moleküle spezifizieren und verfolgen können. Mit einem stochastischen Modell mit Anfangszustand (d. h. einem Modell, welches Zufallsmöglichkeiten einbezieht) kann man jedoch *mit einer Wahrscheinlichkeit nahe Eins* approximativ vorhersehen, wie sich das Gas eine gewisse Zeit später verteilt haben wird[11]; das ist es, was die statistisch-mechanische Grundlage der Thermodynamik ausmacht (Martin-Löf, 1979).

Es gibt mindestens einen weiteren guten Grund, Molekülbewegungen stochastisch zu modellieren. Auch wenn wir die exakte Ausgangslage und -geschwindigkeit der 10^{23} Moleküle präzisieren *könnten*, würde jeder Versuch, ihre weiteren Bewegungen exakt zu berechnen, durch Einflüsse von außen verkompliziert werden. Interaktionen zwischen den Molekülen innerhalb des Gasbehälters einerseits und andererseits allem, was außerhalb passiert, können klein sein, aber ihre Effekte wachsen exponentiell mit der Anzahl der Kollisionen zweier Moleküle. Sie tun dies in einem solchen Maße, dass einige Zehn dieser Kollisionen ausreichen, damit der Einfluss der Gravitation eines einzelnen Staubkorns z. B. in den Ringen des Saturns, einen Einfluss auf die Lage des Moleküls im Behälter hat! Wie Ekeland (1984) betont, ist es nicht möglich, den Einfluss auf das physikalische System, das wir analysieren, auszuschalten, in dem wir das betrachtete System auf das gesamte Universum erweitern. Das Zusammenwirken der unterschiedlichen Einflüsse ist damit in der Praxis unvermeidbar und außerhalb unserer Kontrolle, weshalb sich die Dynamik des physikalischen Systems teilweise unregelmäßig und zufällig verhält.

Die wahrscheinlichkeitstheoretische Modellierung und Analyse ist in Wissenschaft und Ingenieurkunst heute eine übliche Methodik. Wenn eine Brücke über den Öresund[12] konstruiert oder eine Verteilerstation für Mobiltelefone

---

[11]Die sehr große Anzahl von Partikeln im System ist eine Voraussetzung für die große Sicherheit, mit der Größen, wie Druck und Temperatur, vorhergesagt werden können. Dagegen sollte man sich darüber im Klaren sein, dass es nur unter gewissen Umständen möglich ist (z. B. wenn ein System eine große Anzahl von Komponenten besitzt) derartige schöne Eigenschaften zu erhalten. Die Chaostheorie bietet interessante Beispiele für das Gegenteil, wie in der Geschichte oder den Gesellschaftswissenschaften. Es reicht schon aus, sich darüber Gedanken zu machen, welch großer Teil der Geschichte des 20. Jahrhunderts eine Folge des Handelns eines geisteskranken Veterans des ersten Weltkriegs ist, um zu verstehen, dass ein Gegenstück zur fiktiven Psychogeschichte (eine statistische Methode, um mit großer Genauigkeit den historischen Verlauf der Zukunft vorherzusagen) im Roman *Foundation* (Asimov, 1951) vernünftigerweise nicht Wirklichkeit werden kann.

[12]Der Öresund ist die Meerenge zwischen der dänischen Insel Seeland und dem südschwedischen Schonen (Anm. d. Übers.).

dimensioniert werden soll, werden stochastische Modelle zur Modellierung des zu erwartenden Verkehrsflusses (des Auto- oder Telekommunikationsnetzes) eingesetzt. Natürlich ist es nicht möglich, den Verkehr mit einer solchen Genauigkeit vorherzusagen, dass man weiß, dass Herr und Frau Nilson aus Staffanstorp am 19. August um 16.08 Uhr in einem schwer beladenen Volvo am Brückenkopf in Malmö ankommen werden. Es ist nicht einmal möglich, exakt vorherzusehen, wie der Gesamtverkehrsfluss am heutigen Tag zwischen 16.00 und 18.00 Uhr sein wird. Jedoch hat man mit wohlabgewogenen Annahmen – die oft auf statistischen Untersuchungen basieren, etwa zu den gegenwärtigen oder künftigen Reisegewohnheiten der Bevölkerung – hervorragende Möglichkeiten, gute Schätzungen für das Risiko von Verkehrsstaus am Freitagnachmittag bei einer bestimmten Dimensionierung der Brücke zu erhalten.[13]

Vielleicht fragen sich jetzt einige der Leserinnen und Leser, wie man auf mathematische Weise rechnen und Voraussagen über etwas machen kann, das zufällig ist (oder als solches angenommen wird). In den nachfolgenden Kapiteln dieses Buches werden wir dafür genügend Beispiele finden. Begeben wir uns auf einen Streifzug durch die Wahrscheinlichkeitstheorie!

---

[13]Wie bekannt ist, ging bei der Öresundsbrücke etwas schief. Die Städteplaner mussten einige Zeit nach der Fertigstellung enttäuscht feststellen, dass die Gebühren für die Brückenüberfahrt nicht einmal annähernd so große Einnahmen wie vorhergesagt ergaben. Eine glaubhafte Erklärung ist vielleicht, dass sie sich zu sehr vom Zuwachsoptimismus haben blenden lassen, der die Öresundregion zu dieser Zeit bestimmte, so dass ihre Prognosen den Bezug zur Realität verloren hatten. Bevor wir sie jedoch zu hart richten, sollten wir auch beachten, dass mathematische Modellierungen und Vorhersagen von komplexen gesellschaftlichen Vorgängen sehr schwierig sind.

2

Drei Paradoxa

Ein Teil des Charmes der Wahrscheinlichkeitstheorie ist ihr Reichtum an interessanten **Paradoxa**. Unter einem Paradoxon verstehen wir eine Behauptung (oder eine Problemstellung), die beim ersten Hinsehen widersprüchlich oder unvernünftig erscheint, bei genauerer Analyse jedoch eine plausible und widerspruchsfreie Erklärung besitzt.[1] Diese genauere Analyse ist oft lehrreich und kann in einzelnen Fällen zu Aha-Erlebnissen führen.

In diesem Kapitel habe ich drei der bekanntesten und am meisten diskutierten Paradoxa der elementaren Wahrscheinlichkeitstheorie zusammengestellt. Ich habe mich dafür entschieden, sie als Problemstellung zu formulieren. Wer möglichst viel aus diesem Kapitel lernen möchte, dem schlage ich vor, zunächst selbst die Lösung der Probleme zu suchen, bevor er meine Lösungsvorschläge liest.

Den drei Problemen und ihren Lösungen ist gemeinsam, dass sie eine Grundregel illustrieren, die bei allen Anwendungen der Wahrscheinlichkeitstheorie gilt:

Bevor irgendwelche Wahrscheinlichkeiten berechnet werden können, müssen wir zunächst ein wahrscheinlichkeitstheoretisches Modell für die Situation formulieren, die im Problem dargestellt wird.

Die Probleme werden mit ansteigendem Schwierigkeitsgrad präsentiert: Es ist gut möglich, dass manchem das erste Problem vielleicht zu trivial erscheint. Wer dazugehört (und wessen Lösung auch mit meiner übereinstimmt!), kann direkt zu den beiden anderen Problemen übergehen; ich hoffe, dass dann wenigstens das letzte Problem die Intuition der Leserinnen und Leser bezüglich der Wahrscheinlichkeiten herausfordert.

---

[1]Wir halten uns also an die übliche Bedeutung des Wortes Paradoxon: *scheinbarer* Widerspruch. Das muss man betonen, da in der Literatur immer öfter eine andere Bedeutung verwendet wird: nämlich einfach nur *Widerspruch*. Es führt natürlich zu Verwirrungen, wenn man beide Bedeutungen miteinander vermischt.

Problem 2.1 (Die Rückseite der Münze). In einem Beutel liegen drei Geldstücke. Eines ist eine Euromünze, mit dem Adler auf der einen Seite und der 1 auf der anderen (im Folgenden trotzdem Kopf und Zahl genannt). Die beiden anderen sind wie folgt modifiziert: die eine Münze zeigt auf beiden Seiten Zahl und die andere auf beiden Seiten Kopf. Man soll mit verbundenen Augen auf gut Glück eine der drei Münzen aus dem Beutel nehmen und werfen. Nach Abnehmen der Augenbinde zeigt sich, dass die geworfene Münze *Kopf* zeigt. Wie groß ist die Wahrscheinlichkeit, dass sich auf ihrer Rückseite *Zahl* befindet?

Problem 2.2 (Das Auto und die Ziegen). Du nimmst an einer Spielshow im Fernsehen teil, in der Du vor drei Tore gestellt wirst. Hinter einem von ihnen – Du weißt nicht, hinter welchem – verbirgt sich ein wertvoller Sportwagen; hinter den beiden anderen befindet sich ein Paar weniger begehrenswerter Ziegen. Die Spielshow funktioniert so, dass Du eines der Tore wählst; worauf der Moderator *ein anderes* Tor öffnet, welches er so wählt, dass in jedem Fall eine Ziege zum Vorschein kommt. Du erhältst jetzt die Möglichkeit, anstelle des zuvor gewählten Tores auf das dritte Tor zu setzen. Was solltest Du tun, um Deine Chance auf den Sportwagen zu maximieren – bleibst Du bei Deinem Tor, wechselst Du zum dritten oder spielt es keine Rolle, wofür Du Dich entscheidest?

Problem 2.3 (Die beiden Briefumschläge). Wieder bist Du in einer Spielshow, und dieses Mal wirst Du Geld gewinnen! Der Moderator hat einen (für Dich unbekannten) positiven Betrag x auf einen Zettel geschrieben, und den Betrag $2x$ auf einen anderen. Beide Zettel hat er anschließend in je einen Umschlag gelegt. Die Umschläge sind identisch und werden ordentlich gemischt, bevor du einen von ihnen auswählst. Den gewählten Umschlag öffnest Du und liest, welcher Betrag angegeben ist. Anschließend darfst Du entscheiden, ob Du diesen Betrag behalten möchtest oder zum anderen Umschlag wechseln willst.

Solltest Du wechseln oder ist es klüger, die ursprüngliche Wahl beizubehalten? Nehmen wir beispielsweise an, dass Du den Betrag von 10 EUR im gewählten Umschlag findest. Dann kann der andere Umschlag entweder 5 oder 20 EUR enthalten. Im Durchschnitt bedeutet dies $(5 + 20)/2 = 12{,}5$ EUR. Deutet das darauf hin, dass es im Durchschnitt für Dich besser wäre zu wechseln?

Entsprechendes scheint unabhängig vom Betrag zu gelten. Findet man einen Betrag – z. B. y EUR – im gewählten Umschlag, so ist der erwartete Betrag im anderen Umschlag $\frac{5y}{4}$. Das bedeutet, dass Du in jedem Fall wechseln solltest. Bedeutet das auch, dass Du weißt, dass Du wechseln solltest, bevor Du den Umschlag öffnest? Ist das nicht merkwürdig? Die Situation vor der Wahl des Umschlags ist vollkommen symmetrisch – beide Umschläge haben die gleiche Wahrscheinlichkeit den höheren Betrag zu enthalten, und sie sollten deshalb im Durchschnitt gleich viel wert sein. Irgendwo muss hier ein Denkfehler liegen – aber wo?

So weit die drei Probleme. Nach der Einführung einiger wahrscheinlichkeitstheoretischer Grundbegriffe im Abschnitt 2.1, die für die weitere Diskussion notwendig sind, werden die nachfolgenden drei Abschnitte die Lösungen der Probleme vorstellen. Wer danach vom Umschlagproblem noch nicht genug bekommen konnte, findet in den Abschnitten 2.5 und 2.6 weitere Varianten.

2.1 Einige Grundbegriffe

Um logisch richtige wahrscheinlichkeitstheoretische Schlussfolgerungen ziehen zu können, benötigen wir eine mathematische Präzisierung des Begriffes **Wahrscheinlichkeit**, zusammen mit anderen grundlegenden Begriffen wie **bedingte Wahrscheinlichkeit**, **Unabhängigkeit**, **Erwartungswert** usw. In diesem Abschnitt werden wir diese Begriffe so informell wie möglich einführen und verweisen für eine mathematisch ausführlichere Behandlung auf den Anhang B.[2]

Die **Wahrscheinlichkeit** eines Ereignisses A ist eine Zahl zwischen 0 und 1. Sie quantifiziert die „Zufälligkeit" des Ereignisses, also sagt, wie wahrscheinlich es ist, dass A eintritt. Sie wird mit $\mathbf{P}(A)$ bezeichnet.[3] Wenn wir sicher sind, dass A nicht eintrifft, setzen wir $\mathbf{P}(A) = 0$, während $\mathbf{P}(A) = 1$ aussagt, dass wir absolut sicher sind, dass A eintrifft. $\mathbf{P}(A) = \frac{1}{2}$ bedeutet hingegen, dass es gleich wahrscheinlich ist, dass A eintrifft bzw. nicht eintrifft. Betrachten wir gleichzeitig eine Reihe unterschiedlicher Ereignisse $A, B, C, \ldots$, dann müssen ihre Wahrscheinlichkeiten gewisse Eigenschaften (Rechenregeln) erfüllen, auf die wir an dieser Stelle jedoch nicht näher eingehen wollen (siehe Anhang B). Stattdessen geben wir uns mit einigen Beispielen zufrieden.

Nimm an, dass ein Metereologe die Aufgabe hat vorherzusagen, ob es morgen regnet oder die Sonne scheinen wird. Er soll diese Vorhersage sowohl für das Wetter in Stockholm (**S**) als auch für Göteborg (**G**) treffen. Die Wetterlage ist jedoch so kompliziert, dass keine absolut sichere Prognose möglich ist, und der Metereologe stattdessen die Wahrscheinlichkeiten für die vier denkbaren Fälle (Realisierungen) wie folgt angibt:

$$\begin{cases} \mathbf{P}(\text{Regen in } \mathbf{G}, \text{Regen in } \mathbf{S}) = 0{,}4 \\ \mathbf{P}(\text{Regen in } \mathbf{G}, \text{Sonne in } \mathbf{S}) = 0{,}1 \\ \mathbf{P}(\text{Sonne in } \mathbf{G}, \text{Regen in } \mathbf{S}) = 0{,}2 \\ \mathbf{P}(\text{Sonne in } \mathbf{G}, \text{Sonne in } \mathbf{S}) = 0{,}3 \end{cases} \tag{2.1}$$

---

[2]Wer bereits einen Einführungskurs in Wahrscheinlichkeitstheorie oder mathematischer Statistik gehört und ihn frisch im Gedächtnis hat, kann ohne Probleme direkt zu Abschnitt 2.2 springen.

[3]Der Buchstabe **P** hängt mit dem englischen *probability* und dem französischen *probabilité* zusammen.

Beachte, dass sich die in (2.1) angegebenen Wahrscheinlichkeiten zu 1 aufsummieren – das ist notwendig, denn wir wissen, dass genau eines dieser Ereignisse eintreffen muss. Ausgehend von diesen Wahrscheinlichkeiten können
andere abgeleitet werden, wie z. B.

$$\begin{aligned}
\mathbf{P}(\text{Regen in } \mathbf{G}) &= \mathbf{P}(\text{Regen in } \mathbf{G}, \text{Regen in } \mathbf{S}) \\
&\quad + \mathbf{P}(\text{Regen in } \mathbf{G}, \text{Sonne in } \mathbf{S}) \\
&= 0{,}4 + 0{,}1 = 0{,}5
\end{aligned}$$

und

$$\begin{aligned}
\mathbf{P}(\text{Sonne in mindestens einer der Städte}) &= \\
= \mathbf{P}(\text{Regen in } \mathbf{G}, \text{Sonne in } \mathbf{S}) &+ \mathbf{P}(\text{Sonne in } \mathbf{G}, \text{Regen in } \mathbf{S}) \\
+ \mathbf{P}(\text{Sonne in } \mathbf{G}, \text{Sonne in } \mathbf{S}) \\
= 0{,}1 + 0{,}2 + 0{,}3 = 0{,}6 \,.
\end{aligned}$$

Die letztgenannte Wahrscheinlichkeit kann alternativ berechnet werden:

$$\begin{aligned}
\mathbf{P}(\text{Sonne in mindestens einer der Städte}) &= \\
= 1 - \mathbf{P}(\text{Regen in } \mathbf{G}, \text{Regen in } \mathbf{S}) \\
= 1 - 0{,}4 = 0{,}6
\end{aligned}$$

wobei die allgemeine Rechenregel verwendet wird, dass die Wahrscheinlichkeit,
dass ein Ereignis A eintrifft, gleich eins minus der Wahrscheinlichkeit ist, dass
A *nicht* eintrifft.

An dieser Stelle sollten wir einiges zur Schreibweise sagen, wenn es um
Kombinationen unterschiedlicher Ereignisse geht. Wie oben dargestellt, schrei-
ben wir $\mathbf{P}(\text{Regen in } \mathbf{G}, \text{Regen in } \mathbf{S})$ für die Wahrscheinlichkeit, dass es *sowohl*
in Göteborg als auch in Stockholm regnet. Allgemeiner bezeichnen wir für zwei
beliebige Ereignisse A und B die Wahrscheinlichkeit, dass beide eintreffen,
mit $\mathbf{P}(A, B)$. Eine alternative und etwas formellere Bezeichnungsmöglichkeit
ist die Anwendung des Schnittbegriffes der Mengenlehre, bei der die gleiche
Wahrscheinlichkeit mit $\mathbf{P}(A \cap B)$ bezeichnet wird. Dass „sowohl A als auch
B eintreffen" ist demzufolge wiederum ein Ereignis, das als Schnittmenge der
Ereignisse A und B dargestellt werden kann. Die Ereignisse werden hierbei als
Teilmengen der Mengen aller möglichen Realisierungen aufgefasst. Die Men-
genoperation $\cap$ wird „Schnittmenge" gelesen und entspricht dem „und" in der
Logik.

Auf ähnliche Art und Weise bezeichnen wir das Ereignis, dass *mindestens
eines* der Ereignisse A und B eintrifft, mit $A \cup B$ und die zugehörige Wahrscheinlichkeit mit $\mathbf{P}(A \cup B)$. In diesem Fall wird $\cup$ als „Vereinigungsmenge"
gelesen, die die entsprechende Operation zum „oder" in der Logik ist.

Diese Mengenoperationen können auch auf drei oder mehr Ereignisse angewendet werden, so dass z. B. $\mathbf{P}(A \cap B \cap C)$ die Wahrscheinlichkeit bezeichnet,
dass alle drei Ereignisse A, B und C eintreffen.

◇ ◇ ◇ ◇

Ein weitergehender Begriff als die bisher eingeführte Wahrscheinlichkeit ist der der **bedingten Wahrscheinlichkeit** eines Ereignisses A bei gegebenem Ereignis B, die mit

$$\mathbf{P}(A \mid B)$$

bezeichnet wird.

Diese bedingte Wahrscheinlichkeit kann als „korrigierte" Wahrscheinlichkeit für A gedeutet werden, die unsere Kenntnis berücksichtigt, dass B eingetreten ist.

Nehmen wir beispielsweise im obigen Wahrscheinlichkeitsmodell des Wetters für Göteborg und Stockholm an, dass wir uns morgen in Göteborg befinden. Wir werden feststellen, dass es dort regnet und sollen dann die Wahrscheinlichkeit beurteilen, dass es zur gleichen Zeit auch in Stockholm regnet. Wenn wir festgestellt haben, dass es in Göteborg regnet, reduzieren sich die vier möglichen Realisierungen der Gleichungen in (2.1) auf zwei: {Regen in **G**, Regen in **S**} und {Regen in **G**, Sonne in **S**}. Diese beiden Möglichkeiten haben eine totale Wahrscheinlichkeit von $0{,}4 + 0{,}1 = 0{,}5$. Wenn wir jetzt die „korrigierte" Wahrscheinlichkeit für Regen in Stockholm (unter der Bedingung, dass es in Göteborg regnet) berechnen, ist *der Anteil an der totalen Wahrscheinlichkeit relevant, dass es in Stockholm (und Göteborg) regnet*:

$$\mathbf{P}(\text{Regen in } \mathbf{S} \mid \text{Regen in } \mathbf{G}) =$$
$$= \frac{\mathbf{P}(\text{Regen in } \mathbf{S}, \text{Regen in } \mathbf{G})}{\mathbf{P}(\text{Regen in } \mathbf{S}, \text{Regen in } \mathbf{G}) + \mathbf{P}(\text{Sonne in } \mathbf{S}, \text{Regen in } \mathbf{G})}$$
$$= \frac{\mathbf{P}(\text{Regen in } \mathbf{S}, \text{Regen in } \mathbf{G})}{\mathbf{P}(\text{Regen in } \mathbf{G})}$$
$$= \frac{0{,}4}{0{,}5} = 0{,}8 \,. \tag{2.2}$$

Dieses Beispiel motiviert folgende allgemeine Definition.

Definition 2.4. Die bedingte Wahrscheinlichkeit *eines Ereignisses A, unter der Bedingung eines Ereignisses B, wird als*

$$\mathbf{P}(A \mid B) = \frac{\mathbf{P}(A \cap B)}{\mathbf{P}(B)} \tag{2.3}$$

definiert.[4]

---

[4]Beachte, dass diese bedingte Wahrscheinlichkeit nur dann wohldefiniert ist, wenn $\mathbf{P}(B) > 0$ gilt (denn andernfalls dividieren wir durch Null). Wie man die bedingte Wahrscheinlichkeit auf vernünftige Art und Weise für den Fall $\mathbf{P}(B) = 0$ definiert, ist an dieser Stelle nicht klar. In der fortgeschrittenen Wahrscheinlich-

Oft wird Gleichung (2.3) in umformulierter Form

$$\mathbf{P}(A \cap B) = \mathbf{P}(B)\,\mathbf{P}(A\,|\,B) \tag{2.4}$$

verwendet, die wie folgt gedeutet werden kann: Um festzustellen, ob das Ereignis $A \cap B$ eingetreten ist – d. h., dass *sowohl* A als auch B eingetreten sind – können wir zuerst prüfen, ob das Ereignis B eingetreten ist (das die Wahrscheinlichkeit $\mathbf{P}(B)$ besitzt). Ist die Antwort „ja", prüfen wir im nächsten Schritt, ob A eingetreten ist (dessen bedingte Wahrscheinlichkeit $\mathbf{P}(A\,|\,B)$ beträgt).

Ein Beispiel zum Unterschied zwischen Wahrscheinlichkeit und bedingter Wahrscheinlichkeit: Wenn wir definieren, dass $A = \{\text{Regen in } \mathbf{S}\}$ und $B = \{\text{Regen in } \mathbf{G}\}$ gilt, so ergibt sich

$$\mathbf{P}(A) = 0{,}4 + 0{,}2 = 0{,}6\,,$$

während

$$\mathbf{P}(A\,|\,B) = 0{,}8$$

entsprechend der Rechnung in (2.2) ist. Das Wissen, dass B eingetroffen ist, hat uns also gezwungen, unsere Einschätzung zur Wahrscheinlichkeit, dass A eintrifft, zu korrigieren (weil $0{,}6 \neq 0{,}8$ ist). Diese veränderte Wahrscheinlichkeit macht deutlich, was wir unter (statistisch) **abhängigen** Ereignissen verstehen. Die statistische Abhängigkeit darf man jedoch nicht mit **kausaler Abhängigkeit** verwechseln: Das Wetter in Stockholm und das in Göteborg können sehr wohl statistisch abhängig sein, ohne dass man daraus direkt die Schlussfolgerung ziehen kann, dass das Wetter an dem einen Ort das Wetter am anderen verursacht.[5]

In diesem Beispiel haben wir $\mathbf{P}(A\,|\,B) \neq \mathbf{P}(A)$ erhalten. Wenn stattdessen

$$\mathbf{P}(A\,|\,B) = \mathbf{P}(A) \tag{2.5}$$

---

keitstheorie – auf die man normalerweise nicht vor dem Promotionsstudium stößt – gibt es jedoch eine etablierte und anwendbare Theorie, die dies zulässt, siehe z. B. Williams (1991).

[5]Der Begriff kausale Abhängigkeit (Ursache-Wirkungs-Beziehung) ist jedoch problematischer, als man zunächst glauben würde. Ein Beispiel: An einer ansonsten leeren Straßenkreuzung steht ein Auto an der roten Ampel. Was ist die Ursache? Ein Ingenieur könnte auf die Reibung in der Bremsanlage des Autos verweisen. Für einen Neurologen liegt es näher, die Kopplungen im Nervensystem und Gehirn zu benennen, die den Seheindruck des Autofahrers zu einem Impuls im rechten Fuß überführen, das Bremspedal nieder zu treten. Ein Jurist könnte behaupten, dass die Erklärung in den Bestimmungen der StVO liegt. Ein Soziologe könnte die Bedeutung des Lernens von sozialen Normen hervorheben, die besagen, dass man vor einer roten Ampel stehen bleibt. Und so weiter. Wer hat jedoch recht – können wir eine der genannten Erklärungen als die *eigentliche* Ursache für das Stehen des Autos benennen? Offenbar nicht. (Dieses Beispiel hat mir Bo Rothstein vorgeschlagen.)

gültig gewesen wäre, hätten wir schlussfolgern müssen, dass die Kenntnis über B die Wahrscheinlichkeit für A nicht beeinflusst. Man spricht in solchen Fällen deshalb davon, dass A (statistisch) unabhängig von B ist.[6] Verbinden wir (2.4) und (2.5), so ergibt sich für unabhängige Ereignisse

$$\mathbf{P}(A \cap B) = \mathbf{P}(B)\,\mathbf{P}(A\,|\,B) = \mathbf{P}(A)\,\mathbf{P}(B),$$

d. h. dass die Wahrscheinlichkeit, dass *sowohl* A als auch B eintreffen, gleich dem Produkt der jeweiligen Wahrscheinlichkeiten ist. Dies soll unsere Definition der Unabhängigkeit sein:

Definition 2.5. *Zwei Ereignisse A und B werden* **unabhängig** *genannt, wenn*

$$\mathbf{P}(A \cap B) = \mathbf{P}(A)\,\mathbf{P}(B) \qquad (2.6)$$

gilt.

Zwei Ereignisse, die nicht unabhängig sind, werden natürlicherweise abhängig genannt. Die einander entgegengesetzten Begriffe abhängig und unabhängig sind in der Wahrscheinlichkeitstheorie so wichtig und zentral, dass wir unsere Bekanntschaft mit ihnen am besten mit einigen weiteren Beispielen vertiefen. Dafür können wir die Hilfe meines guten Freundes Axel in Anspruch nehmen, der seine Morgengewohnheiten beschreibt:

> Jeden Morgen, das ganze Jahr hindurch, gehe ich zu meinem Briefkasten an der Grundstücksgrenze und hole meine Morgenzeitung. Während dieses kurzen Spaziergangs mache ich einige Beobachtungen, die ich im Folgenden aufzähle. Zusätzlich habe ich die Wahrscheinlichkeiten der jeweiligen Ereignisse geschätzt, vorausgesetzt, es wird ein beliebiger Tag des Jahres gewählt.

Die Zeitung hat eine Sonntagsbeilage	$\mathbf{P}(\text{Sonntagsbeilage}) = \frac{1}{7}$
Schnee auf der Erde	$\mathbf{P}(\text{Schnee}) = \frac{1}{5}$
Es regnet	$\mathbf{P}(\text{Regen}) = \frac{1}{5}$
Die Sonne scheint	$\mathbf{P}(\text{Sonne}) = \frac{1}{5}$
Die Straßenlaternen leuchten	$\mathbf{P}(\text{Straßenlaternen}) = \frac{1}{2}$
Der Laubsänger singt	$\mathbf{P}(\text{Laubsänger}) = \frac{1}{6}$
Der Kuckuck ruft	$\mathbf{P}(\text{Kuckuck}) = \frac{1}{18}$
Grünes Laub an den Birken	$\mathbf{P}(\text{Birkenlaub}) = \frac{5}{12}$
Man hört das Müllfahrzeug	$\mathbf{P}(\text{Müllfahrzeug}) = \frac{1}{7}$
Man hört einen Pflug	$\mathbf{P}(\text{Pflugschar}) = \frac{1}{150}$
Man hört Radfahrer	$\mathbf{P}(\text{Radfahrer}) = \frac{1}{36}$
Man hört Gewehrschüsse	$\mathbf{P}(\text{Gewehr}) = \frac{1}{180}$

---

[6]Wenn wir im folgenden über Abhängigkeit und Unabhängigkeit sprechen, ohne explizit anzugeben, ob statistische Abhängigkeit oder kausale Abhängigkeit verwendet wird, meinen wir immer den statistischen Begriff.

Ein Teil der Beobachtungen (Ereignisse) sind voneinander abhängig, entweder mit oder ohne kausale Abhängigkeit; andere wiederum sind völlig unabhängig voneinander. Dass zwei Ereignisse voneinander abhängig sind, bedeutet, dass „durch das Eintreten des einen Ereignisses die Wahrscheinlichkeit des anderen Ereignisses beeinflusst wird".

Die Wahrscheinlichkeit, dass man das Müllfahrzeug hören kann, P(Müllfahrzeug), ist $\frac{1}{7}$, weil die Mülltonnen jeden Mittwoch zu der Zeit geleert werden, wenn ich die Zeitung hole. Die Wahrscheinlichkeit P(Regen), dass es regnet, ist $\frac{1}{5}$. Es ist plausibel, dass diese beiden Ereignisse voneinander unabhängig sind. Im Durchschnitt regnet es jeden fünften Tag, und im Durchschnitt auch jeden fünften Mittwoch, weil der Wochentag kaum irgendeinen Einfluss auf das Wetter hat. Die Wahrscheinlichkeit, dass beide Ereignisse eintreten, P(Regen $\cap$ Müllfahrzeug), ist deshalb gleich

$$P(\text{Regen}) \cdot P(\text{Müllfahrzeug}) = \frac{1}{5} \cdot \frac{1}{7} = \frac{1}{35}.$$

Dies stimmt mit der mathematischen Definition der Unabhängigkeit überein: Die Wahrscheinlichkeit des Schnittereignisses ist gleich dem Produkt der beiden ursprünglichen Wahrscheinlichkeiten der Ereignisse.

Die Wahrscheinlichkeit, dass ich die Sonntagsbeilage an einem Morgen im Briefkasten finde, an dem ich auch das Müllfahrzeug höre, ist praktisch Null: P(Müllfahrzeug $\cap$ Sonntagsbeilage) $= 0$. Wenn ich das Müllfahrzeug höre, beeinflusst das die Wahrscheinlichkeit für die Sonntagsbeilage am selben Morgen in höchstem Maße, weil Sonntag und Mittwoch nicht auf einen Tag fallen können. Das bedeutet, dass die Wahrscheinlichkeit

$$P(\text{Müllfahrzeug} \cap \text{Sonntagsbeilage})$$

nicht gleich dem Produkt

$$P(\text{Müllfahrzeug}) \cdot P(\text{Sonntagsbeilage}) = \frac{1}{7} \cdot \frac{1}{7} = \frac{1}{49}$$

ist, was sieben bis acht Mal pro Jahr entsprechen würde. Also sind diese beiden Ereignisse voneinander abhängig.

Es existiert jedoch keine Ursache-Wirkungs-Beziehung (Kausalität). Denn weder der Lärm des Müllfahrzeugs hindert die Sonntagsbeilage daran, im Briefkasten zu liegen, noch umgekehrt. Hingegen existiert zwischen den Wochentagen und den beiden Ereignissen ein Ursachenzusammenhang, der zur beobachteten Abhängigkeit der Ereignisse führt.

Ein anderes Beispiel. Die Wahrscheinlichkeit, dass an einem zufällig ausgewählten Morgen grüne Blätter an den Birken zu sehen sind,

$\mathbf{P}$(Birkenlaub), ist $\frac{5}{12}$ (denn das trifft ca. fünf von zwölf Monaten ein).
Die Wahrscheinlichkeit für Schnee auf der Erde, $\mathbf{P}$(Schnee), ist $\frac{1}{5}$. Allerdings ist die Wahrscheinlichkeit, dass sowohl Schnee liegt als auch grüne Blätter an den Birken hängen, nicht

$$\mathbf{P}(\text{Schnee}) \cdot \mathbf{P}(\text{Birkenlaub}) = \frac{1}{5} \cdot \frac{5}{12} = \frac{1}{12}$$

(das entspricht einem Monat pro Jahr), sondern sicherlich bedeutend geringer: angenommen es gilt $\mathbf{P}(\text{Birkenlaub} \cap \text{Schnee}) = \frac{1}{200} = 0{,}005$, also etwa zwei Tage pro Jahr. Das heißt, diese Ereignisse sind voneinander abhängig.

Auch in diesem Fall existiert kein kausaler Zusammenhang – es ist nicht das Austreiben der Blätter, weshalb der Schnee verschwindet, oder umgekehrt. Die Erklärung für die Abhängigkeit ist stattdessen, dass ein ursächlicher Zusammenhang zwischen den Jahreszeiten und den beiden Ereignissen existiert.

Was gilt für die anderen Morgenereignisse? Welche der Ereignisse sind voneinander abhängig bzw. unabhängig? In welchen Fällen gib es eine direkte Ursache-Wirkungs-Beziehung? Sind zum Beispiel „Die Sonne scheint" und „Man hört Radfahrer" unabhängige Ereignisse? Stehen sie in einem kausalen Zusammenhang?[7]

Diese Fragen von Axel gebe ich als zusätzliche Übung der Begriffe „abhängig" und „unabhängig" an die Leserinnen und Leser weiter.

◇ ◇ ◇ ◇

Nehmen wir an, dass wir einen fairen Würfel werfen, und sei X die Augenzahl, die oben liegt. Dann nimmt X eine der Realisierungen $1, 2, \ldots, 6$ jeweils mit der Wahrscheinlichkeit $\frac{1}{6}$ an. X ist dabei eine numerische Größe, deren Wert auf dem Zufall beruht. Solche Größen nennt man in der Wahrscheinlichkeitstheorie **Zufallsgröße** oder *stochastische Variable*. Eine natürliche Frage, die sich bei einer Zufallsgröße X stellt, ist, welchen Wert wir für X im Durchschnitt erwarten können. Diesen Durchschnitt nennt man **Erwartungswert** von X und bezeichnet ihn mit $\mathbf{E}[X]$.[8] Können alle möglichen Realisierungen von X mit der gleichen Wahrscheinlichkeit eintreten, dann ist $\mathbf{E}[X]$ ganz einfach der Mittelwert dieser Realisierungen, so dass wir im Würfelbeispiel

$$\mathbf{E}[X] = \frac{1 + 2 + 3 + 4 + 5 + 6}{6} = 3{,}5$$

erhalten. Besitzen die verschiedenen Realisierungen jedoch unterschiedliche Wahrscheinlichkeiten, berechnet man den Erwartungswert stattdessen als *gewichteten* Mittelwert, bei dem die Gewichte durch die Wahrscheinlichkeiten

---

[7]Axel von Arbin, persönliche email, September 2003.
[8]Im Englischen heißt es *expectation*.

der Werte geben sind. Als Beispiel können wir uns eine Zufallsgröße Y denken, die das Ergebnis des Würfelns mit einem gezinkten Würfel angibt. Dieser Würfel sei so präpariert, dass eine Sechs mit Wahrscheinlichkeit $\frac{1}{2}$ eintritt und jede der übrigen Realisierungen $1, \ldots, 5$ nur mit Wahrscheinlichkeit $\frac{1}{10}$ auftreten.[9] Wir erhalten den Erwartungswert von Y folglich als

$$\mathbf{E}[Y] = \tfrac{1}{10} \cdot 1 + \tfrac{1}{10} \cdot 2 + \tfrac{1}{10} \cdot 3 + \tfrac{1}{10} \cdot 4 + \tfrac{1}{10} \cdot 5 + \tfrac{1}{2} \cdot 6$$
$$= 4{,}5 \,.$$

Die beiden obigen Zufallsgrößen X und Y besitzen die gleiche Anzahl Realisierungen, die sie annehmen können, nämlich $1, 2, \ldots, 6$. Allerdings besitzen sie eine unterschiedliche **Verteilung**. Mit der Verteilung einer Zufallsgröße ist die vollständige Spezifikation der Wahrscheinlichkeiten aller möglicher Realisierungen gemeint. Ein Spezialfall liegt vor, wenn alle Realisierungen die gleiche Wahrscheinlichkeit besitzen (wie im obigen Fall von X). Diese Verteilung wird als **Gleichverteilung** bezeichnet.

Abschließend wollen wir den Begriff Zufallsgröße mit dem Begriff Unabhängigkeit kombinieren. Nehmen wir an, dass X und Y zwei Zufallsgrößen mit einer endlichen Zahl denkbarer Realisierungen sind. Beide Zufallsgrößen werden als voneinander unabhängig bezeichnet, wenn für jedes Paar (x, y) aller möglichen Realisierungen die Beziehung[10]

$$\mathbf{P}(X = x, Y = y) = \mathbf{P}(X = x)\mathbf{P}(Y = y)$$

gilt.

2.2 Die Rückseite der Münze

Das Problem, die Rückseite einer Münze zu erraten, ist vermutlich sehr alt, und es kommt in unterschiedlichen Varianten in den meisten Lehrbüchern der Wahrscheinlichkeitstheorie vor.

Es scheint verlockend zu sein, in der gegebenen Situation zu antworten, dass es gleich wahrscheinlich sei, Kopf bzw. Zahl auf der Rückseite vorzufinden. Von den drei Münzen wissen wir, dass wir nur die Zahl-Zahl-Münze oder die Kopf-Zahl-Münze vor uns haben können, und diese besitzen von Beginn an die gleiche Wahrscheinlichkeit. Im einen Fall haben wir die Zahl auf der Rückseite, und im anderen Fall den Kopf, so dass die Sache klar sein sollte: 50 : 50.

---

[9]Beachte, dass sich die Wahrscheinlichkeiten der sechs möglichen Ergebnisse zu eins addieren müssen.

[10]Um ganz genau zu sein, muss hervorgehoben werden, dass diese Definition nur für so genannte **diskrete** Zufallsgrößen gilt, womit man Zufallsgrößen mit nur einer endlichen oder abzählbar unendlichen Anzahl von Realisierungen meint. Für allgemeinere Zufallsgrößen benötigt man eine kompliziertere Definition; siehe die Diskussion im Zusammenhang mit (B.12) im Anhang B.

Das ist jedoch falsch! Wir werden gleich sehen, dass die gesuchte Wahrscheinlichkeit *nicht* $\frac{1}{2}$ ist.

Um zur richtigen Antwort zu gelangen, müssen wir zunächst ein Modell für den beschriebenen Versuch entwickeln. Bezeichnen wir die drei Münzen mit M_{Zahl} (Zahl-Zahl), M_{Kopf} (Kopf-Kopf) und $M_{gemischt}$ (Kopf-Zahl). Wichtig ist außerdem, die sechs Münzseiten zu berücksichtigen, die wir mit S_{Zahl}^{z1}, S_{Zahl}^{z2}, S_{Kopf}^{k1}, S_{Kopf}^{k2}, $S_{gemischt}^{z}$ und $S_{gemischt}^{k}$ bezeichnen. Sie sind den jeweiligen Münzen entsprechend der nachfolgenden Tabelle zugeordnet.

Münze	Seite	Motiv
M_{Zahl}	S_{Zahl}^{z1}	Zahl
	S_{Zahl}^{z2}	Zahl
M_{Kopf}	S_{Kopf}^{k1}	Kopf
	S_{Kopf}^{k2}	Kopf
$M_{gemischt}$	$S_{gemischt}^{z}$	Zahl
	$S_{gemischt}^{k}$	Kopf

Weiterhin können wir annehmen, dass für jede der drei Münzen die Wahrscheinlichkeit $\frac{1}{3}$ beträgt, aus dem Beutel gezogen zu werden – das ist gemeint, wenn wir davon sprechen, „auf gut Glück" eine der Münzen zu wählen. Außerdem können wir annehmen, dass für jede der beiden Seiten einer gezogenen Münze die bedingte Wahrscheinlichkeit $\frac{1}{2}$ ist, oben zu liegen.

Ermitteln wir nun, wie groß die Wahrscheinlichkeit ist, zu Beginn des Versuchs eine bestimmte Münzseite zu erhalten, beispielsweise S_{Kopf}^{k1}. Dazu müssen wir zunächst die Münze M_{Kopf} aus dem Beutel ziehen. Die Wahrscheinlichkeit für dieses Ereignis ist $\frac{1}{3}$ und im Durchschnitt wird in der Hälfte der Fälle die Seite S_{Kopf}^{k1} beim Münzwurf nach oben gelangen. Die Wahrscheinlichkeit $\mathbf{P}(S_{Kopf}^{k1}$ oben), d.h. die Seite S_{Kopf}^{k1} gelangt nach oben, ist somit durch

$$\mathbf{P}(S_{Kopf}^{k1} \text{ oben}) = \frac{1}{3} \cdot \frac{1}{2} = \frac{1}{6}$$

gegeben.

Die entsprechenden Rechnungen für die übrigen fünf Seiten führen auf das gleiche Ergebnis, demzufolge besitzen alle sechs Seiten die gleiche Wahrscheinlichkeit $\frac{1}{6}$ oben zu liegen. (Vielleicht war das manchem schon zu Beginn klar?)

Diese Wahrscheinlichkeiten gelten, *bevor* wir den Versuch durchführen. Wenn Du nach Entfernen der Augenbinde siehst, dass Kopf oben liegt, müssen wir das berücksichtigen und die *bedingte* Wahrscheinlichkeitsverteilung dafür ermitteln, dass das Ereignis „Kopf oben" gegeben ist.

Wenn wir das Ereignis „Kopf oben" sehen, sind die sechs vor der Versuchsdurchführung theoretisch möglichen Münzseiten auf drei reduziert: S_{Kopf}^{k1}, S_{Kopf}^{k2}, und $S_{gemischt}^{k}$, von denen jede die gleiche Wahrscheinlichkeit besitzt.

Von diesen drei Möglichkeiten erfüllt nur eine die Bedingung, dass „Zahl unten" möglich ist, nämlich $S^k_{gemischt}$. Die gesuchte bedingte Wahrscheinlichkeit P(Zahl unten | Kopf oben) ist deshalb *ein Drittel*.

Das ist die richtige Antwort, aber zur Sicherheit wollen wir dieses Ergebnis noch einmal mit Hilfe der Definition der bedingten Wahrscheinlichkeit herleiten (Definition 2.4), nach der in diesem Fall

$$P(\text{Zahl unten} \,|\, \text{Kopf oben}) = \frac{P(\text{Zahl unten}, \text{Kopf oben})}{P(\text{Kopf oben})} \qquad (2.7)$$

gilt.

Das Ereignis „Zahl unten, Kopf oben" ist mit dem Ereignis äquivalent dass die Münzseite $S^k_{gemischt}$ nach oben kommt, die die (unbedingte) Wahrscheinlichkeit $\frac{1}{6}$ besitzt. Demzufolge wissen wir, dass

$$P(\text{Zahl unten}, \text{Kopf oben}) = \frac{1}{6}. \qquad (2.8)$$

Außerdem gilt wegen (2.7)

$$P(\text{Kopf oben}) = P(S^{k1}_{Kopf} \text{ oben}) + P(S^{k2}_{Kopf} \text{ oben}) + P(S^k_{gemischt} \text{ oben})$$

$$= \frac{1}{6} + \frac{1}{6} + \frac{1}{6} = \frac{1}{2}. \qquad (2.9)$$

Setzen wir nun die Ergebnisse (2.8) und (2.9) in die Formel (2.7) ein, erhalten wir

$$P(\text{Zahl unten} \,|\, \text{Kopf oben}) = \frac{P(\text{Zahl unten}, \text{Kopf oben})}{P(\text{Kopf oben})}$$

$$= \frac{1/6}{1/2} = \frac{1}{3}.$$

Das zu Beginn erhaltene Ergebnis ist somit bestätigt.

Bist Du immer noch nicht überzeugt? Lass mich ein weiteres Argument anführen: Wenn die Antwort $\frac{1}{2}$ wäre, würde das bedeuten, dass die Chance, die gemischte Münze $M_{gemischt}$ gezogen zu haben, unter der Bedingung, dass wir Kopf oben sehen, $\frac{1}{2}$ ist. Aus Symmetriegründen muss vernünftigerweise auch die Chance für $M_{gemischt}$, unter der Bedingung, dass wir *Zahl* oben sehen, $\frac{1}{2}$ sein. Das hieße, die Wahrscheinlichkeit für $M_{gemischt}$ wäre $\frac{1}{2}$, *unabhängig* davon, ob Kopf oder Zahl oben zu liegen kommen. Dies bedeutet wiederum, dass wir die Münze $M_{gemischt}$ im Durchschnitt in der Hälfte der Fälle aus dem Beutel ziehen würden, wenn wir den Versuch mehrmals durchführen. Wie wir wissen, ist das jedoch unsinnig, denn wenn wir „auf gut Glück" ziehen, müssen alle drei Münzen die gleiche Wahrscheinlichkeit $\frac{1}{3}$ haben, gezogen zu werden!

2.3 Das Auto und die Ziegen

Dieses Ratespiel, das das Problem mit dem Sportwagen und den Ziegen beschreibt, ist der amerikanischen Fernsehshow „Let's Make a Deal" entnommen. Das Problem wurde in den USA nach dem Moderator Monty Hall benannt. 1990 schrieb ein Leser einen Brief an die Kolumne „Ask Marilyn" in der Zeitschrift *Parade Magazine* und fragte: Ist es besser, das Tor zu wechseln, oder bei der ursprünglichen Wahl zu bleiben? Die Autorin der Kolumne, Marilyn vos Savant, die im übrigen den höchsten IQ auf der Welt haben soll[11], antwortete, dass es besser sei zu wechseln. Sie war der Meinung, dass ein Spieler der wechsele, die Wahrscheinlichkeit $\frac{2}{3}$ habe, den Sportwagen zu bekommen, während der, der beim ursprünglichen Tor bleibe, den Sportwagen nur mit einer Wahrscheinlichkeit von $\frac{1}{3}$ erhielte. Das löste eine Sturzflut von Reaktionen und Protesten aus: Die meisten meinten, dass die Wahrscheinlichkeit, den Sportwagen zu erhalten, immer $\frac{1}{2}$ beträgt, unabhängig davon, ob man das Tor wechselt oder nicht. Marilyn vos Savant hielt jedoch an ihrer Antwort fest – und dies war vollkommen richtig, denn sie hat recht. Für nähere Hintergründe zu diesem Problem, siehe Morgan et al. (1991).

Die einfachste Motivation der Antwort von vos Savants ist folgende: Der Teilnehmer, der bei seinem ursprünglichen Tor bleibt, wird dann und nur dann gewinnen, wenn er zu Beginn die richtige Tür gewählt hat. Dieses Ereignis tritt bekanntlich mit Wahrscheinlichkeit $\frac{1}{3}$ ein. Der Teilnehmer, der stattdessen wechselt, wird dann und nur dann gewinnen, wenn er zu Beginn *nicht* die richtige Tür gewählt hat – und dafür beträgt die Wahrscheinlichkeit $\frac{2}{3}$.

Können wir dieser kurzen Argumentation jedoch Glauben schenken? Wenn man bedenkt, wie kontrovers das Problem diskutiert wurde, sollten wir vielleicht doch eine tiefgründigere Analyse durchführen, um auf der sicheren Seite zu sein. Beginnen wir damit, ein wahrscheinlichkeitstheoretisches Modell dieses Spiels aufzustellen.

Man kann davon ausgehen, dass der Moderator das Spiel für den Teilnehmer der Spielshow so schwer wie möglich machen will und deshalb den Sportwagen zufällig hinter einem der drei Tore platzieren wird, d. h. mit Wahrscheinlichkeit $\frac{1}{3}$ für jedes Tor.[12] Dem ersten Augenschein nach kann es so aussehen, als würde das bereits für eine vollständige Spezifikation reichen, d. h. als könnten alle relevanten Wahrscheinlichkeiten mit den vorliegenden Informationen berechnet werden. Es muss jedoch noch ein weiteres Detail festgelegt werden, nämlich, welche der beiden Ziegen-Tore der Moderator öffnet, wenn der Teilnehmer zu Beginn das Tor mit dem Sportwagen auswählt. Wieder können wir annehmen, dass der Moderator – um das Spiel so schwer

---

[11]Ich bin bezüglich dieser Behauptung etwas skeptisch. Wie kann eine Person wissen, dass sie den höchsten IQ der Welt besitzt? Und wenn jemand der intelligenteste Mensch der Welt ist, ist es dann wirklich vernünftig, diese einzigartige Ressource für eine Fragekolumne in einer wenig fortschrittlichen Zeitschrift zu verwenden?

[12]Wenn diese Modellannahme nicht überzeugt, siehe Abschnitt 3.2 im nächsten Kapitel. Dort wird eine spieltheoretische Motivation angegeben.

wie möglich zu machen – eines der beiden Ziegen-Tore auf gut Glück auswählt, d. h. mit Wahrscheinlichkeit $\frac{1}{2}$ für jedes.[13] (Man könnte sogar behaupten, dass auch das noch nicht ausreicht, um das Spiel vollständig zu spezifizieren, und dass wir eine Verteilung dafür angeben müssen, welches Tor der Teilnehmer zu Beginn auswählt. Aus dem Blickwinkel des Teilnehmers kann das jedoch als fest betrachtet werden, denn er *weiß* ja, was er gewählt hat, und das ist unabhängig davon, wo der Sportwagen steht.)

Bezeichnen wir die Tore mit L_1, L_2 und L_3 und das Ereignis, dass sich der Sportwagen hinter dem Tor L_i befindet, mit A_i (für $i = 1, 2, 3$). Nehmen wir jetzt an, dass der Teilnehmer das Tor L_1 gewählt hat, und dass der Moderator daraufhin das Tor L_2 öffnet (wo sich, entsprechend der Spielregeln, eine Ziege befindet) – die übrigen Fälle können analog behandelt werden, wie wir gleich sehen werden.

Jetzt wissen wir, dass sich der Sportwagen hinter dem Tor L_1 oder dem Tor L_3 befindet, d. h., dass eines der Ereignisse A_1 und A_3 gilt. Wir wollen ihre bedingte Wahrscheinlichkeit berechnen, unter der Bedingung, dass der Moderator das Tor L_2 geöffnet hat. Bezeichne deshalb B als das Ereignis, dass der Moderator Tor L_2 geöffnet hat. Wenn der Sportwagen wirklich hinter Tor L_1 stehen würde, hätte der Moderator die Möglichkeit, entweder L_2 oder L_3 zu öffnen, so dass $\mathbf{P}(B \mid A_1) = \frac{1}{2}$ ist. Wenn der Sportwagen jedoch hinter L_3 steht, so müsste er L_2 öffnen, was $\mathbf{P}(B \mid A_3) = 1$ bedeutet. Wir können diese Beobachtungen verknüpfen und erhalten[14]

$$
\begin{aligned}
\mathbf{P}(A_3 \mid B) &= \frac{\mathbf{P}(B \cap A_3)}{\mathbf{P}(B)} \\
&= \frac{\mathbf{P}(B \cap A_3)}{\mathbf{P}(B \cap A_1) + \mathbf{P}(B \cap A_2) + \mathbf{P}(B \cap A_3)} \\
&= \frac{\mathbf{P}(A_3)\,\mathbf{P}(B \mid A_3)}{\mathbf{P}(A_1)\,\mathbf{P}(B \mid A_1) + \mathbf{P}(A_2)\,\mathbf{P}(B \mid A_2) + \mathbf{P}(A_3)\,\mathbf{P}(B \mid A_3)} \\
&= \frac{\frac{1}{3} \cdot 1}{\frac{1}{3} \cdot \frac{1}{2} + \frac{1}{3} \cdot 0 + \frac{1}{3} \cdot 1} = \frac{2}{3}.
\end{aligned}
$$

Die Wahrscheinlichkeit $\mathbf{P}(A_1 \mid B)$ muss demzufolge $1 - \mathbf{P}(A_3 \mid B) = \frac{1}{3}$ sein. Dieses Ergebnis stimmt mit der kurzen Argumentation von oben überein, so dass wir den Rat von vos Savants, das Tor zu wechseln, voll und ganz unterstützen.

---

[13]Siehe vorhergehende Fußnote.

[14]Wer den Satz von Bayes kennt (siehe (B.1) im Anhang B), kann ihn direkt anwenden, und damit die zweite und dritte Zeile der folgenden Berechnung überspringen.

2.4 Die zwei Umschläge

Die folgende Diskussion des Umschlagproblems baut zum großen Teil auf Argumenten von Christensen & Utts (1992) auf, die auch eine Reihe von Hinweisen zur Geschichte des Problems geben. In der schwedischen Literatur finden wir Arnérs (2001) Analyse des Problems, die jedoch eher verwirrend als erleuchtend ist. Wir werden hier versuchen, die Begriffe eingehend zu diskutieren.

Zuvor wollen wir den Fehlschluss der Problemformulierung weiterführen, um festzustellen, welche widersinnigen Konsequenzen er hat.

Angenommen es wäre richtig, dass, falls wir 10 EUR im gewählten Umschlag finden, wir im Durchschnitt $(5+20)/2=12,5$ EUR im anderen Umschlag erwarten können. Wenn wir stattdessen y EUR im gewählten Umschlag finden, können wir mit dem gleichen Gedankengang schlussfolgern, dass sich im anderen Umschlag der erwartete Betrag von $\frac{5y}{4}$ befindet. Das gilt unabhängig vom Wert von y, so dass wir bereits vor Öffnen des Umschlags wissen, dass wir den Umschlag wechseln sollten. Sei μ der Erwartungswert dessen, was wir im gewählten Umschlag finden, d. h. der Betrag, mit dem wir im Durchschnitt rechnen können. Wir hatten ja bereits festgestellt, dass der andere Umschlag im Durchschnitt $\frac{5}{4}$ so viel enthält wie der gewählte, und dass der erwartete Betrag in diesem Umschlag somit $\frac{5\mu}{4}$ ist.

Versuchen wir, dies noch deutlicher werden zu lassen. Dazu nehmen wir an, dass der Moderator so lange einen Wechsel der Umschläge zulässt, wie beide Umschläge ungeöffnet sind. Wir führen einen Wechsel durch und besitzen jetzt einen Umschlag, der im Durchschnitt $\frac{5\mu}{4}$ so viel wert ist, wie der erste. Da die jetzige Situation jedoch die gleiche ist wie zu Beginn, können wir erneut $\frac{5}{4}$ gewinnen, wenn wir wieder wechseln. Durch den doppelten Wechsel haben wir somit den Wert des ursprünglichen Umschlags auf $\frac{25\mu}{16}$ erhöht. Durch weiteres Wiederholen dieses Verfahrens könnten wir den Wert des Umschlags beliebig in die Höhe treiben ... ein finanzielles Perpetuum mobile!

Das ist natürlich Unsinn.

Ein Fehler der oben stehenden Argumentation besteht darin, dass sie nicht auf einem vollständigen Modell beruht. Wir haben (mehr oder weniger explizit) spezifiziert, dass die Beträge x und $2x$ festgelegt sind und die Wahrscheinlichkeit jeweils $\frac{1}{2}$ beträgt, den Umschlag mit x bzw. mit $2x$ auszuwählen. Das reicht jedoch nicht aus, um die entstandene Situation vollständig zu modellieren. Denn bisher haben wir nichts darüber ausgesagt, wie der Moderator den Wert x bestimmt. Gehen wir zu großen Buchstaben über[15] und bezeichnen den durch den Moderator gewählten Betrag mit X und den Betrag im von uns

---

[15]Großbuchstaben sind üblich, um darauf hinzuweisen, dass wir uns mit Zufallsgrößen beschäftigen.

gewählten Umschlag mit Y. Der Betrag im Umschlag, den wir nicht gewählt haben, sei Y'.

Gehen wir davon aus, dass die Umschläge sorgfältig gemischt wurden, unabhängig davon, welchen Betrag X der Moderator ausgewählt hat. Dann gilt z. B.:

$$\mathbf{P}(Y = 100 \,|\, X = 50) = \frac{1}{2} \tag{2.10}$$

und

$$\mathbf{P}(Y = 100 \,|\, X = 100) = \frac{1}{2}. \tag{2.11}$$

Aus den gleichen Gründen gilt

$$\mathbf{P}(Y = X, Y' = 2X) = \frac{1}{2}$$

und

$$\mathbf{P}(Y = 2X, Y' = X) = \frac{1}{2}.$$

Das heißt, die Wahrscheinlichkeit, dass der Betrag Y' halb so groß oder doppelt so groß ist wie Y, beträgt jeweils $\frac{1}{2}$:

$$\mathbf{P}(Y' = \tfrac{Y}{2}) = \mathbf{P}(Y' = 2Y) = \tfrac{1}{2}. \tag{2.12}$$

Nehmen wir jetzt an, dass wir den gewählten Umschlag öffnen und $Y = 100$ vorfinden. Folgt dann aus (2.12), dass Y' jeweils mit Wahrscheinlichkeit $\frac{1}{2}$ gleich 50 oder gleich 200 ist?

Nein! Wenn wir $Y = 100$ beobachten und wissen wollen, wie groß die Chance dafür ist, dass ein Wechsel zu einer Verbesserung führt, so dürfen wir nicht $\mathbf{P}(Y' = 2Y)$ berechnen, sondern müssen die *bedingte* Wahrscheinlichkeit

$$\mathbf{P}(Y' = 2Y \,|\, Y = 100) \tag{2.13}$$

betrachten. $Y' = 2Y$ ist äquivalent damit, dass der kleinere der beiden Beträge Y ist und somit $X = Y$ gilt. Für den Fall, dass wir $Y = 100$ beobachtet haben, ist deshalb $Y' = 2Y$ das gleiche wie $X = 100$. Analog ist $Y' = \frac{Y}{2}$ das gleiche wie $X = 50$. Die in (2.13) gesuchte bedingte Wahrscheinlichkeit erhält man dann wie folgt:[16]

---

[16]Dieser langen Rechnung kann man folgendes hinzufügen: 1. Die bedingte Wahrscheinlichkeit $\mathbf{P}(X = 100 \,|\, Y = 100)$ in der zweiten Zeile der Rechnung darf nicht mit der in (2.11) verwechselt werden, die etwas ganz anderes besagt. 2. Die fünfte Zeile der Rechnung verwendet die allgemeine Formel (2.4) für Schnittwahrscheinlichkeiten. 3. Die „Halbierungen", die in der vorletzten Zeile der Rechnung auftreten, ergeben sich aus (2.10) und (2.11).

$$\mathbf{P}(Y' = 2Y \mid Y = 100) =$$

$$= \mathbf{P}(X = 100 \mid Y = 100)$$

$$= \frac{\mathbf{P}(X = 100,\, Y = 100)}{\mathbf{P}(Y = 100)}$$

$$= \frac{\mathbf{P}(X = 100,\, Y = 100)}{\mathbf{P}(X = 100,\, Y = 100) + \mathbf{P}(X = 50,\, Y = 100)}$$

$$= \frac{\mathbf{P}(X = 100)\,\mathbf{P}(Y = 100 \mid X = 100)}{\mathbf{P}(X = 100)\,\mathbf{P}(Y = 100 \mid X = 100) + \mathbf{P}(X = 50)\,\mathbf{P}(Y = 100 \mid X = 50)}$$

$$= \frac{\frac{1}{2}\,\mathbf{P}(X = 100)}{\frac{1}{2}\,\mathbf{P}(X = 100) + \frac{1}{2}\,\mathbf{P}(X = 50)}$$

$$= \frac{\mathbf{P}(X = 100)}{\mathbf{P}(X = 100) + \mathbf{P}(X = 50)} \, . \tag{2.14}$$

Anhand dieser Gleichung wird deutlich, dass zur Berechnung der bedingten Wahrscheinlichkeit (dass sich der Wechsel lohnt, wenn $Y = 100$ gegeben ist) die Wahrscheinlichkeiten $\mathbf{P}(X = 50)$ und $\mathbf{P}(X = 100)$ bekannt sein müssen oder zumindest eine Information darüber vorliegen muss, wie sich $\mathbf{P}(X = 50)$ und $\mathbf{P}(X = 100)$ zueinander verhalten. Das erfordert bei der Modellierung des Spiels die Spezifikation einer Wahrscheinlichkeitsverteilung für den Wert X, den der Moderator wählt.

Die Antwort auf unsere ursprüngliche Frage wird also davon abhängen, welches Modell wir an dieser Stelle annehmen. Gehen wir z.B. davon aus, dass der Moderator für X eine der Zahlen $1, 2, \ldots, 1000$ jeweils mit der Wahrscheinlichkeit $\frac{1}{1000}$ auswählt, so ergibt die Rechnung (2.14)

$$\mathbf{P}(Y' = 2Y \mid Y = 100) = \frac{\frac{1}{1000}}{\frac{1}{1000} + \frac{1}{1000}} = \frac{1}{2} \, . \tag{2.15}$$

Dieses Ergebnis passt zur ursprünglichen Problemformulierung. Andere Annahmen zur Wahl von X führen jedoch auf andere Ergebnisse, z.B. folgende:

- Wenn die Verteilung für X durch[17] $\mathbf{P}(X = n) = \frac{n}{5050}$ für $n = 1, \ldots, 100$ gegeben ist, erhalten wir

$$\mathbf{P}(Y' = 2Y \mid Y = 100) = \frac{\frac{100}{5050}}{\frac{100}{5050} + \frac{50}{5050}} = \frac{2}{3} \, .$$

- Wird $X = 30$, 40 oder 50 mit jeweils der Wahrscheinlichkeit $\frac{1}{3}$ angenommen, erhalten wir

---

[17]Die Wahrscheinlichkeiten müssen sich zu 1 summieren, so dass wir kontrollieren müssen, dass $1 + 2 + \cdots + 100 = 5050$ ist. Dies könnten wir zwar durch Nachrechnen tun; einfacher ist es jedoch, sich an die Anekdote zu erinnern, wie der Schuljunge Gauss diese Summe in weniger als einer Minute berechnete – und damit die Hoffnung seines Lehrers zerstörte, eine längere Zeit ungestört zu sein. Siehe z.B. Firsov (1995) sowie die Ausführungen im Anhang A.

$$\mathbf{P}(Y' = 2\,Y \mid Y = 100) = \frac{0}{0 + \frac{1}{3}} = 0\,.$$

Tatsächlich ist es möglich, für eine beliebige Wahl von p zwischen 0 und 1 eine Verteilung für X zu finden, so dass $\mathbf{P}(Y' = 2\,Y \mid Y = 100) = p$ gilt. (Als Übung kann man diese Behauptung beweisen!)

Welches Modell oder welche Verteilung sollte man für X wählen? Diese Frage kann die Wahrscheinlichkeitstheorie nicht alleine beantworten. Stattdessen müsste der Spielshowsteilnehmer – wenn man dieses Spiel in Wirklichkeit spielen würde – sich selbst dazu eine Meinung bilden, z. B. mit Hilfe eventueller Einsichten in die Psychologie des Moderators.

Der scheinbare Widerspruch im Umschlagproblem entsteht also durch eine Vermischung der *Wahrscheinlichkeit* für $Y' = 2\,Y$ und der entsprechenden *bedingten* Wahrscheinlichkeit, wenn z. B. $Y = 100$ gegeben ist, oder durch die unbewusste (aber falsche) Annahme, dass beide Wahrscheinlichkeiten zusammen fallen müssen.

In Gleichung (2.15) haben wir gesehen, dass die beiden Wahrscheinlichkeiten tatsächlich zusammenfallen können, z. B. für die Verteilung $\mathbf{P}(X = n) = \frac{1}{1000}$ mit $n = 1, 2, \ldots, 1000$. Entsteht nicht erneut ein Widerspruch, wenn wir diese Verteilung für X annehmen?

Die Antwort ist nein, denn um ein finanzielles Perpetuum mobile zu erhalten, müsste $\mathbf{P}(Y' = 2\,Y \mid Y = y)$ für *jedes* mögliche y den Wert $\frac{1}{2}$ annehmen. Mit der gerade genannten Verteilung für X kann Y alle ganzen Zahlen zwischen 1 und 1000 sowie alle geraden ganzen Zahlen bis 2000 annehmen. Wenn wir jetzt z. B. $Y = 1792$ beobachten, *muss* Y' gleich 896 sein, so dass $\mathbf{P}(Y' = 2\,Y \mid Y = 1792) = 0$ ist.

Um dies auf die Spitze zu treiben, versuchen wir, für X eine Wahrscheinlichkeitsverteilung zu konstruieren, so dass jede mögliche Realisierung y auf

$$\mathbf{P}(Y' = 2\,Y \mid Y = y) = \frac{1}{2} \tag{2.16}$$

führt. (Wenn uns das gelingt, haben wir wieder ein finanzielle Perpetuum mobile.) Nehmen wir zu Beginn der Einfachheit halber an, dass X nur Zweierpotenzen als Werte annehmen kann, d. h. die Elemente der Menge $\{\ldots, \frac{1}{4}, \frac{1}{2}, 1, 2, 4, 8, 16, \ldots\}$. Wenn wir jetzt beispielsweise den Fall $Y = 8$ betrachten, dann müssten wir erreichen, dass

$$\mathbf{P}(Y' = 2\,Y \mid Y = 8) = \frac{1}{2}$$

gilt. Eine Rechnung entsprechend der in (2.14) ergibt

$$\mathbf{P}(Y' = 2\,Y \mid Y = 8) = \frac{\mathbf{P}(X = 8)}{\mathbf{P}(X = 8) + \mathbf{P}(X = 4)}\,,$$

und damit diese Wahrscheinlichkeit gleich $\frac{1}{2}$ wird, muss $\mathbf{P}(X = 8) = \mathbf{P}(X = 4)$ sein.

Wenn wir stattdessen den Fall $Y = 16$ betrachten, können wir auf die gleiche Art und Weise schlussfolgern, dass $\mathbf{P}(X = 16) = \mathbf{P}(X = 8)$ gelten muss. Damit können wir fortfahren, so lange wir wollen. Als Resultat ergibt sich, dass $\mathbf{P}(X = 2^k)$ für jede ganze Zahl k den gleichen Wert p annehmen muss.

Nehmen wir jetzt an, dass $p = 0$ gilt. Dann ist $\mathbf{P}(X = 2^k) = 0$ für jedes k, und wenn wir über alle k summieren, erhalten wir

$$\sum_{k=-\infty}^{\infty} \mathbf{P}(X = 2^k) = 0 \, .$$

Dies ist jedoch keine Wahrscheinlichkeitsverteilung (denn für eine solche müssen sich die Wahrscheinlichkeiten zu 1 addieren), so dass der Fall $p = 0$ nicht möglich ist. Das heißt, es muss $p > 0$ gelten. Dann wird jedoch

$$\sum_{k=-\infty}^{\infty} \mathbf{P}(X = 2^k) = \sum_{k=-\infty}^{\infty} p = p \cdot \infty = \infty \, ,$$

d. h. auch in diesem Fall liegt keine Wahrscheinlichkeitsverteilung vor.

Damit haben wir bewiesen, dass auf der Menge $\{\ldots, \frac{1}{4}, \frac{1}{2}, 1, 2, 4, 8, 16, \ldots\}$ keine Wahrscheinlichkeitsverteilung für X existiert, die die Gleichung (2.16) für jeden möglichen Wert x erfüllt. Kann es dann eine Verteilung für X geben, die für jedes y die Gleichung (2.16) erfüllt, wenn für X andere Werte als Zweierpotenzen zugelassen werden? Die Antwort ist nein und kann wie folgt begründet werden. Nehmen wir an, dass es eine Verteilung für X gäbe, die (2.16) für jedes mögliche y erfüllt. Der Moderator wählt X entsprechend dieser Verteilung. Nehmen wir weiter an, dass der Moderator einen geizigen Chef hat, der, wenn der Moderator seinen Wert für X vorschlägt, diesen auf die nächst niedrigere Zweierpotenz korrigiert. Damit erhält X eine neue Verteilung, die sich offenbar auf der Menge $\{\ldots, \frac{1}{4}, \frac{1}{2}, 1, 2, 4, 8, 16, \ldots\}$ bewegt, und die außerdem (2.16) erfüllt (oder etwa nicht?). Da wir zuvor gerade gezeigt haben, dass es keine solche Verteilung auf der Menge der Zweierpotenzen gibt, müssen wir schlussfolgern, dass es keine Verteilung für X gibt, die die Bedingung (2.16) erfüllt.

2.5 Das Umschlagproblem als statistisches Schätzproblem

Betrachten wir das Umschlagproblem aus einer etwas anderen Perspektive. Man kann die Situation des Spielshowteilnehmers auch als **statistisches Schätzproblem**[18] sehen. Wenn der Spieler seinen gewählten Umschlag geöffnet hat, soll er auf der Basis der vorliegenden Information (dem Wert

---

[18]In der schwedischen (und deutschen, Anm. d. Übers.) Universitätstradition gibt es das Fach **mathematische Statistik**, das aus zwei Teilen besteht: Wahrschein-

von Y) versuchen, den Betrag von X zu schätzen, den wir als **unbekannten Parameter** betrachten.

In der Analyse des vorhergehenden Abschnitts bestanden wir darauf, bereits zu Beginn eine Wahrscheinlichkeitsverteilung für den unbekannten Parameter X angeben zu müssen. Diese Vorgehensweise wird der **Bayessche** Ansatz für statistische Schlussfolgerungen genannt. Die für X angenommene Verteilung wird als **a-priori-Verteilung** bezeichnet.

Die Bayessche Schule steht im Gegensatz zur **klassischen**[19] Statistik, deren Vertreter argumentieren, dass man in den meisten Situationen keinen Grund hat anzunehmen, dass der unbekannte Parameter zufällig ist und einer gewissen Verteilung unterliegt. Stattdessen sollte X als eine feste (aber weiterhin unbekannte) Konstante behandelt werden. Der Vater der schwedischen mathematischen Statistik, Harald Cramér, hatte z. B. für den Bayesianismus nicht viel übrig, wie das folgende Zitat seines Buches *Sannolikhetskalkylen* von 1951 deutlich macht.

> In älteren Wahrscheinlichkeitskalkülen wurde das Problem des Schätzens von m mit Hilfe von Bayes' Satz gelöst. Man dachte sich den wirklichen Wert der beobachteten Größe als Zufallsvariable, und nahm die Existenz einer a-priori-Verteilung $\pi(m)dm$ an [...] Die Schwäche dieser Schlussfolgerung besteht vor allem darin, dass die a-priori Frequenzfunktion $\pi(m)$ im Allgemeinen vollständig unbekannt ist. Um einfache Ergebnisse zu erhalten, ist man gezwungen, ziemlich wirklichkeitsfremde Annahmen bezüglich dieser Funktion zu treffen. Davon abgesehen leidet die Schlussfolgerung unter dem grundlegenden Fehler, dass der wirkliche Wert m in den meisten Fällen nicht das Resultat eines zufälligen Versuches ist und deshalb nicht als Zufallsgröße betrachtet werden kann. Gewöhnlich sollte m ganz einfach als feste – wenngleich unbekannte – Konstante betrachtet werden. Unter solchen Umständen existiert überhaupt keine a-priori Frequenzfunktion. Bayes' Satz ist deshalb für die Fehlertheorie so gut wie wertlos, und seine Anwendung in diesem Gebiet sollte durch Methoden mit Konfidenzintervallen ersetzt werden.

------

lichkeitstheorie und Statistik. Während die Wahrscheinlichkeitstheorie mathematische Modelle für Zufallsphänomene behandelt, ist die zentrale Frage der Statistik, wie man Schlussfolgerungen über unbekannte Größen auf der Grundlage von Informationen oder Daten zieht, die – z. B. auf Grund von Messfehlern – auf irgendeine Art und Weise unsicher oder unvollständig sind. Mit statistischen Schätzproblemen sind Probleme gemeint, die mehr dem Gebiet der Statistik als der Wahrscheinlichkeitstheorie zuzuordnen sind. Der Zusammenhang zwischen Wahrscheinlichkeitstheorie und Statistik besteht darin, dass Messfehler und andere Einflüsse, die die Daten verfälschen, im Allgemeinen auf die eine oder andere Art als zufällig angenommen werden können und deshalb mit Hilfe wahrscheinlichkeitstheoretischer Modelle beschreibbar sind.

[19]Oder **frequentistischen**, wie sie auch (etwas irreführend) genannt wird.

Der Bayessche Ansatz wurde seit der Zeit, als Cramér diese Worte schrieb, immer mehr akzeptiert. Dies zeigt sich auch darin, dass mindestens die Hälfte der Artikel, die derzeit in führenden Statistikzeitschriften publiziert werden (wie den *Annals of Statistics* und dem *Journal of the Royal Statistical Society*), Bayessche Methoden behandeln. Speziell in so genannten **entscheidungstheoretischen** Situationen gibt es gute (fast zwingende?) Argumente für den Bayesschen Ansatz; siehe z. B. Savage (1954) und Berger (1980). Mit einer entscheidungstheoretischen Situation ist eine Situation gemeint, bei der das Ziel der statistischen Analyse ist, eine Entscheidung durch die Maximierung einer gewissen Gewinn- oder Nutzenfunktion zu treffen. Wir erkennen die Situation wieder, in der sich der Spielshowteilnehmer beim Umschlagproblem befindet.

Gleichwohl gibt es auch heute noch Statistiker, die den Bayesschen Methoden so abweisend gegenüberstehen, dass sie meinen, dass sogar eine Situation wie diese mit klassischer Statistik behandelt werden müsse. Die Herausforderung besteht dann darin, eine Methode zu finden, die *unabhängig vom Wert des Parameters X* gute Resultate liefert.[20]

Christensen & Utts (1992) nahmen diese Herausforderung an, neben der Bayesschen Analyse, die wir im vorigen Abschnitt diskutierten, eine klassische Lösung zu suchen. Ihr Vorschlag ist, immer den ursprünglich gewählten Umschlag zu behalten. Dies führt auf einen Gewinn von X oder $2X$ jeweils mit der Wahrscheinlichkeit $\frac{1}{2}$, so dass der Erwartungswert des Gewinns – unabhängig davon, wie groß X ist –

$$\tfrac{1}{2} \cdot X + \tfrac{1}{2} \cdot 2X = \frac{3X}{2}$$

beträgt. Dieses Ergebnis darf als einigermaßen akzeptabel angesehen werden. Nennen wir diese Strategie die *feige* Strategie. Als die *mutige* Strategie wollen wir die ebenso gute Methode bezeichnen, immer zu wechseln, die als erwarteten Gewinn auch den Wert $\frac{3X}{2}$ ergibt.[21] Existiert eine bessere Strategie in dem Sinne, dass sich (unabhängig von X) ein erwarteter Gewinn ergibt, der *größer* als $\frac{3X}{2}$ ist? Auch wenn man eine Weile darüber nachdenkt – dies erscheint doch ziemlich unmöglich?

Überraschenderweise existieren Strategien, die unabhängig von X im Mittel besser sind als die feige Strategie. Eine solche, die wir im Folgenden kennenlernen wollen, wurde von Ross (1994) vorgestellt.

---

[20]Eigentlich müssten wir im Folgenden, da X nicht länger eine Zufallsgröße ist, wieder zur Bezeichnung x übergehen. Wir bleiben jedoch bei X, um zu betonen, dass es sich um dieselbe Größe wie im vorhergehenden Abschnitt handelt.

[21]Wir sehen, dass die mutige Strategie nur auf den ersten Blick mutiger als die feige erscheint, denn beide Methoden ergeben genau die gleiche Verteilung für den Gewinn.

Versetzen wir uns wieder in die Situation des Spielshowteilnehmers und legen wir vor dem Öffnen des Umschlags einen **Schwellenwert** $C > 0$ fest, der entscheiden soll, ob wir wechseln oder nicht. Wenn wir in dem gewählten Umschlag einen Betrag Y vorfinden, für den $Y \geq C$ gilt, sind wir zufrieden und behalten ihn, während wir im Fall $Y < C$ den Umschlag wechseln.

Gilt für den unbekannten Parameter X, dass $X \geq C$ ist, werden wir den gewählten Umschlag mit Sicherheit behalten, so dass der Erwartungswert für den Gewinn der gleiche bleibt wie bei der feigen Strategie: $\frac{3X}{2}$. Gilt stattdessen $X < \frac{C}{2}$, werden wir mit Sicherheit wechseln, so dass der Erwartungswert der gleiche ist wie im Fall der mutigen Strategie: also wieder $\frac{3X}{2}$.

Den entscheidenden Vorteil der Schwellenwertstrategie stellt der dritte Fall dar, der eintritt, wenn X *zwischen* $\frac{C}{2}$ und C liegt. Denn dann wechseln wir wenn $Y = X$ gilt und behalten den Umschlag für den Fall, dass $Y = 2X$ ist. Dies hat zur Folge, dass wir den Betrag $2X$ unabhängig davon erhalten, welchen Umschlag wir zu Beginn gewählt haben. Der Erwartungswert für den Gewinn ist somit $2X$.

Mit dieser Vorgehensweise steht uns eine Strategie zur Verfügung, die für *alle* Werte von X eine *mindestens* gleich gute durchschnittliche Ausschüttung wie die feige Strategie ermöglicht, für gewisse Werte von X jedoch *mehr* ergibt. Das ist schon ein Fortschritt, gesucht war jedoch eine Strategie, die *unabhängig* von X einen höheren Gewinn als die feige Strategie ergibt.

Für eine solche Strategie können wir – und das ist der entscheidende Punkt bei Ross – den Schwellenwert C zufällig wählen. Diese Strategie wird als **randomisierte** oder **gemischte** Strategie bezeichnet.[22] Für einen festen Wert von C haben wir gesehen, dass der erwartete Gewinn für $X < C \leq 2X$ gleich $2X$ wird und andernfalls nur $\frac{3X}{2}$ beträgt. Durch eine zufällige Wahl von C wird der erwartete Gewinn

$$\mathbf{E}[\text{Gewinn}] = \frac{3X}{2} \, \mathbf{P}(C \notin (X, 2X]) + 2X \, \mathbf{P}(C \in (X, 2X])$$

$$= \frac{3X}{2} \, \mathbf{P}(C \notin (X, 2X]) + \frac{3X}{2} \, \mathbf{P}(C \in (X, 2X])$$

$$+ \frac{X}{2} \, \mathbf{P}(C \in (X, 2X])$$

$$= \frac{3X}{2} + \frac{X}{2} \, \mathbf{P}(C \in (X, 2X]) \,.$$

Bei der Bestimmung unserer gemischten Strategie steht es uns frei, eine ganz beliebige Verteilung für C zu wählen. Wenn wir für C eine Verteilung ansetzen, die die gesamte positive reelle Achse überdeckt – z. B. die Exponentialverteilung[23] – wird die Wahrscheinlichkeit $\mathbf{P}(C \in (X, 2X])$ für jedes X positiv. Die obige Rechnung ergibt deshalb unabhängig von X

$$\mathbf{E}[\text{Gewinn}] > \frac{3X}{2} \,.$$

---

[22] Gemischte Strategien werden als zentrales Thema im Kapitel 3 behandelt.
[23] Siehe (B.10) im Anhang B.

2.6 Zwei weitere Umschlagprobleme

Es gibt mehrere Varianten des Umschlagproblems. An dieser Stelle möchte ich einige weitere vorstellen. Sie sind der ausgezeichneten Problemsammlung *Mathematical Puzzles: A Connoisseur's Collection* von Peter Winkler (2003) entnommen.

Problem 2.6. Der Moderator schreibt zwei unterschiedliche reelle Zahlen X und X' jeweils auf einen Zettel und legt jeden in einen Umschlag. Danach werden die Umschläge gemischt, und Du darfst einen auswählen und öffnen. Anschließend entscheidest Du, ob Du den Umschlag behalten oder zum anderen Umschlag wechseln willst. Du gewinnst 1 EUR, wenn Du die höhere Zahl wählst. Was solltest Du tun, um die Gewinnwahrscheinlichkeit zu maximieren?

Es gibt diverse Strategien, die eine Gewinnwahrscheinlichkeit von $\frac{1}{2}$ garantieren. Sie kann beispielsweise dadurch erreicht werden, dass man immer oder nie wechselt oder indem man zur Entscheidung eine Münze wirft. Wer das Argument von Ross im vorhergehenden Abschnitt verinnerlicht hat, kann mit etwas Nachdenken eine Strategie konstruieren, die eine *größere* Gewinnchance als $\frac{1}{2}$ garantiert.

Eine andere Variante des Umschlagproblems ist die folgende. Sie besitzt eine sehr elegante Lösung, die ich hier jedoch nicht verraten möchte. Wer an diesem Problem verzweifelt, kann sich an Winklers Buch wenden.

Problem 2.7. Die Situation ist im Prinzip die gleiche wie beim vorhergehenden Problem, mit zwei Unterschieden:

(a) Du kennst die Verteilung von X und X' – sie sind unabhängig und werden beide entsprechend einer Gleichverteilung auf dem Intervall $[0, 1]$ auf gut Glück gezogen[24].
(b) Als Ausgleich für (a) darf der *Moderator* (ohne zu mischen) wählen, welchen Umschlag Du öffnen sollst.

Bei dieser Variante kannst Du die Gewinnwahrscheinlichkeit von $\frac{1}{2}$ dadurch garantieren, indem Du eine Münze wirfst, die entscheidet, ob Du den Umschlag tauschen sollst oder nicht. Gibt es eine Strategie für den Moderator (bezüglich der Wahl des Umschlags, der geöffnet werden soll), die garantiert, dass Du keine Strategie finden kannst, die eine höhere Gewinnwahrscheinlichkeit als $\frac{1}{2}$ besitzt?

---

[24]Siehe Formel (B.11) im Anhang B.

Spieltheorie

Dem ersten Eindruck des Wortes nach zu urteilen, ist die Spieltheorie eine recht heitere und unkomplizierte Beschäftigung. Tatsächlich ist sie jedoch ein ernst zu nehmender Zweig der Mathematik mit wichtigen Anwendungen in den Wirtschafts- und Gesellschaftswissenschaften, der Evolutionsbiologie und Informatik sowie in gewissen militärischen Zusammenhängen.

Die traditionelle Einteilung der mathematischen Fachgebiete ordnet die Spieltheorie normalerweise nicht der Wahrscheinlichkeitstheorie zu. Trotzdem halte ich es für richtig, die Spieltheorie in ein Buch wie dieses mit aufzunehmen. Die Spieltheorie führt sehr schnell zu Situationen, in denen ein Spieler, der vom Gegner nicht durchschaut werden will, auf die eine oder andere Weise zufällig agieren sollte. Wir werden in Kürze einige Beispiele dafür kennenlernen. Um diese zufälligen Strategien[1] zu verstehen, benötigt man ein gewisses Maß an wahrscheinlichkeitstheoretischen Grundlagen.

In den Abschnitten 3.1 und 3.2 beschäftigen wir uns mit einem besonders fundamentalen Teil der Spieltheorie, der Theorie der so genannten endlichen Nullsummenspiele zweier Personen. Diese Theorie findet bei verschiedenen Gesellschafts- und Glücksspielen Anwendung (was im Folgenden durch einige Beispiele belegt wird) und kann unter anderem auch für die Konstruktion effektiver Computeralgorithmen verwendet werden (Motwani & Raghavan, 1995).

Die Annahmen des Nullsummenspiels – das uns zum meiner Meinung nach spannendsten Teil der Spieltheorie führt – erläutern wir im Abschnitt 3.3. Das Nullsummenspiel eröffnet die Möglichkeit einer Zusammenarbeit der Spieler. Dies führte zu weitreichenden Diskussionen, wie durch Darwinismus und natürliche Selektion in der Tierwelt (scheinbar) uneigennützige Handlungen entstehen können (Axelrod & Hamilton, 1981; Dawkins, 1989; Dennett, 1995) und wie wir Menschen Gesellschaftsstrukturen einrichten und aufrecht erhal-

---

[1]Weiter unten werden sie als **randomisierte** oder **gemischte** Strategien bezeichnet.

ten können, die trotz des starken Einflusses des menschlichen Egoismus (den wir wohl alle[2] in uns tragen) funktionieren (Axelrod, 1984; Rothstein, 2003).

3.1 Nullsummenspiele

Wir beginnen mit einem Beispiel. Denken wir uns zwei feindliche Armeen A und B, die sich auf zwei Anhöhen gegenüber stehen, die durch ein Tal getrennt sind. Will einer den Gegner angreifen, kann er wählen, ob er den Angriff längs der nördlichen oder südlichen Seite des Tales beginnt. Eine dritte, eher defensive Strategie besteht darin, auf der eigenen Anhöhe zu bleiben. A ist bei der direkten Konfrontation draußen auf dem Feld besser als B, so dass A gewinnt, wenn beide Armeen auf der nördlichen oder südlichen Seite angreifen. Wenn die Armeen hingegen von unterschiedlichen Seiten her angreifen, gewinnt B dank seiner Fähigkeit, die Lage schnell zu erfassen, umzudirigieren und dem Gegner in den Rücken zu fallen. Geht nur eine der beiden Armeen zum Angriff über, während die andere auf ihrer Anhöhe bleibt, gewinnt letztere wegen ihrer günstigen Höhenlage. Schließlich wird keine der beiden Armeen gewinnen, wenn kein Angriff erfolgt: das Ergebnis ist unentschieden. Die Generäle der Armee müssen ihre jeweilige Entscheidung (Angriff nördlich, Angriff südlich oder stehen bleiben) gleichzeitig und ohne Wissen der Entscheidung des anderen treffen.

Diese Situation kann durch die so genannte **Auszahlungsmatrix** (bzw. Spielmatrix) in Abb. 3.1 dargestellt werden. Die Elemente der Matrix geben den Gewinn aus der Sicht von A an: +1 bedeutet Gewinner, 0 bedeutet unentschieden, und −1 Verlierer; aus der Sicht von B gilt das Umgekehrte. Das Spiel wird so gespielt, dass A eine Zeile und B eine Spalte der Matrix wählt. Die Entscheidung erfolgt gleichzeitig, so dass A seine Wahl ohne Wissen der Wahl von B trifft (und umgekehrt). Diese Wahl führt auf ein Element der Matrix, das für A so groß wie möglich sein sollte, während B das kleinstmögliche Element anstrebt.

Wir können das Spiel unblutig enden lassen, indem wir festlegen, dass die siegreiche Armee der verlierenden Armee keinen Schaden zufügt. Stattdessen muss der Verlierer ein Lösegeld von beispielsweise 1 EUR an den Gewinner zahlen. Der Gewinn von A ist damit genauso groß wie der Verlust von B (und vice versa), weshalb dieses Spiel als **Nullsummenspiel** bezeichnet wird. Dies ist auch der Grund für die Bezeichnung „Auszahlungsmatrix".

Wie sollten A bzw. B spielen? Betrachtet man die Auszahlungsmatrix, stellt man fest, dass A *garantiert* mindestens ein Unentschieden erreichen kann, wenn A auf seiner Anhöhe stehen bleibt; entsprechend kann B *garantiert* mindestens ein Unentschieden erreichen. Wenn sich beide Spieler auf diese Weise mindestens das Unentschieden sichern wollen, entsteht eine Gleichgewichtslage. Wer im Alleingang davon abweichen will, wird unwiderruflich

---

[2]Vielleicht sollte man sicherheitshalber „oder fast alle" hinzufügen.

B

	Nord	Süd	bleiben
Nord	$+1$	-1	-1
Süd	-1	$+1$	-1
bleiben	$+1$	$+1$	0

A

Abb. 3.1. Die Auszahlungsmatrix für das Spiel zwischen den beiden Armeen.

bestraft.[3] Das Ergebnis zweier rational handelnder Spieler (rational in dem Sinne, dass sie ihren Gewinn maximieren wollen) wird deshalb das Unentschieden sein. Folglich können wir behaupten, dass der objektive *Wert* des Spiels (aus der Sicht von A) Null beträgt, denn diesen Gewinn erzielt A, wenn beide Spieler rational handeln.

Das oben stehende Spiel erweist sich bei näherer Analyse als ziemlich langweilig. Was kann man im Vergleich dazu über das alte Schere–Stein–Papier Spiel sagen, dessen Auszahlungsmatrix in Abb. 3.2 zu sehen ist? Auf welchen Wert führt dieses Spiel?

Wir sehen: Welche Zeile A (Anna) auch wählt, sie riskiert in jedem Fall, 1 EUR zu verlieren. Auf die gleiche Art und Weise riskiert auch B (Björn), 1 EUR zu verlieren, egal welche Spalte er wählt. Heißt das, dass man den Wert des Spiels (aus Annas Sicht) gar nicht spezifizieren kann, sondern stattdessen sagen sollte, dass er zwischen -1 und 1 liegt?

Nein, es gibt tatsächlich auch beim Schere–Stein–Papier Spiel einen Gleichgewichtspunkt, der dem Gleichgewichtspunkt des vorherigen Spiels entspricht. Ausgehend von diesem Gleichgewicht können wir den Wert des Spiels bestimmen. Um ein solches Gleichgewicht zu finden, müssen wir allerdings zulassen, dass die Spieler **gemischte** Strategien verwenden. Damit ist gemeint, dass sie Zugang zu irgend einer Form von Zufallsmechanismus haben – z. B. einem Würfel oder einem Zufallsgenerator – mit dessen Hilfe sie bestimmen, wie sie spielen sollen. Eine gemischte Strategie anzuwenden, bedeutet demzufolge,

---

[3]Eine solche Gleichgewichtslage wird auch als **Sattelpunkt** der Auszahlungsmatrix bezeichnet.

B

		Schere	Stein	Papier
	Schere	0	−1	+1
A	Stein	+1	0	−1
	Papier	−1	+1	0

Abb. 3.2. Die Auszahlungsmatrix des Schere–Stein–Papier Spiels. Die beiden Spieler machen hinter ihrem Rücken das Zeichen eines der drei Gegenstände, und auf ein Kommando hin zeigen sie es nach vorn. Die Schere besiegt (aus offensichtlichen Gründen) das Papier, dieses besiegt den Stein, der seinerseits die Schere besiegt. Wenn die Spieler das gleiche Zeichen vorzeigen, ist das Spiel unentschieden.

dass man den Zufall aktiv zu Hilfe nimmt. Das bezeichnet man häufig auch als **randomisieren**.

Indem man gemischte Strategien zulässt, kann sich Anna z. B. auf die Strategie festlegen, Schere, Stein oder Papier mit jeweils der Wahrscheinlichkeit $\frac{1}{3}$ zu spielen. Wenn wir dann davon ausgehen, dass Björn Schere wählt, wird das Spiel mit Wahrscheinlichkeit $\frac{1}{3}$ unentschieden ausgehen; Anna gewinnt mit Wahrscheinlichkeit $\frac{1}{3}$, das Gleiche gilt für Björn. Der Erwartungswert von Annas Gewinn beträgt damit

$$\tfrac{1}{3} \cdot 0 + \tfrac{1}{3} \cdot 1 + \tfrac{1}{3} \cdot (-1) = 0 \,.$$

Den gleichen Erwartungswert erhalten wir, wenn Björn Stein oder Papier spielt, und es ist auch nicht schwer einzusehen, dass der Erwartungswert weiterhin 0 ist, wenn sich auch Björn dafür entscheidet, seine Strategie zu randomisieren (zu mischen).[4]

Auf die gleiche Art und Weise sehen wir, dass auch Björn den Erwartungswert 0 garantieren kann, indem er die gleiche $(\frac{1}{3}, \frac{1}{3}, \frac{1}{3})$-Randomisierung wie Anna wählt. Das heißt, dass sich zwar keiner der Spieler gegen einen Verlust in einzelnen Spieldurchgängen schützen kann, sich jedoch beide Spieler den *erwarteten* Gewinn von 0 sichern können, so dass das gesamte Spiel den

---

[4]Unterschwellig setzen wir hierbei voraus, dass Anna und Björn Zugang zu *eigenständigen* und *unabhängigen* Zufallsquellen haben. Dies nehmen wir künftig an, was sinnvoll und in Übereinstimmung mit der früheren Annahme ist, dass sie ihre Strategie-Entscheidung ohne Wissen der Wahl des jeweils anderen treffen.

Wert 0 besitzt.[5] Wenn beide Spieler die $(\frac{1}{3}, \frac{1}{3}, \frac{1}{3})$-Randomisierung anwenden, so hätte keiner von ihnen etwas davon, von dieser Strategie abzuweichen. Wir nennen eine solche Situation deshalb Gleichgewichtslage.

Diese beiden Beispiele wollen wir jetzt zum allgemeinen endlichen Nullsummenspiel mit zwei Spielern A und B verallgemeinern. Solch ein Spiel wird durch die Auszahlungsmatrix U der Dimension $(m \times n)$ und durch die Elemente u_{ij}, mit $i = 1, \ldots, m$ und $j = 1, \ldots, n$, definiert. Während A einen von m möglichen Zügen $A_1, \ldots, A_m$ wählt, entscheidet sich B (gleichzeitig) für einen von n möglichen Zügen $B_1, \ldots, B_n$. Hat A den Zug A_i und B den Zug B_j gewählt, dann ergibt das Spiel, dass B an A den Betrag u_{ij} bezahlt (der eventuell negativ sein kann, so dass A den Betrag an B bezahlen muss), siehe Abb. 3.3.

Wie im Fall des Schere–Stein–Papier Spiels lassen wir auch bei der Verallgemeinerung gemischte Strategien zu. A kann somit einen Wahrscheinlichkeitsvektor[6] $(p_1, \ldots, p_m)$ spezifizieren, bei dem p_i die Wahrscheinlichkeit angibt, dass der Spieler A A_i spielt. Entsprechend soll B einen Wahrscheinlichkeitsvektor $(q_1, \ldots, q_n)$ angeben, wobei q_j die Wahrscheinlichkeit bedeutet, dass Spieler B B_j spielt. V_m soll die Menge aller Wahrscheinlichkeitsvektoren mit m Komponenten bezeichnen, analog ist V_n definiert.

Nehmen wir jetzt an, dass A und B gemischte Strategien anwenden, die den Wahrscheinlichkeitsvektoren $\mathbf{p} = (p_1, \ldots, p_m)$ und $\mathbf{q} = (q_1, \ldots, q_n)$ entsprechen. Die Auszahlung (des Spielers B an A) wird damit eine Zufallsgröße, die wir mit X bezeichnen. Weil das Element u_{ij} mit Wahrscheinlichkeit $p_i q_j$ gewählt wird, erhält X den Erwartungswert[7]

$$\mathbf{E}[X] = \sum_{i=1}^{m} \sum_{j=1}^{n} p_i \, q_j u_{ij} \, . \tag{3.1}$$

Entscheidet sich A jedoch für $\mathbf{p}$, so weiß sie nicht, welche (gemischte) Strategie B gewählt hat. Deshalb sollte sie damit rechnen, dass er diejenige Strategie $\mathbf{q}$ gewählt hat, die den Erwartungswert in (3.1) minimiert, so dass sich in diesem Fall

---

[5]Aus Symmetriegründen hätten wir von vornherein sagen können, dass *wenn* dieses Spiel einen wohldefinierten Wert besitzt, dieser vernünftigerweise 0 sein muss. Gerade haben wir gezeigt, dass er wohldefiniert ist.

[6]Der Vektor $(p_1, \ldots, p_m)$ wird **Wahrscheinlichkeitsvektor** genannt, wenn $p_i \geq 0$ für jedes i und $\sum_{i=1}^{m} p_i = 1$ gilt. Die Komponenten repräsentieren Wahrscheinlichkeiten einer Verteilung, die – wie wir wissen – nichtnegativ sein müssen und sich zu 1 aufsummieren.

[7]Die Σ-Notation der Summen wird im Anschluss an (A.3) im Anhang A vorgestellt.

	B_1	B_2	$\cdots$	B_n
A_1	u_{11}	u_{12}	$\cdots$	u_{1n}
A_2	u_{21}	u_{22}	$\cdots$	u_{2n}
$\vdots$	$\vdots$	$\vdots$		$\vdots$
A_m	u_{m1}	u_{m2}	$\cdots$	u_{mn}

Abb. 3.3. Allgemeine Auszahlungsmatrix für Nullsummenspiele.

$$\mathbf{E}[X] = \min_{\mathbf{q} \in V_n} \sum_{i=1}^{m} \sum_{j=1}^{n} p_i\, q_j u_{ij} \tag{3.2}$$

ergibt.

Das ist der Erwartungswert, den sich A als *kleinsten* Betrag durch die Wahl der Strategie **p** sichert. Diesen Minimumwert möchte sie natürlich so hoch wie möglich wählen. Wählt sie **p** so, dass der Ausdruck in (3.2) maximiert wird, kann sie sich sicher fühlen, dass ihr erwarteter Gewinn mindestens

$$\max_{\mathbf{p} \in V_m} \min_{\mathbf{q} \in V_n} \sum_{i=1}^{m} \sum_{j=1}^{n} p_i\, q_j u_{ij} \tag{3.3}$$

beträgt. Dies ist der größte erwartete Gewinn, den sich A sichern kann.

Sehen wir uns nun das Spiel aus dem Blickwinkel von B an: Spieler B will $\mathbf{E}[X]$ minimieren. Wählt er die Strategie **q**, muss er damit rechnen, dass A die Strategie **p** gewählt hat, die für dieses **q** den Ausdruck in (3.1) maximiert, so dass der Erwartungswert

$$\max_{\mathbf{p} \in V_m} \sum_{i=1}^{m} \sum_{j=1}^{n} p_i\, q_j\, u_{ij}$$

beträgt. Wenn er klug ist, wählt er **q** so, dass der obige Ausdruck so klein wie möglich wird. Das heißt, es ergibt sich

$$\min_{\mathbf{q} \in V_n} \max_{\mathbf{p} \in V_m} \sum_{i=1}^{m} \sum_{j=1}^{n} p_i\, q_j\, u_{ij}\,. \tag{3.4}$$

Somit kann B garantieren, dass der erwartete Gewinn von A diesen Betrag nicht übersteigt.

Wir haben mit (3.3) beziehungsweise (3.4) Ausdrücke für den höchsten Erwartungswert der Auszahlung X erhalten, den A erzwingen kann, beziehungsweise die kleinste Auszahlung, die B erzwingen kann. Im Fall des Schere–Stein–Papier Spiels sahen wir, dass beide Ausdrücke zusammenfallen, so dass wir sie als Wert des Spiels definieren. Müssen die Ausdrücke (3.3) und (3.4) immer auf denselben Wert führen? Das ist nicht sebstverständlich, denn es gibt in der Mathematik genügend Beispiele dafür, dass das Vertauschen von Maximum und Minimum zu unterschiedlichen Ergebnissen führt.[8] Der amerikanische Mathematiker John von Neumann bewies 1928 die folgende sehr schöne Aussage.

Satz 3.1 (von Neumanns Minimax–Satz). *Für beliebige endliche Nullsummenspiele mit zwei Spielern und der Auszahlungsmatrix U der Dimension $(m \times n)$ gilt*

$$\max_{\mathbf{p} \in V_m} \min_{\mathbf{q} \in V_n} \sum_{i=1}^{m} \sum_{j=1}^{n} p_i\, q_j\, u_{ij} = \min_{\mathbf{q} \in V_n} \max_{\mathbf{p} \in V_m} \sum_{i=1}^{m} \sum_{j=1}^{n} p_i\, q_j\, u_{ij}. \tag{3.5}$$

Aus dem Satz folgt: wenn A die Strategie $\mathbf{p}$ wählt, so dass sich das Maximum in (3.3) ergibt, und B wählt $\mathbf{q}$, so dass sich das Minimum in (3.4) ergibt, dann nützt es keinem Spieler, einseitig von seiner Strategie abzuweichen. Dieses Paar $\mathbf{p}$ und $\mathbf{q}$ kann deshalb als Gleichgewichtslage des Spiels bezeichnet werden, und den Minimax-Ausdruck in (3.5) können wir den Wert des Spiels nennen. Ein Spiel kann mehr als eine Gleichgewichtslage besitzen[9]; diese führen als Folge von Satz 3.1 alle zum gleichen Erwartungswert der Auszahlung X.

Der Beweis des Satzes ist eine Übung in Linearer Algebra, die wir hier nicht durchführen wollen. Wer am Beweis interessiert ist, kann sich entweder an die klassischen Ausführungen von von Neumann & Morgenstern (1944) oder an modernere Lehrbücher wie Binmore (1992) und Owen (2001) wenden.

Sehen wir uns ein weiteres Beispiel an. Als junger Student (um 1990) versuchte ich gelegentlich, meine Kommilitonen für diverse Glücksspiele zu begeistern. Sie waren immer so gestaltet, dass sie zu meinem Vorteil ausgingen; gleichzeitig erschienen sie zunächst verlockend für meine Kommilitonen. (Genau genommen ist das wohl die gleiche Geschäftsidee, die Lotto/Toto und

---

[8]Wer damit nicht vertraut ist, kann z. B. überprüfen, dass $\max_{x \in \{1,2\}} \min_{y \in \{1,2\}} |x - y| = 0$ ist, während $\min_{y \in \{1,2\}} \max_{x \in \{1,2\}} |x - y| = 1$ gilt.

[9]Ein triviales Beispiel dafür liegt vor, wenn alle Elemente der Matrix den gleichen Wert annehmen. Ich möchte die Leserinnen und Leser dazu ermuntern, weitere, weniger triviale Beispiele zu konstruieren.

andere Spielunternehmen in größerem Rahmen verfolgen.) Bei einer Gelegenheit schlug ich meinem Korridor-Nachbarn Eric folgendes Spiel vor. Ich hatte auf einen Zettel in einem Umschlag einen der Beträge 100 oder 200 geschrieben. Eric sollte raten, welcher der beiden Beträge es war. Wenn er richtig riet, sollte er diesen Betrag in Schwedischen Kronen erhalten, andernfalls sollte er mir 150 Kronen bezahlen.[10]

Was würdest Du an Erics Stelle tun?

Wir können das Problem spieltheoretisch formulieren. Ich kann 100 oder 200 Kronen in den Umschlag legen, und Eric kann einen der Beträge raten. Dies führt auf eine (2×2)-Auszahlungsmatrix, wie sie in Abb. 3.4 dargestellt ist.

Abb. 3.4. Die Auszahlungsmatrix meines Versuchs, von Eric Geld zu gewinnen.

Ausgehend von von Neumanns Minimax-Satz (Satz 3.1) können wir schlussfolgern, dass das Spiel einen wohldefinierten Wert besitzt. Wenn Eric ein rationaler Spieler[11] wäre, so würde er dann und nur dann darauf eingehen, wenn dieser Wert positiv (oder zumindest nicht negativ) ist, und dann die gemisch-

---

[10]Ich kann hier erwähnen, dass selbst ich nicht wusste, welcher der Beträge es war, weil ich nicht auf meine Fähigkeit vertraute, ein neutrales „Pokerface" zu bewahren. Davon wusste Eric allerdings nichts.

[11]Wenn wir über rationale Spieler sprechen, meinen wir Spieler, die ausschließlich ihren erwarteten Gewinn maximieren. Allerdings ist das etwas problematisch, denn was würdest Du tun, wenn Du vor folgende Wahl gestellt wärst? Du darfst wählen, ob Du entweder 1 000 000 EUR direkt auf die Hand bekommst, oder ob eine Münze geworfen werden soll, die entscheidet, ob Du 2 100 000 EUR oder nichts erhältst. Die meisten (auch ich) würden sich ziemlich sicher mit der Million begnügen. Ein rationaler Spieler, wie wir ihn definiert haben, würde sich dagegen für den Münzwurf entscheiden, denn das ergibt ja 1 050 000 EUR als erwarteten Gewinn. Deshalb könnte der Begriff rationaler Spieler nach unserer Definition zunächst ungünstig bzw. nicht sinnvoll erscheinen. In der Entscheidungstheorie und in Teilen der Spieltheorie (jedoch nicht in der Theorie der Nullsummenspiele) kann man dies durch die Einführung einer **Nutzenfunktion** korrigieren, die für jeden Betrag sagt, wie groß sein „Nutzen" (was immer das bedeutet) für uns ist. Die meisten von uns würden vermutlich *keinen* doppelt so großen Nutzen von den 2,1 Millionen wie von

te Strategie **p** wählen, die diesen Wert auf der rechten Seite von (3.5) ergibt. Satz 3.1 sagt allerdings nicht, wie man diesen Wert des Spiels *berechnet* und die Strategien findet, die dem Gleichgewichtspunkt entsprechen. Für den Fall von (2×2)-Matrizen gibt es zur Lösung des Problems das folgende Rezept.[12]

Nehmen wir an, dass die Elemente der Matrix a, b, c und d sind, wobei $a \geq b \geq c \geq d$ ist. Dann müssen a und b entweder in der gleichen Zeile, der gleichen Spalte oder der gleichen Diagonale liegen, was drei unterschiedliche Fälle ergibt:

1. Wenn a und b in der gleichen Zeile liegen, ist es selbstverständlich, dass A diese Zeile wählt, denn unabhängig davon, welche Spalte B wählt, verdient A bei dieser Zeile mehr als bei der anderen. Genauso selbstverständlich ist es, dass B die Spalte wählt, die das Element b enthält. Der Wert des Spiels ist deshalb b.

2. Wenn a und b in der gleichen Spalte liegen, sollte B die andere Spalte wählen, was dazu führt, dass A die Zeile wählen sollte, die c enthält. Damit ergibt sich c als Wert des Spiels.

3. Der Fall, bei dem a und b in der gleichen Diagonale stehen, ist der interessanteste, denn dann müssen beide Spiele gemischte Strategien wählen. In der gleichen Zeile wie a befindet sich entweder c oder d, was wiederum zwei Fälle ergibt:

   3.1. Wenn a und c in der gleichen Zeile liegen, ist die Maximin-Strategie von A so definiert, dass diese Zeile mit der Wahrscheinlichkeit[13]

$$\frac{b - d}{(b - d) + (a - c)}$$

   gewählt wird, und die andere Zeile mit der Wahrscheinlichkeit

$$\frac{a - c}{(b - d) + (a - c)}.$$

   Die Minimax-Strategie von B ist, die Spalte, die a und d enthält, mit Wahrscheinlichkeit

---

der einen Million haben, und unter diesem Blickwinkel ist es ganz richtig, sich mit der einen Million zu begnügen.

[12]Es lohnt sich, einen Moment innezuhalten und das Spiel zu analysieren, denn dieses Beispiel ist äußerst lehrreich!

[13]Die folgenden Formeln kann man sich nur schwer merken. Eine einfachere Möglichkeit ist, sich das folgende Schema einzuprägen: A wählt die Zeile, die a und c enthält, mit einer solchen Wahrscheinlichkeit p, dass es (im Sinne des Erwartungswertes) keine Rolle mehr spielt, für welche Spalte sich B entscheidet. Wenn B die Spalte mit a und d wählt, wird sein erwarteter Verlust $p\,a + (1 - p)\,d$, und wenn er die andere Spalte wählt, ist der erwartete Verlust $p\,c + (1 - p)\,b$. Wenn wir diese Ausdrücke gleichsetzen (d. h. $p\,a + (1 - p)\,d = p\,c + (1 - p)\,b$) und nach p auflösen, erhalten wir $p = \frac{b-d}{(b-d)+(a-c)}$.

$$\frac{b - c}{(b - c) + (a - d)}$$

zu wählen, und die andere mit Wahrscheinlichkeit

$$\frac{a - d}{(b - c) + (a - d)} .$$

Der Wert des Spiels wird damit zu

$$\frac{a(b - d) + d(a - c)}{(b - d) + (a - c)} .$$

3.2. Wenn sich a und d in der gleichen Zeile befinden, ist die Lösung die gleiche, mit dem Unterschied, dass c und d ihre Rollen in allen Termen von 3.1 vertauschen. Der Wert des Spiels wir damit zu

$$\frac{a(b - c) + c(a - d)}{(b - c) + (a - d)} .$$

Dass diese Vorgehensweise wirklich den richtigen Wert des Spiels ergibt, ist im Fall 1 und 2 völlig klar, im dritten Fall jedoch weniger offensichlich. Man kann den Fall 3 überprüfen, indem man untersucht, ob einer der Spieler seinen erwarteten Gewinn durch Abweichen von der vorgeschlagenen Gleichgewichtslage verbessern kann. Das erweist sich als unmöglich.

Im Fall meines Spiels mit Eric sehen wir, dass a (d. h. in diesem Fall 200) und b (d. h. 100) auf der gleichen Diagonale liegen. Aus den Formeln in 3.1 folgern wir, dass B (also ich) als Minimax-Strategie die erste Spalte (d. h. 100 Kronen in den Umschlag zu legen) mit Wahrscheinlichkeit $\frac{7}{12}$ wählen muss, und die andere Spalte (200 Kronen in den Umschlag) mit der übrigen Wahrscheinlichkeit $\frac{5}{12}$. Wenn auch Eric seiner Maximin-Strategie folgt, wird sein erwarteter Gewinn

$$\mathbf{E}[X] = \frac{a(b - d) + d(a - c)}{(b - d) + (a - c)} = \frac{200 \cdot 250 - 150 \cdot 350}{250 + 350} = -\frac{25}{6} ,$$

d. h. ein erwarteter Verlust von 4 Kronen und 17 Öre.

Beachte außerdem: Wenn ich den Betrag im Umschlag entsprechend meiner Minimax-Strategie wähle (was ich tat), spielt es keine Rolle für den erwarteten Gewinn von Eric, welchen Betrag er rät: Wenn er 100 Kronen rät, wird sein erwarteter Gewinn

$$\mathbf{E}[X] = \tfrac{7}{12} \cdot 100 + \tfrac{5}{12} \cdot (-150) = -\frac{25}{6} \approx -4{,}17 \text{ Kronen},$$

während die Wahl von 200 Kronen im Durchschnitt

$$\mathbf{E}[X] = \tfrac{7}{12} \cdot (-150) + \tfrac{5}{12} \cdot 200 = -\frac{25}{6} \approx -4{,}17 \text{ Kronen}$$

ergibt.[14]

---

[14]Wie es am Ende ausging? Ob Eric mitspielte? Was er in diesem Fall wählte und was sich dann im Umschlag befand? Das will ich aus steuerlichen Gründen nicht näher darlegen.

Jetzt haben wir gelernt, wie wir Nullsummenspiele der Dimension (2×2) behandeln sollten. Auch Spiele der Dimensionen (3×2) und (3×3) lassen sich von Hand analysieren – siehe dazu den Klassiker Williams (1954), der Nullsummenspiele sehr ausführlich und ohne irgendwelche fortgeschrittene Mathematik behandelt. Größere Matrizen sind schwieriger und sollten vorteilhafterweise Computerprogrammen überlassen werden[15], vorausgesetzt, sie sind nicht *allzu* groß. Im nächsten Abschnitt werden wir auf einige Auszahlungsmatrizen stoßen, die so groß sind, dass kein Computer der Welt auch nur annähernd die Kapazität besitzt, die zur Berechnung der Gleichgewichtslage benötigt wird.

3.2 Nullsummenspiele mit mehreren Entscheidungsschritten

Es wäre durchaus verständlich, wenn man vom endlichen Zwei-Spieler-Nullsummenspiel den Eindruck hat, dass dieses eine recht begrenzte Klasse von Spielen darstellt – denn es gehört zu den Voraussetzungen, dass jeder der Spieler nur einen einzigen Zug machen darf, und die Züge beider Spieler gleichzeitig erfolgen müssen, ohne die Aktion des Gegners zu kennen. Das scheint die meisten Spiele mit dynamischerem Charakter auszuschließen, bei denen die Spieler eine Folge von Entscheidungen treffen müssen, und das Spiel dabei immer weiter fortschreitet, so dass auch Anpassungen der eigenen Strategie an die Entscheidungen des Gegners vorzunehmen sind. Allerdings sind diese Einschränkungen nicht ganz so groß, wie man zunächst glauben möchte, weil viele dieser sequentiellen Spiele so umformuliert werden können, dass sie in die bisher beschriebene Theorie passen. Sehen wir uns an, wie zwei unserer beliebtesten Gesellschafts- und Wettbewerbsspiele, Schach und Bridge, in diesem Sinne beschrieben werden können.[16]

- **Schach** sieht auf den ersten Blick ganz und gar nicht so aus, als ob es zur oben definierten Klasse der endlichen Zwei-Spieler-Nullsummenspiele gehören könnte. Bei diesem Spiel erfolgen die Züge der beiden Spieler nacheinander, d. h. unter Kenntnis der früheren Züge des Gegners.

  Nehmen wir für einen Augenblick an, dass eine Schachpartie beendet wird, nachdem Schwarz seinen ersten Zug gesetzt hat (und dass es Regeln gibt, die auf Grund der dabei entstandenen Stellung das Resultat der Partie festlegen). Selbst dann ist es schwierig, Schach als Zwei-Spieler-Nullsummenspiel aufzufassen, weil Schwarz seinen (einzigen) Zug mit Wissen des Eröffnungszuges von Weiß gespielt hat. Die verschiedenen Möglichkeiten von Weiß sind in diesem Spiel „Bauer nach e4", „Bauer nach d4",

---

[15] Speziell mit Hilfe der so genannten Simplexmethode für lineare Optimierungsprobleme, siehe Owen (2001).

[16] In Fußnote 22 auf Seite 44 ist genauer beschrieben, dass Wettbewerbsbridge nicht in ein Zwei-Spieler-Nullsummenspiel umformuliert werden kann.

„Springer nach f3" und die übrigen 17 zugelassenen Eröffnungszüge. Gehen wir davon aus, dass jeder dieser 20 verschiedenen Eröffnungszüge eine Reihe der Auszahlungsmatrix darstellt. Für jeden dieser Eröffnungszüge hat Schwarz exakt 20 verschiedene Antwortzüge. Allerdings kann Schwarz seine Antwort unter Berücksichtigung des Zuges von Weiß vornehmen, so dass wir seine unterschiedlichen Spielmöglichkeiten als Strategien folgenden Typs annehmen wollen:

> Wenn Weiß den Bauer nach e4 setzt, spiele ich Bauer auf c5. Setzt Weiß stattdessen den Bauern auf d4, spiele ich Springer auf f6. Wenn Weiß stattdessen ...

und so weiter mit der Spezifikation der Antwortzüge auf jeden möglichen Eröffnungszug von Weiß. Eine solche Strategie wollen wir als eine Spalte der Auszahlungsmatrix definieren. Damit wird die Anzahl der Spalten bedeutend größer als die Anzahl der Zeilen – es ergeben sich genau 20^{20} Spalten[17], was uns davon abschreckt, die Auszahlungsmatrix niederzuschreiben – aber es wird noch schlimmer kommen!

Jetzt lassen wir die Annahme fallen, dass die Spieler jeweils nur einen Zug haben, und beginnen eine normale Schachpartie. Eine Zeile in unserer Auszahlungsmatrix wird damit aus einer vollständigen Spezifikation aller weißen Züge bei jeder Stellung, die man sich in der Partie denken kann, bestehen. Es gibt eine absolute obere Grenze dafür, wie lang eine Schachpartie werden kann[18], und deshalb ist die Anzahl der möglichen Stellungen endlich, was wiederum dazu führt, dass die Anzahl der Zeilen der Auszahlungsmatrix endlich ist. Endlich aber groß – unvorstellbar groß! Die Anzahl der möglichen Stellungen führt bei einfachen Schätzungen auf eine Größenordnung von mindestens 10^{20}, und bei den meisten dieser Stellungen hat Weiß eine ganze Reihe unterschiedlicher Züge zur Auswahl, so dass die Anzahl der Spalten $10^{10^{20}}$ oder mehr wird.[19] Diese Zahl kann z. B. mit der Anzahl der Elementarteilchen im bekannten Universum verglichen werden, für die üblicherweise 10^{80} als (sehr grober) Näherungswert ange-

---

[17]Das ist eine wirklich sehr große Zahl: $20^{20} = 104\,857\,600\,000\,000\,000\,000\,000\,000$.

[18]Wir nehmen hier an, dass die Spieler die so genannte 50-Zug-Regel beachten, die besagt, dass, wenn innerhalb von 50 Zügen kein Stein geschlagen und kein Bauer gezogen wurde, die Partie dann mit Remis endet. Die obere Grenze liegt damit in der Größenordnung von 10 000 Zügen.

[19]Wir nehmen hierbei an, dass die Wahl des Zuges von Weiß in einer bestimmten Stellung nur genau auf dieser Stellung beruht, und nicht vom bisherigen Spielverlauf abhängt, d. h., durch welche Züge die jeweilige Situation entstanden ist. Lassen wir außerdem zu, dass Weiß die Vorgeschichte berücksichtigt, wird die Anzahl der Zeilen der Matrix so groß, dass auch eine Zahl wie $10^{10^{20}}$ im Vergleich dazu verschwindend klein erscheint. Wer sich mit noch größeren Zahlen beschäftigen und unterhalten möchte, dem empfiehlt sich ein näheres Studium der so genannten Ackermannfunktion, siehe z. B. Graham & Spencer (1990) oder Conway & Guy (1996).

geben wird. 10^{80} ist mit Sicherheit eine sehr große Zahl, aber im Vergleich zu $10^{10^{20}}$ erscheint sie lächerlich klein!

Stellen wir die Spielstrategie von Schwarz auf die gleiche Weise dar, erhalten wir eine große, aber endliche Anzahl von Spalten in unserer Auszahlungsmatrix. Jede Kombination von Zeilen und Spalten definiert eine Schachpartie, wobei wir für jede Endstellung das Ergebnis +1 (Gewinn für Weiß), 0 (unentschieden), oder −1 (Gewinn für Schwarz) ablesen können. Dieses Ergebnis ist ein Element der schwindelerregend großen Auszahlungsmatrix. Mit Hilfe von von Neumanns Minimax-Satz können wir schlussfolgern, dass Schach (von zwei „perfekten" Spielern ausgeübt) einen wohldefinierten Wert besitzt.[20]

- **Bridge** besitzt weitere Komplikationen, die über die von Schach hinausgehen. Die erste ist, dass die Anzahl der Spieler dieses Spiels vier beträgt. Diese vier Spieler sind als zwei Paare (Nord–Süd, beziehungsweise Ost–West) gruppiert und sollen versuchen, einander zu besiegen. Das zweite Problem besteht darin, dass die Ausgangslage[21] zufällig ist, und dass keiner der Spieler während des Spiels (zumindest während des einleitenden Geschehens) die vollständige Kenntnis über diese Ausgangslage besitzt.

  Für jeden der vier Spieler können wir, wie beim Schachspiel, eine (nicht-randomisierte) Spielweise definieren, die als vollständige Spezifikation dient, wie die Spieler bieten oder spielen sollen. Dabei werden alle zugänglichen Informationen (die eigenen Karten, die Karten des Strohmanns, das gesamte Bietgeschehen und der bisherige Spielverlauf) berücksichtigt. Insgesamt ergeben sich dabei endlich viele Spielmöglichkeiten. Eine Spielmöglichkeit eines Paares – nehmen wir Nord–Süd an – besteht aus einer Kombination der beiden einzelnen Spielweisen der Spieler Nord und Süd. Damit gibt es für Nord–Süd endlich viele Spielmöglichkeiten, die wir als

---

[20]Schach, ebenso wie andere Spiele, bei denen die Spieler alternierend ihre Züge spielen, wobei die vollständige Information über den bisherigen Spielverlauf genutzt werden kann, kann alternativ (und in gewisser Hinsicht effektiver) mit einem so genannten Spielbaum statt einer Auszahlungsmatrix analysiert werden. Aus einer solchen Analyse folgt, dass Schach entweder den Wert +1, 0 oder −1 besitzt, also keinen gebrochenen Wert dazwischen annehmen kann (siehe Binmore, 1992). Im Übrigen kann jede mögliche Stellung mit einer dieser drei Zahlen bewertet werden.

Bemerkenswerterweise gibt es keinen mathematischen Beweis dafür, dass der Wert der *Ausgangsstellung* mindestens 0 ist, d. h. dass Weiß bei perfektem Spiel mindestens ein Remis erreichen kann; obwohl Großmeister, mit denen ich darüber gesprochen habe, dies als offensichtlich einschätzen. Watson (1998) hat das Interesse an dieser Fragestellung noch verstärkt, indem er behauptet, dass der Wert *genau* 0 sein muss.

[21]Eine Ausgangslage ist eine Verteilung der 52 Karten auf 4 Hände, wobei jede Hand 13 Karten enthält. Die Anzahl der möglichen Ausgangslagen ist $\frac{52!}{(13!)^4}$. (Man könnte außerdem berücksichtigen, wer die Karten gibt und wie die Zonen liegen; aber diese Dinge sind allen Spielern bekannt und können in der Analyse deshalb als fest angenommen werden.)

Zeilen der Auszahlungsmatrix definieren, während sich die Spalten analog dazu als mögliche Strategien der Ost–West Spieler ergeben. Wenn die Spielweise von Nord–Süd und Ost–West gegeben ist, definieren wir ein Element der Auszahlungsmatrix als Mittelwert der Gewinnpunkte, die Nord–Süd unter Berücksichtigung aller Ausgangslagen erhält, wenn die gegebene Spielweise auf die jeweilige Ausgangslage angewendet wird (der einfache Mittelwert reicht, da alle Ausgangslagen die gleiche Wahrscheinlichkeit besitzen, wenn das Kartenspiel gut gemischt ist).

Wieder garantiert von Neumanns Minimax-Satz, dass das Spiel einen wohldefinierten Wert besitzt.[22] Die Auszahlungsmatrix ist auch in diesem Spiel sehr groß – interessierte Leserinnen und Leser kann versuchen herauszufinden, ob sie größer oder kleiner als beim Schach wird.

Charakteristisch und damit Voraussetzung für eine Umformulierung der beiden Spiele Schach und Bridge ist, dass eine Folge von Entscheidungen (perfekter) rationaler Spieler zu einer einzigen großen Entscheidung komprimiert wird, bei der die Spieler im Vorfeld bestimmen, was sie in jeder möglichen Spielsituation tun werden. Wenn wir jedoch versuchen zu verstehen, wie gewöhnliche Menschen in solchen Spielen handeln – statt den perfekten Spieler zu betrachten –, ist diese Art der Komprimierung kein gutes Modellierungswerkzeug, weil viele der physiologischen Prozesse und Rückkopplungen verloren gehen, die es in der wirklichen Spielsituation gibt.

Sieht man von psychologischen Aspekten ab und hält sich an den perfekten rationalen Spieler, kann man sich gleichwohl fragen, ob es tatsächlich ein Fortschritt ist, dass Schach und Bridge *in der Theorie* in die Klasse der Zwei-Spieler-Nullsummenspiele eingeordnet werden können. Wiegt es nicht vielleicht schwerer, dass es in diesen Fällen *in der Praxis* nicht möglich ist, die Spieltheorie zur Ermittlung der optimalen Strategie heranzuziehen?

Zur Verteidigung der Spieltheorie kann man sagen, dass die große Komplexität von Schach und Bridge vermutlich notwendig war, um – in Konkurrenz mit unzähligen anderen Spielen – die Ausbreitung und Stellung zu erreichen, die diese beiden Spiele heute besitzen. Wenn es möglich gewesen wäre, sie bis ins Detail zu analysieren (wie im Falle einfacherer Spiele, wie Schere–Stein–Papier oder Tic–Tac–Toe), hätten sie kaum Weltmeisterschaften hervorgebracht und hunderttausende von Anhängern auf der ganzen Welt gefunden.

---

[22]Weil sich Nord und Süd im Vorfeld abstimmen dürfen, können sie auch einen gemeinsamen Zufallszahlgenerator zur Entscheidung über ihre Strategie verwenden. Somit gibt es hinsichtlich der Wahl ihrer gemischten Strategie keine Einschränkung. Im Wettbewerbsbridge gibt es jedoch Regeln, welche Bietsysteme angewendet werden dürfen, und dass diese im Vorfeld offengelegt werden müssen. In unserem Zusammenhang können diese Regeln so gedeutet werden, dass ausgeschlossen ist, dass Nord und Süd jeweils unabhängig voneinander randomisieren. Somit fällt Wettbewerbsbridge nicht in die Klasse von Spielen, für die von Neumanns Minimax-Satz gilt.

Nachdem wir festgestellt haben, dass Schach und Bridge fast zu schwierig sind, um in der Praxis mit Hilfe von Auszahlungsmatrizen vollständig analysiert werden zu können, untersuchen wir jetzt ein etwas einfacheres Beispiel: das Spiel mit dem Auto und den Ziegen aus Kapitel 2 (Problem 2.2). Die beiden Spieler sind einerseits Moderator M und andererseits der Teilnehmer T. Berücksichtigen wir die Entscheidung des Moderators M, wo das Auto stehen soll, besteht das Spiel aus vier Schritten:

1. M wählt aus, hinter welchem der drei Tore L_1, L_2 oder L_3 das Auto stehen soll.
2. T wählt eines der Tore.
3. M öffnet ein Tor, das T nicht gewählt hat und hinter dem das Auto nicht steht. (Hat T ein Tor mit Ziegen gewählt, gibt es für M keine Wahl. Hat T jedoch das Tor mit dem Auto gewählt hat, besitzt M zwei Möglichkeiten, zwischen denen er wählen kann.)
4. T entscheidet, ob er bei seinem Tor bleibt oder zum anderen ungeöffneten Tor wechselt.

In gleicher Weise wie bei Schach und Bridge kann dieser Vier-Schritt-Prozess so umformuliert werden, dass M und T nur jeweils *eine* Entscheidung treffen:

- M entscheidet, hinter welches der drei Tore er das Auto stellt, und legt gleichzeitig fest, welches andere Tor er öffnet, wenn sich T im obigen Schritt 2 für das Tor mit dem Auto entscheidet. Insgesamt ergibt dies für M sechs Möglichkeiten $(1,2)$, $(1,3)$, $(2,1)$, $(2,3)$, $(3,1)$ und $(3,2)$, wobei (i,j) bedeutet, dass „das Auto hinter das Tor L_i gestellt wird; und wenn T dieses wählt, das Tor L_j geöffnet werden soll".

- T wählt ein Tor L_i und entscheidet außerdem für jedes der beiden anderen Tore, z. B. L_j, was er tun wird, wenn M das Tor L_j öffnet – wird er zum dritten Tor wechseln (w) oder bei L_i bleiben (b)? Dies ergibt für T zwölf mögliche Varianten, die wir mit $1bb$, $1bw$, $1wb$, $1ww$, $b2b$, $b2w$, $w2b$, $w2w$, $bb3$, $bw3$, $wb3$ und $ww3$ bezeichnen, wobei z. B. $1bw$ bedeutet, „wähle L_1, bleibe dabei, wenn M das Tor L_2 öffnet, aber wechsle das Tor, wenn M das Tor L_3 öffnet". Die Variante $b2b$ bedeutet „wähle L_2 und bleibe dabei, unabhängig davon, ob M das Tor L_1 oder L_3 öffnet".

Wenn wir annehmen, dass das Auto den Wert 1 und die Ziegen den Wert 0 besitzen, so kann das Spiel durch die Auszahlungsmatrix in Abb. 3.5 repräsentiert werden.

Es wäre ziemlich aufwändig, diese Auszahlungsmatrix ohne unsere früheren Erkenntnisse zu analysieren. Mit Hilfe der Resultate, die wir im Abschnitt 2.3 gewonnen haben, können wir jedoch die Gleichgewichtsstrategien erraten, und anschließend ihre Richtigkeit überprüfen.

Zur Abwechslung beginnen wir damit, das Spiel aus dem Blickwinkel des Moderators zu betrachten. Im Abschnitt 2.3 wurde vorgeschlagen, dass er,

	(1,2)	(1,3)	(2,1)	(2,3)	(3,1)	(3,2)
1bb	1	1	0	0	0	0
1bw	1	0	1	1	0	0
1wb	0	1	0	0	1	1
1ww	0	0	1	1	1	1
b2b	0	0	1	1	0	0
b2w	1	1	1	0	0	0
w2b	0	0	0	1	1	1
w2w	1	1	0	0	1	1
bb3	0	0	0	0	1	1
bw3	1	1	0	0	1	0
wb3	0	0	1	1	0	1
ww3	1	1	1	1	0	0

Abb. 3.5. Die Auszahlungsmatrix für das Auto-Ziegen-Spiel.

um die Entscheidung für T so schwer wie möglich zu machen, das Auto auf gut Glück hinter eines der Tore stellen sollte (also hinter jedes mit Wahrscheinlichkeit $\frac{1}{3}$). Außerdem soll M, wenn T das Tor mit dem Auto auswählt, eines der beiden anderen Tore wiederum auf gut Glück (mit jeweils der Wahrscheinlichkeit $\frac{1}{2}$) auswählen. Das bedeutet, dass M jede der sechs Spalten der Auszahlungsmatrix in Abb. 3.5 jeweils mit der Wahrscheinlichkeit $\frac{1}{3} \cdot \frac{1}{2} = \frac{1}{6}$ auswählt.

Wählt T nun eine bestimmte Zeile der Matrix, so bedeutet die gemischte Strategie für M, dass der erwartete Gewinn für T der Mittelwert der sechs Elemente der Zeile ist. Die Zeilensumme (die hier gleich der Anzahl der Einsen ist) variiert in den unterschiedlichen Zeilen zwischen 2 und 4, so dass T einen erwarteten Gewinn von $\frac{4}{6} = \frac{2}{3}$ erhalten kann, wenn er eine Zeile mit 4 Einsen wählt. Mehr kann der Teilnehmer T weder durch die Wahl einer festen Zeile noch durch Randomisation erreichen. Deshalb können wir schlussfolgern, dass M mit seiner $(\frac{1}{6}, \ldots, \frac{1}{6})$-Randomisierung garantieren kann, dass der erwartete Gewinn von T *höchstens* $\frac{2}{3}$ sein wird.

Wenn wir jetzt eine Spielweise für T finden, die ihm einen erwarteten Gewinn von *mindestens* $\frac{2}{3}$ garantiert, haben wir eine Gleichgewichtslage und optimale Strategie für beide Spieler gefunden. Im Abschnitt 2.3 plädierten wir dafür, dass T wechseln soll. Deshalb konzentrieren wir uns jetzt auf die Varianten $1ww$, $w2w$ und $ww3$. Keine dieser Varianten ist von vornherein besser als die anderen. Es ist jedoch sinnvoll, M in so großer Ungewissheit wie möglich zu lassen, damit er die gemischte Strategie verwendet, bei der $1ww$, $w2w$ und $ww3$ jeweils mit der Wahrscheinlichkeit $\frac{1}{3}$ auswählt werden.

Wählt M jetzt eine bestimmte Spalte, wird der erwartete Gewinn von T gleich dem Mittelwert der drei Elemente dieser Spalte, die in den Zeilen $1ww$, $w2w$ und $ww3$ liegen. Eine schnelle Überprüfung zeigt, dass der Mittelwert in sämtlichen Spalten $\frac{2}{3}$ ist. Somit ist der erwartete Gewinn für T immer $\frac{2}{3}$, wenn er sich für die $(\frac{1}{3}, \frac{1}{3}, \frac{1}{3})$-Randomisierung der Spalten $1ww$, $w2w$ und $ww3$ entscheidet.

Unser Ergebnis ist das folgende: M kann erreichen, dass der erwartete Gewinn von T *höchstens* $\frac{2}{3}$ beträgt, und T kann einen Gewinn von *mindestens* (tatsächlich exakt) $\frac{2}{3}$ erzielen. Deshalb ergibt das vorgeschlagene Paar von Strategien eine Gleichgewichtslage vom von Neumann-Typ. Dies stimmt mit dem überein, was wir im Abschnitt 2.3 bereits vorgeschlagen hatten: T soll wechseln und kann sich damit eine Gewinnwahrscheinlichkeit von $\frac{2}{3}$ sichern.

An dieser Stelle beenden wir unsere Diskussion. Wer von diesem Problem noch nicht genug bekommen hat, dem empfehlen wir die Lektüre von D'Arino et al. (2002), der eine recht exotische Version dieses Spiels mit Anleihen aus der Quantenmechanik vorstellt.

3.3 Können Egoisten zusammenarbeiten?

Bei einem Nullsummenspiel sind die Interessen der beiden Spieler einander genau entgegen gesetzt: der Gewinn des einen ist gleich dem Verlust des anderen. Im wirklichen Leben gibt es (glücklicherweise!) genügend Situationen, bei denen unsere Interaktionen mit den Mitmenschen nicht einen solchen antagonistischen Charakter besitzen. Um dies zu modellieren, kann man sich in der Spieltheorie von der Nullsummenannahme wegbewegen.

Gehen wir wieder von zwei Spielern A und B aus, wobei A aus m möglichen Spielweisen $A_1, \ldots, A_m$ und B aus n Spielmöglichkeiten $B_1, \ldots, B_n$ wählen kann. Der Unterschied zu den bisher betrachteten Spielen ist, dass jedes Element u_{ij} der Auszahlungsmatrix durch ein Paar (u'_{ij}, u''_{ij}) ersetzt wird, wobei u'_{ij} den Gewinn von A darstellt, wenn A die Variante A_i und B die Variante B_j spielt, und u''_{ij} für den Gewinn von B bei gleicher Situation steht. Wenn wir z. B. $u''_{ij} = -u'_{ij}$ für alle i und j setzen, erhalten wir wieder das Nullsummenspiel. Die genau entgegengesetzte Situation liegt vor, wenn $u''_{ij} = u'_{ij}$ für alle i und j gilt und sich eine reine Zusammenarbeitssituation ergibt: was für A gut ist, ist auch für B vorteilhaft, und vice versa. Um uns von der Denkweise des Nullsummenspiel zu lösen, bei dem beide Spieler notwendigerweise

B

L   R

	L	R
L	$(-1, -1)$	$(-100, -100)$
R	$(-100, -100)$	$(+1, +1)$

A

Abb. 3.6. Die Auszahlungsmatrix für eine reine Zusammenarbeitssituation.

danach streben, den anderen zu übervorteilen bzw. zu bekämpfen, betrachten wir im Folgenden das Beispiel in Abb. 3.6.

Ein kurzer Blick auf die Matrix ergibt, dass es sowohl im Interesse von A als auch von B liegt, dass beide die Alternative R spielen, denn dann erhalten beide Spieler einen Euro als Gewinn, während alle anderen Ergebnisse zu Verlusten für beide führen.[23] Wenn sie sich vor dem Spiel abstimmen können, werden sie diese Lösung ziemlich sicher finden. Selbst wenn sie vorher nicht miteinander reden, gelingt es ihnen wahrscheinlich trotzdem, dieses Spielergebnis herbeizuführen. Würdest Du selbst bei diesem Spiel gegen einen unbekannten Spieler mitspielen, wenn Du keine Gelegenheit hättest, vor dem Spiel mit ihm zu kommunizieren? Du selbst möchtest natürlich R spielen; aber vielleicht existiert doch ein geringes Risiko, dass der Mitspieler nicht einsieht, dass auch er R spielen sollte. Das wäre dann sehr teuer für Dich. Wärest Du bereit, dieses Risiko zu tragen? Und was würdest Du sagen, wenn wir die Auszahlung von -100 auf $-1\,000\,000$ verändern? Würdest Du immer noch mitmachen? Vor dem Weiterlesen sollte man sich ruhig etwas Zeit nehmen und über diese Fragen nachdenken.

Ich wage zu behaupten, dass die meisten Leserinnen und Leser dieses Spiel viele Male gespielt haben, mit Mitspielern, die sie nicht kannten, und mit denen sie keine Gelegenheit zur vorherigen Kommunikation hatten. Wir können uns dieses Spiel nämlich als Modell dafür denken, dass sich zwei Autofahrer auf einer sonst leeren Landstraße von entgegengesetzten Richtungen nähern. Sie haben die Wahl, sich rechts (R) oder links (L) zu halten. Wenn beide rechts fahren, ist alles in Ordnung ($+1$ für beide). Wenn beide links fahren, wird es

---

[23]Man sollte auch beachten, dass es bei reinen Zusammenarbeitssituationen wie dieser keine Veranlassung zur Randomisation der eigenen Strategie gibt. Für eine Randomisierung entscheidet man sich (wie wir bei mehreren unterschiedlichen Beispielen im Zusammenhang mit Nullsummenspielen gesehen haben), um dem Gegner die Vorhersage zu erschweren, was man selbst spielen wird – warum sollte man das in einer Situation tun, in der die Interessen beider Spieler gleich sind?

etwas turbulent, aber sonst ist alles in Ordnung (−1 für beide). Hält sich der eine jedoch rechts und der andere links, gibt es eine Katastrophe (−1 000 000 für beide). Ohne Zweifel eine riskante Situation!

Die Erklärung dafür, dass wir bei diesem lebensgefährlichen Spiel mitmachen, liegt vermutlich zum großen Teil darin, dass es im Vorfeld eigentlich doch Gelegenheit zur Kommunikation mit dem anderen *gab*. Sobald das andere Auto in Sichtweite ist, begeben wir uns nach rechts, und signalisieren damit unsere Bereitschaft, auch beim Treffen selbst rechts zu fahren. Man kann hinzufügen, dass alle (schwedischen) Autofahrer in gewisser Weise ein kollektives Abkommen geschlossen haben, sich in der vorliegenden Verkehrssituation rechts zu halten.[24]

$$\diamond \quad \diamond \quad \diamond \quad \diamond$$

Schwieriger ist die Situation des Spiel in Abb. 3.7, die weder ein Nullsummenspiel noch eine reine Zusammenarbeitssituation ist. Betrachten wir das Spiel aus Annas Blickwinkel. Wenn Björn Z spielt (Z wie Zusammenarbeit) wird Annas Gewinn 3 oder 5, abhängig davon, ob sie Z oder V (V wie Verrat) spielt. In diesem Fall gewinnt sie mehr, wenn sie V spielt. Nehmen wir stattdessen an, dass Björn V spielt, so wird Annas Gewinn 0 oder 1, je nachdem, ob sie sich für Z oder V entscheidet; wiederum ist V die bessere Wahl für sie. Wir können deshalb schlussfolgern: unabhängig davon, was Björn spielt, ist es für Anna besser, V statt Z zu spielen. In der Spieltheorie sagt man **V dominiert Z**, wenn Anna unabhängig von der Spielweise Björns mit V einen höheren Gewinn als mit Z erzielt.

Björn

		Z	V
	Z	(3, 3)	(0, 5)
Anna			
	V	(5, 0)	(1, 1)

Abb. 3.7. Auszahlungsmatrix für das Spiel, das als **Gefangenen-Dilemma** bezeichnet wird.

Björn kann seine Situation auf dieselbe Weise analysieren und kommt auch zum Ergebnis, dass er V spielen sollte, denn das Spiel ist symmetrisch. Damit

---

[24]Eine andere Erklärung könnte sein, dass wir Menschen uns darin überschätzen, Risiken solchen Typs richtig zu beurteilen; siehe Slovic et al. (1982).

ist die Sache klar: beide spielen V, die Auszahlung wird $(1,1)$, d. h. sie gehen jeder mit einem Euro in der Tasche nach Hause.

Aber jetzt kommt der Haken: Was wäre, wenn Anna und Björn stattdessen jeweils Z gespielt hätten?! In diesem Fall wäre die Auszahlung sogar $(3,3)$ gewesen, und beide wären deutlich reicher. Deshalb sollten sie vor dem Spiel vereinbaren, dass beide Z spielen. Wenn es dann aber darauf ankommt, steht Anna vor der Versuchung, ihr Versprechen zu brechen und stattdessen V zu spielen, um nicht weniger als 5 Euro mit nach Hause zu nehmen (quasi ein Jackpot!). Und übrigens, kann sie Björn wirklich trauen, dass er sein Wort hält und Z spielt? Er steht ja vor derselben Versuchung. Wenn er sie täuscht und V spielt, während sie Z wählt, dann geht sie mit leeren Händen nach Hause. Vielleicht ist es dann doch am besten, dass sie zur Sicherheit V spielt, um wenigstens einen Euro Gewinn zu erhalten? Ja, so wird es wohl sein. Und Björn macht natürlich genau dasselbe, und damit sind wir wieder am Anfang: Die Spieler erhalten die Auszahlung $(1,1)$ obwohl sie beide daran hätten verdienen können, wenn sie zur Lösung $(3,3)$ gekommen wären.

Dieses Spiel wird als **Gefangenen-Dilemma** bezeichnet (oder im Englischen *prisoner's dilemma*). Die Metapher, die zu diesem Namen geführt hat, ist zunächst etwas verwirrend[25], so dass wir stattdessen eine andere Interpretation des Dilemmas verwenden, welches Hofstadter (1985) entnommen ist:

Björn hat einen guten Zugang zu einer gewissen Ware, die Anna gerne kaufen möchte, und beide sind sich über den Preis einig geworden. Aus irgendeinem Grund muss das Geschäft jedoch heimlich stattfinden, und die beiden dürfen unter keinen Umständen in gegenseitiger Gesellschaft angetroffen werden. Deshalb haben sie folgendes vereinbart: An einem gewissen Platz, draußen im Wald, und zu einem bestimmten Zeitpunkt legt Björn eine Tasche mit der Ware ab; gleichzeitig legt Anna eine Tasche mit Geld an einem anderen abgesprochenen Platz ab. Wenn das getan ist, können sie die jeweils andere Tasche holen, womit beide ein gutes Geschäft gemacht haben.

Anna kann jedoch versucht sein, statt einer vollen Tasche mit Geld, eine leere Tasche abzulegen, denn dann erhält sie ihre Ware völlig kostenlos. (Das ist ohne jegliches Risiko, denn Björn kann sie, auf Grund der Geheimhaltung des Geschäftes, im Nachhinein nicht verklagen, noch auf irgendeine andere Art und Weise bestrafen.) Außerdem muss sie damit rechnen, dass Björn der gleichen Versuchung erliegt – keine Ware zu hinterlegen – und sie in diesem Fall nicht ohne Geld und ohne Ware dastehen will. Unabhängig davon, was Björn

---

[25]Der Name des Spiels ergibt sich aus der folgenden Situation. Anna und Björn wurden verhaftet und eines schweren Raubes verdächtigt. Sie werden von der Polizei getrennt verhört. Anna erfährt, dass, wenn sie beide die Tat zugeben, jeder 5 Jahre Gefängnis erhält. Wenn nur einer die Tat zugibt, erhält er oder sie eine verminderte Strafe von einem Jahr, während der andere 10 Jahre hinter Gitter muss. Wenn beide die Tat leugnen, können sie nur für illegalen Waffenbesitz verurteilt werden, worauf 2 Jahre Gefängnis stehen. Björn erhält im anderen Raum die gleiche Information. Was soll Anna tun? (Z bedeutet hier Zusammenarbeit mit dem Mittäter, also nicht mit der Polizei.)

macht, ist es also besser für Anna, eine leere Tasche abzulegen (V zu spielen) statt eine mit Geld (Z zu spielen). Auf die gleiche Weise erkennt Björn, dass es für ihn besser ist, eine leere Tasche zu hinterlegen (V) statt eine mit der ausgelobten Ware (Z). Es sieht also so aus, dass sowohl Anna als auch Björn V spielen werden, was gleichbedeutend damit ist, dass kein Geschäft zustande kommt. Das ist natürlich ungünstig, denn beide hätten ja etwas gewonnen, wenn sie auf ihre Übereinkunft (Z zu spielen) vertraut hätten.

Es liegt hier eine Situation vor, in der die einzelnen Spieler, wenn sie selbstsüchtig jeweils ihren eigenen Gewinn optimieren, in eine schlechtere Lage kommen, als wenn es ihnen gelingt, durch Zusammenarbeit die für beide optimale Lösung zu finden. Situationen diesen Typs sind alltäglich. Reinigt man den Waschraum, nachdem man ihn benutzt hat (Z), oder hinterlässt man ihn schmutzig (V)? Lässt man einen anderen Autofahrer in die eigene Spur wechseln, wenn es für ihn notwendig ist (Z), oder hält man seinen Platz in der Spur (V)?[26] Keiner verdient selbst an solchen Aufopferungen, aber alle würden daran verdienen, wenn sie sich gemeinsam beteiligen. Ein gleichartiges – eher erschreckendes, aber nicht weniger realistisches – Dilemma handelt von zwei (oder mehreren) ethnischen Gruppen innerhalb eines begrenzten geographischen Gebietes, die davon profitieren würden, in friedlicher Koexistenz zu leben; die jedoch bewaffnete Angriffe bis hin zum Völkermord beginnen, aus Angst, dass die Gegenpartei vor ihnen dasselbe tun könnte.

Es ist offenbar von größter Bedeutung, dass wir konstruktive Möglichkeiten finden, um mit Situationen vom Typ des Gefangenen-Dilemmas sinnvoll umzugehen. Deshalb sollten wir uns weiter mit Lösungsvorschlägen des Gefangenen-Dilemmas beschäftigen. Zuvor wollen wir jedoch einen Abstecher in die allgemeine Theorie der Lösung von Nicht-Nullsummenspielen machen.

Das wichtigste mathematische Ergebnis der Theorie der endlichen **Nicht-Nullsummenspiele** zweier Spieler ist die Existenz von so genannten Nash-Gleichgewichten, die 1950 vom amerikanischen Mathematiker John Nash be-

---

[26]Im Vergleich zum Gefangenen-Dilemma sind diese beiden Beispiele komplizierter, weil es viele Spieler gibt und nicht nur zwei. Ein Dilemma vom gleichen Typ ist die *Tragödie der Allgemeinheit* (the tragedy of the commons), die z. B. als Bild für unsere globalen Umweltprobleme verwendet wird. Die Allgemeinheit sei das Acker- und Weideland, das die Bauern aller Dörfer frei nutzen können. Wenn jeder nur seinen eigenen Vorteil sieht und das Land auf Kosten der Allgemeinheit maximal ausbeutet, wird es immer weniger Ertrag bringen (zum Schluss überhaupt keinen mehr) und die Bauern werden mehr und mehr verarmen. Stattdessen sollte der Einzelne seine Nutzung im Interesse der Allgemeinheit begrenzen. Im Artikel von Rothstein (2003) werden ähnliche Dilemmata behandelt, deren Schwerpunkt auf den notwendigen Strukturen liegt, bei denen die Spieler ihre Verantwortung für die metaphorische Allgemeinheit wahrnehmen.

wiesen wurde.[27] Ein Nash-Gleichgewicht ist ein Paar eventuell gemischter Strategien **p** und **q** der Spieler A und B, mit der Eigenschaft, dass, wenn A die Strategie **p** und B die Strategie **q** anwendet, für keinen der beiden Spieler ein Anreiz besteht, auf eigene Faust von der gewählten Strategie abzuweichen. Diese Situation begegnete uns bereits in von Neumanns Minimax-Satz (Satz 3.1). Wenden wir Nashs Ergebnis auf den Spezialfall von Nullsummenspielen an, führt das tatsächlich auf Satz 3.1. Nashs Resultat ist somit eine Verallgemeinerung des Satzes von von Neumann.

Es gibt immer mindestens ein Nash-Gleichgewicht, so dass die nächste Frage ist, ob es mehrere solcher Gleichgewichte geben kann. Wie wir bereits im Anschluss an von Neumanns Minimax-Satz feststellen konnten, existieren in der Klasse der Nullsummenspiele Fälle mit mehreren solcher Gleichgewichtslagen. Die Frage kann also bejaht werden. Sehen wir von der Nullsummenannahme ab, ergibt sich jedoch als neues Phänomen, dass die verschiedenen Gleichgewichte zu unterschiedlichen erwarteten Gewinnen führen können.

Betrachten wir zum Beispiel das Spiel in Abb. 3.6, so finden wir wie erwartet ein Nash-Gleichgewicht, wenn A die Strategie $\mathbf{p} = (0, 1)$ wählt, d. h. L mit Wahrscheinlichkeit 0 und R mit Wahrscheinlichkeit 1 spielt, und B die gleiche Strategie $\mathbf{q} = (0, 1)$ anwendet. Dieses Nash-Gleichgewicht ergibt für beide Spieler den erwarteten Gewinn von $+1$. Zusätzlich stellt auch das Paar $\mathbf{p} = \mathbf{q} = (1, 0)$ (beide setzen zu 100% auf L) ein Nash-Gleichgewicht dar. Dieses Gleichgewicht führt jedoch für beide Spieler auf den erwarteten Gewinn von -1, der schlechter als der vorherige Gewinn ist. Wie kann $\mathbf{p} = \mathbf{q} = (1, 0)$ ein Nash-Gleichgewicht sein, wenn es für beide offensichtlich besser ist, die Strategie $(0, 1)$ anzuwenden? Die Erklärung ist einfach: wenn beide Spieler darauf eingestellt sind, L zu spielen, so kann keiner der Spieler das bessere Gleichgewicht finden, indem er auf eigene Faust zu R wechselt – das wäre reiner Selbstmord! Um zum besseren Nash-Gleichgewicht zu gelangen, muss man sich mit dem anderen Spieler einig sein und gemeinsam R spielen.[28]

---

[27]Nash konnte 1994 nach Jahrzehnten schwerer Schizophrenie nach Stockholm reisen, um für seine Leistungen in der Spieltheorie den Preis der schwedischen Reichsbank für Wirtschaftswissenschaften zum Gedächtnis Alfred Nobels in Empfang zu nehmen. Der Allgemeinheit wurde er durch die Biographie *A Beautiful Mind* (Nasar, 1998) und vor allem durch den gleichnamigen Hollywoodfilm bekannt; siehe auch Milnor (1998). Ein anderer wichtiger Beitrag zur Spieltheorie (neben dem Nachweis der Existenz von Nash-Gleichgewichten) ist seine Betonung des Unterschieds zwischen kooperativen und nicht-kooperativen Spielen. Kooperative Spiele sind dadurch gekennzeichnet, dass die Spieler Gelegenheit haben, miteinander zu kommunizieren und eventuell Verträge einzugehen, bevor sie spielen, während für nicht-kooperative Spiele das Gegenteil gilt; siehe die Diskussionen im Anschluss an das Spiel in Abb. 3.6.

[28]Als wäre das noch nicht genug, gibt es sogar ein drittes und noch schlechteres Nash-Gleichgewicht für dieses Spiel. Wenn B randomisiert und unvorhersagbar $\mathbf{q} = (0,505; 0,495)$ spielt, dann erhält A den erwarteten Gewinn von -50,005, unab-

Was sagt diese Theorie über das Gefangenen-Dilemma? *Ein* Nash-Gleichgewicht können wir bereits aus dem bisher Gesagten erschließen, nämlich dass beide Spieler zu 100% auf V setzen. Wie wir gesehen haben, ist dies kein besonders gutes Gleichgewicht; vielleicht können wir darauf hoffen, dass es ein besseres gibt?

Ein Nash-Gleichgewicht, bei dem Anna etwas anderes macht, als zu 100% auf V zu setzen, kann es jedoch nicht geben, denn jeden erwarteten Gewinn, bei dem sie auch nur das kleinste Gewicht ihrer Wahrscheinlichkeitsverteilung auf Z setzt, kann sie dadurch verbessern, dass sie vollständig auf V setzt. Aus den gleichen Gründen muss jedes Nash-Gleichgewicht beinhalten, dass Björn vollständig auf V setzt. Wir müssen diese Frage also verneinen – es gibt kein anderes Nash-Gleichgewicht als das, bei dem beide Spieler V spielen.

Offenbar sieht es für Anna und Björn sehr schlecht aus. Welche Versuche wurden unternommen, um ihnen aus ihrem Dilemma herauszuhelfen? Ein Ausweg ist ganz einfach, zu postulieren, dass die Prämisse falsch ist, die Spieler würden selbstsüchtig ihre eigenen Gewinne optimieren. Stattdessen entscheiden sie sich uneigennützig dafür, was dem Kollektiv am meisten nützt. Mit anderen Worten: Wir haben es mit großzügigen und uneigennützigen Spielern zu tun.

Das Problematische an einer solchen Lösung ist, dass Anna und Björn – wie alle biologischen Wesen – durch die Evolution und natürliche Auswahl hervorgebracht wurden, die anscheinend diejenigen unerbittlich benachteiligt, die sich selbst aufopfern, um andere zu begünstigen. Dawkins (1989) illustriert dieses Problem an Hand eines Beispiels mit Vögeln, die einander bei der Aufgabe des Federputzens helfen können:

> Nehmen wir an, das B einen Parasiten im Kopfgefieder hat. A befreit ihn davon. Einige Zeit später bekommt A einen Parasiten. Natürlich sucht er B auf, damit der den erwiesenen Dienst zurückzahlen kann. B denkt jedoch gar nicht daran zu helfen.

Dawkins nennt in diesem Beispiel B einen **Egoisten** und A einen **Altruisten**: A bietet uneigennützig seine Dienste an, während B nur empfängt und nicht zurückgibt. Der Egoist ist ohne eigene Kosten Nutznießer der Dienste anderer, während der Altruist Zeit und Kraft auf etwas verschwendet, das ihm

---

hängig davon, ob er auf L oder auf R setzt. Jede Wahl einer gemischten Strategie ergibt deshalb auch den erwarteten Gewinn von -50,005. A könnte folglich genauso gut die Strategie $\mathbf{p} = (0,505; 0,495)$ anwenden. Unter dieser Bedingung hat B aus den gleichen Gründen keine Strategie, die besser als $\mathbf{q} = (0,505; 0,495)$ ist, so dass für $\mathbf{p} = \mathbf{q} = (0,505; 0,495)$ ein Nash-Gleichgewicht vorliegt. Das illustriert auf dramatische Weise (insbesondere wenn wir an die zwei Autofahrer auf der Landstraße denken), dass Nash-Gleichgewichte – so harmlos das Wort Gleichgewicht auch klingt – nicht immer zum Nutzen für die beteiligten Spieler sind.

keinen eigenen Gewinn bringt. Diese verschwendete Zeit und Kraft kann im Verhältnis zum Gewinn, einen Parasiten entfernt zu bekommen, unbedeutend erscheinen, aber völlig vernachlässigbar ist dieser Einsatz trotzdem nicht. Der Egoist hat deshalb bei der natürlichen Selektion dem Altruisten gegenüber einen gewissen Vorteil, für lebenstüchtige Nachkommen zu sorgen. Auch ein sehr kleiner Vorteil bekommt durch den – über eine lange Zeit wirkenden – evolutionären Selektionsdruck ein relativ großes Gewicht, was mit der Zeit zum Aussterben der Altruisten führen würde. Zumindest *scheint* es, als ob das so wäre; hier haben wir es mit einem großen Rätsel zu tun, das gelöst werden muss,[29] denn nach Dawkins Beschreibung sind das gegenseitige Putzen und andere altruistische Handlungsweisen in der Tierwelt sehr verbreitete Phänome.[30]

Ein vielversprechender Versuch, das Dilemma von Anna und Björn zu lösen (und sich des genannten evolutionsbiologischen Problems anzunehmen) ist, dass die gleichen Spieler das Gefangenen-Dilemma *mehrere Male* miteinander spielen. Im Fall von Anna und Björn bedeutet das, dass sie ihre Geschäftstransaktion regelmäßig ausüben wollen, beispielsweise einmal pro Monat. Dann scheint es, dass es tatsächlich Gründe für Anna geben kann – auch aus rein egoistischer Perspektive betrachtet – das versprochene Geld wirklich zu liefern. Dadurch macht sie einen Schritt hin zu einer vertrauensvollen Geschäftsbeziehung zu Björn, einer Partnerschaft, die im Laufe der Zeit einen größeren Gewinn erbringen kann als das kurzsichtige Sparen durch Hinterlassen einer leeren Tasche. Wenn sie Björn mit einer leeren Tasche prellt, kann sie dann darauf hoffen, dass Björn im nächsten und den darauf folgenden Monaten die Ware liefert, die sie erhalten möchte? Vermutlich nicht.

Welche optimale Strategie gibt es für dieses komplexere Spiel, das wir WGD (Wiederholtes Gefangenen-Dilemma) nennen wollen? Diese Frage ist im Vergleich zum einmaligen Spieldurchgang schwerer zu beantworten; denn was für Anna gut ist, kann darauf beruhen, welche Strategie Björn wählt.

Nimm z. B. an, dass Björn die Strategie GEIZHALS anwendet, die ganz einfach bedeutet, dass er immer V (Verrat) spielt. In diesem Fall ist es natürlich die beste (oder einzig vernünftige) Strategie, selbst immer V zu spielen. Wenn Björn stattdessen die Strategie GUTGLÄUBIGER ALTRUIST anwendet, mit der er unabhängig von Anna immer Z (Zusammenarbeit) spielt, dann ist es für

---

[29]Wenn dieses Rätsel keine Lösung besitzt, können wir nicht wissenschaftlich begründet an Darwins Theorie über die Entstehung der Arten durch natürliche Selektion festhalten. Dann wiederum hätten wir ein *echtes* Problem, weil die Wissenschaft bisher nicht die geringste Spur einer gangbaren Alternative zu Darwins Theorie bietet.

[30]Dawkin gibt auch Beispiele für altruistische Handlungsweise zwischen Individuen verschiedener Arten. Ein spannendes Beispiel handelt von gewissen kleinen Fischen, die davon leben, Parasiten von größeren Fischen abzusammeln. Diese größeren Fische öffnen bereitwillig ihr Maul, so dass die kleinen Fische hineinschlüpfen können, um ihre Zähne zu reinigen – und sie geben nicht der Versuchung nach, die kleinen Fische zu verschlucken! (Dawkins, 1989).

Anna weiterhin die beste Strategie, ständig V zu spielen. In beiden Fällen ist es für Anna also am besten, GEIZHALS zu spielen.

Verwendet Björn jedoch eine weiterentwickelte Strategie, bei der er berücksichtigt, was Anna in früheren Runden gespielt hat, verändert sich die Situation. Er kann z. B. die Strategie MASSIVE VERGELTUNG anwenden, bei der er solange Z spielt, bis Anna V spielt, und er dann dazu übergeht, für immer V zu spielen. Wenn Anna auch bei dieser Strategie GEIZHALS spielt, wird sie beim ersten Durchgang einen echten Gewinn erzielen, danach artet das Spiel jedoch in ein beiderseitiges V-Spiel aus, was auf lange Sicht ungünstig ist. Wenn sie stattdessen darauf setzt, immer Z zu spielen, wird Björn dasselbe tun, was Anna auf lange Sicht einen *höheren* Gewinn bringt, als wenn sie der Versuchung erliegt, V zu spielen.

Eine gute Strategie beim WGD berücksichtigt also, welche Strategie der andere Spieler spielt. Der amerikanische Gesellschaftswissenschaftler Robert Axelrod interessierte sich in den 70er Jahren des letzten Jahrhunderts für dieses Problem und fragte sich, wie eine gute Strategie in einer Population von Individuen aussehen könnte, wenn die Individuen mit verschiedenen unterschiedlichen Strategien ausgerüstet, WGD gegeneinander spielen. Um darauf eine Antwort zu erhalten, lud er 1979 eine Reihe von Forscherkollegen zu einem WGD-Turnier ein. Das Turnier wurde in Axelrod (1984) ausführlich beschrieben und analysiert; detaillierte Analysen findet man auch in Hofstadter (1985) und Dawkins (1989).[31] Die folgende Erläuterung beruht zum größten Teil auf diesen drei Texten.

Axelrods Turnier verlief so, dass jeder Teilnehmer ein (in FORTRAN geschriebenes) Computerprogramm einreichte, mit dem eine WGD-Strategie[32] spezifiziert wurde. Jedes Programm musste sich in einer 200-Runden-WGD-Partie jedem anderen Programm stellen.[33] Der Sieger des Turniers war definitionsgemäß das Programm, das insgesamt die höchste Punktsumme sammelte.

14 Teilnehmer nahmen an diesem Turnier teil; zu diesen 14 Programmen fügte Axelrod ein fünfzehntes hinzu, das er ZUFALL nannte, weil es bei jedem Durchgang einer WGD-Partie eine Münze warf, um zwischen V und Z zu entscheiden. Die 15 Programme variierten in der Länge zwischen 4 und

---

[31]Eher am Rande berührt Nørretranders (2002) den Artikel von Axelrod, indem er sein Augenmerk auf eine andere biologische Erklärung des uneigennützigen Handelns legt, nämlich die sexuelle Auswahl. Seine These ist, dass wir Menschen aus den gleichen Gründen hilfreich und großzügig sind, weshalb das Pfauenmännchen einen so prachtvollen Schwanz besitzt: um dem anderen Geschlecht zu imponieren und damit die Chancen zu erhöhen, reichlich Nachkommen zu zeugen. Fast das ganze Spektrum der menschlichen kulturellen Errungenschaften wird auf diese Weise in Nørretranders' spannendem und kontroversem Buch erklärt.

[32]Das Programm soll also bei jedem Durchgang einer WGD-Partie spezifizieren, ob der Spieler Z oder V spielt, basierend auf dem Spielverlauf der jeweiligen Partie. Dem Programm ist es gestattet, einen Zufallsgenerator zu konsultieren.

[33]Aus Gerechtigkeitsgründen musste jedes Programm in einer 200-Runden-Partie auch noch gegen eine exakte Kopie von sich selbst antreten.

77 Programmzeilen. Den Sieg trug ein Programm des bereits zu dieser Zeit bekannten Spieltheoretikers und Psychologen Anatol Rapoport davon, das einen durchschnittlichen Gewinn von 504,5 pro 200-Runden-Spiel erzielte.[34] Das zweite erhielt im Durchschnitt 500,4 Punkte; danach war der Erfolg ziemlich unterschiedlich. Auf den letzten Platz kam das Programm ZUFALL mit durchschnittlich 276,3 Punkten.

Welche hoch entwickelte Strategie hatte Rapoport gewählt, um das Turnier zu gewinnen? Überraschenderweise war Rapoports Programm das *kürzeste* des gesamten Startfeldes; seine Strategie war:

Beginne das Spiel mit Z. Wähle in jedem folgenden Durchgang dasjenige Verhalten (Z oder V), das der andere Spieler im vorhergehenden Durchgang gezeigt hat.

Diese Strategie erhielt den Namen TIT FOR TAT[35], was so viel wie „Wie Du mir, so ich Dir" bedeutet. Worin liegt die Stärke dieser Strategie? In seiner Analyse des Turniers betont Axelrod vor allem zwei Eigenschaften als Erklärung für den Erfolg von TIT FOR TAT:

1. Die Strategie ist **freundlich**. Das heißt, sie spielt niemals V, bevor dies der andere Spieler getan hat. Anscheinend ist es klug, nicht unprovoziert V zu spielen, denn andernfalls riskiert man, eine gute Zusammenarbeit zu zerstören. Der Erfolg darin „freundlich zu sein", zeigt sich auch darin, dass die sieben freundlichen Strategien im Turnier im Endergebnis die Platzierungen 1–7 erzielten.

2. Die Strategie ist **verzeihend**. Damit ist gemeint, dass die Strategie bereit ist, zu Z zurückzukehren, wenn der Mitspieler auch wieder Z spielt, selbst wenn der Mitspieler durch V bestraft wurde, weil er V gespielt hat. Dies scheint erfolgreicher zu sein als die nicht-verzeihende Strategie MASSIVE VERGELTUNG.

Axelrod experimentierte mit einer Reihe von Varianten der vorgeschlagenen Strategien, um zu sehen, wie sie im Turnier abgeschnitten hätten. Er fand einige, die (vor TIT FOR TAT) hätten *gewinnen* können, wenn sie dabei gewesen wären. Eine solche Variante ist TIT FOR TWO TATS, die V spielt, wenn der Mitspieler *in den letzten beiden Durchgängen* V gespielt hat, andernfalls wird Z gespielt. TIT FOR TWO TATS sieht also im Vergleich zu TIT FOR TAT etwas großzügiger über die Handlungen des Mitspielers hinweg.

---

[34]Der höchste theoretisch erzielbare Schnitt ist 1000 Punkte, wenn man selbst durchgehend V spielt und alle Mitspieler die Strategie GUTGLÄUBIGER ALTRUIST verfolgen und ständig Z spielen (für den Gewinn des einzelnen Spiels gilt weiterhin die Auszahlungsmatrix von Abb. 3.7). Das ist natürlich mehr als das, was man sich erhoffen darf. Realistischer ist es, mit zwei einander helfenden Z-Spielern zu vergleichen, bei denen jeder 600 Punkte in einem 200-Runden-WGD-Spiel erzielt, oder mit zwei Spielern mit der Strategie GEIZHALS, die jeweils 200 Punkte erreichen.

[35]In anderen Sprachen findet man als Übersetzung auch GLEICHES MIT GLEICHEM (vergelten).

Die „tatsächlich" beste Strategie war jedoch weiterhin unklar. Aus diesem Grund lud Axelrod zu einem neuen Turnier ein. Er veröffentlichte gleichzeitig seine Analysen des ersten Turniers, so dass die Teilnehmer die Schlussfolgerungen in neue Strategien umsetzen konnten. Neben den Teilnehmern des ersten Turniers wandte er sich mit Hilfe von Annoncen in Computerzeitschriften auch an enthusiastische „Programmierer", von denen er hoffte, dass sie viel Zeit und Kraft in die Entwicklung ihrer Programme investieren würden.[36]

Am zweiten Turnier nahmen 63 Programme teil, und Sieger wurde ... erneut Rapoport mit seiner Tit for Tat-Strategie![37] Wie war das möglich, da Axelrod doch bereits Strategien veröffentlicht hatte, die Tit for Tat besiegen konnten? Das hängt damit zusammen, dass es bei der Bewertung, ob eine Strategie S_1 besser als eine andere Strategie S_2 ist, nicht nur auf S_1 und S_2 selbst ankommt, sondern auch darauf, welche anderen Strategien mit zum Einsatz kommen. Das erste Turnier stellte ein hervorragendes Umfeld für Tit for Two Tats dar, während beim zweiten Turnier eine Mischung von Strategien vorlag, bei der sich Tit for Two Tats bedeutend weniger eignete: diese Strategie kam nur auf den 24. Platz der Ergebnistabelle. Man kann sich natürlich fragen, weshalb sich Tit for Two Tats in in diesem Startfeld nicht besser schlug?

---

[36]Im neuen Turnier gab es außerdem eine Regeländerung, weil die Regeln des ersten Turniers auf Grund folgender Konsequenz besorgniserregend waren: Eine im Vorfeld definierte Anzahl von Durchgängen im WGD – wie 200 – bedeutet, dass man im letzten Durchgang V spielen kann, ohne irgendeine Vergeltung fürchten zu müssen. Deshalb ist es das einzig rationale, um seinen Punktestand zu maximieren, im letzten Durchgang V zu spielen. Wenn das alle einsehen, kann man schlussfolgern, dass alle Mitspieler im letzten Durchgang V spielen werden, unabhängig davon, wie zuvor gespielt wurde. Man selbst kann deshalb auch im *vor*letzten Durchgang V spielen, ohne irgendwelche negativen Konsequenzen für sich selbst zu riskieren. Wird dieser Gedankengang weitergeführt, kommt man zur Schlussfolgerung, dass es in *jedem* Durchgang nur eine rationale Entscheidung gibt, nämlich V zu spielen. Die Analyse eines 200-Durchgangs-WGD auf Basis der Prinzipien des Abschnitts 3.2 kommt deshalb zu dem Ergebnis, dass das einzige Nash-Gleichgewicht darin besteht, dass beide Spieler ständig V spielen. Wir sind damit wieder in der gleichen bedenklichen Lage wie beim ursprünglichen (ein–Runden–)Spiel des Gefangenen-Dilemmas. Eine Lösung des Problems besteht darin, die Anzahl der Spieldurchgänge zufällig zu wählen, so dass keiner der Spieler weiß, welcher Durchgang der letzte sein wird. Eine natürliche Wahl für die Anzahl der Durchgänge K stellt die *geometrische* Verteilung dar, die für ein beliebiges, aber festes p zwischen 0 und 1 und $n = 0, 1, 2, \ldots$ auf $\mathbf{P}(K = n) = p(1-p)^n$ führt. Angenommen, es sind n Durchgänge gegeben, dann folgt aus dieser Verteilung, dass die bedingte Wahrscheinlichkeit für mindestens einen weiteren Durchgang immer $1 - p$ ist. Axelrod wählte die geometrische Verteilung mit $p = 0,00346$ im zweiten Turnier, was einer durchschnittlichen Anzahl von $1/p \approx 289$ Durchgängen entspricht.

[37]Am anderen Ende der Ergebnistabelle gelang es Zufall dieses Mal mit Ach und Krach, den letzten Platz zu vermeiden.

Die Teilnehmer des zweiten Turniers konnten aus Axelrods Analyse des ersten Turniers verschiedene Schlüsse ziehen. Mehrere Teilnehmer zogen die naheliegende Schlussfolgerung, dass es gut wäre, TIT FOR TWO TATS oder irgendeine ähnliche Strategie anzuwenden. Andere Teilnehmer dachten weiter und schlussfolgerten: „Viele werden mit der Hilfe der Analyse von Axelrod auf etwas im Stile von TIT FOR TWO TATS setzen. Deshalb sollte ich eine Strategie finden, die die vielleicht etwas übertriebene Großzügigkeit dieser Strategien auf geeignete Weise ausnutzen kann."

TIT FOR TWO TATS kann z. B. tatsächlich ausgenutzt werden, in dem man jeweils Z und V abwechselnd spielt. In diesem Fall wird TIT FOR TWO TATS die ganze Zeit Z spielen, und der Gegner würde im Schnitt 4 Punkte pro Durchgang mit nach Hause nehmen (verglichen mit den 3, die man erhält, wenn beide zusammen arbeiten), während das arme TIT FOR TWO TATS im Durchschnitt nicht mehr als 1,5 Punkte pro Durchgang erhält.

Solch listige Gegner machten dem leichtgläubigen TIT FOR TWO TATS im zweiten Turnier das Leben schwer. TIT FOR TAT kann man nicht in ähnlicher Weise ausnutzen, weil jede List im Spiel gegen TIT FOR TAT den Gegner im nächsten Spieldurchgang unbarmherzig selbst wieder trifft. Vor diesem Hintergrund hebt Axelrod neben den oben genannten zwei weitere Eigenschaften hervor, die dem Erfolg von TIT FOR TAT zu Grunde liegen:

3. TIT FOR TAT ist **leicht provozierbar**. Diese Strategie akzeptiert nicht stillschweigend, dass der andere Spieler V spielt, sondern schlägt schnell zurück.

4. TIT FOR TAT ist **vorhersagbar**. Ein Spieler, der gegen TIT FOR TAT spielt und mit verschiedenen Spielweisen experimentiert, wird schnell einsehen, dass er exakt das zurück erhält, was er gibt. Mit komplizierteren Strategien riskiert man, dass der andere Spieler kein System in dem sieht, was man selbst spielt. Stattdessen zieht er die Schlussfolgerung: „Der andere spielt ja vollkommen irrational und kümmert sich nicht darum, wie ich mich entscheide. Deswegen kann ich genauso gut immer V spielen".

Der Erfolg von TIT FOR TAT in beiden Turnieren ist moralisch ermutigend, weil er andeutet, das sich Zusammenarbeit in der Tendenz lohnt. Dies ist keine Frage eines reinen (gutgläubigen) Altruismus, sondern einer beabsichtigten Bereitschaft zur Zusammenarbeit: So lange Du bereit bist, Parasiten aus meinem Gefieder zu entfernen, bin ich bereit, dasselbe für Dich zu tun, *sonst jedoch nicht.*

Um das evolutionsbiologische Problem der Entstehung der Zusammenarbeit noch weiter zu beleuchten, kann man – was Axelrod auch tat – eine Computersimulation mit einer Reihe von Turnieren durchführen, bei der jeweils die Strategie, die das schlechteste Ergebnis erzielte, nicht mehr am nächsten Turnier teilnimmt, während die am besten platzierten Strategien im nächsten Turnier in mehreren Exemplaren an den Start gehen (und sich somit reichlich Nachkommen schaffen). Auf diese Weise wird die Anzahl der Exemplare der verschiedenen Strategien über die Zeit variieren, wie dies auch in einer biologischen Population der Fall ist, die der natürlichen Auslese unterliegt. Axelrod ging von der Startliste des zweiten Turniers aus und simulierte eine lange Folge von Turnieren. Auch diese Simulationen führten, nach verschiedenen anfänglichen Schwankungen, zum Erfolg von TIT FOR TAT.[38]

Die evolutionäre Entstehung verschiedener Strategien und Handlungsweisen kann (im Gegensatz zur Anwendung von Computerexperimenten) auch mathematisch mit Hilfe des Begriffes **evolutionär stabile Strategien** analysiert werden, der durch den Biologen John Maynard Smith eingeführt wurde.[39] Grob gesprochen ist eine Strategie S_1 evolutionär stabil, wenn es in einer Population, in der die große Mehrheit Individuen S_1, einige wenige Individuen jedoch eine andere Strategie S_2 anwenden, nicht möglich ist, dass sich S_2 besser schlägt und deshalb wächst und S_1 verdrängt. Man kann zeigen, dass eine Population von TIT FOR TAT-Spielern evolutionär stabil ist, und somit z. B. nicht von einer Gruppe von GEIZHALS-Spielern unterwandert werden kann.[40] Hat man hingegen eine Population von GEIZHALS-Spielern, kann diese von einer Gruppe von TIT FOR TAT-Spieler unterwandert werden[41], vorausgesetzt, dass sie sich geographisch hinreichend gut versammelt haben, um sich von Zeit zu Zeit zu treffen (siehe Axelrod, 1984). Dies ist ein Schlüsselergebnis, das im Prinzip erklärt, wie (scheinbar) altruistische Handlungsweisen durch natürliche Selektion entstehen können.

---

[38]Es soll hinzugefügt werden, dass spätere Computerexperimente das Bild verkompliziert haben, und dass TIT FOR TAT bei einem Teil von ihnen schlechter abschneidet. Dass dies eintreffen kann, geht aus den Fußnoten 40 und 41 weiter unten hervor; siehe auch Binmore (1998) für Hinweise auf eine Reihe solcher Studien.

[39]Smith (1982).

[40]Diese Aussage ist jedoch von der exakten Definition der evolutionären Stabilität abhängig (die subtiler ist, als man zunächst annehmen würde). Mit einer kleinen, unter biologischen Gesichtspunkten gut motivierten Modifikation der Definition von Smith, zeigt sich, dass TIT FOR TAT unter gewissen Umständen unterwandert werden kann; siehe Boyd & Lorberbaum (1987) und Farrell & Ware (1989) für eine Präzisierung und einen Beweis.

[41]Damit ist jedoch nicht gesagt, dass TIT FOR TAT jede beliebige Population unterwandern kann. Wir können uns beispielsweise eine Population von Individuen vorstellen, die in den zehn ersten Durchgängen des WGD die folgende Zug-Serie spielen: V, V, Z, Z, Z, V, V, Z, V, V. Anschließend spielen sie immer Z, vorausgesetzt, dass der andere Spieler das Spiel auf genau die gleiche Weise eingeleitet hat, ansonsten spielen sie von nun an V. Diese Strategie ist gewiss nicht evolutionär stabil, jedoch kann sie nur sehr schwer unterwandert werden, und sie kann mit Leichtigkeit einem Invasionsversuch einer kleineren Gruppe von TIT FOR TAT-Spielern widerstehen. Die einleitende Sequenz fungiert als eine Art Codewort, die sagt: „ich bin einer von Euch", und die Individuen in dieser Gruppe sind darauf eingestellt, miteinander zusammenzuarbeiten, lehnen es jedoch ab, mit Außenstehenden zusammenzuarbeiten. (Dies könnte als eher theoretisches Beispiel verstanden werden; es ist jedoch eine ziemlich treffende Beschreibung des gegenwärtigen schwedischen Arbeitsmarktes mit seinem effektiven Ausschluss von Personen mit nicht-skandinavischer Herkunft.)

Eine große Stärke der TIT FOR TAT Strategie liegt darin, dass der andere Spieler einer WGD-Partie, sobald er merkt, dass man TIT FOR TAT spielt, weiß, dass es auch für ihn das Beste ist, Z zu spielen. Deshalb wäre es natürlich einfacher, man könnte mit einem Schild herumgehen, auf dem steht „Ich spiele TIT FOR TAT", oder diese Botschaft seiner Umwelt und anderen WGD-Mitspielern auf andere Art und Weise übermitteln. Das Problem ist jedoch, dass diese Botschaft auch missbraucht werden könnte. Ein geschickter Betrüger, der auf eine überzeugende Weise signalisiert „Ich spiele TIT FOR TAT", um im richtigen Augenblick selbst einen großen Gewinn zu erzielen und zum nächsten Opfer weiter zu gehen, kann natürlich sehr erfolgreich werden. Dies macht ein gewisses Maß an Misstrauen notwendig: Wir sind nicht immer bereit, einem „Ich spiele TIT FOR TAT"-Schild zu glauben, bevor wir einen überzeugenderen Beweis erhalten haben. Vielleicht ist es so – ich spekuliere ein wenig, aber auch Dennett (2003) ist ähnlicher Meinung – dass die beste[42] Art und Weise, andere davon zu überzeugen, dass man ein TIT FOR TAT-Spieler ist, vollkommen ehrlich zu sein und *wirklich* TIT FOR TAT zu spielen.

Erinnern wir uns an das Dilemma des Waschraumes: Soll ich ihn reinigen, wenn ich ihn verlasse oder nicht? Es scheint, als wären die meisten Menschen eher bereit, den Waschraum zu säubern, wenn sie den Eindruck haben, dass dies auch die anderen tun, als wenn sie vom Gegenteil überzeugt sind. (Auf ähnliche Weise scheint es sich mit der Mülltrennung, der Steuermoral und vielem anderen zu verhalten.) Aus allein rationalem (egoistischem) Blickwinkel ist dieses Verhalten schwer zu erklären, da man immer die gleiche Zeitersparnis hätte, wenn man auf das Reinigen verzichtet, unabhängig vom Verhalten der Nachbarn. Ich glaube, dass wir Menschen stattdessen im Allgemeinen einen ausgeprägten Hang dazu haben, etwas zu tun, was auch die anderen in unserer Umgebung tun. Diese Neigung ist durch Jahrmillionen des Selektionsdrucks zu Gunsten eines allgemeinen TIT FOR TAT-Handelns entstanden.

Diese Darstellung wird allmählich zu einer Art Lobeshymne für TIT FOR TAT. Diese Huldigungen sind in hohem Grade verdient, aber aus Gründen der Ausgewogenheit möchte ich auch auf eine Kehrseite dieser Strategie hinweisen.[43] Sie ist nämlich etwas zu empfindlich. TIT FOR TAT-Spieler erzielen gute Resultate, wenn sie aufeinander treffen? Führen wir jedoch einmal eine Fehlerquelle in das Modell ein: Wenn jemand beabsichtigt, einen bestimmten Zug zu spielen (Z oder V), wird (z. B. durch einen Übertragungsfehler) mit einer bestimmten Fehlerwahrscheinlichkeit – sagen wir 0,01 – der entgegengesetzte Zug gespielt. Was geschieht, wenn zwei solche nicht-perfekten TIT FOR TAT-Spieler aufeinander treffen: Zunächst geht alles gut, aber sobald einer von ihnen einen Fehler macht, resultiert dies in einem Teufelskreis von

---

[42] Mit „beste" ist hier gemeint, dass es evolutionär am lohnenswertesten ist.

[43] In den Fußnoten 40 und 41 auf Seite 59 haben wir bereits einige Schwächen benannt. Für eine weitere Kritik an der einseitigen Huldigung von TIT FOR TAT, die die Literatur auf diesem Gebiet sehr stark prägt, siehe Binmore (1998), der eine (ziemlich bissige) Rezension zu Axelrod (1997) geschrieben hat. Es ist möglich, dass Binmore auch meine Beschreibung für viel zu TIT FOR TAT-freundlich hält.

Bestrafungen und Gegenbestrafungen, so dass sich TIT FOR TAT, verglichen mit dem Fall des „perfekt-spielenden" altruistischen Spielers, als bedeutend weniger konkurrenzfähig erweist.[44]

Daraus lernen wir, dass es für uns Menschen (ebenso wie für unter Parasiten leidende Vögel) wichtig ist, neben einer allgemeinen TIT FOR TAT-Handlungsweise, auch die Möglichkeit der Kommunikation und Verständigung miteinander zu haben, so dass sich unsere Fehler und Missverständnisse berichtigen lassen, bevor wir in destruktiven Teufelskreisen von Bestrafung und Gegenbestrafung landen. Dies gilt sowohl im täglichen Leben, als auch in der internationalen Politik.

◇   ◇   ◇   ◇

Kann alles menschliche Handeln spieltheoretisch interpretiert werden? Vielleicht nicht. Spieltheoretische Analysen basieren nämlich auf einer Annahme, die wir die *rationalistische* nennen können – dass alle Individuen im Hinblick darauf handeln, dass letztendlich ihr Eigennutzen maximiert wird. Dieser Eigennutzen kann unterschiedliche Formen annehmen: In ökonomischen Studien wird er im Allgemeinen mit Geld gemessen, während im biologischen Zusammenhang die Anzahl der Nachkommen als natürliche Größe betrachtet wird, die die Individuen maximieren wollen. In diesen und einigen anderen Wissenschaften ist es üblich, Erklärungen für anscheinend uneigennütziges Handeln darin zu suchen, dass es letztendlich doch um den Eigennutzen geht.[45] Den Gedanken, dass sich alles menschliche Handeln auf den schnöden Eigennutzen reduzieren und damit erklären ließe, kann man natürlich äußerst kontrovers diskutieren. Siehe Rosenberg (2003) für eine wohlformulierte und gedanklich inspirierende Verteidigung der Idee, dass eine solche Reduktion *nicht* möglich ist. Darüber hinaus wird dort das Risiko diskutiert, dass immer mehr Dinge, die wir normalerweise völlig uneigennützig tun – z. B. die Pflege unserer kranken Angehörigen – in den Aufgabenbereich des vom Gewinn gesteuerten Marktes übergehen.

---

[44]In Lindgren & Nordahl (1994) findet man faszinierende Computersimulationen zur Evolution in Populationen von WGD-spielenden Individuen mit diesem Defekt. In diesen Simulationen, die auch Mutationen beinhalten, mit denen alte Strategien verändert werden können, entstehen große Wellenbewegungen auf immer längeren Zeitachsen, und TIT FOR TAT hebt sich nicht deutlich von den anderen Strategien ab.

[45]Die Diskussion des Gefangenen-Dilemmas im ersten Teil des Abschnitts ist ein Beispiel dafür.

4

Das Gesetz der großen Zahlen

In diesem Buch werden verschiedene Themen der Wahrscheinlichkeitstheorie vorgestellt, die ich wegen ihrer Aktualität innerhalb der mathematischen Forschung ausgewählt habe. Im Gegensatz dazu behandelt dieses Kapitel ein ganz klassisches Thema, das bei einer Einführung in die Wahrscheinlichkeitstheorie nicht fehlen darf.

Von allen Sätzen und Ergebnissen der Wahrscheinlichkeitstheorie kann das **Gesetz der großen Zahlen** als das berühmteste und in gewisser Weise auch das fundamentalste bezeichnet werden. Es besagt etwa: Sei $X_1, X_2, \ldots$ eine Folge unabhängiger Zufallsgrößen, die die gleiche Verteilung und damit denselben Erwartungswert μ besitzen. M_n ist der Mittelwert der ersten n Zufallsgrößen:

$$M_n = \frac{X_1 + X_2 + \cdots + X_n}{n}. \tag{4.1}$$

Wenn n hinreichend groß ist, können wir sicher sein, dass der Mittelwert M_n nahe am Erwartungswert μ liegt. Wird n immer größer, wissen wir mit immer größerer Sicherheit, dass der Unterschied zwischen M_n und μ sehr klein ist; er wird gegen 0 streben, wenn n gegen ∞ wächst.

Diese Beschreibung des Gesetzes der großen Zahlen hilft uns zu verstehen, wie der Begriff Erwartungswert interpretiert werden kann: Wenn wir hinreichend viele unabhängige „Kopien"[1] einer Zufallsgröße erzeugen und den Mittelwert ihrer Realisierungen bilden, erhalten wir ungefähr den Erwartungswert dieser Zufallsgröße.

Allerdings lässt diese Beschreibung mathematische Präzision vermissen – was ist z. B. mit „immer größerer Sicherheit" und „sehr klein" gemeint? Es zeigt sich, dass es mehrere unterschiedliche Möglichkeiten der mathematischen Präzisierung dieses Gesetzes gibt. In diesem Kapitel werden wir die beiden

---

[1]Das Wort *Kopien* ist in diesem Zusammenhang etwas irreführend, da die verschiedenen Zufallsgrößen nicht den gleichen *Wert* annehmen müssen – Kopien sind sie nur in dem Sinne, dass alle Zufallsgrößen die gleiche *Verteilung* besitzen.

wichtigsten Varianten kennenlernen – **das schwache Gesetz der großen Zahlen** und **das starke Gesetz der großen Zahlen**.

Die geschichtlich gesehen erste Version des Gesetzes der großen Zahlen hat ihren Ursprung im Spezialfall,in dem die einfließenden Zufallsgrößen nur zwei mögliche Werte annehmen können. Diese Version wurde zu Beginn des 18. Jahrhunderts vom Schweizer Mathematiker Jacob Bernoulli bewiesen, jedoch erst acht Jahre nach seinem Tod publiziert.[2] Anschließend folgten viele Erweiterungen und Verbesserungen des Ergebnisses von Bernoulli. Für unabhängige Zufallsgrößen mit ein und derselben Verteilung erhielt das Gesetz der großen Zahlen 1933 – mehr als 200 Jahre später! – seine endgültige Formulierung durch den russischen Mathematiker Andrej Kolmogorov[3]. Noch heute findet man in mathematischen Zeitschriften jeden Monat neue Varianten des Gesetzes der großen Zahlen, die z. B. unterschiedliche Arten von Abhängigkeiten zwischen den betrachteten Zufallsgrößen berücksichtigen.

Im Abschnitt 4.1 beschäftigen wir uns mit dem einfachsten Fall des Gesetzes der großen Zahlen, bei dem die einfließenden Zufallsgrößen $X_1, X_2, \ldots$ die Realisierungen von Münzwürfen (Kopf oder Zahl) sind. Danach werden wir im Abschnitt 4.2 präzise Formulierungen des schwachen bzw. starken Gesetzes der großen Zahlen angeben und im Abschnitt 4.3 einen ernsthaften Versuch zum Beweis unternehmen. Bereits jetzt soll (als Hinweis für vorsichtige Leserinnen und Leser!) angemerkt werden, dass die zweite Hälfte des Abschnitts 4.2 zusammen mit Abschnitt 4.3 die aus mathematischer Sicht (bisher) anspruchsvollsten Teile dieses Buches darstellen.

4.1 Das Beispiel des Münzwurfes

Nehmen wir an, wir werfen eine faire Münze, d. h. Kopf oder Zahl liegen jeweils mit der Wahrscheinlichkeit $\frac{1}{2}$ oben. Wir werfen diese Münze mehrfach und gehen davon aus, dass die verschiedenen Münzwürfe unabhängig voneinander sind. Um die Ergebnisse der Würfe formal darzustellen, können wir die Zufallsgrößen $X_1, X_2, \ldots$ einführen, deren Realisierungen durch die Münzwürfe bestimmt sind, so dass

$$X_i = \begin{cases} 0 \,, & \text{wenn Wurf Nummer } i \text{ Kopf zeigt,} \\ 1 \,, & \text{wenn Wurf Nummer } i \text{ Zahl zeigt.} \end{cases} \tag{4.2}$$

gilt.

---

[2]Bernoulli (1713).
[3]Kolmogorov (1933). Andrej Kolmogorov lebte von 1903 bis 1987 und wird allgemein als der bedeutendste Wahrscheinlichkeitstheoretiker aller Zeiten angesehen.

Ausgehend von diesen Zufallsgrößen X_i können wir die Summen $S_1, S_2, \ldots$ bilden, wobei S_n die Summe der n ersten X_i ist:

$$S_n = X_1 + X_2 + \ldots + X_n. \qquad (4.3)$$

Aus (4.2) folgt, dass S_n die Anzahl der Würfe ist, bei denen die „Zahl" in den ersten n Würfen oben lag (im folgenden kurz: Anzahl der „Zahl"-Würfe genannt).

Außerdem können wir für beliebige n eine weitere Zufallsgröße M_n bilden, indem wir S_n durch n dividieren, und erhalten

$$M_n = \frac{S_n}{n} = \frac{X_1 + X_2 + \ldots + X_n}{n}. \qquad (4.4)$$

M_n ist der Mittelwert der Zufallsgrößen $X_1, X_2, \ldots, X_n$. Während S_n die *Anzahl* der „Zahl"-Würfe unter den ersten n Würfen ist, ist M_n der *Anteil* an „Zahl"-Würfe.

Was sagt das Gesetz der großen Zahlen zu dieser Situation? Zunächst müssen wir prüfen, ob wir es mit Zufallsgrößen zu tun haben, die die Voraussetzungen des Gesetzes erfüllen; d. h., unabhängig zu sein und die gleiche Verteilung (mit einem bestimmten Erwartungswert μ) zu besitzen.

Diese Voraussetzungen werden von den Zufallsgrößen X_i erfüllt: Dass sie unabhängig sind, folgt aus der Annahme, dass die Münzwürfe unabhängig sind. Außerdem sehen wir, dass die Verteilung von X_i für jedes i durch

$$X_i = \begin{cases} 0 & \text{mit Wahrscheinlichkeit } \frac{1}{2} \\ 1 & \text{mit Wahrscheinlichkeit } \frac{1}{2} \end{cases}$$

gegeben ist. Die Zufallsgrößen $X_1, X_2, \ldots$ haben somit die gleiche Verteilung, und deshalb auch den gleichen Erwartungswert μ, der sich als

$$\mu = \mathbf{E}[X_i] = \frac{0 + 1}{2} = \frac{1}{2}$$

ergibt.

Das Gesetz der großen Zahlen sagt uns deshalb, dass wir uns verhältnismäßig sicher sein können, dass M_n nahe an $\frac{1}{2}$ herankommt – sagen wir zwischen 0,49 und 0,51 liegt – wenn n hinreichend groß ist. „Verhältnismäßig sicher" kann hierbei z. B. bedeuten „mit 99%-iger Sicherheit", wenn wir n hinreichend groß wählen. Wählen wir n noch größer, werden wir vielleicht eine Wahrscheinlichkeit von mindestens 0,999 erreichen, dass M_n in das gewünschte Intervall fällt – oder mindestens jede beliebige andere Wahrscheinlichkeit, so lange sie nicht exakt 1 ist. Auch die Länge des Intervalls kann beliebig gewählt werden: Wenn n *noch* größer gewählt wird, können wir mit gleich bleibender Sicherheit das Intervall verkleinern, von dem wir behaupten, dass M_n dort hinein fällt, z. B. bis hin zu [0,499, 0,501] oder [0,4999, 0,5001].

Alternativ können wir das Gesetz der großen Zahlen für das Beispiel des Münzwurfes so formulieren, dass wir mit 100%-iger Sicherheit wissen, dass sich M_n für $n \to \infty$ dem Grenzwert $\frac{1}{2}$ nähert.[4]

Wie kann dieses „Zustreben" bzw. „sich nähern" in der Praxis aussehen? Dies ist von Fall zu Fall verschieden. In Abb. 4.1 ist eine Computersimulation dargestellt[5], wie sich der Anteil M_n der geworfenen Kopf als Funktion der Anzahl der Münzwürfe n (für $n = 1, \ldots, 100$) verhalten kann. An dieser Stelle möchte ich empfehlen, eigene Computersimulationenen durchzuführen, um weitere Beispiele zur Annäherung des Anteils der Zahl-Würfe an den Erwartungswert 0,5 zu erhalten.

Betrachten wir einen Augenblick lang die dargestellte Simulation (die genauso gut durch eine Folge „echter" Münzwürfe entstanden sein könnte). Was würde mit M_n geschehen, wenn wir die Münze weiter werfen würden? Nach dem Gesetz der großen Zahlen wissen wir, dass wir so gut wie sicher sein können, dass M_n dem Wert 0,5 sehr nahe kommt, wenn n hinreichend groß wird. Andererseits bedeutet $M_{100} = 0,55$, dass der Mittelwert wahrscheinlich geringer wird, wenn n hinreichend wächst.

Diese Tatsache bildet die Grundlage für das folgende, weit verbreitete Missverständnis zum Gesetz der großen Zahlen:

Missverständnis 4.1. *Wenn man die Münze einige Male wirft, und erhält öfter Zahl als Kopf, (so dass $M_n > 0,5$), so wird die Münze in der folgenden Zeit dazu tendieren, öfter Kopf als Zahl zu zeigen (damit M_n auf diese Weise – in Übereinstimmung mit dem Gesetz der großen Zahlen – in Richtung 0,5 verringert wird).*

---

[4]An dieser Stelle werden kritische Leserinnen und Leser vielleicht einwenden, dass 100% Sicherheit übertrieben klingt – jede beliebige Folge von Einsen und Nullen der Sequenz $(X_1, X_2, \ldots)$ ist ja möglich! Diese Beobachtung ist richtig, und wenn wir es nur mit einer *endlichen* Anzahl von Münzwürfen zu tun hätten, wäre es nicht möglich, eine entsprechende Behauptung für eine 100%-ige Sicherheit zu finden. Wenn die Anzahl der einfließenden Zufallsgrößen jedoch *unendlich ist*, verändert sich die Situation.

Dazu folgendes Beispiel: Sei B das Ereignis, dass wir früher oder später Kopf erhalten. Auch wenn es im Prinzip *möglich* wäre, dass B nicht eintrifft, d. h. dass alle Würfe Zahl ergeben, so gilt doch $\mathbf{P}(B) = 1$. Beweis: Sei A das Ereignis, dass alle Würfe Zahl ergeben. Dann ist $\mathbf{P}(B) = 1 - \mathbf{P}(A)$, so dass es ausreicht, $\mathbf{P}(A) = 0$ zu zeigen. Sei A_n das Ereignis, dass die n ersten Würfe Zahl ergeben. Dann ist $\mathbf{P}(A_n) = (\frac{1}{2})^n$ (oder?). Wähle jetzt eine beliebig kleine Zahl $\varepsilon > 0$. Dann kann man immer ein hinreichend großes n finden, so dass $(\frac{1}{2})^n < \varepsilon$ ist. Das Ereignis A setzt das Ereignis A_n voraus, so dass $\mathbf{P}(A) \leq \mathbf{P}(A_n)$ gilt, und wir können deshalb folgern, dass $\mathbf{P}(A) \leq (\frac{1}{2})^n < \varepsilon$ ist. Doch weil $\varepsilon > 0$ beliebig war, haben wir gezeigt, dass $\mathbf{P}(A)$ kleiner als *jede* positive Zahl ist, und deshalb bleibt nur die Möglichkeit $\mathbf{P}(A) = 0$. Und damit wissen wir, dass $\mathbf{P}(B) = 1 - \mathbf{P}(A) = 1$ gilt.

[5]Diese Computersimulation, sowie zu großen Teilen auch die nachfolgende Diskussion, sind Häggström (2002a) entnommen.

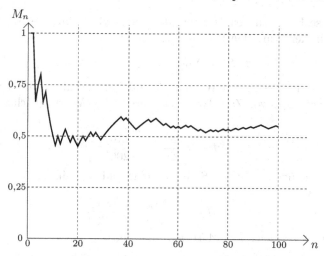

Abb. 4.1. Eine Computersimulation, wie sich der Anteil der Zahl-Würfe in einer Serie von 100 Münzwürfen verhalten kann. Zu Beginn sind die Schwankungen relativ stark, aber ab $n = 15$ kann man sich vorstellen, dass sich die Kurve dem Grenzwert 0,5 nähert. Doch dann, zwischen $n = 30$ und $n = 37$, erhalten wir nicht weniger als acht mal in Folge das Ergebnis Zahl (so etwas passiert mitunter!), so dass sich M_n ein Stück vom Grenzwert wegbewegt und es eine längere Zeit dauert, bis dies wieder „ausgeglichen" ist. Für $n = 100$ beobachten wir $M_{100} = 0{,}55$, d. h., dass 55 der 100 ersten Würfe Zahl ergaben.

Wie wir im Folgenden sehen werden, geht diese Interpretation des Gesetzes der großen Zahlen jedoch zu weit. Außerdem widerspricht man seinen Voraussetzungen, denn die einzelnen Münzwürfe werden als *unabhängig voneinander* vorausgesetzt, und aus dieser Unabhängigkeit folgt, dass die früheren Münzwürfe keinerlei Hinweis auf die Ergebnisse der zukünftigen Würfe geben.

Wenn wir $M_{100} = 0{,}55$ beobachtet haben, können wir tatsächlich erwarten, dass M_n fällt, wenn wir die Münzwürfe fortsetzen. Beispielsweise kann man explizit nachrechnen, dass M_{200} unter der Bedingung $M_{100} = 0{,}55$ wahrscheinlich *kleiner als* 0,55 wird, als dass es *größer als* 0,55 wird. Es gilt demzufolge

$$\mathbf{P}(M_{200} < 0{,}55 \mid M_{100} = 0{,}55) > \frac{1}{2},$$

obwohl die Münzwürfe Nr. 101, 102, ..., 200 keine größere Tendenz haben, Zahl statt Kopf zu zeigen. Wie ist das möglich? Hier liegt wieder ein Paradoxon vor (mit der Bedeutung, wie wir sie in Kapitel 2 erwähnten), das eine Erklärung verlangt.

Der entscheidende Schritt zur Auflösung eines Paradoxons besteht oft darin, die richtige Frage zu stellen. In diesem Fall ist es die folgende:

Wie müssen die nächsten hundert Würfe aussehen, damit der Mittelwert M_{200} den Wert 0,55 annimmt?

Um diese Frage zu beantworten, definieren wir S^* als die Anzahl der Zahl-Würfe in der Wurffolge $101, 102, \ldots, 200$, d. h.

$$S^* = X_{101} + X_{102} + \cdots + X_{200}\,.$$

Wenn wir in diesen 100 Würfen 55 Mal Zahl erhalten, dann wird die Gesamtanzahl S_{200} von Zahl-Würfen der ersten 200 Würfe gleich $55 + 55 = 110$, woraus

$$M_{200} = \frac{S_{200}}{200} = \frac{110}{200} = 0{,}55 \qquad (4.5)$$

folgt. Allgemeiner – wenn S^* irgend eine andere Zahl als 55 sein sollte – so erhalten wir

$$M_{200} = \frac{S_{200}}{200} = \frac{55 + S^*}{200}\,, \qquad (4.6)$$

und durch Vergleich mit (4.5) sieht man, dass

- wenn S^* *größer* als 55 ist, dann wird M_{200} *größer* als 0,55,

und umgekehrt,

- wenn S^* *kleiner* als 55 ist, dann wird M_{200} *kleiner* als 0,55.

Wenn wir z. B. 53 Mal Zahl in den Würfen Nr. $101, 102, \ldots, 200$ haben, dann wird

$$M_{200} = \frac{S_{200}}{200} = \frac{55 + 53}{200} = 0{,}54\,.$$

Es wird deutlich, dass wir *öfter* Zahl als Kopf unter den 100 nächsten Würfen haben können, doch *trotzdem* verringert sich M_n – in diesem Fall von $M_{100} = 0{,}55$ auf $M_{200} = 0{,}54$.

Die Verteilung von S^* (die Anzahl der Zahl-Würfe unter den Würfen Nr. $101, 102, \ldots, 200$) ist die gleiche wie die Verteilung von S_{100} (die Anzahl der Zahl-Würfe unter den ersten 100 Würfen). In Abb. 4.2 wird diese Verteilung[6] dargestellt, und wir sehen, dass der größere Teil der Wahrscheinlichkeitsmasse links vom Wert 55 liegt. Es ist deshalb wahrscheinlicher, dass

---

[6]In dieser Abbildung sehen wir, dass diese Verteilung der Normalverteilung ähnelt – der berühmten Gaußschen Glockenkurve (siehe (B.8) im Anhang B). Dies ergibt sich aus dem (nach dem Gesetz der großen Zahlen) vielleicht zweitwichtigsten Satz der Wahrscheinlichkeitstheorie: dem **zentralen Grenzwertsatz**. Dieser besagt ungefähr folgendes: Wenn $X_1, X_2, \ldots$ unabhängige und identisch verteilte Zufallsgrößen sind, dann gilt – unter gewissen, ziemlich allgemeinen Voraussetzungen an ihre Verteilung – für große n, dass die kleine Abweichung, die trotz allem zwischen dem Mittelwert M_n und dem Erwartungswert μ vorliegt, typischerweise von der Größenordnung $\frac{1}{\sqrt{n}}$ ist, und dass sie außerdem approximativ normalverteilt ist. Eine genauere Formulierung dieses Gesetzes wird im Anhang B durch die Formel (B.13) gegeben. Für eine umfassendere Diskussion von Normalverteilung und zentralem Grenzwertsatz kann man sich an jedes beliebige Buch der Wahrscheinlichkeitstheorie wenden, von populärwissenschaftlichen Büchern wie Gut (2002), über grundlegende Lehrbücher wie Blom (1998), zu mathematisch tiefergehenden Monographien wie Grimmett & Stirzaker (1982) und Williams (1991).

S^* kleiner als 55 wird, als dass S^* größer als 55 wird. Das führt dazu, dass unter der Bedingung des Ereignisses $M_{100} = 0{,}55$ die Ungleichung $M_{200} < M_{100}$ wahrscheinlicher ist als umgekehrt.

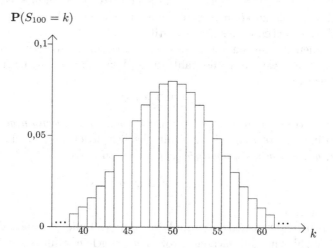

$\mathbf{P}(S_{100} = k)$

Abb. 4.2. Die Wahrscheinlichkeit, bei 100 Würfen exakt k Mal Zahl zu erhalten, als Funktion von k. Beachte, dass das wahrscheinlichste Ergebnis ist, 50 Mal Zahl zu erhalten, während 55 Mal Zahl keinesfalls ein extremes Ergebnis darstellt.

Dieses Phänomen gilt nicht nur für Folgen von Münzwürfen, sondern ist wesentlich allgemeiner, wie das in der folgenden Zusammenfassung zum Ausdruck kommt:

Korrektur von Missverständnis 4.1: Nehmen wir an, dass wir eine Folge unabhängiger Zufallsgrößen mit ein und derselben Verteilung mit Erwartungswert μ beobachten. Nach beispielsweise $n = 100$ beobachteten Zufallsgrößen stellen wir fest, dass der Mittelwert M_{100} den Erwartungswert μ übertrifft. Dann ist es sehr wahrscheinlich, wenn die Folge der Zufallsgrößen fortgesetzt wird, dass M_n gegen μ strebt (und deshalb abnehmen muss). Dies beruht jedoch *nicht* auf einer Tendenz der künftigen Zufallsgrößen, die – als Kompensation für die früheren Realisierungen – Werte annehmen, die im Durchschnitt geringer als μ sind; denn eine solche Tendenz gibt es nicht!
Stattdessen lautet die Erklärung, dass zur Erhaltung eines etwas zu hohen Mittelwerts M_{100} auch die künftigen Zufallsgrößen im Durchschnitt auf dem Niveau von M_{100} oder höher liegen müssen. Am wahrscheinlichsten ist es jedoch, dass die künftigen Zufallsgrößen im Durchschnitt nahe μ liegen, und weil $M_{100} > \mu$ ist, wird dieser Durchschnitt vermutlich geringer sein als M_{100}. Damit verringert sich auch M_n.

4.2 Das schwache und das starke Gesetz der großen Zahlen

Um exakte Formulierungen des schwachen bzw. starken Gesetzes der großen Zahlen angeben zu können, benötigen wir eine klare Vorstellung vom Begriff des **Grenzwertes** in der Mathematik.

Nehmen wir an, dass $x_1, x_2, \ldots$ eine unendliche Folge von reellen Zahlen ist und x eine weitere reelle Zahl. In mathematischen Texten findet man oft den Ausdruck

$$\lim_{n \to \infty} x_n = x \tag{4.7}$$

was in Worten bedeutet: *der Grenzwert von x_n ist x, wenn n gegen unendlich geht.* Eine andere Formulierung mit gleicher Bedeutung ist, dass x_n *gegen x strebt, wenn n gegen unendlich geht,* was man auch als

$$x_n \to x \quad \text{für} \quad n \to \infty \tag{4.8}$$

schreiben kann.

Was bedeutet das? Die Formulierungen (4.7) und (4.8) besagen, dass man durch Wahl eines hinreichend großen n erreichen kann, dass x_n dem Wert x beliebig nahe kommt. Oder, genauer gesagt: Welche kleine, aber positive Zahl $\varepsilon > 0$ wir auch wählen, wir finden immer eine endliche Zahl N, so dass $|x_n - x| < \varepsilon$ für alle $n \geq N$ gilt.

Ein Beispiel: Sei $x = 0$ und $x_n = \frac{1}{n}$, dann gilt (4.7). Weshalb? Wenn wir ein beliebiges $\varepsilon > 0$ wählen, z. B. $\varepsilon = 0{,}001$, dann können wir ein $N < \infty$ finden, so dass

$$|x_n - x| < \varepsilon$$

erfüllt ist, wenn $n \geq N$ gilt; für $\varepsilon = 0{,}001$ können wir beispielsweise $N = 1001$ wählen. Beachte hierbei, dass x_n niemals *exakt* gleich dem Grenzwert x ist – sondern die Folge x_n beliebig nahe an x herankommt, wenn n gegen unendlich strebt.

Versuchen wir nun, das Gesetz der großen Zahlen mit Hilfe dieses Grenzwertbegriffes auszudrücken. Nehmen wir – wie früher – an, dass $X_1, X_2, \ldots$ unabhängige Zufallsgrößen mit derselben Verteilung und dem Erwartungswert μ sind. Mit $M_1, M_2, \ldots$ seien ihre sukzessiven Mittelwerte bezeichnet, wie sie in (4.1) definiert wurden. Wir wollen eine mathematische Formulierung dafür finden, dass M_n gegen μ strebt. Bereits im Fall der Münzwürfe im letzten Abschnitt (wo $\mu = \frac{1}{2}$ ist) stoßen wir jedoch auf gewisse Schwierigkeiten: Nehmen wir ein $\varepsilon > 0$ an, z. B. $\varepsilon = 0{,}001$. Können wir dann ein endliches N finden, so dass

$$\left| M_n - \frac{1}{2} \right| < \varepsilon \tag{4.9}$$

für alle $n \geq N$ *garantiert* ist? Nein! Welches endliche N wir auch wählen, so gibt es immer ein gewisses Risiko, dass z. B. *alle N* ersten Münzen Zahl zeigen, und dann ist (4.9) nicht erfüllt. Die Wahrscheinlichkeit für ein solches extremes Ergebnis kann für einen großen Wert von N sehr klein werden, doch sie kann niemals genau Null sein. Deshalb müssen wir das Gesetz der großen Zahlen so formulieren, dass wir die Aussage (4.9) nicht mit vollständiger Sicherheit behaupten, sondern uns damit zufrieden geben zu sagen, dass sie mit großer Wahrscheinlichkeit gilt – so groß, dass sie durch Wahl eines genügend großen N beliebig nahe an 1 herankommt.

Satz 4.2 (Das schwache Gesetz der großen Zahlen). *Seien $X_1, X_2, \ldots$ unabhängige Zufallsgrößen, die dieselbe Verteilung mit dem Erwartungswert μ besitzen. Seien $M_1, M_2, \ldots$ deren sukzessive Mittelwerte. Dann gilt für beliebiges $\varepsilon > 0$*

$$\lim_{n \to \infty} \mathbf{P}(|M_n - \mu| < \varepsilon) = 1. \qquad (4.10)$$

Beachte, dass für kein n *ausgeschlossen* ist, dass M_n außerhalb des Intervalls $(\mu - \varepsilon, \mu + \varepsilon)$ liegen kann; dagegen besagt der Satz, dass die Wahrscheinlichkeit einer solchen Abweichung für n gegen ∞ gegen 0 strebt.

Der Satz 4.2 kann als Aussage über die *Verteilungen* der sukzessiven Mittelwerte $M_1, M_2, \ldots$ aufgefasst werden; er besagt, dass sich diese Verteilungen immer stärker um μ konzentrieren. Eine andere Betrachtungsweise wäre, sämtliche Zufallsgrößen X_i zu erzeugen und *alle* sukzessiven Mittelwerte $M_1, M_2, \ldots$ zu berechnen. Dann könnten wir $M_1, M_2, \ldots$ als eine feste Folge ansehen und uns fragen, ob sie gegen μ konvergiert. Tut sie das? Mit welcher Wahrscheinlichkeit? Die nächste Version des Gesetzes der großen Zahlen beantwortet diese Frage.

Satz 4.3 (Das starke Gesetz der großen Zahlen). *Seien $X_1, X_2, \ldots$ unabhängige Zufallsgrößen, die dieselbe Verteilung mit dem Erwartungswert μ besitzen. Seien $M_1, M_2, \ldots$ deren sukzessive Mittelwerte. Dann gilt*

$$\mathbf{P}\left(\lim_{n \to \infty} M_n = \mu \right) = 1. \qquad (4.11)$$

◇ ◇ ◇ ◇

Der Unterschied zwischen den Behauptungen des schwachen und des starken Gesetzes der großen Zahlen ist etwas subtil, wer diesen Unterschied nicht sofort erfasst, befindet sich in guter Gesellschaft.[7] Im Folgenden will ich versuchen, diesen Unterschied zu verdeutlichen, was nebenbei auch zu einer Erklärung der Wörter *schwaches* und *starkes* der beiden Varianten des Gesetzes der großen Zahlen führt. (Wer sich im Moment nicht mit Beweisführung der höheren

---

[7]Ich selbst brauchte mehrere Tage, um diesen Unterschied zu verstehen, als ich als Student das erste Mal mit den Grenzwertbegriffen beider Sätze in Kontakt kam – und das trotz der hervorragenden Darstellung im Lehrbuch von Grimmett & Stirzaker (1982), aus dem ich diese Dinge lernte.

Schule beschäftigen möchte, kann den Rest des Kapitels überspringen.[8]) Wir beginnen mit einer Definition.

Definition 4.4. *Sei $Y_1, Y_2, \ldots$ eine Folge von Zufallsgrößen, und sei c eine Konstante.*

(a) *Die Folge $Y_1, Y_2, \ldots$ konvergiert in **Wahrscheinlichkeit** gegen c (in Zeichen $Y_n \xrightarrow{P} c$), wenn für jedes $\varepsilon > 0$ gilt, dass*

$$\lim_{n \to \infty} \mathbf{P}(|Y_n - c| < \varepsilon) = 1.$$

(b) *Die Folge $Y_1, Y_2, \ldots$ konvergiert **fast sicher**[9] gegen c (in Zeichen $Y_n \xrightarrow{f.s.} c$), wenn*

$$\mathbf{P}\left(\lim_{n \to \infty} Y_n = c\right) = 1.$$

In dieser Terminologie besagt das schwache Gesetz der großen Zahlen, dass die sukzessiven Mittelwerte M_n gegen μ *in Wahrscheinlichkeit* konvergieren, während gemäß des starken Gesetzes der großen Zahlen M_n *fast sicher* gegen μ konvergiert.

Das folgende Ergebnis – Satz 4.5 – bringt zum Ausdruck, dass fast sichere Konvergenz die Konvergenz in Wahrscheinlichkeit impliziert. Damit können wir motivieren, weshalb Satz 4.3 das *starke* Gesetz der großen Zahlen genannt wird, während Satz 4.2 das *schwache* Gesetz ist: Wenn wir wissen, dass die Aussage von Satz 4.3 (fast sichere Konvergenz) gilt, dann können wir unmittelbar folgern, dass die Aussage von Satz 4.2 (Konvergenz in Wahrscheinlichkeit) ebenfalls gilt.

Satz 4.5. *Sei $Y_1, Y_2, \ldots$ eine Folge von Zufallsgrößen, die fast sicher gegen eine Konstante c konvergiert, d. h.*

$$Y_n \xrightarrow{f.s.} c.$$

Dann gilt auch, dass $Y_1, Y_2, \ldots$ in Wahrscheinlichkeit gegen c konvergiert, d. h.

$$Y_n \xrightarrow{P} c.$$

---

[8]Andererseits hilft das Lesen und Verstehen des abschließenden Teil des Kapitels, einen guten Einblick und ein nützliches Training in mathematischen und wahrscheinlichkeitstheoretischen Beweismethoden zu erhalten.

[9]Als Student (siehe Fußnote 7 auf S. 71) dachte ich, dass das Wort *fast* in der Formulierung *fast sicher* unnötig zurückhaltend wäre: Wenn die Wahrscheinlichkeit gleich 1 ist, könnte man doch genauso gut z. B. *bombensicher* sagen? Der entscheidende Punkt beim Wort *fast* ist, dass es trotz allem zugelassene Realisierungen gibt, bei dem ein Ereignis nicht eintrifft, dessen Wahrscheinlichkeit 1 ist. Im Münzwurfbeispiel wissen wir, mit Hilfe von Satz 4.3, dass $\mathbf{P}\left(\lim_{n \to \infty} M_n = \frac{1}{2}\right) = 1$, aber es ist nicht von vornherein ausgeschlossen, dass sich M_n auf eine andere Weise verhält. Beispielsweise können *alle* Münzen Zahl zeigen, so dass $\lim_{n \to \infty} M_n = 1$ ist. Allerdings ist dieser abweichende Fall so ungewöhnlich, dass seine Wahrscheinlichkeit 0 beträgt.

Wir wollen diesen Abschnitt damit beenden, einen Beweis für diesen Satz anzugeben, der somit zu einer Art Rangordnung der Begriffe „fast sichere Konvergenz" und „Konvergenz in Wahrscheinlichkeit" führt.

Zunächst wollen wir jedoch darauf hinweisen, dass die Umkehrung von Satz 4.5 nicht gilt. Mit anderen Worten, wenn wir eine Folge $Y_1, Y_2, \ldots$ von Zufallsgrößen haben, so dass $Y_n \xrightarrow{P} c$, dann können wir *nicht* automatisch folgern, dass auch $Y_n \xrightarrow{f.s.} c$ gilt. Um das einzusehen, betrachten wir das folgende Gegenbeispiel.

Beispiel. Wir bilden eine Folge von Zufallsgrößen $Y_1, Y_2, \ldots$, die auf die folgende Weise definiert sind. Die meisten Y_i besitzen den Wert 0, mit folgenden Ausnahmen:

- $Y_1 = 1$.
- *Eine* der Zufallsgrößen Y_2 und Y_3 wird auf gut Glück ausgewählt (mit gleicher Wahrscheinlichkeit) und erhält den Wert 1.
- Unabhängig von der Wahl der Zufallsgröße im zweiten Punkt wird *eine* der Zufallsgrößen Y_4, Y_5, Y_6, Y_7 auf gut Glück ausgewählt (mit gleicher Wahrscheinlichkeit) und erhält den Wert 1.
- Von der bisherigen Wahl der Zufallsgrößen $Y_1, \ldots, Y_7$ unabhängig wird *eine* der Zufallsgrößen $Y_8, \ldots, Y_{15}$ auf gut Glück ausgewählt (mit gleicher Wahrscheinlichkeit) und erhält den Wert 1.
- Und so weiter ...

Die übrigen Zufallsgrößen Y_i erhalten den Wert 0. Somit nehmen sämtliche Y_i einen der Werte 0 und 1 an, wobei

$$\mathbf{P}(Y_i = 1) = \begin{cases} 1 & \text{für } i = 1 \\ \frac{1}{2} & \text{für } i = 2, 3 \\ \frac{1}{4} & \text{für } i = 4, \ldots, 7 \\ \frac{1}{8} & \text{für } i = 8, \ldots, 15 \\ \frac{1}{16} & \text{für } i = 16, \ldots, 31 \\ \vdots & \vdots \end{cases}$$

gilt. Hieraus folgt für jedes $\varepsilon > 0$, dass

$$\lim_{n \to \infty} \mathbf{P}(|Y_n - 0| < \varepsilon) \geq \lim_{n \to \infty} \mathbf{P}(Y_n = 0) = 1$$

erfüllt ist, und wir können folgern, dass Y_n in Wahrscheinlichkeit gegen 0 strebt: $Y_n \xrightarrow{P} 0$.

Andererseits wissen wir mit Sicherheit, dass unendlich viele der Y_i den Wert 1 annehmen werden, so dass

$$\mathbf{P}\left(\lim_{n \to \infty} Y_n = 0\right) = 0$$

gilt. Demzufolge konvergiert Y_n *nicht* fast sicher gegen 0.

Dieses Beispiel zeigt eine Folge von Zufallsgrößen, die zwar in Wahrscheinlichkeit, jedoch nicht fast sicher, gegen 0 konvergiert. Somit sind die beiden Konvergenzbegriffe nicht äquivalent.   □

Jetzt der versprochene Beweis.

Beweis (von Satz 4.5). Es gelte $Y_n \xrightarrow{f.s.} c$, und $\delta, \varepsilon > 0$ seien zwei beliebig gewählte positive Zahlen. Wenn $Y_n \xrightarrow{f.s.} c$ gilt, existieren mit Wahrscheinlichkeit 1 nicht mehr als *endlich* viele Zufallsgrößen Y_i, deren Abstand zu c mindestens ε beträgt. Definiere jetzt eine Zufallsgröße Z als Index i für die *letzten* der Werte Y_i, die von c mindestens um den Betrag ε abweichen. Z ist dann mit Wahrscheinlichkeit 1 endlich. Deshalb kann man eine feste Zahl N finden, die hinreichend groß ist, damit die Wahrscheinlichkeit $\mathbf{P}(Z \geq N)$ kleiner als δ ist. Für jedes $n \geq N$ gilt dann:

$$\mathbf{P}(|Y_n - c| \geq \varepsilon) \leq \mathbf{P}(Z \geq n)$$
$$\leq \mathbf{P}(Z \geq N)$$
$$< \delta.$$

Weil $\delta > 0$ beliebig gewählt war, können wir

$$\lim_{n \to \infty} \mathbf{P}(|Y_n - c| \geq \varepsilon) = 0$$

folgern, was gleichbedeutend mit

$$\lim_{n \to \infty} \mathbf{P}(|Y_n - c| < \varepsilon) = 1$$

ist. Weil auch ε beliebig gewählt wurde, ist damit $Y_n \xrightarrow{P} c$ gezeigt.   □

4.3 Wie man das Gesetz der großen Zahlen beweist

In diesem Abschnitt möchte ich einige der Beweisansätze vorstellen, mit denen man das schwache bzw. das starke Gesetz der großen Zahlen beweisen kann. Um gewisse Komplikationen im Beweis (der ohnehin lang genug wird!) auszuschließen werde ich mich auf einen Spezialfall beschränken – die Münzwürfe im Abschnitt 4.1. Seien deshalb $X_1, X_2, \ldots$ unabhängige Zufallsgrößen, so dass

$$X_i = \begin{cases} 0 \text{ mit Wahrscheinlichkeit } \frac{1}{2} \\ 1 \text{ mit Wahrscheinlichkeit } \frac{1}{2} \end{cases}$$

gilt, was (wie wir zuvor gesehen hatten) dazu führt, dass sie den Erwartungswert $\mathbf{E}[X_i] = \frac{1}{2}$ besitzen. Weiterhin seien $S_1, S_2, \ldots$ und $M_1, M_2, \ldots$ die sukzessiven Summen bzw. Mittelwerte der Zufallsgrößen X_i, wie sie in (4.3) und (4.4) definiert wurden.

Zur Analyse dieser Größen müssen wir einige Rechenregeln für Erwartungswerte anwenden. Diese sind anschaulich einleuchtend, so dass wir an dieser Stelle auf ihren Beweis verzichten wollen:

Lemma 4.6. *Für beliebige Zufallsgrößen* $Y_1, \ldots, Y_n$ *und eine beliebige Zahl* a
gilt

$$\mathbf{E}[Y_1 + Y_2 + \cdots + Y_n] = \mathbf{E}[Y_1] + \mathbf{E}[Y_2] + \cdots + \mathbf{E}[Y_n] \qquad (4.12)$$

und

$$\mathbf{E}[a\,Y_1] = a\,\mathbf{E}[Y_1]. \qquad (4.13)$$

Mit anderen Worten: Summieren wir zwei oder mehr Zufallsgrößen, so ist
der Erwartungswert der Summe gleich der Summe ihrer Erwartungswerte.
Multiplizieren wir eine Zufallsgröße mit einer Konstanten a, so wird auch ihr
Erwartungswert mit a multipliziert.

Mit Hilfe von (4.12) finden wir, dass

$$\begin{aligned}
\mathbf{E}[S_n] &= \mathbf{E}[X_1 + X_2 + \cdots + X_n] \\
&= \mathbf{E}[X_1] + \mathbf{E}[X_2] + \cdots + \mathbf{E}[X_n] \\
&= n \cdot \frac{1}{2} = \frac{n}{2}
\end{aligned}$$

gilt, und mit Hilfe von (4.13) erhalten wir

$$\begin{aligned}
\mathbf{E}[M_n] &= \mathbf{E}\left[\frac{S_n}{n}\right] = \frac{\mathbf{E}[S_n]}{n} \\
&= \frac{n/2}{n} = \frac{1}{2}.
\end{aligned} \qquad (4.14)$$

Da es unser Ziel ist, die Gesetze der großen Zahlen zu beweisen – was im
Fall der Münzwürfe bedeutet, dass M_n nahe an $\frac{1}{2}$ herankommt – ist die Be-
ziehung (4.14) eine ausgesprochen gute Nachricht: M_n besitzt den richtigen
Erwartungswert.

Allerdings sagt dieser Erwartungswert bei weitem nicht alles über die Verteilung der M_n aus. Insbesondere charakterisiert er nicht die *Streuung* der
Werte um den Erwartungswert herum. Ein gutes Maß für diese Streuung einer Zufallsgrößen bzw. ihrer Verteilung um den Erwartungswert ist die so
genannte **Varianz**:

Definition 4.7. *Eine Zufallsgröße* Y *mit Erwartungswert* μ *besitzt die*
Varianz $\mathrm{Var}[Y]$, *die durch*

$$\mathrm{Var}[Y] = \mathbf{E}[(Y - \mu)^2] \qquad (4.15)$$

berechnet wird.

Der Ausdruck $(Y - \mu)^2$ in (4.15) ist das Quadrat der Abweichung der Zufallsgrößen Y von ihrem Erwartungswert, und die Varianz $\mathrm{Var}[Y]$ kann deshalb
als **mittlere quadratische Abweichung** der Zufallsgröße Y von ihrem Erwartungswert beschrieben werden.[10]

---

[10]In diesem Zusammenhang ergibt sich die Frage, weshalb man nicht die durch-
schnittliche *absolute* Abweichung $\mathbf{E}[|Y - \mu|]$ verwendet. Dieses Streumaß erscheint

Nehmen wir jetzt an, dass $\mathbf{Var}[M_n] = \mathbf{E}[(M_n - \frac{1}{2})^2]$ klein ist. Dann kann die Wahrscheinlichkeit, dass M_n wesentlich von $\frac{1}{2}$ abweicht, vernünftigerweise nicht allzu groß sein. Dieser Gedanke wird durch das folgende Lemma präzisiert.[11]

Lemma 4.8. *Für beliebiges $\varepsilon > 0$ gilt:*

$$\mathbf{P}\left(\left|M_n - \frac{1}{2}\right| \geq \varepsilon\right) \leq \frac{\mathbf{Var}[M_n]}{\varepsilon^2}. \tag{4.16}$$

Ist dieses Lemma bewiesen, reicht es also aus zu zeigen, dass $\mathbf{Var}[M_n] \to 0$ für $n \to \infty$ gilt, um folgern zu können, dass auch $\mathbf{P}(|M_n - \frac{1}{2}| \geq \varepsilon)$ gegen 0 strebt. Genau das müssen wir für das schwache Gesetz der großen Zahlen für Münzwürfe zeigen.

Beweis (von Lemma 4.8). Sei $Z_n = (M_n - \frac{1}{2})^2$, so dass

$$\mathbf{Var}[M_n] = \mathbf{E}[Z_n].$$

Wir nehmen eine neue Zufallsgröße Z_n^* zu Hilfe, die so definiert wird, dass sie die beiden möglichen Werte ε^2 und 0 gemäß der folgenden Regel annimmt

$$Z_n^* = \begin{cases} \varepsilon^2 & \text{wenn } Z_n \geq \varepsilon^2 \\ 0 & \text{wenn } Z_n < \varepsilon^2. \end{cases} \tag{4.17}$$

Im Fall $Z_n^* = \varepsilon^2$ gilt offenbar

$$Z_n^* \leq Z_n. \tag{4.18}$$

Weil $Z_n = (M_n - \frac{1}{2})^2$ ein Quadrat ist, kann diese Zufallsgröße niemals negativ werden, und deshalb gilt (4.18) auch im Fall $Z_n^* = 0$. Somit gilt (4.18) immer, so dass auch die entsprechende Ungleichung für die Erwartungswerte der beiden Zufallsgrößen gilt:

$$\mathbf{E}[Z_n^*] \leq \mathbf{E}[Z_n]. \tag{4.19}$$

---

genauso natürlich wie die Varianz. Allerdings besitzt die Varianz große mathematische Vorteile. Unter anderem kann man zeigen, dass für unabhängige Zufallsgrößen $Y_1, \ldots, Y_n$ die Beziehung $\mathbf{Var}[Y_1 + \cdots + Y_n] = \mathbf{Var}[Y_1] + \cdots \mathbf{Var}[Y_n]$ gilt; eine entsprechende Formel gibt es für die absolute Abweichung nicht.

[11]Das Lemma ist ein Spezialfall der so genannten Tschebyschowschen Ungleichung. Diese besagt, dass die Wahrscheinlichkeit, dass eine Zufallsgröße Y von ihrem Erwartungswert μ mindestens den Abstand ε besitzt, höchstens gleich $\frac{\mathbf{Var}[Y]}{\varepsilon^2}$ ist. (Die frühere Transkription lautete im Deutschen *Tschebyscheff*; die korrekte Schreibweise *Tschebyschow* – analog zu Gorbatschow – setzt sich erst langsam durch, Anm. d. Übers.).

Weiterhin kann $\mathbf{E}[Z_n^*]$ mit Hilfe von (4.17) als

$$\mathbf{E}[Z_n^*] = \varepsilon^2 \cdot \mathbf{P}(Z_n^* = \varepsilon^2) + 0 \cdot \mathbf{P}(Z_n^* = 0)$$
$$= \varepsilon^2 \cdot \mathbf{P}(Z_n^* = \varepsilon^2)$$
$$= \varepsilon^2 \cdot \mathbf{P}(Z_n \geq \varepsilon^2)$$

ausgedrückt werden, woraus wir die Beziehung

$$\mathbf{P}(Z_n \geq \varepsilon^2) = \frac{\mathbf{E}[Z_n^*]}{\varepsilon^2}$$

ableiten können. In Verbindung mit (4.19) ergibt sich daraus

$$\mathbf{P}(Z_n \geq \varepsilon^2) \leq \frac{\mathbf{E}[Z_n]}{\varepsilon^2},$$

und wenn wir schließlich beachten, dass $|M_n - \frac{1}{2}| \geq \varepsilon$ dann und nur dann gilt, wenn $Z_n \geq \varepsilon^2$ ist, erhalten wir

$$\mathbf{P}\left(\left|M_n - \frac{1}{2}\right| \geq \varepsilon\right) = \mathbf{P}(Z_n \geq \varepsilon^2)$$
$$\leq \frac{\mathbf{E}[Z_n]}{\varepsilon^2} = \frac{\mathbf{Var}[M_n]}{\varepsilon^2},$$

und das Lemma ist bewiesen. □

Um Lemma 4.8 zum Beweis des schwachen Gesetzes für Münzwürfe anwenden zu können, benötigen wir noch eine Abschätzung der Varianz $\mathbf{Var}[M_n]$ – die ja auf der rechten Seite von (4.16) steht. Dies leistet das nächste Lemma:

Lemma 4.9. *Für die Varianz von M_n gilt*

$$\mathbf{Var}[M_n] = \frac{1}{4n}. \tag{4.20}$$

Beweis. [12] Dieser Beweis erfordert eine lange Rechnung. Wir wollen sie beginnen, indem wir die Definition der Varianz und die Definition (4.4) von M_n ausnutzen sowie eine weitere Umformung durchführen. Dabei ergibt sich:

---

[12]Gewöhnlich wird der Beweis von (4.20) und ähnlichen Varianzformeln auf etwas andere Weise geführt. Beispielsweise kann man zunächst die Varianz $\mathbf{Var}[X_i]$ berechnen (was bedeutend einfacher ist, weil X_i nur zwei mögliche Werte annimmt) und dann allgemeine Rechenregeln für die Varianz von Summen und Linearkombinationen anwenden, wie die in Fußnote 10 auf S. 76. Auf den ersten Blick führt das zu kürzeren Beweisen; doch man muss sich darüber im Klaren sein, dass der Beweis von Varianzformeln, wie der in Fußnote 10, darauf aufbaut, dass für unabhängige Zufallsgrößen X und Y die Beziehung $\mathbf{E}[X\,Y] = \mathbf{E}[X]\,\mathbf{E}[Y]$ erfüllt ist. Dieser Zusammenhang ist zweifellos wahr, aber sein Beweis ist nicht ganz so einfach und wird deshalb gewöhnlich in grundlegenden Lehrbüchern ausgelassen. Wir zeigen Lemma 4.9 stattdessen von Grund auf ohne die Anwendung von unbewiesenen Varianzformeln.

$$\mathbf{Var}[M_n] = \mathbf{E}\left[\left(M_n - \frac{1}{2}\right)^2\right]$$

$$= \mathbf{E}\left[\left(\frac{X_1 + X_2 + \cdots + X_n}{n} - \frac{1}{2}\right)^2\right]$$

$$= \mathbf{E}\left[\left(\frac{X_1 + X_2 + \cdots + X_n - \frac{n}{2}}{n}\right)^2\right]$$

$$= \mathbf{E}\left[\left(\frac{(X_1 - \frac{1}{2}) + (X_2 - \frac{1}{2}) + \cdots + (X_n - \frac{1}{2})}{n}\right)^2\right]$$

$$= \mathbf{E}\left[\frac{((X_1 - \frac{1}{2}) + (X_2 - \frac{1}{2}) + \cdots + (X_n - \frac{1}{2}))^2}{n^2}\right].$$

Die Rechenregel (4.13) erlaubt uns, den Faktor $\frac{1}{n^2}$ aus dem Erwartungswert herauszuziehen, so dass wir die Rechnung folgendermaßen fortsetzen können:

$$\mathbf{Var}[M_n] = \mathbf{E}\left[\frac{((X_1 - \frac{1}{2}) + (X_2 - \frac{1}{2}) + \cdots + (X_n - \frac{1}{2}))^2}{n^2}\right]$$

$$= \frac{1}{n^2}\mathbf{E}\left[\left(\left(X_1 - \frac{1}{2}\right) + \left(X_2 - \frac{1}{2}\right) + \cdots + \left(X_n - \frac{1}{2}\right)\right)^2\right]$$

$$= \frac{1}{n^2}\mathbf{E}\left[\left(\sum_{i=1}^{n}\left(X_i - \frac{1}{2}\right)\right)^2\right]$$

$$= \frac{1}{n^2}\mathbf{E}\left[\left(\sum_{i=1}^{n}\left(X_i - \frac{1}{2}\right)\right)\left(\sum_{j=1}^{n}\left(X_j - \frac{1}{2}\right)\right)\right]$$

$$= \frac{1}{n^2}\mathbf{E}\left[\sum_{i=1}^{n}\sum_{j=1}^{n}\left(X_i - \frac{1}{2}\right)\left(X_j - \frac{1}{2}\right)\right]$$

$$= \frac{1}{n^2}\sum_{i=1}^{n}\sum_{j=1}^{n}\mathbf{E}\left[\left(X_i - \frac{1}{2}\right)\left(X_j - \frac{1}{2}\right)\right], \qquad (4.21)$$

wobei die letzte Zeile die Rechenregel (4.12) benutzt. Als nächstes müssen wir jetzt den Erwartungswert $\mathbf{E}[(X_i - \frac{1}{2})(X_j - \frac{1}{2})]$ von (4.21) analysieren. Weil X_i die Werte 0 oder 1 jeweils mit der Wahrscheinlichkeit $\frac{1}{2}$ annimmt, ist der erste Faktor $(X_i - \frac{1}{2})$ gleich $\pm\frac{1}{2}$. Dabei ist die Wahrscheinlichkeit für das positive bzw. negative Vorzeichen auch $\frac{1}{2}$. Dasselbe gilt für den anderen Faktor $(X_j - \frac{1}{2})$; das Produkt wird $\frac{1}{4}$ oder $-\frac{1}{4}$, abhängig davon, ob $X_i = X_j$ gilt oder nicht. Somit müssen wir im Folgenden zwei Fälle separat betrachten, nämlich $i = j$ bzw. $i \neq j$:

- Mit $i = j$ gilt (notwendigerweise) $X_i = X_j$, so dass $(X_i - \frac{1}{2})(X_j - \frac{1}{2}) = \frac{1}{4}$ mit Wahrscheinlichkeit 1 ist. Also erhalten wir $\mathbf{E}[(X_i - \frac{1}{2})(X_j - \frac{1}{2})] = \frac{1}{4}$.

- Wenn $i \neq j$ gilt, ist $X_i = X_j$ oder $X_i \neq X_j$ jeweils mit der Wahrscheinlichkeit $\frac{1}{2}$, so dass das Produkt $(X_i - \frac{1}{2})(X_j - \frac{1}{2})$ jeweils mit der Wahrscheinlichkeit $\frac{1}{2}$ gleich $\frac{1}{4}$ oder $-\frac{1}{4}$ wird. Der Erwartungswert $\mathbf{E}[(X_i - \frac{1}{2})(X_j - \frac{1}{2})]$ wird dann gleich $\frac{1}{2} \cdot \frac{1}{4} + \frac{1}{2} \cdot (-\frac{1}{4}) = 0$.

Zusammenfassend bedeutet das, dass von den n^2 Termen in (4.21) alle gleich 0 sind, außer den n Termen, die den Fällen entsprechen, wenn $i = j$ ist, und von denen jeder gleich $\frac{1}{4}$ ist. Die lange Rechnung auf der vorigen Seite führt also auf

$$\mathbf{Var}[M_n] = \frac{1}{n^2} \sum_{i=1}^{n} \sum_{j=1}^{n} \mathbf{E}\left[\left(X_i - \frac{1}{2}\right)\left(X_j - \frac{1}{2}\right)\right]$$

$$= \frac{1}{n^2} \cdot n \cdot \frac{1}{4} = \frac{1}{4n}$$

und das Lemma ist bewiesen. □

Ausgerüstet mit den Lemmata 4.8 und 4.9 können wir den Beweis des schwachen Gesetzes der großen Zahlen für Münzwürfe auf folgende Weise zusammenfügen.

Beweis (von Satz 4.2 im Fall der Münzwürfe). Wähle ein beliebiges $\varepsilon > 0$. Lemma 4.9 besagt, dass $\mathbf{Var}[M_n] = \frac{1}{4n}$ ist. Setzen wir dieses Ergebnis in (4.16) von Lemma 4.8 ein, erhalten wir

$$\mathbf{P}\left(\left|M_n - \frac{1}{2}\right| \geq \varepsilon\right) \leq \frac{\mathbf{Var}[M_n]}{\varepsilon^2}$$

$$= \frac{1}{4n\varepsilon^2}. \tag{4.22}$$

Dieser Ausdruck geht gegen 0, wenn $n \to \infty$ strebt. Somit erhalten wir

$$\lim_{n \to \infty} \mathbf{P}\left(\left|M_n - \frac{1}{2}\right| < \varepsilon\right) = 1,$$

und weil $\varepsilon > 0$ beliebig gewählt war, haben wir das schwache Gesetz der großen Zahlen für Münzwürfe bewiesen. □

Nachdem wir gezeigt haben, dass die Münzwürfe das schwache Gesetz der großen Zahlen erfüllen, wollen wir im nächsten Schritt beweisen, dass sie auch das *starke* Gesetz der großen Zahlen erfüllen. Wie wir im Abschnitt 4.2 gesehen haben, ist es nicht selbstverständlich, dass auch das starke Gesetz der großen Zahlen gilt, nur weil das schwache Gesetz Gültigkeit besitzt.

Wähle ein beliebiges $\varepsilon > 0$. Sei A_n das Ereignis, dass die Abweichung $|M_n - \frac{1}{2}|$ den Wert ε überschreitet. Um das starke Gesetz der großen Zahlen für Münzwürfe zu beweisen, müssen wir zeigen, dass die Abweichung $|M_n - \frac{1}{2}|$ mit Wahrscheinlichkeit 1 den Wert ε höchstens endlich oft übertrifft. Mit anderen Worten: Wir wollen zeigen, dass höchstens endlich viele der Ereignisse $A_1, A_2, \ldots$ eintreffen.

Eine in der Wahrscheinlichkeitsrechnung oft benutzte Strategie, um zu zeigen, dass nur endlich viele Ereignisse einer Folge $A_1, A_2, \ldots$ eintreffen, ist, die Summe der Wahrscheinlichkeiten der verschiedenen Ereignisse abzuschätzen. Diese Summe ist gleich der erwarteten Anzahl von Ereignissen die eintreffen, und *wenn* mit positiver Wahrscheinlichkeit unendlich viele von ihnen eintreffen, so muss natürlich der Erwartungswert der Anzahl der eintreffenden Ereignisse unendlich sein. Umgekehrt gilt deshalb, *wenn* die erwartete Anzahl von eintreffenden Ereignissen endlich ist, d. h. *wenn* die Summe

$$\sum_{n=1}^{\infty} \mathbf{P}(A_n) \tag{4.23}$$

endlich ist, dann wissen wir, dass mit Wahrscheinlichkeit 1 höchstens endlich viele der Ereignisse A_n eintreffen.[13]

Um schließlich zeigen zu können, dass die Summe in (4.23) endlich ist, müssen wir ihre Terme abschätzen. Eine solche Abschätzung zeigten wir bereits in (4.22), und mit ihrer Hilfe erhalten wir

$$\sum_{n=1}^{\infty} \mathbf{P}(A_n) \leq \sum_{n=1}^{\infty} \frac{1}{4n\varepsilon^2}$$
$$= \frac{1}{4\varepsilon^2} \sum_{n=1}^{\infty} \frac{1}{n}. \tag{4.24}$$

Wenn wir jetzt zeigen könnten, dass die rechte Seite $\frac{1}{4\varepsilon^2} \sum_{n=1}^{\infty} \frac{1}{n}$ endlich ist, wäre alles klar. Leider ist dies jedoch nicht so einfach, denn es ist bekannt, dass die Summe

$$\sum_{n=1}^{\infty} \frac{1}{n}$$

– die als **harmonische Reihe** bezeichnet wird – unendlich ist (siehe Anhang A).[14]

---

[13] Diese Tatsache ist als Lemma von **Borel–Cantelli** bekannt.

[14] Dass die rechte Seite von (4.24) unendlich ist, bedeutet jedoch nicht notwendig, dass das auch für die linke Seite $\sum_{n=1}^{\infty} \mathbf{P}(A_n)$ gilt. Mit verfeinerten Methoden (siehe z. B. den Abschnitt über große Abweichungen (*large deviations*) in Durrett, 1991) kann man tatsächlich Abschätzungen von $\mathbf{P}(A_n)$ erhalten, die deutlich besser sind als die von (4.22), so dass man mit ihnen $\sum_{n=1}^{\infty} \mathbf{P}(A_n) < \infty$ zeigen kann. Damit ist der Beweis des starken Gesetzes der großen Zahlen abgeschlossen.

Im Folgenden wählen wir jedoch eine andere Methode zum Abschluss des Beweises.

Deshalb müssen wir einen „Trick" finden! Zunächst betrachten wir statt *aller* Ereignissen $A_1, A_2, \ldots$ nur die Ereignisse $A_1, A_2, A_9, \ldots, A_{k^2}, \ldots$. Summieren wir die Wahrscheinlichkeiten *dieser* Ereignisse, erhalten wir (durch Ausnutzen von (4.22) auf die gleiche Weise wie in (4.24)) die Abschätzung

$$\sum_{k=1}^{\infty} \mathbf{P}(A_{k^2}) \leq \sum_{k=1}^{\infty} \frac{1}{4\,k^2 \varepsilon^2}$$

$$= \frac{1}{4\varepsilon^2} \sum_{k=1}^{\infty} \frac{1}{k^2}.$$

Dies ist besser, weil die Summe $\sum_{k=1}^{\infty} \frac{1}{k^2}$ endlich[15] ist (siehe Anhang A), so dass wir

$$\sum_{k=1}^{\infty} \mathbf{P}(A_{k^2}) < \infty$$

ableiten können, woraus sich

$\mathbf{P}$(höchstens endlich viele der Ereignisse $A_1, A_4, A_9, \ldots$ treffen ein) $= 1$
(4.25)

ergibt.

Trotz dieses Fortschritts sind wir noch nicht am Ziel, denn (4.25) sagt nur etwas über eine gewisse *Teilmenge* der Ereignisse $A_1, A_2, \ldots$ aus, nicht über die gesamte Reihe. Dennoch wird es sich zeigen, dass (4.25) eine Schlüsselrolle auf dem Weg zum Beweis des starken Gesetzes der großen Zahlen spielt. Weil $\varepsilon > 0$ wieder beliebig war, können wir (4.25) als folgendes Lemma formulieren:

Lemma 4.10. *Für beliebiges $\varepsilon > 0$ ergibt sich*

$$\mathbf{P}\left(\left| M_{k^2} - \frac{1}{2} \right| \geq \varepsilon \text{ für höchstens endlich viele ganze Zahlen } k \right) = 1 \,.$$

Wir werden jetzt den Beweis des starken Gesetzes der großen Zahlen für Münzwürfe mit Hilfe einer eleganten, allgemeinen mathematischen Technik, dem **Widerspruchsbeweis**, abschließen. Wir behaupten ganz einfach, dass das gewünschte starke Gesetz der großen Zahlen *nicht* wahr ist – und zeigen, dass dies zu einem Widerspruch führt. Dann kann die Behauptung nur falsch sein, so dass das starke Gesetz der großen Zahlen wahr ist, womit der Beweis vorliegt. Diese Vorgehensweise führt uns auf den Widerspruch, dass das Lemma 4.10 nicht wahr sein soll – obwohl wir ja gerade gezeigt haben, dass dieses Lemma wahr ist.

Nehmen wir also an, dass das starke Gesetz der großen Zahlen *nicht* für Münzwürfe gilt. Dann existiert ein $\varepsilon' > 0$, so dass

$$\mathbf{P}\left(\left| M_n - \frac{1}{2} \right| \geq \varepsilon' \text{ für unendlich viele } n \right) > 0 \qquad (4.26)$$

---

[15]Das exakte Ergebnis dieser Summe ist $\frac{\pi^2}{6}$.

gilt. Wenn das Ereignis von (4.26) eintrifft, muss auch mindestens eines der folgenden beiden Ereignisse (a) und (b) eintreffen:

(a) $M_n \geq \frac{1}{2} + \varepsilon'$ für unendlich viele n,
(b) $M_n \leq \frac{1}{2} - \varepsilon'$ für unendlich viele n.

Nehmen wir an, dass (a) eintrifft; der Fall (b) kann ganz analog behandelt werden.

Die Idee dieses Beweises ist die folgende: Wenn $M_n \geq \frac{1}{2} + \varepsilon'$ für ein hinreichend großes n gilt, dann ist es nicht möglich, dass der Mittelwert – während n bis zum nächsten ganzen Quadrat k^2 wächst – soweit absinkt, dass auch M_{k^2} den Wert $\frac{1}{2}$ mit einem gewissen ε überschreitet. Da dies für unendlich viele n gilt, entsteht ein Widerspruch zu Lemma 4.10.

Die Menge der ganzen Zahlen kann in endliche Teilintervalle des Typs $\{(k-1)^2 + 1, (k-1)^2 + 2, \ldots, k^2 - 1, k^2\}$ zerlegt werden, und wenn (a) eintrifft, dann muss das Ereignis $M_n \geq \frac{1}{2} + \varepsilon'$ auch bei unendlich vielen dieser Teilintervalle eintreffen. Sei n ein großer Wert, für den $M_n \geq \frac{1}{2} + \varepsilon'$ gilt, und sei k^2 die obere Grenze seines Teilintervalls. Damit ergibt sich

$$S_n = n\,M_n$$
$$\geq n\left(\frac{1}{2} + \varepsilon'\right),$$

und weil die Anzahl der Zahl-Würfe S_n nicht geringer werden kann, wenn die Anzahl der Münzwürfe steigt, erhalten wir

$$S_{k^2} \geq n\left(\frac{1}{2} + \varepsilon'\right)$$
$$\geq (k-1)^2\left(\frac{1}{2} + \varepsilon'\right),$$

wobei die zweite Ungleichung daraus folgt, dass n im Teilintervall $\{(k-1)^2 + 1, (k-1)^2 + 2, \ldots, k^2 - 1, k^2\}$ liegt, so dass $n \geq k - 1$ ist. Die Division durch k^2 ergibt

$$M_{k^2} = \frac{S_{k^2}}{k^2} \geq \frac{(k-1)^2}{k^2}\left(\frac{1}{2} + \varepsilon'\right). \tag{4.27}$$

Wähle jetzt ein ε zwischen 0 und ε'; z. B. können wir $\varepsilon = \frac{\varepsilon'}{2}$ annehmen. Wenn (a) eintrifft, muss die Ungleichung (4.27) für unendlich viele Quadrate k^2 gelten. Da der Faktor $\frac{(k-1)^2}{k^2}$ von (4.27) für $k \to \infty$ gegen 1 geht, muss auch

$$M_{k^2} \geq \frac{1}{2} + \varepsilon$$

für unendlich viele k gelten. Und all dies muss im Hinblick auf (4.26) mit positiver Wahrscheinlichkeit geschehen, so dass

$$\mathbf{P}\left(M_{k^2} \geq \frac{1}{2} + \varepsilon \text{ für unendlich viele ganze Zahlen } k\right) > 0. \qquad (4.28)$$

Wie gewünscht, widerspricht dies jedoch Lemma 4.10. Damit stellen wir fest, dass die Annahme, das starke Gesetz der großen Zahlen würde (für Münzwürfe) nicht gelten, falsch sein muss. Es verbleibt nur die Möglichkeit, dass das starke Gesetz der großen Zahlen (für Münzwürfe) wahr ist, was den Beweis abschließt.

Zum Schluss einige Anmerkungen zu den zusätzlich notwendigen Voraussetzungen, um das schwache und starke Gesetz der großen Zahlen – über das Münzwurfbeispiel hinaus – verallgemeinern zu können.

Wenn die Zufallsgrößen X_i *beschränkt* sind (in dem Sinne, dass ein endliches M existiert, so dass $\mathbf{P}(-M < X_i < M) = 1$ ist), verläuft der Beweis sowohl des schwachen als auch des starken Gesetzes der großen Zahlen im Großen und Ganzen wie oben. Der einzig wesentliche Unterschied ist, dass das Lemma 4.9 (mit $Z_n := (M_n - \mu)^2$) und die Rechnung innerhalb seines Beweises etwas anders aussehen; die rechte Seite von (4.20) wird in diesem etwas allgemeineren Fall zu $\frac{\mathbf{Var}[X_i]}{n}$.

Wenn die X_i *unbeschränkt* sind, ergeben sich – je nachdem, ob der Erwartungswert $\mathbf{E}[X_i^2]$ der *quadrierten* Zufallsgrößen endlich ist oder nicht – mehr oder weniger zusätzliche Probleme.[16] Wenn $\mathbf{E}[X_i^2] < \infty$ ist, verläuft der Beweis des schwachen Gesetzes der großen Zahlen auf die gleiche Art und Weise wie im Fall der beschränkten Zufallsgrößen. Der Beweis des starken Gesetzes der großen Zahlen kann nach dem gleichen Schema wie oben geführt werden, wobei der Widerspruchsbeweis von (a) bis (4.28) etwas komplizierter wird, weil ein Teil der Ereignisse, von denen oben gesagt wird, dass sie *sicher* eintreffen, nicht länger sicher sind, aber doch *mit hoher Wahrscheinlichkeit* geschehen, was sorgfältig quantifiziert werden muss.[17]

Wenn schließlich $\mathbf{E}[X_i^2] = \infty$ gilt, kann man die oben stehende Beweisführung gar nicht mehr anwenden, nicht einmal für das schwache Gesetz der großen Zahlen. (In diesem Fall wird die Varianz in Lemma 4.9 unendlich, und deshalb kann das Lemma 4.8 nicht zu Hilfe genommen werden.) Man muss sich anderer Methoden bedienen: Für das schwache Gesetz der großen Zahlen verwendet man oft eine Methode, die die Zufallsgrößen auf geniale Weise abschneidet (als Alternative existiert eine Methode mit Fouriertransformation), während das starke Gesetz der großen Zahlen mit Argumenten aus der so genannten Martingaltheorie bewiesen werden kann. Diese schlagkräftigen Beweismethoden können beispielsweise in Feller (1957), Durrett (1991), und Williams (1991) nachgelesen werden.

---

[16]Die Bedingung $\mathbf{E}[X_i^2] < \infty$ ist äquivalent zur Bedingung, dass die Varianz $\mathbf{Var}[X_i]$ endlich ist.

[17]Wenn man eine Annahme über ein endliches viertes Moment ($\mathbf{E}[X_i^4] < \infty$) hinzufügt, gibt es einen anderen, äußerst eleganten Beweis, siehe z. B. Durrett (1991), Seite 41.

5

Perkolation

Es ist an der Zeit zu klären, was mit dem Titel des Buches – „Die Ernte des Zufalls" – eigentlich gemeint ist.[1] Mathematik kann man (entprechend einer weit verbreiteten Metapher) mit der Feldwirtschaft vergleichen – man sät etwas, um später die Früchte ernten zu können. Die Saat besteht in der Mathematik aus Axiomen und Modellannahmen. Wenn diese formuliert sind, gilt es abzuwarten, welche Ernte in Form von Rechnungen, Sätzen und anderen Ergebnissen eingebracht werden kann.

Damit sich der Aufwand lohnt, muss natürlich gesichert sein, dass die Ernte bedeutend größer ist als die Saat. Das gilt auch für die Mathematik, denn ein gutes Kriterium für „ästhetische Mathematik" ist, dass scheinbar einfache Modellannahmen zu weitreichenden, tiefen – und vielleicht sogar überraschenden – Ergebnissen führen.[2]

Eine der wichtigsten Botschaften, die ich mit diesem Buch vermitteln möchte, ist, dass viele Gebiete der Wahrscheinlichkeitstheorie reichen Ertrag bringen. Einige von ihnen haben wir bereits kennen gelernt – z. B. eine relativ komplexe Schlussweise im Kapitel 4, die zur Beschreibung eines einfachen

---

[1]In der schwedischen Originalausgabe erschien das Buch unter dem Titel „Die Ernte des Zufalls"; für die deutsche Ausgabe wurde der Untertitel der schwedischen Ausgabe als Titel gewählt (Anm. d. Übers.).

[2]Ein nahe verwandtes Kriterium ist, dass für scheinbar einfache Fragen die Antworten schwer zu finden sind und komplex sein können. Ein sehr schones Beispiel dafür ist die Frage „Gibt es positive ganze Zahlen x, y, z und $n \geq 3$, so dass $x^n + y^n = z^n$ ist?". Der französische Mathematiker Pierre de Fermat hatte im 17. Jahrhundert behauptet, dass er einen Beweis dafür gefunden habe, dass die Frage verneint werden müsse. Doch weil er ihn nicht veröffentlicht hatte, zweifeln die Experten der Nachwelt, dass er ihn wirklich gefunden hatte. Es dauerte sogar bis 1994, bevor der Engländer Andrew Wiles einen korrekten Beweis vorlegte. Der Beweis von Wiles ist mehrere hundert Seiten lang und baut seinerseits auf mehreren tausend Seiten Hintergrundmaterial auf! Siehe Singh (1997) für eine gut lesbare populärwissenschaftliche Darstellung des Problems von Fermat und der Lösung von Wiles.

Sachverhaltes wie wiederholte Münzwürfe notwendig war. In diesem Kapitel werden wir uns mit einem weiteren, meiner Meinung nach sehr überzeugenden Beispiel beschäftigen: der **Perkolationstheorie**. Sie ist ein Zweig der Wahrscheinlichkeitstheorie, dessen Forschung der letzten Jahrzehnte mit minimaler Saat eine wirklich reiche Ernte eingebracht hat.[3]

Was ist eigentlich Perkolation? Die Brockhaus Enzyklopädie gibt folgende Erklärung.

Perkolation (lat. *colare* ‚das Durchseihen‘) die,
1) *Biologie, Chemie, Pharmazie:* Verfahren zur Extraktion von Pflanzeninhaltsstoffen (**Perkolaten**) aus gepulverten Pflanzenteilen durch Kaltextraktion in einer besonders konstruierten Apparatur, dem **Perkolator**.
2) *Bodenkunde* Versickern des Bodenwassers bis zum Grund- oder Stauwasser.[4]

Beide hier angegebenen Bedeutungen sprechen von einer Flüssigkeit, die ein poröses Material durchdringt. Wollen wir ein solches Phänomen mit Hilfe einer mathematischer Modellierung abbilden und verstehen, sieht man schnell ein, dass es unrealistisch wäre, jede kleine Pore des Materials im Detail zu beschreiben. Dagegen kann man sich die Poren im Material mittels eines wahrscheinlichkeitstheoretischen Modells zufällig generiert vorstellen – dieser Ansatz ist (zumindest historisch gesehen) der Ausgangspunkt der Perkolationstheorie.

Nachdem wir im Abschnitt 5.1 den **Graphenbegriff** in der Mathematik diskutiert haben – der ein wichtiges Arbeitsmittel der Perkolationstheorie ist – werden wir im Abschnitt 5.2 das zu Grunde liegende mathematische Modell der Perkolationstheorie formulieren und die bekanntesten Ergebnisse und offenen Probleme dieses Gebietes kennen lernen. Danach versuchen wir im Abschnitt 5.3 einige Gedankengänge und Beweisideen zu verstehen, die zu diesen Ergebnissen führen und skizzieren anschließend in den Abschnitten 5.4 und 5.5 einige Themen, denen man in der weitergehenden Forschung zur Perkolationstheorie begegnet.

---

[3]Außerdem ist es auch eines der Gebiete, auf dem ich selbst viel geforscht habe; gegen Ende dieses Kapitels werde ich einige Ergebnisse ansprechen.
[4]Brockhaus Enzyklopädie (1996), 20. Auflage, Band 16. In der 17. Auflage findet man zu **2)** noch ausführlicher: *Bodenkunde* Durchsickern des der Schwerkraft folgenden Bodenwassers durch die Makroporen den Bodens. Es kann u. a. zur Lösung und Wegfuhr bestimmter Bodenteile beitragen (Anm. d. Übers.).

5.1 Graphen

Um die Modelle der Perkolationstheorie diskutieren zu können, müssen wir zunächst den mathematischen Begriff **Graph** kennen lernen. Ein Graph besteht aus

(i) einer Menge von **Knoten** $x_1, \ldots, x_n$, und
(ii) einer Menge von **Kanten** $e_1, \ldots, e_m$, wobei jede Kante zwei Knoten verbindet.

Einen Graphen kann man sehr gut veranschaulichen, indem man seine Knoten als Punkte in der Ebene zeichnet und die Kanten als Linien zwischen den Knoten, die die Knoten verbinden; siehe Abb. 5.1. Eine Kante e, die die beiden Knoten x_i und x_j verbindet, wird oft mit

$$e = \langle x_i, x_j \rangle$$

bezeichnet.

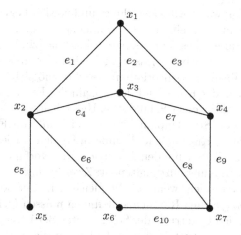

Abb. 5.1. Ein Graph G_1 mit der Knotenmenge $\{x_1, x_2, \ldots, x_7\}$ und der Kantenmenge $\{e_1 = \langle x_1, x_2 \rangle, e_2 = \langle x_1, x_3 \rangle, \ldots, e_{10} = \langle x_6, x_7 \rangle\}$.

Wer möchte, kann Graphen auch als völlig abstrakte mathematische Objekte ansehen. Ihr Studium führt auf das Gebiet der **Graphentheorie**, eines der besonders aktiven Forschungsgebiete der Mathematik.[5] Darüber hinaus besitzen Graphen eine Vielzahl natürlicher Anwendungen. Beispielsweise können die Knoten Flugplätze repräsentieren, und ein Knotenpaar wird genau dann durch eine Kante verbunden, wenn es eine direkte Flugverbindung zwischen den beiden Flugplätzen gibt. Eine andere Interpretation wird ausführlich im Kapitel 6 diskutiert, wo die Graphen soziale Netzwerke darstellen: Die

---

[5]Siehe z. B. Bollobás (1998) oder Diestel (2000).

Knoten sind Personen, während eine Kante zwischen zwei Knoten anzeigt, dass sich die beiden Personen kennen. Für die dritte in der Perkolationstheorie relevante Deutung stellt man sich Graphen als Modelle für poröses Material vor, bei denen die Kanten die Poren des Materials darstellen und die Knoten ihre „Verknüpfungspunkte". Wer möchte, findet sicher weitere mögliche Interpretationen für Graphen.

Die Graphentheorie ist ein hervorragendes Beispiel für die große Leistungsfähigkeit abstrakter Mathematik – einer Mathematik, die die spezielle Anwendung, für die sie zunächst gedacht war, beiseite lässt, um stattdessen die mathematischen Objekte selbst zu untersuchen. Vielfach erweisen sich zwei oder mehrere dem ersten Anschein nach nicht verwandte Anwendungen durch Übertragung in eine formale mathematische Beschreibung als äquivalent und können deshalb mit den gleichen Methoden bearbeitet werden. Ein Paradebeispiel mit graphentheoretischem Hintergrund werden wir ausführlich in Kapitel 7 im Zusammenhang mit Irrfahrten und Gleichstromkreisen untersuchen. Ein anderes Beispiel wird durch die beiden folgenden Probleme beschrieben.[6]

(a) Nimm an, du wärst Kartenzeichner, und vor Dir liegt eine (schwarz-weiße) Landkarte, auf der einige Länder aneinander grenzen und andere nicht. Deine Aufgabe ist es nun, die verschiedenen Länder mit k verschiedenen Farben so einzufärben, dass zwei aneinander grenzende Länder immer unterschiedliche Farben erhalten. Ist dies möglich? (Die Antwort hängt natürlich von der Karte und der Anzahl der Farben k ab.)

(b) Du bist Direktor einer Schule. Das Unterrichtsjahr beginnt in Kürze und Du musst den Stundenplan für eine Vielzahl von Fächern und die einzelnen Lehrer, Klassen und Räume aufstellen. In jeder Woche stehen k verschiedene Zeiten für den Unterricht zur Verfügung, wobei die folgende Nebenbedingung einzuhalten ist: Zwei Fächer dürfen nicht gleichzeitig unterrichtet werden, wenn sie die gleichen Lehrer oder Schüler betreffen, oder in den gleichen Räumen stattfinden müssen (z. B. der Turnhalle). Kann man den Unterricht der Schule unter Berücksichtigung dieser Bedingungen planen? (Auch in diesem Fall hängt die Antwort von k ab, ebenso von den Details der Nebenbedingung.)

Beide Problemstellungen erscheinen zunächst vielleicht völlig unabhängig voneinander. Wenn man jedoch versucht, den mathematischen Kern der Probleme zu extrahieren und sie abstrakt zu definieren, gelangt man in beiden Fällen zum folgenden graphentheoretischen Problem:

(c) Ist es für einen gegebenen Graphen G möglich, seine Knoten mit k Farben so einzufärben, dass jedes Paar von Knoten, das durch eine Kante verbunden ist, unterschiedliche Farben erhält?

Um das Kartenproblem (a) als Graphenproblem (c) auffassen zu können, wird jedes Land auf der Karte durch einen Knoten repräsentiert, wobei zwischen

---

[6]Dieses Beispiel entstammt Gowers (2000, 2002).

aneinander grenzenden Ländern eine Kante gezogen wird. Eine Färbung der Knoten des Graphen, so dass Paare von Knoten, die durch eine Kante verbunden sind, nicht die gleiche Farbe erhalten, entspricht der gewünschten Färbung der Karte.[7]

Das Planungsproblem (b) kann auf folgende Weise als graphentheoretisches Problem (c) verstanden werden. Die verschiedenen Fächer werden durch Knoten repräsentiert. Diese Knoten werden genau dann durch eine Kante verbunden, wenn sie auf Grund der Nebenbedingung nicht gleichzeitig stattfinden dürfen. Jede der k Zeiten im Stundenplan wird durch eine der k Farben dargestellt. Eine Färbung aller Knoten des Graphen entspricht dem Stundenplan aller Fächer, und wenn jedes Paar von Knoten, die durch eine Kante verbunden sind, unterschiedliche Farben besitzt, dann erfüllt der Stundenplan die gestellten Anforderungen.

Ein Grund für die Betrachtung der abstrakten Problemformulierung (c) ist, dass eine geeignete Lösungsmethode des abstrakten Problems gleichzeitig auch weitere konkrete Problemstellungen (wie die in (a) und (b)) löst. Außerdem spricht für die abstrakte Formulierung, dass sie ausschließlich den Kern des Problems betrachtet, so dass wir uns auf das Wesentliche konzentrieren und nicht von diversen Details in (a) und (b) abgelenkt werden.

Damit wollen wir das Graphenfärbeproblem verlassen und den Begriff des Zusammenhangs eines Graphen betrachten. Der Graph G_1 in Abb. 5.1 ist in dem Sinne **zusammenhängend**, dass jeder Knoten von jedem anderen Knoten aus erreicht werden kann, indem man sich sukzessive auf einer Folge von Kanten des Graphen bewegt. Beim Flugverkehr-Beispiel bedeutet dies, dass man sich von einem beliebigen Flugplatz aus zu jedem anderen Flugplatz bewegen kann, gegebenenfalls durch eine Reihe von Zwischenlandungen und Umstiegen.

Nicht alle Graphen sind zusammenhängend, jedoch kann jeder Graph in **zusammenhängende Komponenten** zerlegt werden. Eine zusammenhän-

---

[7]Eines der am meisten beschriebenen und diskutierten Ergebnisse der zweiten Hälfte des vergangenen Jahrhunderts ist der so genannte **Vierfarbensatz**, der in den 70er Jahren durch Kenneth Appel und Wolfgang Haken bewiesen wurde (siehe Appel & Haken, 1977). Er besagt, dass für eine Karte, auf der jedes Land zusammenhängend ist (Enklaven wie z. B. Russlands Kaliningrad werden nicht zugelassen), immer 4 Farben ausreichen. In der graphentheoretischen Formulierung (c) entspricht diese Bedingung, dass der Graph **eben** ist. Das heisst, er kann so auf ein Blatt Papier gezeichnet werden, dass sich keine Kanten kreuzen. Der Beweis von Appel und Haken enthält auch eine umfassende Computerberechnung, und war deshalb Gegenstand von Kontroversen und philosophischen Diskussionen, was man tatsächlich unter einem mathematischen Beweis versteht. Der Vierfarbensatz und seine Geschichte wird im Buch von Wilson (2003) populärwissenschaftlich beschrieben; Holt (2003) hat dies in einem Bericht zusammengefasst.

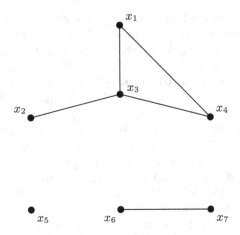

Abb. 5.2. Dieser Graph G_2 besitzt die gleiche Knotenmenge besitzt wie in Abb. 5.1, jedoch weniger Kanten. G_2 ist nicht zusammenhängend, sondern zerfällt in drei zusammenhängende Komponenten: eine besteht aus den Knoten x_1, x_2, x_3 und x_4, eine aus den Knoten x_6 und x_7, und schließlich besteht eine Komponente aus dem isolierten Knoten x_5.

gende Komponente ist eine Menge von Knoten, in der alle Knoten – beim Start in einem beliebigen Knoten der Komponente – durch einen Weg auf den Kanten der Komponente erreicht werden können; jedoch kann kein anderer Knoten des Graphen erreicht werden. Die Abb. 5.2 verdeutlicht dieses Konzept.

Schließlich eine Anmerkung zur Definition von Graphen: Bisher wurde in diesem Abschnitt vielleicht der Eindruck erweckt, dass ein Graph aus einer *endlichen* Anzahl n von Knoten und einer *endlichen* Anzahl m von Kanten besteht. Tatsächlich hindert uns aber nichts daran, Graphen mit *unendlich* vielen Knoten und Kanten zu betrachten – genau das wollen wir im nächsten Abschnitt mit den Perkolationsmodellen tun.

5.2 Perkolation in zwei oder mehr Dimensionen

Für die so genannte **Kantenperkolation**[8] gehen wir von einem Graphen G aus, und verwenden eine Zahl p zwischen 0 und 1 als Parameter des Modells – diese wird als **Kantenwahrscheinlichkeit** bezeichnet. Für jede Kante des

---

[8]Die **Knotenperkolation** wird ähnlich wie die Kantenperkolation definiert, mit dem Unterschied, dass man zufällig Knoten (statt Kanten) aus dem Graphen entfernt.

Graphen können wir uns vorstellen, dass wir eine Münze werfen, die mit Wahrscheinlichkeit p Wappen zeigt[9], und

- wenn die Münze Zahl zeigt, wird die Kante entfernt (geschlossen)[10],
- wenn sie Wappen zeigt, darf die Kante offen bleiben.

Dieses Vorgehen wird unabhängig für jede Kante des Graphen wiederholt. Man erhält dadurch einen neuen Graphen, der aus der gleichen Knotenmenge wie der ursprüngliche Graph besteht, wobei die Anzahl der Kanten im Allgemeinen geringer ist. Eine Kantenperkolation auf dem Graphen G_1 in Abb. 5.1 könnte beispielsweise zum Graphen G_2 in Abb. 5.2 führen.

Das Kantenperkolationsmodell ist somit sehr einfach: Die Kanten eines Graphen werden unabhängig voneinander geschlossen, wobei jede Kante jeweils mit der Wahrscheinlichkeit p geöffnet bleibt. Die Menge aller offenen Kanten wird **Perkolationskonfiguration** genannt.[11] In der Perkolationstheorie stellt man sich damit insbesondere die folgenden Fragen: Wie sehen die zusammenhängenden Komponenten im verbleibenden Teilgraphen aus? Wie groß sind sie? Wie viele sind es? Wie groß ist die Wahrscheinlichkeit, dass zwei gegebene Knoten x und y sich in der gleichen zusammenhängenden Komponente befinden? Und so weiter. Die Antworten auf diese Fragen hängen natürlich in hohem Maße vom Ausgangsgraphen ab, ebenso von der Kantenwahrscheinlichkeit p.

Die am intensivsten untersuchten und vielleicht wichtigsten Beispiel sind die sogeannten **Gitter** in zwei bzw. drei Dimensionen. Im Fall $d = 2$ (wobei d die Dimension bezeichnet) besteht die Knotenmenge aus allen ganzzahligen Punkten (i, j) der Ebene. Mit *ganzzahligen* Punkten sind die Punkte gemeint, deren x-Koordinate i und y-Koordinate j jeweils ganze Zahlen sind. Die Kanten bestehen zwischen den Knoten, die nächste Nachbarn sind, d. h. die den Abstand 1 in der Ebene besitzen. Den entstehenden Graphen nennen wir quadratisches Gitter $\mathbf{Z}^2$. Beachte, dass dieser Graph sowohl unendlich viele Kanten als auch unendlich viele Knoten besitzt; siehe Abb. 5.3.

Auf entsprechende Weise können wir das kubische Gitter $\mathbf{Z}^3$ definieren: Hier besteht die Knotenmenge aus allen ganzzahligen Punkten (i, j, k) des dreidimensionalen Raumes $\mathbf{R}^3$, und jeder Knoten erhält eine Kante zu jedem seiner 6 nächsten Nachbarn. Dies kann direkt verallgemeinern und das Gitter $\mathbf{Z}^d$ für beliebige Dimensionen d definieren (auch wenn man sich diese Gitter schwerer vorstellen kann), bei dem die ganzzahligen Punkte $(i_1, \ldots, i_d)$ von $\mathbf{R}^d$ die Knoten des Gitters sind, und jeder Knoten mit seinen $2d$ nächsten Nachbarn durch eine Kante verbunden ist.

---

[9]Wenn $p \neq \frac{1}{2}$ ist, ist die Münze somit unfair.

[10]Wenn eine Kante entfernt wird, so kann man auch sagen, dass damit der Weg für das hindurchfließende Wasser undurchlässig wird. Aus diesem Grund nennen wir im Folgenden die vorhandenen Kanten **offen**, die entfernten Kanten werden **geschlossen** genannt (Anm. d. Übers.).

[11]Um noch einmal an die Ackerbaumetapher vom Beginn des Kapitels anzuknüpfen – dies ist die einfache Saat für die folgende Theorie.

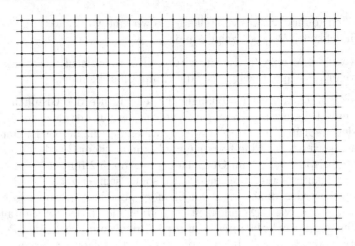

Abb. 5.3. Ein Teil eines Quadratgitters $\mathbf{Z}^2$. Das Gitter erstreckt sich unendlich weit in alle Richtungen der Ebene.

Die Abb. 5.4 und 5.5 zeigen typische Beispiele, wie die Perkolation auf dem Gitter $\mathbf{Z}^2$ für die Parameterwerte $p = 0{,}3$ bzw. $p = 0{,}7$ aussehen kann. Die Abbildungen weisen große Unterschiede auf: Für $p = 0{,}3$ scheint es, als ob nur kleine zusammenhängende Komponenten entstehen, während sich für $p = 0{,}7$ die meisten Knoten zu einer einzigen riesigen zusammenhängenden Komponente zusammenschließen.

Wenn wir uns jetzt die Kanten der Graphen als Poren des porösen Materials vorstellen, wie wir das zu Beginn des Kapitels besprochen haben, können wir anhand der Abb. 5.4 und 5.5 erahnen, dass die Antwort auf die Frage, ob die Flüssigkeit das Material durchdringen kann, von der Anzahl der Poren abhängt. Wenn die „Porendichte" hoch ist (d. h. die Kantenwahrscheinlichkeit groß ist, wie hier $p = 0{,}7$) kann sich die Flüssigkeit über große Distanzen hinweg mehr oder weniger ungehindert fortbewegen, während es bei einer geringen Porendichte ($p = 0{,}3$) offenbar unmöglich ist, dass sich die Flüssigkeit weiter als nur kurze Strecken durch das Material bewegt.

In der Natur wäre das betrachtete Material dreidimensional ist, so dass man sich vorstellen kann, dass man eher vom dreidimensionalen Gitter $\mathbf{Z}^3$ ausgehen sollte (statt vom zweidimensionalen Gitter $\mathbf{Z}^2$). Ein solcher Ansatz würde – auch wenn es schwieriger wäre, die entsprechenden Bilder zu zeichnen – zu den gleichen Schlussfolgerungen führen, wie die Abb. 5.4 und 5.5: Die Durchlässigkeit des Materials für Flüssigkeiten hängt in hohem Maße von der Kantenwahrscheinlichkeit p ab.

Für Perkolationsmodelle sind weitere Interpretationen denkbar. In Fall von zwei Dimensionen könnten wir uns z. B. die Knoten als Bäume eines Waldes vorstellen. Das zufällige Auftreten einer Kante zwischen zwei Knoten (Bäumen) charakterisiert, inwieweit sich die Zweige dieser Bäume so nahe kommen,

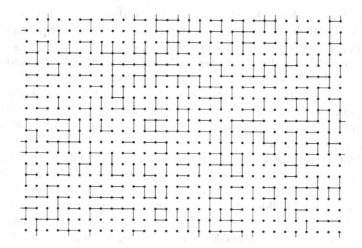

Abb. 5.4. Eine Kantenperkolation auf dem Gitter $\mathbf{Z}^2$ mit $p = 0,3$.

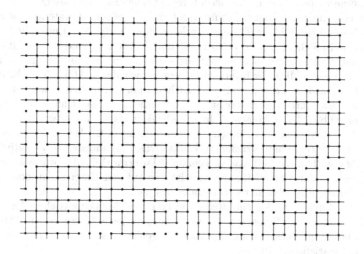

Abb. 5.5. Eine Kantenperkolation auf dem Gitter $\mathbf{Z}^2$ mit $p = 0,7$.

dass ein eventuelles Feuer in einem der Bäume sich zum nächsten ausbreiten kann: Die Abb. 5.4 und 5.5 besagen dann, dass für $p = 0,7$ ein großerflächiger Waldbrand ausbrechen könnte, während $p = 0,3$ einen solchen effektiv verhindert. Wenn man möchte, kann man in unserer Interpretation das Feuer auch durch Krankheitskeime ersetzen, so dass das Perkolationsmodell zu einem Modell der Ausbreitung von Infektionskrankheiten (Epidemien) wird.[12]

Für all diese Interpretationen und Anwendungsgebiete muss das Perkolationsmodell allerdings entsprechend angepasst werden,[13] bevor die Modelle als realistisch bezeichnet werden können. In diesem Kapitel wollen wir solche Anwendungen nicht weiter vertiefen, sondern im Sinne der mathematischen Abstraktion, für die wir im Abschnitt 5.1 plädierten, Perkolationsmodelle als eigenständige mathematische Objekte (ohne spezielle Anwendung) betrachten und zu untersuchen.[14]

Ist es – ausgehend vom Unterschied der Abb. 5.4 und 5.5 – möglich, einen mathematischen Satz zur Existenz zusammenhängender Komponenten zu formulieren? Ein Problem besteht darin, dass in einem Gebiet von 20×30 Knoten (wie dem der Abbildungen) unabhängig vom gewählten p zwischen 0 und 1 alles Mögliche passieren kann, und uns deshalb keine sicheren Hinweise auf die tatsächlichen Eigenschaften des Modells vorliegen. (Auch wenn z. B. $p = 0,999$ ist, existiert noch eine gewisse – sehr kleine, jedoch positive – Wahrscheinlichkeit, dass *nicht eine einzige* Kante des Gebietes zur zusammenhängenden

---

[12] Eine weitere Anwendung der mathematischen Perkolationstheorie betrifft die so genannte spontane Magnetisierung von ferromagnetischem Material, wie z. B. Eisen. Die Knoten des Gitters $\mathbf{Z}^3$ repräsentieren Atome, die (der Einfachheit halber) jeweils zwei mögliche „Spins" erhalten: + und −. Die Kanten des Perkolationsmodells erfüllen die Funktion, dass sie angrenzende Knoten (Atome) den gleichen Spin annehmen lassen. Mit einer Kantenkonfiguration wie der in Abb. 5.5 wird die Mehrzahl der Knoten dazu gezwungen, den gleichen Spin anzunehmen, was einer Magnetisierung des Materials entspricht. Andererseits führt eine Kantenkonfiguration wie der in Abb. 5.4 mit großer Wahrscheinlichkeit dazu, dass etwa gleich viele Knoten die Spins + und − erhalten, so dass sie sich im Großen und Ganzen aufheben und das Material unmagnetisiert bleibt. Das bekannteste mathematische Modell für dieses Phänomen ist das so genannte **Isingmodell**, das wie das beschriebene Kantenperkolationsmodell aufgebaut ist, bis auf den Unterschied, dass die Kanten eine gewisse Abhängigkeit voneinander besitzen.
Darüber hinaus wurden eine Reihe weiterer Beziehungen zwischen der Perkolation und Modellen für Ferromagnetismus hergeleitet; siehe Georgii et al. (2001) für eine Einführung in dieses spannende Forschungsgebiet zwischen Wahrscheinlichkeitstheorie und statistischer Physik.

[13] Ein Beispiel: Ist es wirklich vernünftig, im Beispiel der Waldbrände zu erwarten, dass alle Bäume so angeordnet sind, dass sie exakte Quadrate bilden? Das könnte möglicherweise angepflanzte Jungwälder gelten, doch in älteren Wäldern ist die Antwort mit Sicherheit „nein". Deshalb würde eine Modifikation des Modells wesentlich besser passen, die die Knoten als zufällig in der gesamten $\mathbf{R}^2$-Ebene verteilt annimmt, anstatt die Anordnung des Gitters $\mathbf{Z}^2$ vorauszusetzen. Das führt zu den so genannten **kontinuierlichen Perkolationsmodellen**, siehe z. B. Meester & Roy (1996).

[14] Man könnte dabei an die folgende Redensart denken, die einer meiner ausländischen mathematischen Kollegen gern (mit einem Schuss Selbstironie) zitiert: „*The purpose of reality is to inspire good mathematics*". Ich habe den Urheber dieser Worte bisher leider noch nicht gefunden.

Komponente gehört.) Jede Aussage darüber, was innerhalb dieses Gebietes geschieht, kann deshalb nur im Stile von „mit Wahrscheinlichkeit nahe 1" oder als noch genaueres Beispiel „mit einer Wahrscheinlichkeit von mindestens 0,99" getroffen werden. Zum Beispiel kann man beweisen, dass die Wahrscheinlichkeit, dass ein rechteckiges Gebiet der Größe 20×30 einen Weg von der rechten zur linken Seite besitzt, für $p = 0,3$ nahe 0 und für $p = 0,7$ nahe 1 ist.[15]

Elegantere Ergebnisse erhält man, wenn man das gesamte unendliche Gitter $\mathbf{Z}^2$ betrachtet, wo man – im Unterschied zu den endlichen Bereichen – Wahrscheinlichkeiten erhalten kann, die *exakt* 0 oder 1 sind.[16] Zum Beispiel ist es sinnvoll, nach der Wahrscheinlichkeit zu fragen, die eine *unendliche* zusammenhängende Komponente entstehen lässt. Wenn wir die Kantenwahrscheinlichkeit $p = 1$ wählen, werden *alle* Kanten bestehen bleiben, und wir erhalten zwangsläufig eine unendliche zusammenhängende Komponente. Genauso zwingend führt $p = 0$ dazu, dass alle Kanten verschwinden, so dass keine unendliche Komponente existieren kann. Was geschieht jedoch im Bereich zwischen diesen beiden Extremen, d. h. für $0 < p < 1$? Das folgende sehr schöne und genaue Ergebnis betrachte ich als den größten Fortschritt, den die Wahrscheinlichkeitstheorie während meiner bisherigen Lebenszeit gemacht hat.[17]

Satz 5.1. *Sei $\psi(p)$ die Wahrscheinlichkeit, dass die Kantenperkolation auf dem Gitter $\mathbf{Z}^2$ mit der Kantenwahrscheinlichkeit p zu (mindestens) einer unendlichen zusammenhängenden Komponente führt. Dann gilt*

$$\psi(p) = \begin{cases} 0 \ \textit{für } p \leq \frac{1}{2} \\ 1 \ \textit{für } p > \frac{1}{2}. \end{cases}$$

Aus diesem Grund wird $\frac{1}{2}$ als *der kritische Wert* der Kantenperkolation auf dem Gitter $\mathbf{Z}^2$ bezeichnet: eine unendliche zusammenhängende Komponente entsteht dann und nur dann, wenn die Kantenwahrscheinlichkeit p diesen kritischen Wert überschreitet.

Der Satz 5.1 hat keinen allgemein anerkannten Namen, doch ein geeigneter wäre „Satz von Harris und Kesten". Die erste Hälfte des Satzes – dass für $p \leq \frac{1}{2}$ keine unendliche zusammenhängende Komponente entsteht – wurde

---

[15]Ich nehme hier von dem komplizierten Unterfangen Abstand, die Ausdrücke „Wahrscheinlichkeit nahe 0" und „Wahrscheinlichkeit nahe 1" in diesem Zusammenhang genauer zu quantifizieren, sondern begnüge mich mit diesen vagen Worten, die bedeuten, dass man sich „ziemlich sicher" sein kann, dass für $p = 0,3$ kein solcher Weg existiert, jedoch für $p = 0,7$. Wir können jedoch feststellen, dass man eine solche Frage für ein Gebiet von 200×300 Kanten, mit dem gleichen Ergebnis (und noch größerer Sicherheit) beantworten kann. Noch allgemeiner: Die Wahrscheinlichkeit, dass ein rechteckiges Gebiet von $2n \times 3n$ Knoten einen Weg von der linken zur rechten Seite enthält, geht für $n \to \infty$ gegen 0, wenn $p = 0,3$ ist und gegen 1, wenn $p = 0,7$ ist.

[16]Vergleiche mit der Schlussfolgerung in Fußnote 4 auf Seite 66.

[17]Ich bin 1967 geboren.

vom Amerikaner Ted Harris in einem in verschiedener Hinsicht bahnbrechenden Artikel bewiesen (Harris, 1960). Ziemlich schnell stellte man fest, dass Harris' Ergebnis vernünftigerweise scharf sein muss (d. h. dass eine unendliche zusammenhängende Komponente entsteht, sobald p den Wert $\frac{1}{2}$) überschreitet, doch es bedurfte ganzer 20 Jahre, bevor der holländisch-amerikanische Mathematiker Harry Kesten dies beweisen (Kesten, 1980) und damit den Beweis des Satzes 5.1 abschließen konnte. Diesen Satz nachzuvollziehen würde an dieser Stelle zu anspruchsvoll sein, jedoch werden wir im nächsten Abschnitt einige Ideen darstellen, die diesem Ergebnis zu Grunde liegen. Um den vollständigen Beweis mit den elegantesten Methoden, die heute zur Verfügung stehen – und die zum großen Teil, jedoch nicht vollständig, denen ursprünglichen Ideen von Harris und Kesten entsprechen – nachzulesen, sei das Buch von Grimmett (1999)[18] empfohlen.

Was geschieht in drei Dimensionen? Wird die Kantenperkolation auf dem Gitter $\mathbf{Z}^3$ mit der Kantenwahrscheinlichkeit p zu einer zusammenhängenden Komponente führen? Wir werden im nächsten Satz sehen, dass die Antwort auf diese Frage wie beim zweidimensionalen Gitter davon abhängt, ob p größer oder kleiner einem gewissen kritischen Wert ist; dies gilt übrigens auch für vier- und mehrdimensionale Gitter. Für eine gegebene positive ganze Zahl d und eine beliebige Kantenwahrscheinlichkeit p sei $\psi_d(p)$ die Wahrscheinlichkeit, dass die Kantenperkolation auf dem Gitter $\mathbf{Z}^d$ mit der Kantenwahrscheinlichkeit p zu einer unendlichen zusammenhängenden Komponente führt.[19]

Satz 5.2. *Für jede Dimension $d \geq 2$ existiert ein kritischer Wert $p_c = p_c(d)$, so dass $0 < p_c < 1$ ist und*

$$\psi_d(p) = \begin{cases} 0 \text{ für } p < p_c \\ 1 \text{ für } p > p_c. \end{cases}$$

gilt.

Für die Perkolation auf dem Gitter $\mathbf{Z}^3$ ist also bekannt, dass das Auftreten einer unendlichen zusammenhängenden Komponente davon abhängt, ob p größer oder kleiner einem kritischen Wert p_c ist. Allerdings kennen wir den genauen Wert von p_c nicht. Man kann obere und untere Schranken für p_c bestimmen; jedoch glauben die meisten Experten, dass keine explizite Formel hergeleitet werden kann.

Was wir jedoch über den kritischen Wert $p_c(3)$ im dreidimensionalen Gitter mit Sicherheit sagen können, ist, dass er nicht größer als $\frac{1}{2}$ sein kann. Dies

---

[18]Grimmett (1999) ist im Übrigen ein wichtiges Standardwerk für die heutige Perkolationstheorie und außerdem die beste Anschlusslektüre für diejenigen, die sich nach dem Lesen dieses Kapitels mit diesem Gebiet weiter beschäftigen wollen.

[19]Die Funktion $\psi(p)$, die im Satz 5.1 definiert wurde, ist gleiche $\psi_2(p)$.

gilt, weil der kritische Wert für das *zwei*dimensionale Gitter $\frac{1}{2}$ ist (Satz 5.1).
Auf Grund der Tatsache, dass das Gitter $\mathbf{Z}^3$ ein vollständiges Gitter $\mathbf{Z}^2$ enthält[20], kann eine unendliche zusammenhängende Komponente auf $\mathbf{Z}^3$ nicht
schwieriger zu erzeugen sein kann als auf $\mathbf{Z}^2$! Mit der gleichen Argumentation
kann man nachvollziehen, dass der kritische Wert $p_c(4)$ beim vierdimensio-
nalen Gitter nicht größer als $p_c(3)$ sein kann; entsprechend kann man die
Schlusskette auch höherdimensionale Gitter erweitern. Wir wissen also, dass

$$p_c(2) \geq p_c(3) \geq p_c(4) \geq \cdots \qquad (5.1)$$

gilt. Man kann sogar zeigen, dass all diese Ungleichungen in strengem Sinne
gelten, d. h. dass $p_c(2) > p_c(3) > p_c(4) > \cdots$ gilt; siehe Grimmett (1999).

Was die Sätze 5.1 und 5.2 besonders interessant macht, ist die Tatsache,
dass wir die Perkolationsmodelle als durch einen *lokalen* Parameter (in diesem
Fall p, der über das Verhalten der einzelnen Kanten entscheidet) gesteuert ansehen können, was zu qualitativ unterschiedlichem *globalen*[21] Verhalten führt
(d. h. die Existenz oder Nicht-Existenz einer unendlichen zusammenhängenden Komponente). Wenn wir uns vorstellen, dass wir p knapp unterhalb des
kritischen Wertes p_c wählen und nach und nach etwas erhöhen, entsteht beim
kritischen Wert eine große Veränderung des globalen Verhaltens des Systems:
Plötzlich taucht eine unendliche zusammenhängende Komponente auf. Solche Phänomene – relativ kleine Veränderungen eines lokales Parameter die
zu einer plötzlichen und dramatischen Veränderung des Systems auf globa-
lem Niveau führen – sind bemerkenswert, wo immer sie in mathematischen
Modellen auftreten. Sie werden in Analogie zu physikalischen Eigenschaften
oft **Phasenübergänge** genannt – wie sich z. B. bei Wasser (bei normalem
Luftdruck) eine Temperaturerhöhung von knapp unterhalb der 100°C-Grenze
auf knapp oberhalb dieses Wertes auswirkt. Ein großer Teil der aktuellen Forschung in Wahrscheinlichkeitstheorie – insbesondere der an die statistische
Physik grenzenden Teilgebiete – beschäftigt sich mit unterschiedlichen Typen
derartiger Phasenübergängen.

Vielleicht fragt sich mancher an dieser Stelle, warum wir uns so stark auf
die Perkolation in zwei- und mehrdimensionalen Gittern konzentrieren, und

---

[20]Wenn wir nur die Knoten von $\mathbf{Z}^3$ betrachten, deren dritte Raumkoordinate 0
ist, und die Kanten, die diese Knoten verbinden, erhalten wir eine exakte Kopie des
Gitters $\mathbf{Z}^2$.

[21]Manchmal spricht man von den *mikroskopischen* im Gegensatz zu den *makroskopischen* Eigenschaften des Systems, was in diesem Zusammenhang den Gegensätzen
lokal und *global* entspricht.

den eindimensionalen Fall bisher vollständig außer acht gelassen haben. Die allgemeine Definition des Gitters $\mathbf{Z}^d$ kann genauso gut auf den Fall $d = 1$ übertragen werden und führt auf den Graphen in Abb. 5.6.

Abb. 5.6. Ein Teil des eindimensionalen Gitters $\mathbf{Z}^1$.

Sehen wir uns also an, was geschieht, wenn wir die Kantenperkolation auf $\mathbf{Z}^1$ betrachten. Die Fälle $p = 0$ und $p = 1$ sind in Übereinstimmung mit dem, was wir für höheredimensionale Gitter gesehen haben, trivial: Für $p = 0$ verschwinden alle Kanten so dass keine unendliche zusammenhängende Komponente entstehen kann, während im Fall $p = 1$ alle Kanten bestehen bleiben und wir eine unendliche zusammenhängende Komponente erhalten, die aus dem gesamten ursprünglichen Gitter $\mathbf{Z}^1$ besteht. Was geschieht jedoch für $0 < p < 1$?

Es gelte $0 < p < 1$ und x sei ein gegebener Knoten im Gitter $\mathbf{Z}^1$. Damit x in einer unendlichen zusammenhängenden Komponente einer Perkolationskonfiguration liegt, muss mindestens eine von zwei Bedingungen eintreten: Entweder man kann von x aus unendlich weit nach rechts oder unendlich weit nach links gehen. Mit anderen Worten müssen entweder alle Kanten rechts von x oder alle Kanten links von x in der Perkolationskonfiguration bestehen bleiben. Beginnen wir mit der Betrachtung der n nächsten Kanten, die sich rechts von x im Gitter $\mathbf{Z}^1$ befinden. Jede von ihnen besitzt die Wahrscheinlichkeit p, erhalten zu bleiben, und weil sie unabhängig voneinander sind, ist die Wahrscheinlichkeit, dass alle n Kanten erhalten bleiben gleich p^n. Da $p < 1$ ist, geht diese Wahrscheinlichkeit für $n \to \infty$ gegen 0, so dass die Wahrscheinlichkeit, dass *alle* ($n = \infty$) Kanten rechts von x bestehen bleiben, 0 ist.[22] Mit anderen Worten: Wenn wir in x starten und nach rechts gehen, können wir hundertprozentig sicher sein, dass wir früher oder später auf eine geschlossene Kante zu treffen.

Auf die gleiche Weise sehen wir, dass die Wahrscheinlichkeit, dass alle Kanten *links* von x erhalten bleiben, auch 0 beträgt. Somit ist die Wahrscheinlichkeit, dass sich x in einer unendlichen zusammenhängenden Komponente befindet, deshalb 0. Doch da x ein beliebiger Knoten im Gitter $\mathbf{Z}^1$ war, können wir schlußfolgern, dass für *jeden* Knoten des Gitters $\mathbf{Z}^1$ die Wahrscheinlichkeit gleich 0 ist, sich in einer unendlichen zusammenhängenden Komponente zu befinden. Deshalb kann eine solche Komponente für $p < 1$ nicht entstehen.

Zusammenfassend können wir feststellen, dass für die Kantenperkolation auf dem Gitter $\mathbf{Z}^1$ eine unendliche zusammenhängende Komponente nur im trivialen Fall $p = 1$ entstehen kann. Sobald $p < 1$ ist, zerfällt das Gitter in

---

[22]Das ist im Prinzip der gleiche Gedankengang wie in Fußnote 4 auf Seite 66.

endliche Komponenten. Man könnte $\mathbf{Z}^1$ als zu „dünnes" Gitter ansehen, als dass bei Kantenperkolation ein richtiges Phasenübergangsphänomen ähnlich dem in den Sätzen 5.1 und 5.2 entstehen könnte.

Die Hauptursache ist darin zu sehen, dass es von einem Knoten im Gitter $\mathbf{Z}^1$ nur genau zwei denkbare Wege gibt, sich unendlich weit wegzubewegen (während es in höherdimensionalen Gittern unendlich viele solcher Wege gibt).

Kommen wir wieder zum interessanteren Problem der Kantenperkolation in zwei und mehr Dimensionen. Beim Vergleich des Satzes 5.1, der den Fall des Gitters $\mathbf{Z}^2$ behandelt, mit Satz 5.2 (dem allgemeineren Fall $\mathbf{Z}^d$) konnten wir bereits feststellen, dass nur für $\mathbf{Z}^2$ der exakte kritische Wert bekannt ist. Die Ergebnisse unterscheiden sich jedoch in einem weiteren wichtigen Punkt: Satz 5.2 gibt an, was für $p > p_c$ (Existenz einer unendlichen zusammenhängenden Komponente) und für $p < p_c$ (keine unendliche zusammenhängende Komponente) geschieht; er sagt jedoch nichts darüber aus, was zu erwarten ist, wenn p *genau* den kritischen Wert p_c annimmt. Im zweidimensionalen Fall (für den der kritische Wert gleich $\frac{1}{2}$ ist) sagt uns Satz 5.1, dass für den Grenzfall $p_c = \frac{1}{2}$ *keine* unendliche zusammenhängende Komponente entsteht. Die folgende Vermutung besagt, dass Entsprechendes auch in höherdimensionalen Gittern gilt.

Vermutung 5.3. *Für eine beliebige Dimension $d \geq 2$ betrachten wir die Kantenperkolation auf dem Gitter $\mathbf{Z}^d$ mit der Kantenwahrscheinlichkeit p, die den kritischen Wert $p_c(d)$ annimmt. Dann gilt*

$$\psi_d(p) = 0 \, .$$

Entsprechend dieser Vermutung kann also für den kritischen Wert $p = p_c$ keine unendliche zusammenhängende Komponente entstehen. Diese Vermutung für beliebige Dimensionen $d \geq 2$ zu beweisen[23] ist eines der berühmtesten offenen Probleme der heutigen Wahrscheinlichkeitstheorie. Dass sie für $d = 2$ gültig ist, folgt aus Satz 5.1. Darüber hinaus ist diese Vermutung auch für die Dimensionen $d \geq 19$ wahr; das wurde vor mehr als zehn Jahren vom japanischen Mathematiker Takhashi Hara und seinem kanadischen Kollegen Gordon Slade bewiesen.[24]

Weiter unten geben wir eine alternative Formulierung der Vermutung 5.3 unter Verwendung der so genannten **Perkolationsfunktion** $\theta_d(p)$ an, die auf folgende Weise definiert wird: Betrachten wir die Kantenperkolation auf

---

[23]Dass sie tatsächlich wahr ist, davon sind im Großen und Ganzen alle Experten auf diesem Gebiet trotz des ausstehenden Beweises überzeugt.

[24]Hara & Slade (1994).

dem Gitter $\mathbf{Z}^d$ mit der Kantenwahrscheinlichkeit p, und sei $\theta_d(p)$ die Wahrscheinlichkeit, dass ein gegebener Knoten x aus $\mathbf{Z}^d$ in einer unendlichen zusammenhängenden Komponente liegt. Die Wahl des Knotens x hat hier keine weitere Bedeutung, weil das Gitter $\mathbf{Z}^d$ von jedem beliebigen Knoten aus gesehen „gleich aussieht". Zwischen den Funktionen $\psi_d(p)$ und $\theta_d(p)$ besteht für beliebige d und p die Beziehung

$$\psi_d(p) = 0 \quad \text{dann und nur dann, wenn} \quad \theta_d(p) = 0 \,. \tag{5.2}$$

Um das nachzuvollziehen, nehmen wir zunächst $\psi_d(p) = 0$ an. In diesem Fall wissen wir mit 100%-iger Sicherheit, dass keine unendliche zusammenhängende Komponente entsteht, so dass für jeden einzelnen Knoten x die Wahrscheinlichkeit 0 ist, in einer solchen Komponente zu liegen, d. h. es gilt $\theta_d(p) = 0$. Nehmen wir andererseits $\theta_d(p) = 0$. Dann hat jeder einzelne Knoten die Wahrscheinlichkeit 0, einer unendlichen zusammenhängenden Komponente anzugehören, und damit kann wiederum eine solche Komponente nicht entstehen, so dass $\psi_d(p) = 0$ gilt.

Mit Hilfe der Beziehung (5.2) können wir eine äquivalente Formulierung von Vermutung 5.3 finden:

Vermutung 5.3 (alternative Formulierung) *Für eine beliebige Dimension $d \geq 2$ betrachten wir die Kantenperkolation auf dem Gitter $\mathbf{Z}^d$ mit der Kantenwahrscheinlichkeit p, die den kritischen Wert $p_c(d)$ annimmt. Dann gilt*

$$\theta_d(p) = 0 \,.$$

Die Perkolationsfunktion $\theta_d(p)$ zeigt ein etwas komplizierteres Verhalten als $\psi_d(p)$, wenn p die Werte von 0 bis 1 durchläuft. Während $\psi_d(p)$ im kritischen Wert $p_c(d)$ direkt von 0 nach 1 springt, wächst $\theta_d(p)$ für $p > p_c(d)$ nach und nach von 0 auf 1 an. Zu den Eigenschaften, die für die Perkolationsfunktion $\theta_d(p)$ bekannt und bewiesen sind, gehören

   (i) $\theta_d(p) = 0$ für $p < p_c(d)$,

  (ii) $\theta_d(p) > 0$ für $p > p_c(d)$,

 (iii) $\theta_d(p) < 1$ für $p < 1$,

 (iv) $\lim_{p \to 1} \theta_d(p) = 1$,

  (v) $\theta_d(p)$ ist auf dem Intervall $(p_c(d), 1]$ stetig, und

 (vi) $\theta_d(p)$ ist auf dem Intervall $(p_c(d), 1]$ monoton wachsend.[25]

---

[25]Die Eigenschaften (i), (ii) und (iii) können fast direkt bewiesen werden (u. a. mit Hilfe von (5.2)), und ich will die ambitionierten Leserinnen und Leser gern zu einem Beweisversuch auffordern. Wie man (vi) beweist, wird aus dem Beweis des Lemmas 5.8 im nächsten Abschnitt deutlich werden. Etwas komplizierter zu zeigen ist (iv), während (v) ein ziemlich tief liegendes Ergebnis ist (siehe Grimmett, 1999).

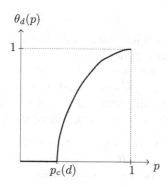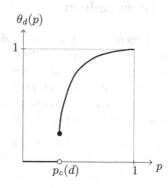

Abb. 5.7. Die beiden im Prinzip möglichen Verhaltensweisen der Perkolations-funktion $\theta_d(p)$. Für $d = 2$ und $d \geq 19$ weiß man, dass das linke Bild richtig ist, während es im Fall der die Dimensionen 3 bis einschließlich 18 genauso gut denkbar ist (weil Vermutung 5.3 noch nicht bewiesen wurde), dass das rechte Bild richtig ist.

Somit ist die Perkolationsfunktionen $\theta_d(p)$ auf dem gesamten Intervall $[0, 1]$ stetig, außer möglicherweise im Punkt $p = p_c(d)$. Zusätzlich weiß man, dass die Funktion im kritischen Punkt $p = p_c(d)$ rechtsstetig ist. Verbindet man die oben aufgezählten Eigenschaften, so ergibt sich als Schlussfolgerung, dass die Funktion (im Wesentlichen) etwa wie in den Diagrammen in Abb. 5.7 aussehen wird.

Wenn (in Übereinstimmung mit Vermutung 5.3) $\theta_d(p_c) = 0$ ist, dann gilt das linke Bild; anderenfalls das rechte. Durch den Beweis der Vermutung 5.3 schließt man somit ein Verhalten der Perkolationsfunktion $\theta_d(p_c) = 0$ entsprechend dem rechten Bild aus. Interessierte Leserinnen und Leser können gern versuchen, die Vermutung zu beweisen – wer es schafft, wird (zumindest in Mathematikerkreisen) Ehre und Berühmtheit erlangen. Viele bedeutende Mathematiker haben dies bereits versucht; bisher sind sie jedoch gescheitert.[26]

---

[26]Damit ist jedoch überhaupt nicht gesagt, dass diese Versuche vergeblich waren – sie haben direkt oder indirekt den Anstoß für eine Reihe weiterer interessanter Ergebnisse gegeben. Unter anderem konnte man die Stetigkeit der Perkolationsfunktion für andere Graphen als das Gitter $\mathbf{Z}^d$ beweisen; siehe Barsky et al. (1991) und Benjamini et al. (1999) für einige der bekanntesten Ergebnisse in diese Richtung. In diesem Zusammenhang muss man auch erwähnen, dass andere Graphen konstruiert werden können, für die die Wahrscheinlichkeit, dass ein gegebener Knoten in einer unendlichen zusammenhängenden Komponente liegt, wie im rechten Bild der Abb. 5.7 von p abhängt (d. h. mit einer Unstetigkeit im kritischen Wert); Beispiele dafür finden sich u. a. bei Chayes & Chayes (1986) und Häggström (1998). Mehr über Perkolation auf anderen Graphen als dem Gitter $\mathbf{Z}^d$ ist in den Abschnitten 5.4 und 5.5 ausgeführt.

5.3 Beweisideen

Konzentrieren wir uns nun auf die Kantenperkolation auf dem Gitter $\mathbf{Z}^2$ und erinnern uns an den grundlegenden Satz 5.1, der besagt, dass eine unendliche zusammenhängende Komponente dann und nur dann entsteht, wenn die Kantenwahrscheinlichkeit den kritischen Wert $\frac{1}{2}$ überschreitet. In einem Buch wie diesem lässt sich dieser Satz nicht vollständig beweisen, stattdessen wollen wir uns darauf beschränken, das folgende schwächere Ergebnis zu skizzieren.

Proposition 5.4. *Für die Kantenperkolation auf dem Gitter $\mathbf{Z}^2$ existiert ein kritischer Wert p_c, für den $\frac{1}{3} \leq p_c \leq \frac{2}{3}$ gilt, so dass die Wahrscheinlichkeit $\psi(p)$ für die Existenz einer unendlichen zusammenhängenden Komponente*

$$\psi(p) = \begin{cases} 0 \; wenn \; p < p_c \\ 1 \; wenn \; p > p_c \end{cases}$$

beträgt.

Dieses Ergebnis besagt wie der Satz 5.1, dass das Modell einen kritischen Wert p_c besitzt; jedoch wird noch nicht präzisiert, dass $p_c = \frac{1}{2}$ ist, sondern wir begnügen uns damit, nur ein Stück des Weges zu Satz 5.1 zu verfolgen, indem wir zeigen, dass p_c irgendwo im Intervall $[\frac{1}{3}, \frac{2}{3}]$ liegt.

Die Behauptung in Proposition 5.4 ist nicht ganz einfach. Um sie zu beweisen, ist es deshalb empfehlenswert, sie zunächst in einige Teilbehauptungen zu zerlegen und diese einzeln zu zeigen. (In der mathematischen Beweisführung ist eine solche „Teile und Herrsche"-Strategie im Allgemeinen ein kluger Problemzugang.) Eine geeignete Aufteilung wird durch die folgenden vier Lemmata gegeben.

Lemma 5.5. *Für jedes $p < \frac{1}{3}$ gilt*

$$\psi(p) = 0 \, .$$

Lemma 5.6. *Für jedes $p > \frac{2}{3}$ gilt*

$$\psi(p) = 1 \, .$$

Lemma 5.7. *Für jedes p ist $\psi(p)$ entweder 0 oder 1.*

Lemma 5.8. *Seien p_1 und p_2 zwei Wahrscheinlichkeiten mit $0 \leq p_1 \leq p_2 \leq 1$. Dann gilt*

$$\psi(p_1) \leq \psi(p_2) \, .$$

Ich behaupte nun, dass durch den Beweis dieser vier Lemmata die Proposition 5.4 bewiesen ist. Man kann diese Behauptung auf folgende Weise einsehen: Wie verhält sich die Funktion $\psi(p)$, wenn p sukzessive von 0 auf 1 erhöht wird? Zu Beginn, wenn $p < \frac{1}{3}$ ist, gilt $\psi(p) = 0$ (Lemma 5.5). Später muss $\psi(p)$ den Wert 0 verlassen (spätestens bei $p = \frac{2}{3}$, was aus Lemma 5.6 folgt). Sobald $\psi(p)$ den Wert 0 verlässt, muss es den Wert 1 annehmen (Lemma 5.7), und bei 1 bleiben, wenn p weiter wächst (weil $\psi(p)$ nicht kleiner werden kann – Lemma 5.8). Das heißt also: Wenn p die Werte von 0 bis 1 durchläuft, ist $\psi(p)$ zunächst 0, springt dann zu 1 und verbleibt dort bis $p = 1$ gilt. Der Wert von p, bei welchem $\psi(p)$ springt, ist der kritische Wert p_c, der auf Grund von Lemma 5.5 und Lemma 5.6 die Beziehung $\frac{1}{3} \leq p_c \leq \frac{2}{3}$ erfüllen muss – dies entspricht genau der Proposition 5.4.

Damit können wir jetzt mit dem Beweis der Lemmata 5.5–5.8 beginnen. Im Beweis von Lemma 5.7 werden wir einen allgemeinen Satz (bekannt als Kolmogorows 0-1-Gesetz) verwenden, den wir hier aus Platzgründen nicht beweisen können; der Beweis der übrigen Lemmata wird im Detail ausgeführt.

Beweis von Lemma 5.5: Sei $p < \frac{1}{3}$. Wir wollen zeigen, dass keine unendliche zusammenhängende Komponente entsteht, d. h. dass $\psi(p) = 0$ gilt. Mit Hilfe von (5.2) wissen wir, dass es ausreicht zu zeigen, dass ein gegebener Knoten x des Gitters $\mathbf{Z}^2$ die Wahrscheinlichkeit 0 besitzt, sich in einer unendlichen zusammenhängenden Komponente zu befinden. Die Wahl des Knotens x hat keine Bedeutung, wie wir zuvor gezeigt haben, so dass wir den Knoten $(0, 0)$ untersuchen können, dessen x und y-Koordinaten beide 0 sind; diesen Knoten bezeichnen wir mit $\mathbf{0}$, und nennen ihn **Nullpunkt**. Weiterhin definieren wir für positive ganze Zahlen n die Menge

$$\Lambda_n = \left\{ (i, j) \in \mathbf{Z}^2 : -n \leq i \leq n, \, -n \leq j \leq n \right\}. \tag{5.3}$$

Unter Λ_n verstehen wir also die Menge der Knoten aus $\mathbf{Z}^2$, deren Koordinaten beide zwischen $-n$ und n liegen, so dass sich ein quadratischer Kasten mit der Seitenlänge $2n + 1$ und dem Zentrum im Nullpunkt ergibt. Außerdem definieren wir

$$\partial \Lambda_n = \{(i, j) \in \Lambda_n : \text{wenigstens eine der Koordinaten } i \text{ und } j \text{ ist gleich } -n \text{ oder } n\}.$$

Wir nennen $\partial \Lambda_n$ den **Rand** der Menge Λ_n, und dieser Rand besteht somit aus den Knoten von Λ_n, die mindestens einen Nachbarn außerhalb von Λ_n besitzen.

Das Ereignis, dass $\mathbf{0}$ in einer unendlichen zusammenhängenden Komponente liegt, sei mit

$$\mathbf{0} \leftrightarrow \infty,$$

bezeichnet, was bedeutet, dass der Nullpunkt mit unendlich vielen anderen Knoten verbunden ist, oder, dass man sich vom Nullpunkt aus unendlich weit weg bewegen kann. Um sich unendlich weit von $\mathbf{0}$ weg zu bewegen, wird (unabhängig von n) verlangt, dass man den Rand $\partial \Lambda_n$ passiert. Es sei

$$\mathbf{0} \leftrightarrow \partial \Lambda_n$$

das Ereignis, dass $\mathbf{0}$ in einer zusammenhängenden Komponente liegt, die mindestens einen Knoten von $\partial \Lambda_n$ enthält. Wir wissen also, dass

$$\mathbf{P}(\mathbf{0} \leftrightarrow \infty) \leq \mathbf{P}(\mathbf{0} \leftrightarrow \partial \Lambda_n) \tag{5.4}$$

ist und versuchen jetzt, die rechte Seite von (5.4) abzuschätzen.

Unter einem **Weg** versteht man eine Folge $(e_1, e_2, \ldots, e_k)$ von Kanten des Gitters $\mathbf{Z}^2$, so dass jedes Paar (e_i, e_{i+1}) von Kanten innerhalb der Folge einen gemeinsamen Knoten besitzt. Mit einem **selbstvermeidenden Pfad** ist ein Weg gemeint, bei dem keine Kante mehr als einmal durchlaufen wird.

Wenn das Ereignis $\mathbf{0} \leftrightarrow \partial\Lambda_n$ eintrifft – d. h. dass man von $\mathbf{0}$ nach $\partial\Lambda_n$ längs der Kanten gehen kann, die es in der Perkolationskonfigurationen gibt –, muss es einen selbstvermeidenden Pfad mit Start im Nullpunkt geben, der mindestens die Länge n besitzt, und der in dem Sinne **offen** ist, dass sich alle Kanten des Pfades in der Perkolationskonfiguration befinden, also selbst offen sind.

Wie viele denkbare Wege der Länge n gibt es von $\mathbf{0}$ ausgehend? Diese Frage ist für größere n ziemlich schwer zu beantworten, jedoch können wir die folgende Abschätzung als obere Schranke angeben. Die Anzahl der Möglichkeiten für die erste Kante des Weges ist 4 (denn es gibt 4 Kanten, die vom Nullpunkt wegführen). Für die nächste Kante hat man drei Auswahlmöglichkeiten (denn wir dürfen nicht entlang der Kante zurück gehen, auf der wir zu diesem Knoten gelangt sind), und in jedem folgenden Schritt können wir wieder aus höchstens 3 Kanten auswählen. Die Anzahl der selbstvermeidenden Pfade der Länge n vom Nullpunkt aus ist deshalb höchstens

$$4 \cdot 3^{n-1} \, . \tag{5.5}$$

Jeder dieser Wege besteht aus n Kanten und besitzt somit die Wahrscheinlichkeit p^n, offen zu sein (man kann dies einsehen, indem man jede der Kanten unabhängig voneinander offen lässt, wobei die Kantenwahrscheinlichkeit jeweils p beträgt). Die Wahrscheinlichkeit, dass *mindestens ein* offener Weg der Länge n vom Nullpunkt aus existiert, ist deshalb höchstens

$$4 \cdot 3^{n-1} \, p^n \, .$$

Daraus folgt, dass

$$\mathbf{P}(\mathbf{0} \leftrightarrow \partial\Lambda_n) \leq 4 \cdot 3^{n-1} \, p^n$$

gilt, woraus in sich in Verbindung mit (5.4) die Beziehung

$$\begin{aligned} \mathbf{P}(\mathbf{0} \leftrightarrow \infty) &\leq \mathbf{P}(\mathbf{0} \leftrightarrow \partial\Lambda_n) \\ &\leq 4 \cdot 3^{n-1} \, p^n \qquad = \tfrac{4}{3}(3\,p)^n \, . \end{aligned}$$

ergibt. Die Annahme $p < \tfrac{1}{3}$ bedeutet, dass $3\,p < 1$ ist, so dass die rechte Seite von (5.6) für $n \to \infty$ gegen 0 strebt. Damit kann sie durch Wahl eines großen n beliebig klein gemacht werden. Aus (5.6) ergibt sich

$$\mathbf{P}(\mathbf{0} \leftrightarrow \infty) = 0 \, .$$

Folglich ist $\theta_2(p) = 0$, was zusammen mit (5.2) $\psi(p) = 0$ ergibt. □

Wie wir gerade gesehen haben, ist der zentrale Gedanke von Lemma 5.5, die Anzahl selbstvermeidender Pfade der Länge n vom Nullpunkt aus abzuschätzen. Lemma 5.6, das den Fall $p > \tfrac{2}{3}$ betrifft, baut auf einer ähnlichen, jedoch

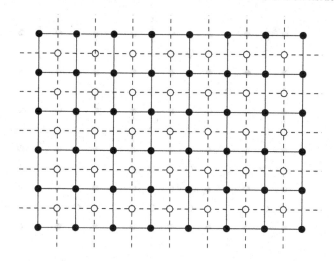

Abb. 5.8. Ein Ausschnitt aus dem Gitter $\mathbf{Z}^2$ (mit schwarzen Knoten und durchgezogenen Kanten) zusammen mit dem entsprechenden Ausschnitt aus dem dualen Gitter $\tilde{\mathbf{Z}}^2$ (mit weißen Knoten und gestrichelten Kanten).

geometrisch etwas fortgeschritteneren Idee auf: Statt der selbstvermeidenden Pfade zählen wir hier so genannte **Konturen**, die den Nullpunkt einschließen. Zur Definition dieser Konturen müssen wir das zu $\mathbf{Z}^2$ gehörende sogenannte **duale** Gitter zu Hilfe nehmen, das mit $\tilde{\mathbf{Z}}^2$ bezeichnet wird. Das Gitter $\tilde{\mathbf{Z}}^2$ gleicht dem Gitter $\mathbf{Z}^2$ bis auf den Unterschied, dass es eine halbe Längeneinheit sowohl auf der x- als auch auf der y-Achse verschoben ist; siehe Abb. 5.8. Beachte, dass jede Kante des Gitters $\mathbf{Z}^2$ genau eine Kante des Gitters $\tilde{\mathbf{Z}}^2$ kreuzt und vice versa.

Ausgehend von der Perkolation auf dem Gitter $\mathbf{Z}^2$ mit der Kantenwahrscheinlichkeit p gibt es eine interessante und vielversprechende Möglichkeit, einen Perkolationsprozess[27] auf dem dualen Gitter $\tilde{\mathbf{Z}}^2$ zu definieren: Für jede Kante $\tilde{e}$ des Gitters $\tilde{\mathbf{Z}}^2$ sei $\tilde{e}$ dann und nur dann vorhanden, wenn die Kante e

---

[27]Wir verwenden hier das Wort *Prozess* obwohl in diesem Modell keine Zeit-Dynamik vorliegt. Dieser Sprachgebrauch kann etwas ungewöhnlich erscheinen, er ist in der Wahrscheinlichkeitstheorie jedoch sehr üblich. Der Grund ist der folgende: Während des gesamten 20. Jahrhunderts hatten Untersuchungen von **stochastischen Prozessen**, d. h. von mathematischen Modellen, bei denen sich Größen unter dem Einfluss des Zufalls mit der Zeit ändern, einen immer wichtigeren (und zum Schluss dominierenden) Anteil an der Wahrscheinlichkeitstheorie. Viele Ergebnisse der Theorie der stochastischen Prozesse konnten auf interessante Weise in Bezug auf „mehrdimensionale Zeit" verallgemeinert werden. Eine natürlichere Interpretation dieser Verallgemeinerungen erhält man, wenn die Zeitdimensionen als Raumdimensionen aufgefasst werden, so dass man anstelle eines mit der Zeit veränderlichen Verlaufs etwas erhält, was sich im Raum verändert – unser Perkolationsprozess ist ein solches Beispiel – und das Wort „Prozess" wurde trotz der fehlenden zeitlichen

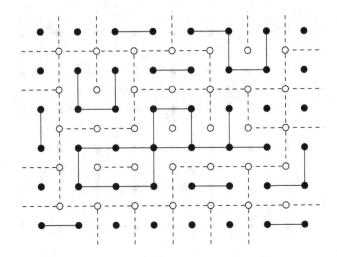

Abb. 5.9. Eine Kantenperkolation auf dem Gitter $\mathbf{Z}^2$ zusammen mit dem dualen Kantenperkolationsprozess auf dem Gitter $\tilde{\mathbf{Z}}^2$; dies ist so definiert, dass eine Kante im Gitter $\tilde{\mathbf{Z}}^2$ dann und nur dann vorhanden ist, wenn die entsprechende Kante des Gitters $\mathbf{Z}^2$ *nicht* vorhanden ist.

des Gitters $\mathbf{Z}^2$, die $\tilde{e}$ kreuzt, entfernt wurde; siehe Abb. 5.9. Dieser Prozess wird als der **duale** Perkolationsprozess bezeichnet; er besitzt die Kantenwahrscheinlichkeit $(1-p)$, wobei die Kanten wieder unabhängig voneinander offen sind.

Unter einer **Kontur** im dualem Gitter verstehen wir einen selbstvermeidenden Pfad im Gitter $\tilde{\mathbf{Z}}^2$, der im gleichen Knoten endet, in dem er beginnt, und in dem kein Knoten durch mehr als zwei Kanten verbunden wird. Eine Kontur umschließt immer einen gewissen Teil der Ebene. Wir bezeichnen sie als **Kontur um 0**, wenn der Nullpunkt im umschlossenen Gebiet liegt. Die Kontur wird **geschlossen**[28] genannt, wenn alle ihre Kanten im (dualen) Perkolationsprozess auf $\tilde{\mathbf{Z}}^2$ vorhanden sind.

Mit Hilfe dieser Begriffe ist es uns jetzt möglich, den Beweis des Lemmas 5.6 zu führen.

Beweis von Lemma 5.6: Der Perkolationsprozess auf $\mathbf{Z}^2$ hat zusammen mit dem dualen Prozess auf $\tilde{\mathbf{Z}}^2$ die Eigenschaft, dass jede endliche zusammenhängende Komponente des Gitters $\mathbf{Z}^2$ von einer geschlossenen Kontur im

---

Dynamik in diesen Modellen beibehalten. Dies ist auch für stochastische Prozesse üblich, die sich *sowohl* im Raum als auch in der Zeit bewegen.

[28]Die Ausdrücke *offen* in $\mathbf{Z}^2$ und *geschlossen* in $\tilde{\mathbf{Z}}^2$ sind einander entgegen gesetzt: Während wir uns die Kanten im Gitter $\mathbf{Z}^2$ als Poren denken können, auf denen sich Flüssigkeit durch das Gitter bewegen kann (siehe Fußnote 10 auf Seite 91), werden die vorhandenen Kanten im dualen Gitter als Hindernisse oder Mauern interpretiert (zur Veranschaulichung siehe Abb. 5.9).

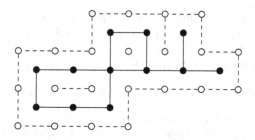

Abb. 5.10. Eine endliche zusammenhängende Komponente eines Kantperkolations-prozesses auf $\mathbf{Z}^2$, zusammen mit einer umschließenden Kontur des dualen Prozesses.

Gitter $\tilde{\mathbf{Z}}^2$ umgeben ist – dies wird in Abb. 5.10 illustriert. Wenn $\mathbf{0}$ in einer endlichen zusammenhängenden Komponente liegt, muss es deshalb eine geschlossene Kontur um $\mathbf{0}$ geben.

Wie viele denkbare Konturen der Länge n (d. h. aus n Kanten bestehend) gibt es, die den Nullpunkt $\mathbf{0}$ einschließen? Ähnlich der Abschätzung der Wege im Beweis von Lemma 5.5 geben wir uns mit einer ziemlich groben Abschätzung nach oben zufrieden.

Eine Kontur um $\mathbf{0}$ muss die x-Achse an mindestens einer Stelle links vom Nullpunkt schneiden. Bilden wir eine Kontur der Länge n, indem wir die am weitesten links befindliche Kreuzung mit der x-Achse verwenden und dem Weg im Uhrzeigersinn folgen. Wenn die Kontur die Länge n besitzt, kann die Kreuzung die x-Achse natürlich nicht weiter als $\frac{n}{2}$ Längeneinheiten links von $\mathbf{0}$ kreuzen, so dass die erste Kante auf höchstens n verschiedene Möglichkeiten gewählt werden kann. Für die nächste und alle folgenden Kanten gibt es höchstens 3 verschiedene Möglichkeiten. Deshalb ist die Anzahl der möglichen Konturen der Länge n, die $\mathbf{0}$ einschließen, durch

$$n\,3^{n-1} \tag{5.6}$$

beschränkt. Jede Kante des dualen Gitters verbleibt mit Wahrscheinlichkeit $1 - p$ in der Perkolationskonfiguration, so dass jede Kontur der Länge n mit die Wahrscheinlichkeit $(1-p)^n$ geschlossen ist. In Verbindung mit (5.6) ergibt sich daraus, dass die erwartete Anzahl geschlossener Konturen der Länge n um $\mathbf{0}$ höchstens

$$n\,3^{n-1}\,(1-p)^n \tag{5.7}$$

ist. Um eine Abschätzung der zu erwartenden Anzahl von Konturen um $\mathbf{0}$ zu erhalten, können wir (5.7) über alle n summieren und erhalten

$$\mathbf{E}[\text{Anzahl geschlossener Konturen um } \mathbf{0}] \leq \sum_{n=1}^{\infty} n\,3^{n-1}(1-p)^n$$

$$= \sum_{n=1}^{\infty} \tfrac{n}{3}(3\,(1-p))^n. \tag{5.8}$$

Die Voraussetzung in Lemma 5.6 war $p > \frac{2}{3}$, woraus folgt, dass der Faktor $3(1-p)$ in (5.8) kleiner als 1 und damit die Summe endlich ist (siehe das abschließende Beispiel im Anhang A). Die erwartete Anzahl geschlossener Konturen um **0** ist deshalb endlich, und wir können folgern, dass

$$\mathbf{P}(\text{es gibt höchstens endlich viele geschlossene Konturen um } \mathbf{0}) = 1 \quad (5.9)$$

gilt. Ein wichtiges Teilergebnis des Beweises ist somit erreicht. Für den nächsten Schritt sei Λ_n die Menge, wie wir sie im Beweis von Lemma 5.5 definiert haben, wobei alle Knoten von Λ_n zu endlichen zusammenhängenden Komponenten gehören sollen. Die Vereinigungsmenge dieser endlichen Komponenten ist wieder endlich und von einer abgeschlossenen Kontur umgeben. Diese abgeschlossene Kontur umschließt auch den Nullpunkt **0** und liegt vollständig außerhalb von Λ_n.

Nehmen wir jetzt an, dass es keine unendliche zusammenhängende Komponente gibt, so dass folglich alle Knoten zu endlichen Mengen gehören. Dann können wir für jedes n eine abgeschlossene Kontur um **0** finden, die außerhalb von Λ_n liegt. Für jede abgeschlossene Kontur um **0** muss es mindestens eine Kontur geben, die die erstgenannte Kontur umschließt. Das ist jedoch nur möglich, wenn es unendlich viele abgeschlossene Konturen um **0** gibt. Aus (5.9) folgt jedoch, dass es nur mit Wahrscheinlichkeit 0 unendlich viele abgeschlossene Konturen gibt. Damit haben wir gezeigt, dass eine unendliche zusammenhängende Komponente mit Wahrscheinlichkeit 1 existiert, und das Lemma ist damit bewiesen.   □

Beweis von Lemma 5.7: Um dieses Lemma zu beweisen, müssen wir den Verbleib bzw. das Entfernen von Kanten in der Perkolationskonfiguration als Zufallsgröße darstellen. Wir nummerieren die Kanten des Gitters $\mathbf{Z}^2$ in beliebiger Reihenfolge und nennen sie $e_1, e_2, e_3, \ldots$. Außerdem definieren wir für jede Kante e_i eine zugehörige Zufallsgröße X_{e_i} mit

$$X_{e_i} = \begin{cases} 1 \text{ wenn die Kante } e_i \text{ in der Perkolationskonfiguration ist,} \\ 0 \text{ sonst.} \end{cases} \quad (5.10)$$

Dann sind $X_{e_1}, X_{e_2}, \ldots$ unabhängige Zufallsgrößen, die die Werte 0 und 1 mit den Wahrscheinlichkeiten p und $1-p$ annehmen:

$$X_{e_i} = \begin{cases} 1 \text{ mit Wahrscheinlichkeit } p \\ 0 \text{ mit Wahrscheinlichkeit } 1-p. \end{cases} \quad (5.11)$$

Sei im Folgenden A das Ereignis, dass es in der Perkolationskonfiguration eine unendliche zusammenhängende Komponente gibt. Wir können behaupten, dass A *durch die Zufallsgrößen* $X_{e_1}, X_{e_2}, \ldots$, *definiert wurde*, so dass wir, wenn wir den Wert aller X_{e_i} kennen, auch wissen, ob A eintrifft oder nicht.

Nehmen wir jetzt an, dass uns eine Perkolationskonfiguration gegeben ist, in der es keine unendliche Komponente gibt. Wir modifizieren diese Konfiguration dadurch, dass wir *eine einzige* der geschlossenen Kanten wieder öffnen.

Dieses Vorgehen kann höchstes dazu führen, dass wir zwei endliche zusammenhängende Komponenten zu einer einzigen größeren Komponente zusammenfügen – die jedoch weiterhin endlich ist. Damit ist klar, dass wir durch Änderung einer einzigen Kante (d. h. durch Änderung eines X_{e_i}) nicht beeinflussen können, ob A eintrifft oder nicht. Auch durch Wiederholung dieses Vorgehens für die Kanten $X_{e_1}, X_{e_2}, \ldots, X_{e_n}$ (wobei n eine beliebige ganze Zahl ist) und damit der Veränderung von $X_{e_1}, X_{e_2}, \ldots, X_{e_n}$, können wir das Eintreffen von A nicht beeinflussen.[29]

A ist deshalb ein so genanntes **terminales Ereignis**: Ein Ereignis, das durch eine unendliche Menge von Zufallsgrößen definiert ist, wird als terminales Ereignis bezeichnet, wenn es nicht durch beliebige Änderungen von endlich vielen dieser Zufallsgrößen beeinflusst werden kann.[30] Für terminale Ereignisse gilt folgendes allgemeine Ergebnis:

Kolmogorows 0-1-Gesetz. Wenn die Zufallsgrößen, die ein terminales Ereignis definieren, voneinander unabhängig sind, muss das terminale Ereignis die Wahrscheinlichkeit 0 oder 1 besitzen.

Weil A ein terminales Ereignis ist und die Zufallsgrößen $X_{e_1}, X_{e_2}, \ldots$ unabhängig sind, folgt Lemma 5.7 als eine direkte Anwendung von Kolmogorows 0-1-Gesetz.

Um den Beweis des Lemmas 5.7 abzuschließen, müssten wir auch einen Beweis des 0-1-Gesetzes von Kolmogorow angeben. Diesen Beweis würde man üblicherweise in Vorlesungen des Promotionsstudiums führen[31]; er ist für eine Darstellung an dieser Stelle deshalb nicht geeignet. Stattdessen können wir den Gedankengang kurz skizzieren, um sein Ergebnis glaubhaft zu machen.

Zur Konkretisierung wollen wir uns an das oben genannte Ereignis A und die Zufallsgrößen $X_{e_1}, X_{e_2}, \ldots$ halten. Sei n beliebig gewählt, und sei B ein Ereignis, das nur durch die Ereignisse $X_{e_1}, X_{e_2}, \ldots, X_{e_n}$ definiert wird. Weil A ein terminales Ereignis ist, ist es allein durch die restlichen Zufallsgrößen $X_{e_{n+1}}, X_{e_{n+2}}, \ldots$ definiert. Weil die Zufallsgrößen $X_{e_{n+1}}, X_{e_{n+2}}, \ldots$ unabhängig von $X_{e_1}, X_{e_2}, \ldots, X_{e_n}$ sind, können wir schließen, dass A von B unabhängig ist.

Damit haben wir gezeigt, dass A von jedem Ereignis unabhängig ist, das durch endlich viele X_{e_i} definiert wird. Daraus folgt (dies ist der kritische Schritt, den man zeigen müsste, um den Beweis abzuschließen), dass A von *jedem* Ereignis unabhängig ist, das durch die Zufallsgrößen X_{e_i} definiert wird.

---

[29]Beachte, dass es in dieser Schlussfolgerung von entscheidender Bedeutung ist, dass n *endlich* ist. Wenn wir *unendlich* viele Kanten zuließen, könnten wir unendliche zusammenhängende Komponenten nach Belieben schaffen oder zerstören.

[30]Der Begriff terminales Ereignis (auf englisch: *tail event*) kommt vom (mathematisch etwas vagen) Ausdruck, dass das Ereignis nur davon abhängt, was im späteren Verlauf der Folge von Zufallsgrößen geschieht.

[31]Siehe z. B. Durrett (1991) oder Williams (1991) für Beweise von Kolmogorows 0-1-Gesetz.

Beispielsweise ist A von sich selbst unabhängig! Wenden wir darauf die Definition der Unabhängigkeit an, erhalten wir

$$\mathbf{P}(A \cap A) = \mathbf{P}(A)\,\mathbf{P}(A)$$

und da $A \cap A$ das gleiche ist wie A, folgt

$$\mathbf{P}(A) = \mathbf{P}(A)^2.$$

Die quadratische Gleichung $x = x^2$ hat genau zwei Lösungen, $x = 0$ und $x = 1$, so dass wir folgern können, dass $\mathbf{P}(A)$ gleich 0 oder 1 sein muss.   □

Das vierte und letzte Lemma (Lemma 5.8) erscheint offensichtlich: Wenn wir p erhöhen und somit mehr Kanten einfügen, kann sich die Wahrscheinlichkeit für eine unendliche zusammenhängende Komponente vernünftigerweise nicht verringern.

Diese Intuition ist völlig richtig, doch wir sollten auf einen mathematischen Beweis nicht verzichten. Zur Vorbereitung lohnt es sich, einen Augenblick über das dem ersten Anschein nach nicht verwandte Problem nachzudenken, wie man eine Computersimulation der Kantenperkolation mit Kantenwahrscheinlichkeit p durchführen kann.

Viele Programmiersprachen enthalten eine Funktion, die "Zufallszahlen" zwischen 0 und 1 erzeugt, die auf dem Intervall $[0, 1]$ gleichförmig verteilt sind.[32] Mit gleichförmiger Verteilung auf $[0, 1]$ ist gemeint, dass die Wahrscheinlichkeit, dass sich die Zufallszahl in einem bestimmten Teilintervall von $[0, 1]$ befindet, gleich der Länge dieses Teilintervalls ist.

Wenn wir zufällig bestimmen wollen, ob eine Kante e in der Konfiguration offen ist, können wir eine Zufallszahl U_e ziehen (d. h. wir lassen sie den Computer erzeugen). Die Kante e ist genau dann offen, wenn $U_e \leq p$ ist (d. h. die Wahrscheinlichkeit, dass die Kante bestehen bleibt, ist p). Verwendet man die in (5.10) eingeführten $\{0, 1\}$-wertigen Zufallsgrößen X_e, um auszudrücken, ob eine Kante e offen bleibt ($X_e = 1$) oder geschlossen wird ($X_e = 0$), gilt

$$X_e = \begin{cases} 1 \text{ für } U_e \leq p \\ 0 \text{ sonst,} \end{cases} \tag{5.12}$$

und die Verteilung von X_e wird in Übereinstimmung mit (5.11) zu

$$X_e = \begin{cases} 1 \text{ mit Wahrscheinlichkeit } p \\ 0 \text{ mit Wahrscheinlichkeit } 1 - p. \end{cases}$$

---

[32]Das stimmt eigentlich nicht ganz: Die „Zufallszahlen" werden durch eine deterministische Prozedur erzeugt und sind deshalb ganz und gar nicht zufällig. Aus diesem Grund ist es korrekter, sie als **Pseudozufallszahl** zu bezeichnen. Wenn die deterministische Prozedur hinreichend gut ist, verhalten sich Pseudozufallszahlen in den meisten Fällen so, dass man sie nicht von wirklichen Zufallszahlen unterscheiden kann.

Um mehrere Kanten zu simulieren – z. B. für eine Struktur wie in Abb. 5.4 – können wir das eben beschriebene Verfahren für jede einzelne Kante wiederholen, wobei jeweils eine neue Zufallszahl gezogen werden muss. Die Zufallszahlen sind unabhängig[33], so dass die Kanten voneinander unabhängig sind, und die ganze Konfiguration die richtige Verteilung besitzt (d. h. unabhängige Kanten mit der Kantenwahrscheinlichkeit p).

Stellen wir uns jetzt vor, dass wir eine Kantenperkolation mit $p = 0{,}3$ simulieren und Abb. 5.4 erhalten. Um anschließend eine Kantenperkolation mit $p = 0{,}7$ (wie in Abb. 5.5) zu simulieren, kann man auf unterschiedliche Art und Weise vorgehen: Zum Einen könnte man die gleiche Methode wie für $p = 0{,}3$ anwenden, um für den zweiten Perkolationsprozess neue Zufallszahlen zu generieren. Eine andere Möglichkeit wäre, zwar die gleiche Methode zu verwenden, jedoch für beide Perkolationsprozesse *exakt die gleichen Zufallszahlen wie für $p = 0{,}7$ zu verwenden*. Die letztgenannte Idee hat interessante Konsequenzen – sehen wir sie uns deshalb genauer an.

Da wir es jetzt mit zwei Perkolationskonfigurationen zu tun haben, müssen wir die Symbolik entsprechend anpassen. Für eine Kante e im Gitter $\mathbf{Z}^2$ sei die Zufallsgröße $X_e^{0,3}$ der Status der Kante (1= offen, 0= geschlossen) in der Konfiguration für $p = 0{,}3$, während $X_e^{0,7}$ auf die gleiche Weise den Status der Kante für $p = 0{,}7$ repräsentiert.

Jeder Kante e weisen wir ihre eigene Zufallszahl U_e zu (die auf dem Intervall $[0, 1]$ gleichförmig verteilt ist) und setzen, analog zu (5.12),

$$X_e^{0,3} = \begin{cases} 1 \text{ für } U_e \leq 0{,}3 \\ 0 \text{ sonst} \end{cases}$$

und

$$X_e^{0,7} = \begin{cases} 1 \text{ für } U_e \leq 0{,}7 \\ 0 \text{ sonst.} \end{cases}$$

Für die Untersuchung einer Kante e in den beiden Perkolationsprozessen sind drei Fälle zu berücksichtigen:

- $U_e \leq 0{,}3$. Dann ist $X_e^{0,3} = 1$ und $X_e^{0,7} = 1$.
- $0{,}3 < U_e \leq 0{,}7$. Dann ist $X_e^{0,3} = 0$ und $X_e^{0,7} = 1$.
- $0{,}7 < U_e$. Dann ist $X_e^{0,3} = 0$ und $X_e^{0,7} = 0$.

Beachte, dass $X_e^{0,3} \leq X_e^{0,7} \leq 1$ in allen drei Fällen gilt, so dass eine Kante e, die für $p = 0{,}3$ offen ist, auch im Perkolationsprozess $p = 0{,}7$ offen ist. Dies gilt für alle Kanten der Simulation, so dass wir wissen, dass *jede Kante, die für $p = 0{,}3$ offen ist, auch für $p = 0{,}7$ offen ist*. Die Perkolationskonfigurationen der Abb. 5.4 und 5.5 wurden auf diese Weise simultan simuliert. Wer möchte, kann selbst überprüfen, ob alle Kanten der Abb. 5.4 auch in Abb. 5.5 offen sind.

---

[33]Siehe Fußnote 32 auf Seite 110.

Da wir jetzt wissen, wie man zwei Perkolationsprozesse mit verschiedenen Kantenwahrscheinlichkeiten gemeinsam simuliert, haben wir – wie wir gleich sehen werden – den Hauptteil zum Beweises von Lemma 5.8 im Prinzip ausgeführt.

Beweis von Lemma 5.8: Sei $p_1 \leq p_2$. Jeder Kante e des Gitters $\mathbf{Z}^2$ werde eine Zufallszahl U_e zugewiesen (unabhängig von anderen Kanten und auf $[0,1]$ gleichförmig verteilt). Es gelte:

$$X_e^{p_1} = \begin{cases} 1 \text{ für } U_e \leq p_1 \\ 0 \text{ sonst} \end{cases}$$

und

$$X_e^{p_2} = \begin{cases} 1 \text{ für } U_e \leq p_2 \\ 0 \text{ sonst.} \end{cases}$$

Die Zufallsgrößen $X_e^{p_1}$ stellen eine Kantenperkolation auf dem Gitter $\mathbf{Z}^2$ mit der Kantenwahrscheinlichkeit p_1 dar, so dass

$$\psi(p_1) = \mathbf{P}(\text{Kantenkonfigurationen entsprechend } X_e^{p_1} \text{ beinhaltet eine}$$
$$\text{unendliche zusammenhängende Komponente}) \qquad (5.13)$$

gilt. Analog gilt für die Zufallsgrößen $X_e^{p_2}$, dass sie eine Kantenperkolation auf dem Gitter $\mathbf{Z}^2$ mit der Kantenwahrscheinlichkeit p_2 darstellen, so dass

$$\psi(p_2) = \mathbf{P}(\text{Kantenkonfigurationen entsprechend } X_e^{p_2} \text{ beinhaltet eine}$$
$$\text{unendliche zusammenhängende Komponente}) \qquad (5.14)$$

ist. Für jede Kante e gilt

$$\begin{cases} \text{wenn } U_e \leq p_1 & \text{dann ist } X_e^{p_1} = 1 \text{ und } X_e^{p_2} = 1, \\ \text{wenn } p_1 < U_e \leq p_2 & \text{dann ist } X_e^{p_1} = 0 \text{ und } X_e^{p_2} = 1, \\ \text{wenn } p_2 < U_e & \text{dann ist } X_e^{p_1} = 0 \text{ und } X_e^{p_2} = 0. \end{cases}$$

In allen drei Fällen ist $X_e^{p_1} \leq X_e^{p_2}$, so dass wir folgern können, dass jede Kante, die in der p_1-Konfiguration offen ist, auch in der p_2-Konfiguration offen ist. Wenn es eine unendliche zusammenhängende Komponente in der p_1-Konfiguration gibt, muss es auch in der p_2-Konfiguration eine solche Komponente geben. Mit Hinweis auf (5.13) und (5.14) ergibt sich daraus

$$\psi(p_1) \leq \psi(p_2),$$

was den Beweis abschließt.[34]   □

---

[34]Dies ist ein Beispiel eines so genannten **Kopplungsbeweises**. Unter **Kopplung** versteht man in der Wahrscheinlichkeitstheorie die gleichzeitige Konstruktion von zwei oder mehr Prozessen (wie in diesem Fall die Kantenperkolation mit zwei verschiedenen Kantenwahrscheinlichkeiten), um sie vergleichen zu können und Eigenschaften der verschiedenen Prozesse abzuleiten. In den letzten Jahrzehnten haben sich die Kopplungsmethoden als sehr fruchtbar erwiesen, sowohl für den Beweis neuer Sätze als auch, um bekannte Sätze neu und einfacher zu beweisen. Lindvall (1992), Thorisson (2000) und Häggström (2002b) führen in Kopplungsmethoden ein und stellen eine Reihe von Anwendungen vor.

Damit sind alle vier Lemmata bewiesen, die wir zum Beweis der Proposition 5.4 benötigten, dass die Kantenperkolation auf dem Gitter $\mathbf{Z}^2$ einen kritischen Wert p_c besitzt, der im Intervall $[\frac{1}{3}, \frac{2}{3}]$ liegt.

Anfangs hatten wir bereits erwähnt, dass uns der Beweis von Satz 5.1, dass der kritische Wert genau $\frac{1}{2}$ beträgt, im Rahmen dieser Einführung in die Wahrscheinlichkeitstheorie nicht möglich ist. Der eleganteste Beweis mit den heute bekannten Methoden wurde von Grimmett (1999) vorgestellt. Dort wird auch eine schwächere, doch intuitiv verständliche Folgerung angegeben. Dieser baut auf dem dualen Gitter $\tilde{\mathbf{Z}}^2$ auf, das wir im Zusammenhang mit dem Beweis des Lemmas 5.6 eingeführt hatten:

Wenn $\theta_2(\frac{1}{2}) > 0$ ist, dann gibt es für $p = \frac{1}{2}$ sowohl im Gitter $\mathbf{Z}^2$ als auch im dualen Gitter $\tilde{\mathbf{Z}}^2$ (fast sicher) unendliche zusammenhängende Komponenten. Die Ebene ist ein wenig zu eng, um zwei disjunkte unendliche zusammenhängende Komponenten aufnehmen zu können, so dass ihre gemeinsame Existenz unwahrscheinlich erscheint. Dies spricht dafür, dass $\theta_2(\frac{1}{2}) = 0$ und somit $p_c \geq \frac{1}{2}$ gilt. Ist andererseits $p < p_c$, so könnte man sich die endliche Komponenten im Gitter $\mathbf{Z}^d$ wie in einem Ozean von Kanten im Gitter $\tilde{\mathbf{Z}}^2$ vorstellen. Deshalb sollte dieser Ozean eine unendliche zusammenhängende Komponente enthalten, so dass $1 - p \geq p_c$ ist. Somit gilt $p \leq 1 - p_c$ für $p < p_c$; daraus folgt $p_c \leq \frac{1}{2}$.[35]

Bisher haben wir in diesem Abschnitt ausschließlich den zweidimensionalen Fall betrachtet. Die Gedankengänge der obenstehenden Beweise kann man fast vollständig auch auf Gitter höherer Dimensionen übertragen. Sehen wir uns an, wie das für den Beweis des Satzes 5.2 aussieht. Wir erinnern uns zunächst, dass dieser Satz die Gitter beliebiger Dimensionen $d \geq 2$ behandelt; er besagt, dass es einen kritischen Wert $p_c(d)$ zwischen 0 und 1 gibt, so dass die Wahrscheinlichkeit $\psi_d(p)$ für die Existenz einer unendlichen zusammenhängenden Komponente bei einer Kantenperkolation auf dem Gitter $\mathbf{Z}^d$ die Werte

$$\psi_d(p) = \begin{cases} 0 \text{ für } p < p_c(d) \\ 1 \text{ für } p > p_c(d) \end{cases} \tag{5.15}$$

annimmt. Wenn wir zurück zum Beweis von Lemma 5.7 und Lemma 5.8 gehen, stellen wir fest, dass dieser Beweis an keiner Stelle die Struktur des Gitters $\mathbf{Z}^2$ ausnutzt. Der Beweis kann deshalb auch allgemeiner auf Gitter $\mathbf{Z}^d$ in höheren Dimensionen angewendet werden, so dass sich ergibt, dass $\psi_d(p)$ eine nicht fallende Funktion von p ist, die nur die Werte 0 und 1 annehmen kann. Daraus folgt, dass es einen kritischen Wert $p_c(d)$ gibt, so dass (5.15) gilt; was dann noch aussteht ist der Beweis, dass p_c nicht 0 oder 1 sein kann, sondern irgendwo dazwischen liegen muss.

---

[35]Zitiert aus Grimmett (1999), S. 287.

Lemma 5.6 nutzt die spezielle zweidimensionale Struktur des Quadratgitters am stärksten aus, so dass die dort verwendeten Ideen nur sehr schwer auf die Fälle mit höheren Dimensionen verallgemeinert werden können. Glücklicherweise können wir das vermeiden und stattdessen die Beobachtung (5.1) aus Abschnitt 5.2 ausnutzen. Sie besagt, dass $p_c(d)$ monoton mit d fällt, so dass man die Beziehung

$$p_c(d) \leq p_c(2) \tag{5.16}$$

für jedes $d \geq 2$ ableiten kann. Gleichzeitig wissen wir aus Lemma 5.6, dass $p_c(2) \leq \frac{2}{3}$ ist, was in Verbindung mit (5.16)

$$p_c(d) \leq \frac{2}{3}$$

ergibt und zeigt, dass $p_c(d)$ deutlich kleiner als 1 ist.

Schließlich müssen wir noch $p_c(d) > 0$ beweisen. Zunächst stellen wir fest, dass wir nur eine einzige spezifische Eigenschaft des Gitters $\mathbf{Z}^2$ im Beweis von Lemma 5.5 verwendet haben: Jeder Knoten des Gitters besitzt nur 4 Kanten. Dies führte zur Abschätzung (5.5): Die Anzahl der selbstvermeidenden Pfade der Länge n mit Start im Nullpunkt ist höchstens $4 \cdot 3^{n-1}$. Im allgemeineren d-dimensionalen Fall besitzt jeder Knoten $2d$ Kanten. Analog zum zweidimensionalen Fall ergibt sich, dass die Anzahl der selbstvermeidenden Pfade der Länge n mit Start im Nullpunkt des Gitters $\mathbf{Z}^d$ höchstens

$$2d(2d-1)^{n-1}$$

beträgt. Mit der Kantenwahrscheinlichkeit p wird die Wahrscheinlichkeit, dass mindestens einer dieser Wege offen ist, gleich

$$2d(2d-1)^{n-1}p^n . \tag{5.17}$$

Gilt $p < \frac{1}{2d-1}$, so geht der Ausdruck (5.17) für $n \to \infty$ gegen 0 und die Wahrscheinlichkeit, dass der Nullpunkt zu einer unendlichen Komponente gehört, muss 0 sein.

Zusammenfassend haben wir damit für beliebige Dimensionen $d \geq 2$ bewiesen, dass

$$\frac{1}{2d-1} \leq p_c(d) \leq \frac{2}{3} \tag{5.18}$$

gilt. Unser Ziel, Satz 5.2 zu beweisen, ist damit erreicht. Zusätzlich konnten wir mit (5.18) sogar den kritischen Wert noch stärker eingrenzen.

5.4 Perkolation auf Bäumen

Trotz harter Arbeit im vorigen Abschnitt, den Untersuchungen des kritischen Wertes für die Kantenperkolation des Gitters $\mathbf{Z}^2$, konnten wir den klassischen Satz 5.1 von Harris und Kesten noch nicht beweisen, dass der kritische Wert für das Gitter $\mathbf{Z}^2$ genau $\frac{1}{2}$ beträgt. Zum Trost wollen wir in diesem Abschnitt den exakten kritischen Wert für die Kantenperkolation auf bestimmten anderen Graphen – den so genannten **Bäumen** – bestimmen. Ein Baum ist ein Graph mit folgenden Eigenschaften:

(a) er ist zusammenhängend und
(b) es gibt nicht mehr als einen selbstvermeidender Pfad zwischen je zwei beliebigen Knoten des Graphen.

Die Eigenschaft (a) bedeutet, dass es zwischen jedem Paar von Knoten *mindestens* einen selbstvermeidenden Pfad gibt. In Verbindung mit (b) ergibt sich, dass es zwischen jedem Paar von Knoten *genau* einen selbstvermeidenden Pfad gibt. Eigenschaft (b) bedeutet auch, dass der Graph keine **Kreise** enthält, wobei ein Kreis ein selbstvermeidender Pfad ist, der im selben Knoten endet, in dem er auch beginnt.[36]

Um einen Baum zu beschreiben oder zu erzeugen, kann man von einem gegebenen Knoten ausgehen, der die **Wurzel** genannt und mit ρ bezeichnet wird. Anschließend legt man fest, wie viele Nachbarn $x_1, \ldots, x_k$ die Wurzel haben soll, und nennt sie die Kinder der Wurzel (oft auch als Nachfolger bezeichnet). Für jedes dieser Kinder x_i spezifiziert man wiederum, wie viele Nachbarn es außer der Wurzel besitzen soll, und nennt diese neuen Knoten die Kinder von x_i (somit die Enkel der Wurzel) usw.

Das am häufigsten untersuchte Beispiel erhält man, wenn alle Knoten *genau* zwei Kinder besitzen. Es entsteht der so genannte **binäre Baum**, der mit $\mathbf{T}_2$ bezeichnet wird und links in Abb. 5.11 dargestellt ist. Die Anzahl der Knoten, die von der Wurzel den Abstand n besitzen, ist in $\mathbf{T}_2$ gleich 2^n.

Allgemeiner können wir für eine beliebige positive ganze Zahl d den Baum $\mathbf{T}_d$, als den Baum definieren, bei dem alle Knoten genau d Kinder besitzen. Den Spezialfall $d = 3$ nennt man den **trinären Baum** (in der Mitte von Abb. 5.11).

In $\mathbf{T}_d$ besitzen alle Knoten *außer der Wurzel* genau $d+1$ Nachbarn, während die Wurzel nur d Nachbarn besitzt. Um diesen Unterschied zu vermeiden, nimmt man in manchen Fällen zwei Kopien von $\mathbf{T}_d$, und verbindet beide Wurzeln durch eine Kante. Der entstehende Baum wird mit $\mathbf{T}_d'$ bezeichnet. $\mathbf{T}_2'$ wird **der erweiterte binäre Baum** genannt und ist rechts in Abb. 5.11 dargestellt. Alternativ kann der Baum $\mathbf{T}_d'$ dadurch beschrieben werden, dass seine Wurzel genau $d+1$ und alle übrigen Knoten d Kinder besitzen. Wir sehen, wenn man die Bäume von der Wurzel her definiert, so findet man keinen Baum, bei dem alle Knoten die gleiche Anzahl von Kanten und gleichzeitig die gleiche Anzahl von Kindern besitzen.

Neben den bisher vorgestellten Bäumen gibt es viele weitere, die man dadurch erhält, dass die Anzahl der Kinder der verschiedenen Knoten in der sukzessiven Konstruktion variiert wird. Wir konzentrieren uns der Einfachheit halber auf die Beispiele $\mathbf{T}_d$ und $\mathbf{T}_d'$.

---

[36]Der Begriff Kreis ist demzufolge mit dem Konturbegriff im Beweis von Lemma 5.6 verwandt, auch wenn er nicht genau dasselbe bedeutet.

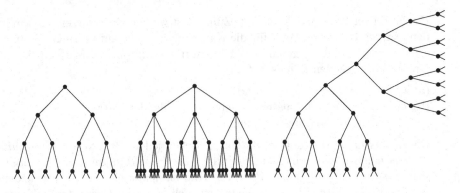

Abb. 5.11. Ein Ausschnitt der drei gewöhnlichsten unendlichen Bäume: von links nach rechts der binäre Baum $\mathbf{T}_2$, der trinäre Baum $\mathbf{T}_3$ und der erweiterte binäre Baum $\mathbf{T}_2'$. Beachte, dass wir es (im Unterschied zu Botanikern) vorziehen, den Baum so zu zeichnen, dass sich die Wurzel oben befindet.

Der Baum $\mathbf{T}_1$ ist ein unspektakulärer Baum, denn er besteht aus einer einzigen langen Kette von Knoten, und als erweiterter Baum $\mathbf{T}_1'$ ergibt sich das Gitter $\mathbf{Z}^1$ in Abb. 5.6. Die Perkolation auf $\mathbf{T}_1'$ ist deshalb (wie aus der Diskussion des Gitters $\mathbf{Z}^1$ in Abschnitt 5.2 hervorgeht) ziemlich uninteressant: eine unendliche zusammenhängende Komponente kann nur im trivialen Fall $p = 1$ entstehen. Das gleiche gilt natürlich auch für $\mathbf{T}_1$. Ganz anders stellt sich die Situation für $\mathbf{T}_d$ und $\mathbf{T}_d'$ mit $d \geq 2$ dar: Genau wie beim Gitter $\mathbf{Z}^d$ in zwei oder mehr Dimensionen weisen diese Bäume nichttriviale kritische Werte auf. Für einen gegebenen Baum T und ein gegebenes p, sei $\psi_T(p)$ die Wahrscheinlichkeit, dass die Kantenperkolation auf T mit der Kantenwahrscheinlichkeit p zu einer unendlichen zusammenhängenden Komponente führt. Wir wollen den folgenden Satz beweisen:

Satz 5.9. *Sei $d \geq 2$. Für die Kantenperkolation auf $\mathbf{T}_d$ mit Kantenwahrscheinlichkeit p ist die Wahrscheinlichkeit $\psi_{\mathbf{T}_d}(p)$, dass eine unendliche zusammenhängende Komponente existiert, gleich*

$$\psi_{\mathbf{T}_d}(p) = \begin{cases} 0 & \textit{für } p \leq \frac{1}{d} \\ 1 & \textit{für } p > \frac{1}{d} \, . \end{cases}$$

Der kritische Wert der Kantenperkolation auf $\mathbf{T}_d$ beträgt also $\frac{1}{d}$. Dasselbe gilt auch für den erweiterten Baum $\mathbf{T}_d'$, siehe Lemma 5.10 weiter unten.

Die zusammenhängende Komponente, die die Wurzel ρ in der Kantenperkolation auf $\mathbf{T}_d$ enthält, kann als so genannter **Verzweigungsprozess** aufgefasst werden. Ein Verzweigungsprozess ist ein stochastischer Prozess, bei dem man von einem Individuum ausgeht – nennen wir sie **Eva** – die entsprechend einer bestimmten Verteilung eine zufällige Anzahl an Kindern bekommt. Die Größe der Nachkommenschaft der nächsten Generation wird im Folgenden als

„Kinderanzahl" bezeichnet. In der nächsten Generation erhält jedes der Kinder wiederum eine zufällige Anzahl Kinder, wobei die Kinderanzahl im Vergleich zu Evas Kinderanzahl jeweils unabhängig und dieselbe Verteilung besitzen sind. Diese Enkel erhalten wieder Kinder usw. Das ρ im Perkolationsprozess entspricht der Eva im Verzweigungsprozess, und die Knoten, die im Perkolationsprozess in die zusammenhängende Komponente fallen, die ρ enthält, entsprechen den Individuen im Verzweigungsprozess (Evas Nachkommen).

Wenn in einer Generation sämtliche Individuen keine (null) Kinder bekommen, stirbt der Verzweigungsprozess (die Population) aus. Eine der wichtigsten Fragen der Theorie der Verzweigungsprozesse ist, inwieweit die Population eine Chance besitzt, für immer zu überleben, d. h. ob die Anzahl der Individuen der Population (alle Generationen zusammen genommen) unendlich werden kann.[37] Wenn wir den trivialen Fall ausschließen, dass die Anzahl der Kinder immer größer als 1 ist, ergibt sich als Antwort auf diese Frage, dass das unendliche Überleben von Verzweigungsprozessen dann und nur dann eine positive Wahrscheinlichkeit besitzt, wenn der Erwartungswert der Kinderanzahl echt größer als 1 ist.

Am schnellsten kann man Satz 5.9 beweisen, indem man zunächst das allgemeine Ergebnis für das Überleben von Verzweigungsprozessen zeigt – was mit Hilfe so genannter erzeugender Funktionen geschieht, siehe z. B. Jagers (1975) oder Williams (1991) – und dieses Ergebnis folgendermaßen auf Perkolationsprozesse anzuwenden. Wenn p die Kantenwahrscheinlichkeit im Perkolationsprozess auf dem Baum T_d ist, dann ist der Erwartungswert der Kinderanzahl im entsprechenden Verzweigungsprozess gleich $p\,d$, und dieser überschreitet die 1 (als Kriterium, dass die Population überlebt) genau dann, wenn $p > \frac{1}{d}$ gilt.

Wir wollen den Satz 5.9 hier auf etwas andere Art und Weise zeigen, die meiner Meinung nach eher ein intuitives Bild der Fragestellung gibt, als es die Methoden erzeugenden Funktionen können.[38] Wir beginnen mit einem nützlichen Lemma. Dabei sei $\theta_{T,x}(p)$ für einen Baum T und einen Knoten x des

---

[37]Eine frühe Triebkraft für die Einführung von Verzweigungsprozessen war die Frage, die den Engländer Sir Francis Galton im 19. Jahrhundert beschäftigte: ob adlige Geschlechter die Möglichkeit haben, auf lange Sicht zu überleben. Diese Frage motivierte ihn, Verzweigungsprozesse zu untersuchen. Heute werden Verzweigungsprozesse in verschiedenen Gebieten der Naturwissenschaften angewendet, vor allem der Populationsbiologie und der Kernphysik. Für weitere Informationen zur Geschichte und zum Inhalt von Verzweigungsprozessen, siehe z. B. Jagers (1975).

[38]Außerdem hat diese Methode den Vorteil, dass sie der Methodik von Lyons (1990, 1992) ähnlich ist, die den kritischen Wert der Kantenperkolation auf *beliebigen* Bäumen in Abhängigkeit einer natürlichen Größe, der **Verzweigungszahl** bestimmten. Die Verzweigungszahl (auf englisch *branching number*) ist für $\mathbf{T}_d$ und $\mathbf{T}_d'$ gleich d, doch auch für beliebig komplizierte Bäume ist sie wohldefiniert. Es hat sich auch gezeigt, dass die Verzweigungszahl eine Schlüsselgröße für eine Reihe anderer stochastischer Prozesse auf Bäumen ist, siehe z. B. Peres (1999).

Baumes die Wahrscheinlichkeit, dass sich x in einer unendlichen Komponente der Kantenperkolation mit der Kantenwahrscheinlichkeit p befindet.

Lemma 5.10. *Für beliebiges $p \in [0,1]$ sind die folgenden vier Behauptungen äquivalent:*

   (i) $\theta_{\mathbf{T}_d,\rho}(p) > 0$

  (ii) $\theta_{\mathbf{T}'_d,\rho}(p) > 0$

 (iii) $\psi_{\mathbf{T}_d}(p) = 1$

 (iv) $\psi_{\mathbf{T}'_d}(p) = 1$.

Beweis. Um zu zeigen, dass diese vier Behauptungen äquivalent sind, reicht es aus, die vier Implikationen der Kette

$$(i) \Rightarrow (iii) \Rightarrow (iv) \Rightarrow (ii) \Rightarrow (i) \tag{5.19}$$

zu zeigen. Nehmen wir zunächst an, dass (i) gilt, d. h. $\theta_{\mathbf{T}_d,\rho}(p) > 0$. Weil die Wahrscheinlichkeit, dass ρ zu einer unendlichen zusammenhängenden Komponente gehört, nicht größer als die Wahrscheinlichkeit sein kann, dass überhaupt eine unendliche zusammenhängende Komponente existiert, können wir $\psi_{\mathbf{T}_d}(p) \geq \theta_{\mathbf{T}_d,\rho}(p)$ folgern, und damit gilt auch

$$\psi_{\mathbf{T}_d}(p) > 0. \tag{5.20}$$

Im Lemma 5.7 des vorigen Abschnitts sahen wir für den Fall der Perkolation auf $\mathbf{Z}^2$, dass die Wahrscheinlichkeit der Existenz einer unendlichen zusammenhängenden Komponente nur die Werte 0 oder 1 annehmen kann. Wie wir zuvor festgestellt haben, funktioniert der Beweis für beliebige Graphen, weshalb wir folgern können, dass $\psi_{\mathbf{T}_d}(p)$ gleich 0 oder 1 sein muss. Dass $\psi_{\mathbf{T}_d}(p)$ Null sein kann, hatten wir bereits in (5.20) ausgeschlossen, so dass die einzige verbleibende Möglichkeit $\psi_{\mathbf{T}_d}(p) = 1$ ist. Damit ist die Implikation (i) $\Rightarrow$ (iii) gezeigt.

Für die nächste Implikation nehmen wir (iii) an, d. h. $\psi_{\mathbf{T}_d}(p) = 1$. Weil $\mathbf{T}_d$ ein Teilgraph von $\mathbf{T}'_d$ ist, muss die Ungleichung $\psi_{\mathbf{T}_d}(p) \leq \psi_{\mathbf{T}'_d}(p)$ gelten. Somit wissen wir, dass $\psi_{\mathbf{T}'_d}(p) = 1$ ist, und wir haben (iii) $\Rightarrow$ (iv) gezeigt.

Um (iv) $\Rightarrow$ (ii) zu zeigen, nehmen wir an, dass (iv) gilt, d. h. dass die Existenz einer unendlichen zusammenhängenden Komponente auf $\mathbf{T}'_d$ die Wahrscheinlichkeit 1 besitzt. Diese Komponente muss sich irgendwo im Baum befinden, so dass zumindest ein Knoten x eine positive Wahrscheinlichkeit $\theta_{\mathbf{T}'_d,x}(p) > 0$ besitzt, zu einer unendlichen zusammenhängenden Komponente zu gehören. Doch der Baum $\mathbf{T}'_d$ ist vollständig homogen – in dem Sinne, dass er von jedem Knoten aus gleich aussieht – so dass $\theta_{\mathbf{T}'_d,x}(p)$ nicht von der Wahl des Knotens x abhängen kann. Damit wissen wir, dass $\theta_{\mathbf{T}'_d,\rho}(p) > 0$ gilt, und die Implikation (iv) $\Rightarrow$ (ii) ist gezeigt.

Abschließend müssen wir (ii) $\Rightarrow$ (i) beweisen. Dazu nehmen wir (ii) an, d. h. es gilt $\theta_{\mathbf{T}'_d,\rho}(p) > 0$. Wenn die Wurzel ρ im erweiterten Baum $\mathbf{T}'_d$ zu einer unendlichen zusammenhängenden Komponente gehört, dann muss die Perkolationskonfiguration (mindestens) einen unendlichen selbstvermeidenden Pfad mit Start in der Wurzel enthalten. Dieser geht notwendigerweise durch einen der $d + 1$ Nachbarn der Wurzel. Jeder der Nachbarn besitzt die gleiche Wahrscheinlichkeit, sich in einem solchen Weg zu befinden, und wegen der Annahme $\theta_{\mathbf{T}'_d,\rho}(p) > 0$ ist diese Wahrscheinlichkeit positiv. Wenn wir jetzt einen der Nachbarn entfernen (und alles, was von der Wurzel aus gesehen „nach" diesem Nachbarn kommt), ist die Wahrscheinlichkeit, dass einer der anderen Nachbarn zu einem solchen Weg gehört, immer noch positiv. Damit ist der entstandene Baum jedoch gleich $\mathbf{T}_d$, so dass $\theta_{\mathbf{T}_d,\rho}(p) > 0$ gilt, und (ii) $\Rightarrow$ (i) bewiesen ist.

Der Kreis der Implikationen (5.19) ist somit gezeigt – alle vier Behauptungen sind äquivalent! □

Beweis von Satz 5.9: Es gibt drei verschiedene Fälle, die separate Betrachtung erfordern:

   I. $p < \frac{1}{d}$: der subkritische Fall,

   II. $p = \frac{1}{d}$: der kritische Fall,

  III. $p > \frac{1}{d}$: der superkritische Fall.

Zunächst etwas zur Terminologie und zu den Symbolen, die in allen drei Fällen benötigt werden: Die Knoten von $\mathbf{T}_d$ im Abstand n von der Wurzel ρ werden als Knoten der **Tiefe** n (oder des Levels n) bezeichnet. Wir definieren eine Zufallsgröße Y, die angibt, wie tief die zusammenhängende Komponente, zu der die Wurzel gehört, in den Baum hinabreicht: Wenn diese Komponente endlich ist, wird Y gleich der Tiefe des von ρ am weitesten entfernten Knotens gesetzt. Ist diese Komponente unendlich, setzen wir $Y = \infty$. Außerdem definieren wir für jedes n eine Zufallsgröße Z_n, die die Anzahl der Knoten in der Tiefe n angibt, die sich in der gleichen zusammenhängenden Komponente wie die Wurzel befinden. Beachte, dass $\{Y \geq n\}$ und $\{Z_n \geq 1\}$ zwei Beschreibungen desselben Ereignisses sind: dass die zusammenhängende Komponente der Wurzel bis zur Tiefe n reicht. Damit ergibt sich die Äquivalenz

$$Y \geq n \quad \Leftrightarrow \quad Z_n \geq 1. \tag{5.21}$$

Kommen wir jetzt zu den drei Fällen.

I. $p < \frac{1}{d}$: *der subkritische Fall*. Wähle eine beliebige positive ganze Zahl n. Die Anzahl der Knoten der Tiefe n von $\mathbf{T}_d$ ist d^n (oder etwa nicht?). Jeder Knoten x auf dem Level n besitzt die Wahrscheinlichkeit p^n, zur selben zusammenhängenden Komponente wie die Wurzel zu gehören, denn dies ist nur möglich, wenn alle n Kanten zwischen ρ und x offen sind. Der Erwartungswert $\mathbf{E}[Z_n]$ der Anzahl der Knoten auf dem Level n, die der gleichen zusammenhängenden Komponente wie die Wurzel angehören, beträgt deshalb

$$\mathbf{E}[Z_n] = d^n p^n$$
$$= (p\,d)^n\,. \tag{5.22}$$

Außerdem gilt

$$\mathbf{P}(Z_n \geq 1) \leq \mathbf{E}[Z_n]\,.$$

In Verbindung mit (5.21) ergibt sich daraus, dass die Wahrscheinlichkeit $\theta_{\mathbf{T}_d,\rho}(p)$, dass sich ρ in einer unendlichen zusammenhängenden Komponente befindet,

$$\theta_{\mathbf{T}_d,\rho}(p) = \mathbf{P}(Y = \infty)$$
$$\leq \mathbf{P}(Y \geq n) = \mathbf{P}(Z_n \geq 1)$$
$$\leq \mathbf{E}[Z_n] = (p\,d)^n \tag{5.23}$$

beträgt. Auf Grund der Annahme $p < \frac{1}{d}$ geht die rechte Seite von (5.23) für $n \to \infty$ gegen 0. Für beliebiges $\varepsilon > 0$ können wir also (durch Wahl eines hinreichend großen n) die Ungleichung $\theta_{\mathbf{T}_d,\rho}(p) < \varepsilon$ erfüllen. Demzufolge muss

$$\theta_{\mathbf{T}_d,\rho}(p) = 0$$

gelten. Dank Lemma 5.10 können wir jetzt $\psi_{\mathbf{T}_d}(p) = 0$ folgern, und der Satz 5.9 ist für den subkritischen Fall bewiesen.

II. $p = \frac{1}{d}$: *der kritische Fall.* Wir wollen zeigen, dass $\theta_{\mathbf{T}_d,\rho}(p) = 0$ auch für $p = \frac{1}{d}$ gilt. Aus (5.22) wissen wir, dass die Anzahl der Knoten Z_n der Tiefe n, die in der gleichen zusammenhängenden Komponente wie die Wurzel liegen, den Erwartungswert

$$\mathbf{E}[Z_n] = (p\,d)^n = (\tfrac{1}{d} \cdot d)^n$$
$$= 1 \tag{5.24}$$

besitzt. Für $p = \frac{1}{d}$ geht dieser Erwartungswert für $n \to \infty$ nicht gegen 0, und wir müssen eine andere Methodik als im subkritischen Fall anwenden.

Sei A das Ereignis, dass ρ zu einer unendlichen zusammenhängenden Komponente gehört. Wenn A eintrifft, muss $Z_n \geq 1$ für alle n gelten. Wir wollen untersuchen, ob sich Z_n in Abhängigkeit von n ändert, und führen deshalb eine neue Zufallsgröße W ein, die als *die kleinste ganze Zahl k definiert ist, so dass $Z_n = k$ für unendlich viele n gilt.* Wenn es ein solches k nicht gibt – was bedeutet, dass Z_n für $n \to \infty$ über alle Grenzen wächst – wird $W = \infty$ gesetzt.

Um auszuschließen, dass A eintrifft, wollen wir jeweils zeigen, dass beide Möglichkeiten

(a) A trifft ein, $W < \infty$,

und

(b) A trifft ein, $W = \infty$,

die Wahrscheinlichkeit 0 besitzen. Wir beginnen mit der Möglichkeit (a). Sei k eine positive ganze Zahl und gelte

$$B_k = \{W = k\}.$$

Ermitteln wir jetzt die Perkolationskonfiguration des Baumes mit Start in der Wurzel sukzessive für jedes Level, indem wir auf jedem Level n die Anzahl der Knoten Z_n bestimmen, die mit der Wurzel zusammenhängen. Jedes Mal, wenn $Z_n = k$ ist, gibt es genau dk Kanten von diesen k Knoten zum nächsten Level reichend, von denen jede mit Wahrscheinlichkeit $\frac{1}{d}$ offen ist. Die Wahrscheinlichkeit, dass *keine* dieser Kanten offen ist, beträgt

$$\left(\frac{d-1}{d}\right)^{dk}.$$

Wenn dieser Fall eintritt, wird $Z_{n+1} = 0$, und die zusammenhängende Komponente endet. Diese Wahrscheinlichkeit ist jedes Mal die gleiche, wenn wir $Z_n = k$ beobachten, so dass die Wahrscheinlichkeiten mindestens m Mal $Z_n = k$ zu beobachten, ohne dass $Z_{n+1} = 0$ ist, höchstens

$$\left(1 - \left(\frac{d-1}{d}\right)^{dk}\right)^m$$

beträgt. Diese Wahrscheinlichkeit geht für $m \to \infty$ gegen 0. Damit haben wir gezeigt, dass

$$\mathbf{P}(Z_n = k \text{ für unendlich viele } n) = 0,$$

gilt, so dass

$$\mathbf{P}(B_k) = 0 \qquad (5.25)$$

ist. Die Wahrscheinlichkeit, dass A eintrifft und $W < \infty$ ist, wird damit

$$\mathbf{P}(A \text{ trifft ein}, W < \infty) = \mathbf{P}(1 \leq W < \infty)$$
$$= \sum_{k=1}^{\infty} \mathbf{P}(B_k)$$
$$= 0,$$

weil wir dank (5.25) wissen, dass jeder Term der Summe 0 ist. Somit ist (a) ausgeschlossen.

Gehen wir zur Möglichkeit (b) weiter, die besagt, dass A eintrifft und $W = \infty$ ist. Das bedeutet, dass Z_n gegen unendlich wächst: $\lim_{n\to\infty} Z_n = \infty$.

Definieren wir jetzt, für positive ganze Zahlen k, eine weitere Zufallsgröße X_k als *das letzte n, für das $Z_n < k$ ist*. Für den Fall, dass es ein solches n nicht gibt, setzen wir $X_k = \infty$. Wenn $W = \infty$ ist, d. h. wenn $\lim_{n\to\infty} Z_n = \infty$ gilt, ist X_k für jedes k endlich. Wähle ein beliebiges $\varepsilon > 0$ und anschließend eine ganze Zahl k so dass $k > \frac{2}{\varepsilon}$ ist. Wir werden jetzt sehen, welche (unvernünftigen) Konsequenzen wir erhalten, wenn

$$\mathbf{P}(W = \infty) \geq \varepsilon \qquad (5.26)$$

ist. Beachte zunächst, dass (5.26) auf

$$\mathbf{P}(X_k < \infty) \geq \varepsilon$$

führt. Wir können deshalb ein endliches n finden, so dass

$$\mathbf{P}(X_k < n) \geq \frac{\varepsilon}{2}$$

gilt. Doch wenn $X_k < n$ ist, dann ist $Z_n \geq k$, so dass

$$\mathbf{P}(Z_n \geq k) \geq \frac{\varepsilon}{2}$$

gilt, was auf Grund der Wahl von k auf

$$\begin{aligned}
\mathbf{E}[Z_n] &\geq k\,\mathbf{P}(Z_n \geq k) \\
&\geq \frac{k\,\varepsilon}{2} \\
&> 1
\end{aligned}$$

führt. Dies widerspricht jedoch (5.24), so dass die Annahme (5.26) falsch sein muss. Weil $\varepsilon > 0$ beliebig war, folgt

$$\mathbf{P}(W = \infty) = 0$$

und die Möglichkeit (b) ist ausgeschlossen. Damit haben wir gezeigt, dass sowohl (a) als auch (b) die Wahrscheinlichkeit 0 besitzen, so dass $\mathbf{P}(A) = 0$ ist. Das heisst, dass $\theta_{\mathbf{T}_d,\rho}(\frac{1}{d}) = 0$ gilt. Dank Lemma (5.10) wissen wir somit, dass $\psi_{\mathbf{T}_d}(\frac{1}{d}) = 0$ ist, und Satz 5.9 ist für den kritischen Fall bewiesen.

III. $p > \frac{1}{d}$: *der superkritische Fall.* Im bisherigen Verlauf des Beweises haben wir insbesondere den Erwartungswert $\mathbf{E}[Z_n]$ ausgenutzt. Jetzt wollen wir einen zugehörigen **bedingten Erwartungswert** verwenden. Wir erinnern uns, dass der Erwartungswert $\mathbf{E}[Z_n]$ angibt, was wir im Durchschnitt für Z_n erwarten können. Analog gibt der bedingte Erwartungswert $\mathbf{E}[Z_n \mid D]$ unter der Bedingung eines Ereignisses D an, was wir im Durchschnitt für Z_n erwarten können, wenn wir wissen, dass D eingetreten ist. Weil Z_n die möglichen Werte $0, 1, \ldots, d^n$ annimmt, wird der Erwartungswert $E[Z_n]$ durch

$$\mathbf{E}[Z_n] = \sum_{k=0}^{d^n} k\,\mathbf{P}(Z_n = k) \qquad (5.27)$$

gegeben. Die entsprechende Formel für den bedingten Erwartungswert $\mathbf{E}[Z_n \mid D]$ ist

$$\mathbf{E}[Z_n \mid D] = \sum_{k=0}^{d^n} k\,\mathbf{P}(Z_n = k \mid D) \,. \qquad (5.28)$$

Wir werden uns hier insbesondere mit dem Spezialfall $D = \{Z_n \geq 1\}$ befassen, d. h. das Ereignis, dass die zusammenhängende Komponente, in der sich die Wurzel befindet, bis zur Tiefe n reicht. Die folgende Formel wird dabei eine zentrale Rolle spielen:

$$\mathbf{E}[Z_n] = \mathbf{P}(Z_n \geq 1) \cdot \mathbf{E}[Z_n \,|\, Z_n \geq 1]. \tag{5.29}$$

Um zu zeigen, dass (5.29) stimmt, stellen wir zunächst fest, dass der erste Term in beiden Summen (5.27) und (5.28) 0 ist und deshalb weggelassen werden kann. Außerdem gilt für $k \geq 1$, dass das Ereignis $\{Z_n = k\}$ das gleiche wie $\{Z_n = k, Z_n \geq 1\}$ ist. Dies ergibt

$$
\begin{aligned}
\mathbf{E}[Z_n] &= \sum_{k=1}^{d^n} k\,\mathbf{P}(Z_n = k) \\
&= \sum_{k=1}^{d^n} k\,\mathbf{P}(Z_n = k, Z_n \geq 1) \\
&= \sum_{k=1}^{d^n} k\,\mathbf{P}(Z_n = k \,|\, Z_n \geq 1)\,\mathbf{P}(Z_n \geq 1) \\
&= \mathbf{P}(Z_n \geq 1) \sum_{k=1}^{d^n} k\,\mathbf{P}(Z_n = k \,|\, Z_n \geq 1) \\
&= \mathbf{P}(Z_n \geq 1)\,\mathbf{E}[Z_n \,|\, Z_n \geq 1]
\end{aligned}
$$

und die Formel (5.29) ist verifiziert.

Damit kann die Wahrscheinlichkeit $\mathbf{P}(Z_n \geq 1)$ als

$$\mathbf{P}(Z_n \geq 1) = \frac{\mathbf{E}[Z_n]}{\mathbf{E}[Z_n \,|\, Z_n \geq 1]} \tag{5.30}$$

ausgedrückt werden. Wir wollen uns eine Vorstellung von $\mathbf{P}(Z_n \geq 1)$ verschaffen und müssen dazu sowohl für den Zähler $\mathbf{E}[Z_n]$ als auch für den Nenner $\mathbf{E}[Z_n \,|\, Z_n \geq 1]$ gute Abschätzungen einsetzen.

Aus Formel (5.22) wissen wir bereits, dass $\mathbf{E}[Z_n] = (p\,d)^n$ ist, so dass nur noch $\mathbf{E}[Z_n \,|\, Z_n \geq 1]$ betrachtet werden muss. Dazu zeichnen wir den Baum $\mathbf{T}_d$ wie in Abb. 5.12 bis zur Tiefe n mit der Wurzel nach oben, und suchen ihn von links ab, um einen Weg zu finden, der von der Wurzel zur Tiefe n reicht. Wenn $Z_n \geq 1$ ist, stoßen wir schließlich auf einen solchen Weg γ, der sich von allen Wegen, die von der Wurzel zur Tiefe n reichen, am weitesten links befindet – in der Abb. 5.12 mit einer dickeren Linie gekennzeichnet. Der entscheidende Punkt bei dieser Suche von rechts nach links ist, dass es uns ausreicht γ zu ermitteln, auch wenn uns dann keinerlei Information darüber vorliegt, was rechts von γ geschieht. Dadurch ist die bedingte Verteilung für alle Kanten rechts von γ an dieser Stelle ganz einfach gleich ihrer nicht bedingten Verteilung: Sie sind unabhängig mit der Kantenwahrscheinlichkeit p.

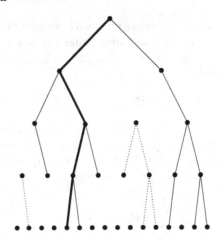

Abb. 5.12. Eine Perkolation auf dem binären Baum $\mathbf{T}_2$ bis zur Tiefe 4. Die durch-gezogenen Kanten sind die offenen und mit der Wurzel zusammenhängenden; von diesen ist der am weitesten links stehende Weg von der Wurzel zur Tiefe 4 dick mar-kiert. Die Kanten, die zum Perkolationsprozess gehören, aber nicht in einer Kompo-nente mit der Wurzel liegen, wurden mit punktierten Linien dargestellt.

Wie viele weitere Knoten können wir in der Tiefe n erwarten, die von ρ aus erreichbar sind, zusätzlich zum Knoten, den wir am Ende des Weges γ erhielten? Diese weiteren Knoten können auf Wegen erreicht werden, die sich rechts von γ in verschiedenen Tiefen verzweigt haben. Für ein m zwischen 0 und $n-1$ haben die Knoten in γ in der Tiefe m rechts von γ höchstens $d-1$ Kinder, und jedes von diesen besitzt in der Tiefe n d^{n-m-1} Nachkommen. Somit gibt es in der Tiefe n rechts von γ höchstens

$$(d-1)\,d^{n-m-1}$$

Knoten, die Nachkommen des Knotens von γ (in der Tiefe m) sind. Jeder von ihnen kann im Perkolationsprozess (von ρ aus) mit der bedingten Wahr-scheinlichkeit p^{n-m} erreicht werden (unter der Bedingung des am weitesten links stehenden Weges γ), so dass der bedingte Erwartungswert, wie viele von ihnen von ρ aus erreichbar sind – und damit zu Z_n beitragen – höchstens

$$(d-1)\,d^{n-m-1}p^{n-m}$$

ist. Summieren wir über m und addieren 1, um den Endknoten von γ zu berücksichtigen, erhalten wir

$\mathbf{E}[Z_n \,|\, \gamma$ befindet sich am weitesten links$] \leq 1 + \sum_{m=0}^{n-1} (d-1)\, d^{n-m-1}\, p^{n-m}$

$$= 1 + \frac{d-1}{d} \sum_{m=0}^{n-1} (p\,d)^{n-m}$$

$$= 1 + \frac{d-1}{d} \sum_{k=1}^{n} (p\,d)^{k}$$

wobei der letzte Schritt aus der Variablensubstitution $k = n-m$ folgt. Beachte, dass diese obere Grenze für den bedingten Erwartungswert von Z_n unabhängig vom aktuellen γ gilt, so dass

$$\mathbf{E}[Z_n \,|\, Z_n \geq 1] \leq 1 + \frac{d-1}{d} \sum_{k=1}^{n} (p\,d)^{k}$$

beträgt. Die allgemeine Formel für die Summe einer geometrischen Reihe (siehe Anhang A) führt auf

$$\sum_{k=1}^{n} (p\,d)^k = \frac{(p\,d)^{n+1} - 1}{p\,d - 1}$$

so dass

$$\mathbf{E}[Z_n \,|\, Z_n \geq 1] \leq 1 + \frac{d-1}{d}\, \frac{(p\,d)^{n+1} - 1}{p\,d - 1}$$

ist. Wir können jetzt (wie geplant) diese Abschätzung in (5.30) einsetzen, was zusammen mit der früher erhaltenen Beziehung $\mathbf{E}[Z_n] = (p\,d)^n$

$$\mathbf{P}(Z_n \geq 1) = \frac{\mathbf{E}[Z_n]}{\mathbf{E}[Z_n \,|\, Z_n \geq 1]}$$

$$\geq \frac{(p\,d)^n}{1 + \frac{d-1}{d}\, \frac{(p\,d)^{n+1}-1}{p\,d-1}} \, . \tag{5.31}$$

ergibt. Die Annahme $p > \frac{1}{d}$ (das ist gerade der superkritische Fall, den wir hier untersuchen) bedeutet, dass $p\,d > 1$ ist. Wenn wir jetzt $n \to \infty$ streben lassen, geht damit die rechte Seite von (5.31) gegen

$$\frac{d\,(p\,d - 1)}{(d-1)\,p\,d} = \frac{p\,d - 1}{p\,d - p},$$

so dass

$$\lim_{n \to \infty} \mathbf{P}(Z_n \geq 1) \geq \frac{p\,d - 1}{p\,d - p}$$

gilt, was streng größer als 0 ist.

Das Ereignis $Y = \infty$, dass die Wurzel zu einer unendlichen zusammen-hängenden Komponente gehört, besitzt deshalb die Wahrscheinlichkeit $\mathbf{P}(Y = \infty)$, für die

$$\mathbf{P}(Y = \infty) = \lim_{n \to \infty} \mathbf{P}(Y \geq n)$$
$$= \lim_{n \to \infty} \mathbf{P}(Z_n \geq 1)$$
$$\geq \frac{p\,d - 1}{p\,d - p} > 0$$

gilt. Jedoch ist $\mathbf{P}(Y = \infty)$ gleich $\theta_{\mathbf{T}_d, \rho}(p)$, so dass wir hiermit gezeigt haben, dass $\theta_{\mathbf{T}_d, \rho}(p) > 0$ ist. Wegen Lemma 5.10 wissen wir somit, dass $\psi_{\mathbf{T}_d}(p) = 1$ ist. Damit ist der superkritische Fall geklärt und der Beweis des Satzes 5.9 (endlich!) abgeschlossen. □

5.5 Die Anzahl der unendlichen Komponenten

Bei unseren Untersuchungen der Perkolationsmodelle haben wir uns in diesem Kapitel bisher darauf konzentriert, die Existenz eines kritischen Schwellenwertes p_c zu beweisen und wenn möglich zu berechnen. Es gibt jedoch noch eine Reihe anderer Fragen, die man für diese Modelle stellen kann, wobei ihre Analyse natürlich in die drei Fälle unterteilt werden muss, die wir zu Beginn des Beweises von Satz 5.9 dargestellt haben.

I. $p < p_c$: der subkritische Fall. Hier gibt es nur endliche zusammenhängende Komponenten, doch man könnte viel zur Verteilung ihrer Größe und Form sagen.

II. $p = p_c$: der kritische Fall. Hierzu können auch „fast-kritische" Situationen gerechnet werden, wenn man $p < p_c$ oder $p > p_c$ setzt und untersucht, was geschieht, wenn sich p immer mehr p_c nähert (von unten oder von oben).

III. $p > p_c$: der superkritische Fall.

Alle drei Fälle haben ihre eigenen charakteristischen Fragestellungen und Phänomene. Der komplizierteste Fall ist der kritische, $p = p_c$, bei dem man sich gerade an der Grenze befindet, ab der sich unendliche Komponenten bilden können. Insbesondere in zweidimensionalen Fall wurden in den letzten Jahren bedeutende Fortschritte gemacht.[39] Dies hier zu diskutieren würde zu weit führen, so dass wir diesen Abschnitt stattdessen dem superkritischen Fall $p > p_c$ widmen.[40]

---

[39]Siehe z. B. Smirnov & Werner (2001), oder, für einen kurzen und völlig unmathematischen Bericht, Häggström (2002c).

[40]Wir werden auf die superkritische Perkolation im Abschnitt 8.6 zurückkommen, wenn wir eine Irrfahrt auf der unendlichen zusammenhängenden Komponente einer Perkolationskonfiguration starten.

Die superkritische Perkolation wird durch die Existenz einer unendlichen zusammenhängenden Komponente charakterisiert. Gibt es jedoch nur eine, oder könnte es mehrere geben? Dies ist die vielleicht wichtigste Frage für superkritische Perkolationen, und für $\mathbf{Z}^d$ wird die Antwort durch den folgenden Satz gegeben.

Satz 5.11. *Für die Kantenperkolation auf dem Gitter* $\mathbf{Z}^d$ *(d* $\geq$ *2) mit* $p > p_c(d)$ *gilt*

$\mathbf{P}$(es gibt *genau* eine unendliche zusammenhängende Komponente) $= 1$.

Mehr als eine unendliche zusammenhängende Komponente wird es also nicht geben.[41] Für $d = 2$ geht dieses Ergebnis bis auf den zuvor genannten klassischen Artikel von Harris (1960) zurück. Für $d \geq 3$ musste man auf das Ergebnis lange warten, bis es endlich durch Aizenman, Kesten & Newman (1987) bewiesen wurde.

Der von Aizenman et al. vorgelegte Beweis war jedoch äußerst kompliziert, und verschiedene Forscher suchten weiterhin nach einem kürzeren und leichter zu durchschauenden Beweis. Einige Jahre nach Aizenman et al. kamen Burton & Keane (1989) mit einem alternativen Beweis, der bedeutend kürzer und sehr elegant ist, und der außerdem auch auf andere Probleme als das ursprüngliche Modell übertragen werden konnte. Ganz folgerichtig wurde das der gebräuchliche Beweis, wie man ihn heute in Vorlesungen zur Perkolationstheorie vorstellt[42], und erst nach längerem Abwägen habe ich mich dafür entschieden, Burtons und Keanes Argumente in diesem Buch *nicht* vorzustellen. Wer noch stärker in die Perkolationstheorie eindringen möchte, dem empfehle ich deshalb – als nächsten Schritt nach dem meinem Buch, – die sorgfältige und gleichzeitig leicht lesbare Präsentation des Burton–Keane-Argumentes in Grimmett (1999).

Stattdessen wollen wir uns ansehen, wie Harris (1960) den Satz 5.11 im zweidimensionalen Fall bewies. Dieser Beweis baut auf der Anwendung des dualen Perkolationsprozesses auf – siehe Abb. 5.9 – auf den wir im Beweis von Lemma 5.6 gestoßen waren.

Obwohl wir am superkritischen Fall $p > \frac{1}{2}$ (wir erinnern uns aus Abschnitt 5.2, dass der kritische Wert für das Gitter $\mathbf{Z}^2$ gleich $\frac{1}{2}$ ist) interessiert

---

[41]Man kann an dieser Stelle hinzufügen, dass der übliche Beweis von Satz 5.11 auch geeignet ist, um die Existenz von *mehr als einer* unendlichen Komponente im kritischen Fall $p = p_c$ auszuschließen. Dieses Resultat wirkt jedoch etwas unnatürlich, da sich ja alle Experten einig sind (auch wenn der Beweis noch aussteht, siehe Abschnitt 5.2), dass für $p = p_c$ *gar keine* unendliche Komponente entsteht.

[42]Diese Kurse werden vor allem für Doktoranden gehalten, obwohl (wie ich in diesem Kapitel zeigen möchte) ein großer Teil dieser Theorie auch mit geringeren mathematischen Kenntnissen verstanden werden kann.

sind, beginnen wir mit der Betrachtung des kritischen Falles $p = \frac{1}{2}$. Harris zeigte (siehe Satz 5.1), dass der gewöhnliche Perkolationsprozess für $p = \frac{1}{2}$ nur endliche zusammenhängende Komponenten besitzt, so dass jede Komponente somit von einer Kontur des duale Prozesses eingeschlossen ist: siehe Abb. 5.10. Wenn man darüber hinaus einen Menge Λ_n nimmt (wie sie in (5.3) definiert wurde) und die Vereinigung aller endlichen zusammenhängenden Komponenten, die Knoten in Λ_n besitzen, so ist auch diese Vereinigung von einer Kontur im dualen Prozess umgeben. Jedes endliche Gebiet von $\mathbf{Z}^2$ ist damit in eine solche Kontur eingeschlossen.

Jetzt wollen wir ein spezielles Detail der Betrachtung von $p = \frac{1}{2}$ ausnutzen, nämlich die so genannte **Selbstdualität**: Der duale Perkolationsprozess besteht aus einem exakt gleichen Gitter wie der ursprüngliche (das duale Gitter ist nur um eine halbe Längeneinheit in x- und y-Richtung verschoben), und besitzt mit $1 - p = \frac{1}{2}$ die gleiche Kantenwahrscheinlichkeit wie der ursprüngliche Prozess. Somit haben der ursprüngliche und der duale Prozess – jeder für sich betrachtet – genau die gleichen Verteilungseigenschaften. Wenn wir jetzt wissen, dass der duale Prozess die Eigenschaft besitzt, um jedes endliche Gebiet Konturen zu enthalten, wissen wir, dass das Gleiche auch für den ursprünglichen Prozess gilt.[43]

Lemma 5.12. *Für die Kantenperkolation auf dem Gitter* $\mathbf{Z}^2$ *mit Kantenwahrscheinlichkeit* $p = \frac{1}{2}$ *gilt mit Wahrscheinlichkeit 1, dass jedes endliche Gebiet von einer Kontur umgeben ist.*

(Mit Kontur ist an dieser Stelle eine Kontur im ursprünglichen Prozess gemeint, nicht im dualen.) Wir wollen jetzt vom kritischen Fall $p = \frac{1}{2}$ zum superkritischen Fall $p > \frac{1}{2}$ übergehen. Im Zusammenhang mit dem Beweis des Lemmas 5.8 in Abschnitt 5.2 sahen wir, wie man Perkolationsprozesse für zwei (oder mehr) Werte der Kantenwahrscheinlichkeit p simultan konstruieren kann, so dass beim Übergang von einer geringeren zu einer größeren Kantenwahrscheinlichkeit nur Kanten geöffnet werden können – jedoch keine Kante geschlossen wird. Wenn man jedoch nur Kanten öffnet und niemals schließt, können auch keine Konturen in Lemma 5.12 verschwinden, und entsprechende Ergebnisse gelten auch für größere Werte von p:

Lemma 5.13. *Für die Kantenperkolation auf dem Gitter* $\mathbf{Z}^2$ *mit* $p > \frac{1}{2}$ *gilt mit Wahrscheinlichkeit 1, dass jedes endliche Gebiet von einer endlichen Kontur umgeben ist.*

---

[43]Betrachten wir den ursprünglichen und den dualen Prozess zusammen bei $p = \frac{1}{2}$, erhalten wir deshalb eine komplizierte unendliche Hierarchie, bei der jede zusammenhängende Komponente des einen Prozesses von einer Kontur des anderen Prozesses umgeben ist, die wiederum von einer Kontur in ersterem Prozess umgeben ist, usw. Deshalb entsteht weder in dem einen noch in dem anderen Prozess eine unendliche zusammenhängende Komponente. Doch sobald man die Balance stört und $p \neq \frac{1}{2}$ setzt, nimmt einer der Prozesse überhand und erzeugt eine unendliche Komponente.

Beweis von Satz 5.11 für $d = 2$: Betrachte die Kantenperkolation auf dem Gitter $\mathbf{Z}^2$ mit $p > \frac{1}{2}$ und zwei beliebige Knoten x_1 und x_2. Nehmen wir an, dass x_1 und x_2 unendlichen zusammenhängenden Komponenten angehören. Dann müssen von beiden Knoten Wege ausgehen, die sich in die Unendlichkeit fortsetzen. Von Lemma 5.13 wissen wir außerdem, dass es irgendwo eine Kontur gibt, die sowohl x_1 als auch x_2 einschließt. Beide unendlichen Wege von x_1 und x_2 müssen diese Kontur passieren. Damit ist es möglich, von x_1 nach x_2 zu gehen, indem man zuerst dem einen Weg von x_1 zur Kontur folgt, seinen Weg dann auf der Kontur forsetzt, bis man den zweiten Weg erreicht, von wo aus man schließlich nach x_2 geht.

Wir können also folgern, dass wenn zwei Knoten x_1 und x_2 unendlichen zusammenhängenden Komponenten angehören, sie dann tatsächlich *der gleichen* unendlichen Komponente angehören. Weil die Knoten x_1 und x_2 beliebig gewählt wurden, gibt es an keiner Stelle von $\mathbf{Z}^2$ Platz für eine weitere unendliche Komponente, womit die Eindeutigkeit der unendlichen Komponente bewiesen ist. $\square$

Wie wir weiter oben angedeutet hatten, kann die Eindeutigkeit der unendlichen Komponente bei superkritischer Perkolation auch für einer Reihe weiterer Gitter und Graphenstrukturen außer dem gewöhnlichen Gitter $\mathbf{Z}^d$ bewiesen werden. Könnte man Satz 5.11 direkt für die Perkolation auf beliebigen Graphen verallgemeinern? Die Antwort auf diesen Frage ist nein, was bereits bei der Betrachtung von Bäumen festgestellt werden kann:

Satz 5.14. *Für die Kantenperkolation auf dem Baum* $\mathbf{T}_d$ *($d \geq 2$) mit einer Kantenwahrscheinlichkeit* p*, die die Ungelichungen* $\frac{1}{d} < p < 1$ *erfüllt, gibt es mit Wahrscheinlichkeit 1 unendlich* viele unendliche zusammenhängende *Komponenten gibt.*

Wir erinnern uns aus Satz 5.9, dass unendliche Komponenten bei der Kantenperkolation auf $\mathbf{T}_d$ dann und nur dann entstehen, wenn $p > \frac{1}{d}$ ist. Der Satz 5.14 besagt deshalb, dass es, sobald es eine unendliche Komponente gibt, dann gibt es unendlich viele. Eine Ausnahme bildet der triviale Fall $p = 1$, für den wir natürlich nur eine unendliche Komponente erhalten.

Um einzusehen, warum 5.14 gilt, betrachten wir die Kantenperkolation auf $\mathbf{T}_d$ mit $\frac{1}{d} < p < 1$. Wir denken uns wie üblich den Baum in der Ebene dargestellt, mit der Wurzel nach oben. Weil $p > \frac{1}{d}$ ist, wissen wir, dass wir mindestens eine unendliche zusammenhängende Komponente erhalten. Andererseits sind wegen $p < 1$ unendlich viele Kanten des Baumes geschlossen worden. Der entscheidende Punkt ist an dieser Stelle, dass unterhalb jeder geschlossenen Kante e eine exakte Kopie des Baumes $\mathbf{T}_d$ liegt, von der wir (wieder mit Hinweis auf Satz 5.14) wissen, dass sie mindestens eine unendliche zusammenhängende Komponente gibt. Da dies für *jede* geschlossene Kante gilt, muss es unendlich viele unendliche zusammenhängende Komponenten geben.

Man kann hinzufügen, dass die Behauptung des Satzes 5.14 auch in erweiterten Bäumen $\mathbf{T}'_d$ gilt, und mit einer etwas ausführlicheren Argumentation können wir zeigen, dass das Gleiche für superkritische Perkolationen auf beliebigen Bäumen gilt (siehe Peres & Steif, 1998).

In einem Artikel mit dem die Phantasie anregenden Titel *Percolation in* $\infty + 1$ *dimensions* (Grimmett & Newman, 1990)[44] wurde die Perkolation auf einem Typ von Graphen untersucht, bei dem die Frage der Anzahl unendlicher zusammenhängender Komponenten eine kompliziertere Antwort erfordert als wir sie für Gitter $\mathbf{Z}^d$ und Bäume erhielten.

Den Graphen, den Grimmett und Newman betrachten, nennt man **das kartesische Produkt**[45] von $\mathbf{T}'_d$ ($d \geq 2$) und dem Gitter $\mathbf{Z}^1$; er wird mit $\mathbf{T}'_d \times \mathbf{Z}$ bezeichnet.[46] Um verständlich zu machen, wie dieser Graph beschaffen ist (der sich schwerlich in einer Abbildung darstellen lässt) wollen wir zunächst erklären, wie man das kubische Gitter $\mathbf{Z}^3$ als kartesisches Produkt konstruieren kann.

Wir stellen uns vor, dass wir das quadratische Gitter $\mathbf{Z}^2$ auf Papier aufgemalt und davon unendlich viele Kopien erzeugt haben, die als unendliches Bündel (nach oben und nach unten) so zusammengefasst sind, dass jeder Knoten einer Kopie exakt unter einem Knoten der direkt darüber liegenden Kopie liegt (und exakt über einem Knoten der direkt darunter liegenden Kopie). Wenn wir jetzt einen Graphen bilden, indem wir vertikale Kanten zwischen den übereinander liegenden Knoten der unendlich vielen Gitter $\mathbf{Z}^2$ des Bündels zusammenfügen, erhalten wir das kartesische Produkt $\mathbf{Z}^2 \times \mathbf{Z}$ – welches identisch zum kubischen Gitter $\mathbf{Z}^3$ ist.

Den Graphen $\mathbf{T}'_d \times \mathbf{Z}$ erhält man auf entsprechende Weise; der einzige Unterschied ist, dass wir auf dem Papier die Kopien des Baumes $\mathbf{T}'_d$ statt des Gitters $\mathbf{Z}^2$ haben.[47]

---

[44]Direkt nach seinem Erscheinen wurde er nur wenig beachtet, doch etwa um die Jahrtausendwende erkannte man seine Bedeutung.

[45]Die allgemeine Definition des kartesischen Produkts $G \times H$ zweier Graphen G und H lautet wie folgt: Die Knotenmenge von $G \times H$ besteht aus allen Paaren (u, v), bei denen u der Knotenmenge von G und v der von H angehört. Zwei Knoten (u_1, v_1) und (u_2, v_2) in $G \times H$ werden dann (und nur dann) mit einer Kante verbunden, wenn entweder (a) $u_1 = u_2$ und v_1 ist Nachbar von v_2 in H, oder (b) $v_1 = v_2$ und u_1 ist Nachbar von u_2 in G.

[46]Sie wählten deshalb lieber den erweiterten Baum $\mathbf{T}'_d$ statt $\mathbf{T}_d$, damit der resultierende Graph $\mathbf{T}'_d \times \mathbf{Z}$ homogen ist (d. h. von jedem Knoten des Graphen aus gleich aussieht). Damit kann man einige Argumente etwas leichter handhaben, doch alle Ergebnisse, die weiter unten diskutiert werden, gelten genauso für $\mathbf{T}_d \times \mathbf{Z}$.

[47]In der Perkolationstheorie und der mathematischen Physik fasst man manchmal Bäume als Approximationen des Gitters $\mathbf{Z}^d$ auf, wenn die Dimension d gegen ∞ geht; dies ist der Grund für den Titel des Artikels von Grimmett und Newman.

Dass dieser Graph einen kritischen Wert p_c besitzt, der zwischen 0 und 1 liegt, kann man mit Hilfe recht einfacher Modifikationen der Ideen zeigen, die wir für das Gitter $\mathbf{Z}^d$ im Abschnitt 5.2 verwendet hatten. Grimmett und Newman befassten sich vor allem mit dem superkritischen Fall $p > p_c$ und untersuchten, und wie viele unendliche zusammenhängende Komponenten man in diesem Fall erhält. Sie fanden, dass die Antwort – im Unterschied zum Gitter $\mathbf{Z}^d$ und zu den Bäumen – nicht für alle p gleich ist. Für jedes *feste* p kann man zeigen,[48] dass die Anzahl der unendlichen zusammenhängenden Komponenten mit Wahrscheinlichkeit 1 eine Konstante N_p ist, d. h., dass es keine Möglichkeit für zufällige Unterschiede dieser Anzahl gibt. Grimmett und Newman zeigten, dass man außer dem kritischen Wert p_c auch noch Zahlen p_1 und p_2 finden kann, so dass $p_c < p_1 < p_2 < 1$ ist und

$$N_p = \begin{cases} 0 & \text{für } p < p_c \\ \infty & \text{für } p_c < p < p_1 \\ 1 & \text{für } p_2 < p \end{cases} \tag{5.32}$$

gilt. Die Anzahl der unendlichen Komponenten für die superkritische Kantenperkolation auf $\mathbf{T}'_d \times \mathbf{Z}$ wird für p knapp oberhalb von p_c gleich ∞, während die Anzahl gleich 1 wird, wenn p hinreichend nahe 1 liegt.

In der Gleichung (5.32) ist die Zeile mit p im Intervall zwischen p_1 und p_2 absichtlich ausgelassen, weil Grimmett und Newman nicht entscheiden konnten, wie groß N_p wird. Sie wussten, dass N_p für jedes gegebene $p > p_c$ entweder 1 oder ∞ sein muss,[49] und deshalb lag es nahe zu vermuten, dass p_1 und p_2 zu einem einzigen kritischen Wert p_u (u wie in „unique") vereinigt werden könnten, so dass das Modell genau zwei kritische Werte entsprechend

$$N_p = \begin{cases} 0 & \text{für } p < p_c \\ \infty & \text{für } p_c < p < p_u \\ 1 & \text{für } p_u < p \end{cases} \tag{5.33}$$

besitzt. Was in Grimmetts und Newmans Untersuchungen fehlte, um (5.33) beweisen zu können, war, dass man ausschließen konnte, dass N_p für wachsendes p im Intervall zwischen p_1 und p_2 einige Male zwischen den Werten

---

[48]Dies kann man mit allgemeinen Argumenten tun, die mit Kolmogorows 0-1-Gesetz zusammenhängen, das wir im Beweis von Lemma 5.7 verwendet hatten.

[49]Eine Alternative könnte sein, dass N_p eine positive ganze Zahl größer oder gleich 2 wäre. Doch damit würde man schnell einen Widerspruch erzeugen, dass N_p keine Konstante ist: Wenn man nur endlich viele unendliche Komponenten erhält, wäre es leicht möglich, dass sich zwei oder mehrere von ihnen durch eine einzige Kante verbunden werden könnten sich die Anzahl der unendlichen Komponenten dadurch verringert. (Dieses Argument ist hier etwas vereinfacht dargestellt, doch man kann es durch eine in der Perkolationstheorie üblicherweise verwendete Technik, die so genannte **lokale Modifikation** mathematisch exakt formulieren, siehe z. B. Häggström (2003) für eine sorgfältige Beschreibung.)

∞ und 1 hin und her springen könnte. Dies wäre eine ziemlich merkwürdiges Verhalten, doch um dies ausschließen zu können, muss man die so genannte **Eindeutigkeitsmonotonie** beweisen, nämlich dass gilt:

Wenn $N_{p_1} = 1$ und $p_2 > p_1$ ist, dann muss auch N_{p_2} gleich 1 sein.   (5.34)

Mit anderen Worten: Wenn man nur eine einzige zusammenhängende Komponente bei einem gewissen p erhält, muss dies auch dann gelten, wenn p wächst. Wenn man die oben zitierten Ergebnisse von Grimmett und Newman mit (5.34) verbindet, so folgt (5.33) – oder etwa nicht? Es waren schließlich der israelische Mathematiker Yuval Peres und ich in einem gemeinsamen Artikel (Peres & Häggström, 1999), denen es (für eine allgemeinere Klasse von Graphen) gelang, die erforderliche Monotonie (5.34) zu beweisen und damit zu zeigen, dass sich N_p als Funktion von p wie in (5.33) verhält.

In unserem Beweis nutzten Peres und ich die gleiche Art der simultanen Konstruktion der Perkolationsprozesse mit verschiedenen Kantenwahrscheinlichkeiten aus, die wir im Anschluss an den Beweis von Lemma 5.8 verwendet hatten, dass eine Vergrößerung von p immer zu einem Öffnen, doch nie zu einem Schließen von Kanten führt. Unser Beweis wurde jedoch weit komplizierter (leider viel zu komplex um ihn hier vorstellen zu können) als der von Lemma 5.8, was damit zusammen hängt, dass das Hinzufügen von Kanten zu einer Perkolationskonfiguration im Prinzip sowohl in einer Vergrößerung als auch zu einer Verringerung der Anzahl zusammenhängender Komponenten führen kann: Eine Vergrößerung, indem unendlich viele *endliche* Komponenten zu einer neuen *unendlichen* Komponente zusammengeführt werden, und eine Verringerung, indem mehrere unendliche Komponenten miteinander verbunden werden und dadurch die Gesamtzahl unendlicher Komponenten sinkt. Eine der Hauptideen in unserer Beweisführung ist, dass sobald für einen gewissen Wert p eine einzige unendliche zusammenhängende Komponente entstanden ist, dann ist sie (mit Wahrscheinlichkeit 1) hinreichend „allgegenwärtig", so dass bei einer Vergrößerung von p jeder Kandidat für eine neue unendliche Komponente unmittelbar von der ursprünglichen absorbiert wird.

Zum Schluss eine persönliche Anmerkung: Die dargestellte Zusammenarbeit mit Yuval Peres werte ich als eine meiner wichtigsten Forschungsarbeiten, vor allem weil unsere Ideen schnell eine Schlüsselrolle für eine Reihe weiterer Perkolationsuntersuchungen[50] spielten. (Nur zu oft hatte ich wissenschaftliche Artikel veröffentlicht, die nur geringe oder auch keine erkennbare Auswirkung auf die weitere Forschung hatten.)

---

[50]Sowohl für meine eigenen und die von anderen, siehe z. B. Lyons & Schramm (1999) und Häggström (2003).

6

Die Welt ist klein

Wir befinden uns an Bord eines fast voll besetzten Inlandsfluges, der gerade in Stockholm-Bromma gestartet ist. Zwei Männer mittleren Alters, die sich nicht kennen, sitzen nebeneinander. Nach den ersten allgemeinen Gesprächsthemen, wie das Regenwetter und die geringe Verspätung des Abfluges, kommen sie näher ins Gespräch:

„Sagten Sie VLT[1] ... Kennen Sie jemanden von der Redaktion?"

„Zur Redaktion selbst habe ich keinen Kontakt, ich kenne jedoch einige der Redakteure."

„Dort gibt es einen Reporter, der Johan Kretz heißt."

„Johan Kretz! Den kenne ich gut – wir haben öfters zusammen Golf gespielt! Kennen Sie ihn?"

„Welch ein Zufall! Er ist einer meiner besten Freunde aus meiner Studentenzeit in Göteborg. Die Welt ist klein!"

Die meisten Leserinnen und Leser kennen diese Situation sicherlich. Viele von uns haben sich irgendwann schon darüber gewundert, welche unerwarteten Verbindungen man zu neuen Bekannten feststellt. In diesem Kapitel werden wir sehen, wie Forscher unterschiedlicher Disziplinen versucht haben, dieses sogenannte *kleine Welt*-Phänomen zu untersuchen und wahrscheinlichkeitstheoretisch zu modellieren.

6.1 Soziale Netzwerke und Milgrams Briefketten

Einer, der bereits in den 60er Jahren des letzten Jahrhunderts über die Kleinheit der Welt nachdachte, war der amerikanische Sozialpsychologe Stanley Milgram. Er fragte sich, wie lang eine Kette von gemeinsamen Bekannten sein muss, um zwei zufällig ausgewählte Personen miteinander zu verbinden.

---

[1]Vestmanlands Läns Tidning ist eine Zeitung in Västmanland, einer schwedischen Provinz im Nordosten von Stockholm (Anm. d. Übers.).

Wenn diese Personen einander kennen, sei die Länge der Kette 1. Wenn sie sich nicht kennen, jedoch mindestens einen gemeinsamen Bekannten besitzen, sei die Länge der Kette zwei. Haben sie keinen gemeinsamen Bekannten, jedoch Bekannte, die sich kennen, besitzt die Kette die Länge 3, und so weiter. Milgram publizierte 1967 das Ergebnis eines genialen Experimentes[2], mit dem diese Frage beantwortet werden sollte.[3] Die Ergebnisse dieses Experiments führten zur weit verbreiteten Vorstellung, dass alle Menschen durch sehr kurze Ketten miteinander verbunden sind – oft wird angegeben, dass die Kettenlänge nicht größer als sechs sei. Zwar wurden die Ergebnisse des Milgramschen Experiments oft übertrieben dargestellt, doch auch ohne diese Übertreibungen sind sie überzeugend:

96 zufällig ausgewählten Personen – hier Startpersonen genannt – der Stadt Omaha im Mittleren Westen der USA gab Milgram den Namen eines

---

[2]Milgram (1967).

[3]Milgram hat als geschickter Experimentator allerdings nicht durch dieses Ergebnis seine größte Berühmtheit erlangt. In seiner bekanntesten und am meisten diskutierten Studie – auch in den 60er Jahren durchgeführt – wurden die Versuchspersonen zu Lehrer-Schüler-Paaren zusammengestellt. Beiden Versuchsteilnehmern wurde als Ziel der Studie mitgeteilt, dass die Wirkung von Bestrafungen auf das Lernen untersucht werden soll. Der sogenannte „Lehrer" sollte sinnlose Wörterreihen vorlesen, die der „Schüler" wiederholen musste. Jedesmal, wenn er einen Fehler machte, sollte der „Lehrer" dem „Schüler" per Knopfdruck einen Elektroschock geben. Die Stärke der Elektroschocks erhöhte sich nach und nach.

Allerdings waren die Elektroschocks nur gespielt. Die eigentliche Versuchsperson war der „Lehrer". Das Ziel war herauszufinden, wie lange er bereit ist, den Anweisungen des Versuchsleiters zu folgen. Der „Schüler", der vom eigentlichen Ziel in Kenntnis gesetzt wurde, erhielt keine Stromstöße; er täuschte sie jedoch perfekt vor. Die meisten der „Lehrer" drückten ein großes Unbehagen und einen starken Widerwillen dagegen aus, immer stärkere Stromstöße austeilen zu müssen. Durch die Ermahnungen des autoritären Versuchsleiters und seine Hinweise, wie wichtig es sei, das Experiment wie geplant durchzuführen, gingen mehr als 60% der „Lehrer" bis zum höchsten Level, das mit „GEFAHR – LEBENSGEFÄHRLICHE STROMSCHLÄGE" bezeichnet war. Dieses beunruhigende Ergebnis, das den Hang „normaler" Menschen zum Gehorsam gegenüber Autoritäten zeigt, lässt uns einige der dunkelsten Ereignisse des 20. Jahrhunderts verstehen; hoffentlich kann es dazu beitragen, derartige Katastrophen in Zukunft zu verhindern.

Diese Art der Zusammenarbeit steht im Gegensatz zur Diskussion im Abschnitt 3.3, wo der Begriff der *Zusammenarbeit* als etwas insgesamt gutes und wünschenswertes erscheint – während wir hier sehen, dass ein allzu großer Wille einer Bevölkerung zur Zusammenarbeit sehr gefährlich sein kann. Milgrams Versuch führte zu einer lebhaften Debatte über Forschungsethik: Man kann sich leicht vorstellen, wie schlecht sich die „Lehrer" nach dem Versuch fühlten; und das auch noch, nachdem ihnen das wahre Experiment offengelegt wurde.

Ich erfuhr von diesem bedeutenden Versuch durch die schwedische Ausgabe des Buches von Koestler (1978), das eine teilweise brillante (doch an manchen Stellen ziemlich verwirrende) Betrachtung über die Situation der Menschen und der Menschlichkeit liefert. Eine aktuellere Referenz ist Myers (1998).

Börsenmaklers – hier Zielperson genannt – der in Boston arbeiten sollte, sowie einen Brief mit der Bitte, ihn zur Zielperson weiterzuleiten. Als Regel wurde vorgegeben, dass die Versuchsteilnehmer den Brief direkt an die Zielperson schicken, wenn sie mit ihr persönlich bekannt sind. Anderenfalls sollten sie den Brief zu einem ihrer Bekannten schicken, von dem sie vermuteten, dass er die größte Chance besitzt, den Brief zur Zielperson weiterzuleiten. Wer z. B. jemanden in der Finanzbranche kannte, oder jemanden, der in Boston wohnte, war gut beraten, den Brief an denjenigen zu schicken. Der Empfänger des Briefes war vor die gleiche Aufgabe gestellt, usw. Der Brief enthielt eine Liste, in die Absender und Empfänger eingetragen wurden. Milgram wollte dadurch herausfinden, ob der Brief die Zielperson erreichte, und wenn ja, nach wie vielen Schritten.

Im Ergebnis dieses Experiments erreichten 18 der 96 Briefe die Zielperson und keine dieser 18 Briefketten benötigte dazu mehr als 11 Schritte; der Median war 8.

Dieses Ergebnis ist bemerkenswert. Aus der Existenz einer Briefkette der Länge K zwischen einer Startperson und der Zielperson folgt, dass die kürzeste Bekanntschaftskette zwischen diesen Personen höchstens die Länge K hat (sie kann jedoch auch kürzer sein, da die Briefkette nicht notwendigerweise den kürzesten, optimalen Weg finden muss). In diesem Experiment sieht es so aus, als ob der Börsenmakler in Boston kurze Bekanntschaftsketten von weniger als einem Dutzend Schritte zu einem beträchtlichen Anteil (vermutlich mehr als 15%) aller Einwohner Omahas in Nebraska besitzt. Und weil das verschlafene Omaha soziologisch gesehen sehr weit von Boston entfernt ist, kann man sich gut vorstellen, dass er ähnlich kurze Bekanntschaftsketten zu mindestens 15% der Bevölkerung der gesamten USA besitzt!

Vielleicht könnte man sich heute fragen, wie dieses Ergebnis möglich ist. Zur Zeit der Untersuchung entsprachen diese 15 Prozent rund 30 Millionen Einwohnern, und kein Mensch hat auch nur annähernd einen so großen Bekanntenkreis. Das ist zwar richtig, wenn wir jedoch auch die Bekannten der Bekannten, und die Bekannten der Bekannten der Bekannten usw. berücksichtigen, vergrößert sich die Menge der erreichbaren Personen sehr schnell. Nehmen wir an, dass die Zielperson 1000 Bekannte besitzt.[4] Wenn diese ihrerseits wieder 1000 Bekannte haben, besitzt die Zielpersonen bereits eine Million Bekannte der Bekannten. Gehen wir noch einen Schritt weiter, sind es bereits ein Milliarde Bekannte der Bekannten der Bekannten. Das heisst, wir würden bereits mehrfach die Bevölkerung der USA abdecken und wären auf gutem Wege, die ganze Welt zu erobern! Mit Sicherheit ist das eine deutliche Überschätzung der tatsächlichen Zahlen, weil die Bekannten einer Person oft

---

[4]1000 könnte zunächst als unrealistisch hohe Abschätzung empfunden werden, bei genauer Betrachtung ist diese Größenordnung für viele Menschen realistisch.

Zähle selbst alle Deine Freunde und Bekannte. Ich bin sicher, Du wirst überrascht sein, wie viele es sind. Vergiss dabei nicht Deine Familie, Verwandte, Arbeitskollegen, alte Schulfreunde, Nachbarn (sowohl in der jetzigen Nachbarschaft als auch dort, wo Du früher gewohnt hast), Bekannte aus Vereinen usw.

auch untereinander bekannt sind und außerdem viele gemeinsame Bekannte
haben können. Das heisst, die meisten Personen des Bekanntenkreises können
über viele unterschiedliche, kurze Bekanntschaftsketten erreicht werden, von
denen die Mehrzahl der Bekanntschaftsketten im Prinzip überflüssig ist, um
eine konkrete Person zu erreichen. Trotzdem kann davon ausgegangen werden,
dass eine Person Millionen Zielpersonen über ziemlich kurze Ketten erreichen
kann.

Es wäre interessant, ein Bild der sozialen Bekanntschaftsstrukturen der
gesamten USA (oder Schwedens, oder der gesamten Welt) zu zeichnen. Um
die soziale Struktur geeignet darzustellen, kann man **Soziogramme** verwenden. Soziogramme sind Graphen, deren Knoten Personen und deren Kanten
irgendeine Form von Bekanntschaft repräsentieren. In Lehrbüchern zur Sozial-
physiologie findet man üblicherweise Soziogramme, die die Freundschaften innerhalb einer Schulklasse darstellen. Abb. 6.1 zeigt ein einfaches Beispiel.[5]

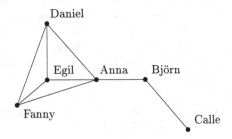

Abb. 6.1. Anna und Björn aus Abschnitt 3.3 können endlich ihre Bekanntschaften
offen legen. Sie treffen sich bei Anna mit Björns Bruder Calle und Annas Arbeitskollegen Daniel, Egil und Fanny zum Abendessen. Das Soziogramm stellt dar, welche
der Teilnehmer sich bereits vor diesem Treffen kannten.

Inspiriert durch Milgrams Analysen würden wir natürlich am liebsten das
riesige Soziogramm der gesamten Weltbevölkerung mit allen persönlichen Bekanntschaften untersuchen.[6] In einem solchen Soziogramm könnte man (mit

---

[5]Ein komplexeres Beispiel wurde kürzlich anhand der Freundschaften von Schülern in einer amerikanischen Schule vorgestellt (Bearman (2004)). Das Soziogramm
findet man im Internet unter http://researchnews.osu.edu/archive/chainspix.htm.
Besonders interessant war dabei, dass neben den erwarteten kleineren Ketten ein
288 Schüler umfassender Ring sichtbar wurde – doch wie in den folgenden Abschnitten gezeigt wird, ist diese Struktur nicht ungewöhnlich (Anm. d. Übers.).

[6]Wer nicht glaubt, dass dass die Motivation einer solchen Untersuchung einfach
„intellektuelle Neugier" sein kann, dem möchte ich verschiedene denkbare Anwendungen dieser Ergebnisse nennen: Die Kenntnis der sozialen Strukturen kann uns

etwas Mühe) ablesen, wie lang die kürzeste Bekanntschaftskette z. B. zwischen Carolina Klüft und George W. Bush ist – nennen wir diese Länge den **Abstand** zwischen Klüft und Bush – oder zwischen zwei beliebigen anderen Personen. Es wäre sehr interessant, die Verteilung des Abstandes zweier auf gut Glück ausgewählter Personen zu bestimmen.

Allerdings erscheint es vollkommen unmöglich, die Daten für ein solches Soziogramm zu erheben. Es ist deshalb realistischer, durch mathematische Modellierung der entsprechenden Strukturen eine ungefähre Vorstellung von den Eigenschaften dieses Soziogramms zu erhalten. Das Hauptziel des aktuellen Kapitels ist es deshalb, einige denkbare Modelle zu diskutieren. Zuvor sehen wir uns jedoch einige der Milgramschen Untersuchungen genauer an.

Seit Milgram Ende der 60er des vergangenen Jahrhunderts die Ergebnisse seiner Experimente mit den Briefketten vorgestellt hat, wurde die Auffassung, dass alle Menschen durch Bekanntschaftsketten höchstens der Länge 6 miteinander verbunden sind, ein Teil des intellektuellen Allgemeingutes. Gibt es jedoch einen empirischen Beleg für diese Auffassung? Die amerikanische Psychologin Judith Kleinfeld untersuchte diese Behauptung näher[7], und fand einige Fragezeichen in Bezug auf das *kleine Welt*-Phänomen. Ihre Hauptkritikpunkte an Milgrams Studie – und der unkritischen Weise, wie diese Ergebnisse weiter verbreitet wurden – können wie folgt zusammengefasst werden.

1. Neben der Gruppe der 96 zufällig ausgewählten Einwohner von Omaha umfasste Milgrams Versuch auch noch einige hundert weitere Startpersonen. Die eine Hälfte von ihnen waren Einwohner aus Boston und die andere Aktieninvestoren aus Omaha. Von diesen beiden Gruppen könnte man natürlich erwarten, dass sie den Weg zum Börsenmakler in Boston bedeutend schneller finden, im Vergleich zum typischen Amerikaner. Trotzdem ist die Zahl 6 – der am meisten zitierte Abstand zwischen zwei beliebigen Amerikanern – aus dem Median der Länge der Briefketten hervorgegangen, wenn man alle drei Gruppen zusammen betrachtet (und sich auf die Briefketten beschränkt, die die Zielperson erreicht haben). Die Zahl 8 wäre angemessener gewesen, weil sie dem Median der (zum Ziel führenden) Briefketten der ersten Gruppe entspricht.
2. Auch die erste Gruppe der 96 „zufällig" ausgewählten Einwohner von Omaha kann nicht als repräsentativ angesehen werden. Ihre Namen wurden einer kommerziellen Adressliste entnommen, die vermutlich einen überpro-

---

z. B. helfen zu verstehen, wie ansteckende Krankheiten wie HIV, Ebola oder SARS verbreitet werden und wie sie eingedämmt werden können. Auch in Marketing- und PR-Abteilungen interessiert man sich in den letzten Jahren verstärkt dafür, wie sich Ideen in sozialen Netzwerken verbreiten. In Watts (2003) ist eine umfassende Diskussion dieser und anderer Anwendungen zu finden.

[7]Kleinfeld (2002).

portional hohen Anteil von „Besserverdienenden" enthielt. Personen dieser Kategorie werden auf Grund ihrer Kontakte den Weg zum Börsenmakler in Boston sicherlich leichter finden.

3. Selbst wenn wir die 96 Einwohner von Omaha als repräsentative Gruppe akzeptieren, bleibt das Problem bestehen, dass die Mehrheit der Briefketten – 78 von 96 – ihr Ziel überhaupt nicht erreichte. Eine solche Studie als Beleg für die Behauptung zu verwenden, dass *alle* Amerikaner eher durch kürzere Bekanntschaftsketten verbunden sind, erscheint etwas voreilig.

Die Untersuchung von Kleinfeld umfasste auch eine Literaturrecherche, inwieweit andere Studien zur Bestätigung der Behauptungen von Milgram durchgeführt wurden. Das Ergebnis war niederschmetternd: Im Zeitraum 1967–2002 konnte Kleinfeld nur eine Handvoll solcher Studien finden, wobei in allen Studien nur ein geringer Anteil der begonnenen Briefketten abgeschlossen werden konnte; manche Studien wiesen auch methodische Mängel auf.[8]

Es scheint so, als könnte man aus Kleinfelds Untersuchungen folgern, dass entweder

(a) die Welt klein ist und Milgrams Ergebnisse (zumindest prinzipiell) richtig sind, doch bisher empirisch nicht hinreichend belegt werden konnten, oder

(b) die Welt eben nicht so klein ist, wie man bisher annahm.

Kleinfeld geht mit ihrer Kritik so weit zu behaupten, dass die Wahrheit trotz allem bei (b) liegt und zwei beliebig ausgewählte Amerikaner somit nicht durch eine kurze Bekanntschaftskette verbunden sind. Als Argument für diese Auffassung führt sie die hohen Klassen- und Rassenbarrieren der amerikanischen Gesellschaft an, und stellt sich vor, dass das riesige Soziogramm aller Amerikaner aus einer relativ großen zusammenhängenden Komponente hochausgebildeter weißer Mittelklasseamerikaner besteht, es andererseits jedoch eine Reihe kleinerer Gruppierungen gibt, die weniger gut situierte Bevölkerungsgruppen beinhalten und deshalb eine geringe Anzahl von Verbindungen zur großen Klasse besitzen. Die weiße Mittelklasse, so Kleinfeld, lebt in Übereinstimmung mit der Milgramschen These in einer kleinen Welt, daneben gibt es jedoch große Menschengruppen, die daran nicht beteiligt sind.

---

[8] Als ich diesen Text im Herbst 2003 schrieb, wurde eine kurz zuvor publizierte Studie gerade heiß diskutiert – siehe Dodds et al. (2003) und Granovetter (2003). Sie stellt den bisher größten Versuch dar, Milgrams Schlussfolgerungen zu bestätigen. Diese globale Studie verwendete die e-mail als Kommunikationsmittel; die Startpersonen wurden durch Annoncen im Internet rekrutiert. Die Länge der abgeschlossenen Ketten lag größtenteils um 3–5, doch der Anteil dieser abgeschlossenen Ketten blieb gering: Nur 384 von 24 163 Ketten erreichten ihre Zielpersonen. Dieser geringe Anteil kann vielleicht auch durch die heutige Verhalten der E-mail-Anwender erklärt werden, die es gewohnt sind, ankommende E-mails, um die sie nicht gebeten hatten, meist als „Spam" zu betrachten und sofort wegzuwerfen. Damit könnte man auch erklären, warum die Ketten, die trotz allem ihr Ziel erreichten, so *extrem* kurz waren – je länger eine (potentielle) Kette ist, desto größer ist das Risiko, dass jemand sie bricht.

Ich selbst bin nur teilweise bereit, Kleinfelds Argumente zu übernehmen. Es ist sicher glaubhaft, dass arme Afroamerikaner tendenziell weniger Verbindungen zur hochausgebildeten Mittelklasse im großen Soziogramm besitzen, also weniger „gut vernetzt" sind. Allerdings glaube ich nicht, dass die amerikanische Gesellschaft so stark segmentiert ist, dass ein typischer Repräsentant nicht doch *irgendeinen* Weißen kennt – oder im schlimmsten Fall jemanden kennt, der einen Weißen kennt (z. B. über seine Kinder; selbst wenn das amerikanische Schulsystem durch eine starke Rassentrennung gekennzeichnet ist, völlig hermetisch ist es jedoch nicht). Somit besitzt auch der „arme Afroamerikaner" Verbindungen zu einem Weißen, und in gleicher Weise reichen einige wenige Schritte aus, um zu einem Repräsentanten der weißen Mittelklasse zu gelangen. Das heisst, für den Preis einiger zusätzlicher Schritte kann man die gut vernetzte Komponente erreichen.

Eine ähnliche Überlegung spricht dafür, dass der geringe Anteil abgeschlossener Ketten bei Milgram kein starkes Argument dagegen ist, dass die Welt klein ist. Wenn wir Milgrams Ergebnis glauben, dass mehr als 15% der Bevölkerung weniger als 11 Schritte von der Zielperson entfernt sind, dann folgt im Wesentlichen, dass jeder in Omaha höchstens etwa 13 Schritte von dieser Zielperson entfernt ist; denn jeder Einwohner wird sicherlich eine Person dieser 15% kennen – oder zumindest einen Bekannten haben, der einen Bekannten unter den 15% besitzt.

Meiner Meinung nach könnten die Einwände von Kleinfeld als Argumente dafür gelten, dass die typischen Bekanntschaftsketten einige wenige Schritte länger sind als man früher glaubte; doch insgesamt würde die Anzahl der notwendigen Schritte trotzdem nicht größer als 15 werden. Außerdem kann man von Briefketten gewöhnlich nicht erwarten, dass sie optimal sind (d. h. den kürzesten Weg zur Zielperson finden), so dass der tatsächliche Abstand in der Regel überschätzt wird. Deshalb ist der typische Abstand zwischen zwei beliebig gewählten Amerikanern im Soziogramm voraussichtlich kleiner als 15. Offen bleibt, ob der Median einen Wert von 5, 6, 8 oder 12 (oder eine andere ziemlich kleine Zahl) annimmt.

Wenn wir die Fragestellung, die bisher auf Amerika bezogen wurd, auf die gesamte Welt erweitern, wird der typische Abstand zweier beliebig gewählter Personen sicher noch etwas größer. Aus den bisher bereits diskutierten Gründen, wird er jedoch nicht wesentlich größer sein: praktisch kann man überall auf der Welt eine Person auf gut Glück auswählen – und sie wird entweder einen Bekannten in den USA haben oder jemanden kennen, der entweder selbst in den USA war oder auf andere Weise einen Amerikaner getroffen hat.

Auch wenn die empirischen Untersuchungen von Milgram und anderen mit gewissen Mängeln behaftet sind und die Zahl 6 möglicherweise falsch ist, kann doch kein Zweifel daran bestehen, dass wir in einer kleinen Welt leben.[9]

---

[9]Wenn wir davon sprechen, dass die Welt klein ist, müssen wir vielleicht einzelne Menschen ausnehmen, die aus dem einen oder anderen Grund überhaupt keine

◇ ◇ ◇ ◇

Zu Beginn des Kapitels hatten wir bereits festgestellt, dass man das Soziogramm der Bekanntschaften der gesamten Weltbevölkerung nicht im Detail darstellen kann. In den Abschnitten 6.3–6.5 werden wir uns mit einigen Versuchen beschäftigen, mathematische Modelle zu definieren, die wichtige Aspekte des wirklichen Soziogramms beinhalten. Zuvor wollen wir im Abschnitt 6.2 ein anderes Soziogramm kennenlernen, das trotz seiner Größe (doch es ist nicht ganz so groß wie das Soziogramm der gesamten Weltbevölkerung) für detaillierte Studien geeignet ist.

6.2 Die Erdőszahl

Bei Empfängen und ähnlichen sozialen Veranstaltungen auf Mathematikkonferenzen[10] hört man oft die Frage: „Welche Erdőszahl hast Du?".

Die Erdőszahl eines Mathematikers zeigt seinen Abstand zum ungarischen Mathematikern und Kosmopoliten Paul Erdős (1913–1996) in einem speziellen Soziogramm an, bei dem die Knoten alle Forscher darstellen, die irgendwann eine mathematische Arbeit veröffentlicht haben, und zwei Knoten nur dann durch eine Kante verbunden werden, wenn die beiden Mathematiker einmal eine gemeinsame Arbeit veröffentlicht haben. Die Erdőszahl 1 besitzt derjenige, der eine gemeinsame Publikation mit Paul Erdős vorweisen kann. Die Erdőszahl 2 hat jemand, der zwar nicht mit Erdős selbst, jedoch mit jemanden mit der Erdőszahl 1 eine Arbeit veröffentlicht hat, usw. Die Erdőszahl 0 hat (hatte) nur Erdős selbst.[11]

Paul Erdős war eine in vieler Hinsicht bemerkenswerte Person.[12] Er war einer der bedeutendsten Mathematiker des 20. Jahrhunderts, der eine große Anzahl wichtiger Beiträge zur Kombinatorik, Graphentheorie, Zahlentheorie, Wahrscheinlichkeitstheorie und anderen Zweigen der Mathematik geliefert hat. Er war nie fest angestellt, sondern ständig auf Reisen. Er konnte Dank der Gastfreundschaft seiner Gastgeber überleben; es wurde sogar behauptet, dass er rastlos wurde, wenn er einmal mehr als zwei Wochen in der gleichen Stadt oder sogar nur im selben Land verbrachte. Das einzige Eigentum, das

---

persönlichen Bekannten haben. Dass es diese Menschen gibt, ist jedoch kein ernster Einwand gegen das *kleine Welt*-Phänomen als solches.

[10]Glaub es oder nicht, doch selbst Mathematiker schätzen es ab und zu, sozial aufzutreten.

[11]Eine ähnliche Größe ist in der Filmwelt populär, wo Erdős' Rolle durch den Schauspieler Kevin Bacon eingenommen wird und zwei Schauspieler im Soziogramm eine gemeinsame Kante besitzen, wenn sie zusammen in einem Film gespielt haben. Siehe die Internetseite von Tjaden & Wasson (2003).

[12]Es wurden über ihn mehrere Biografien geschrieben, wobei Hoffman (1998) ein Bestseller wurde.

ihm wichtig war, waren seine mathematischen Notizbücher, die er ständig bei sich trug.

Es gibt viele Anekdoten über ihn. Mit 21 Jahren war er – der mit seiner Mutter (der er sehr verbunden war und blieb) und einer Hausangestellten aufgewachsen war – das erste mal vor die Aufgabe gestellt, sich selbst eine Scheibe Brot zu schmieren. Er erzählte selbst gern von diesem Ereignis:

> Ich erinnere mich sehr gut. Ich war gerade in England angekommen, um dort zu studieren. Es war Kaffeezeit, und es wurde Brot gereicht. Ich schämte mich dafür einzugestehen, dass ich mir niemals ein Butterbrot gemacht hatte, so dass ich einen Versuch wagte. Das war gar nicht so schwer.[13]

Erdős veröffentlichte mehr Publikationen und schrieb diese zusammen mit mehr Koautoren als jeder andere Mathematiker in der Geschichte: seine 1401 Artikel teilte er mit 502 verschiedenen Koautoren. Diese spektakuläre Anzahl (der Zweite der Liste mit den meisten Publikationen ist Drumi Bainov mit 782, und der Zweite in der Liste der Anzahl der Koautoren ist Frank Harary mit 254) war zusammen mit Erdős' mathematischer Brillanz und seinen vielen Eigenheiten eine wesentliche Ursache dafür, dass die „Erdőszahl" überhaupt zu einem festen Begriff wurde. Die quantitativen Angaben in diesem Abschnitt sind der Internetseite *The Erdős Number Project* des amerikanischen Mathematikers Jerry Grossman entnommen (Grossman 2002, 2003). Grossman nutzte die Datenbank MathSciNet, um das Soziogramm aller Mathematiker der Erde und ihrer Koautorenschaft zu erstellen und daraus viele Ergebnisse zur Erdőszahl und andere Beziehungen und Strukturen abzuleiten.[14] Die Ergebnisse basieren auf den Artikeln, die 2001 im MathSciNet vorhanden waren, wobei Grossman für 2004 eine Aktualisierung in Aussicht gestellt hat.[15]

Eine kleine Erdőszahl zu besitzen ist in Mathematikerkreisen mit einem gewissen Prestige verbunden. Ich selbst kann mich mit der Erdőszahl 2 brüsten, die ich vor einigen Jahren durch einen Artikel im *Journal of Statistical Physics* zusammen mit Peter Winkler erhalten habe (der gleiche Winkler, auf den wir im Abschnitt 2.6 gestoßen sind); Winkler seinerseits hat einen gemeinsamen Artikel mit Erdős.[16]

Sehen wir uns das Soziogramm von Grossman etwas näher an. Es enthält cirka 337 000 Knoten (was also der Anzahl der Mathematiker entspricht, die

---

[13]Aus Hoffman (1998) zitiert.

[14]MathSciNet ist eine imponierend vollständige Datenbank der mathematischen Publikationen. Trotzdem mag es natürlich die eine oder andere Arbeit geben, die nicht in diese Datenbank aufgenommen wurde. Wir wollen – um dieses Problem zu umgehen – an dieser Stelle das Soziogramm ganz einfach so *definieren*, dass nur die Koautorenschaft einer im MathSciNet aufgenommenen Arbeit für eine Kante im Graphen qualifiziert.

[15]Diese liegt in der Zwischenzeit auf http://www.oakland.edu/enp/ vor. (Anm. d. Übers.)

[16]Brightwell et al. (1999), Erdős et al. (1989).

irgendwann etwas publiziert haben). In Analogie zur Perkolationstheorie (siehe Kapitel 5) sollte man zunächst untersuchen, in welche zusammenhängende Komponenten der Graph zerfällt. Es zeigt sich, dass die größte Komponente circa 208 000 Knoten umfasst – insbesondere den von Paul Erdős. Die nächst größere Komponente besitzt ... nur 39 Knoten! Dieser extreme Unterschied zwischen der größten und der zweitgrößten Komponente erinnert an das Eindeutigkeitsergebnis, das wir im Kapitel 5 für die unendliche Komponente bei superkritischen Perkolationen erhalten hatten: Wir sehen eine einzige riesige Komponente, während die übrigen (vergleichsweise) winzig sind. Von den 129 000 Knoten außerhalb der großen Komponente sind 84 000 völlig isoliert, d. h. sie bestehen aus einzelnen Mathematikern, die nie eine gemeinsame Arbeit veröffentlicht haben. Die verbleibenden 45 000 Knoten, die weder isoliert sind noch zur großen Komponente gehören, verteilen sich auf circa 17 000 Komponenten, von denen ziemlich genau zwei Drittel aus exakt zwei Knoten, d. h. einem Paar „monogamer" Mathematiker, bestehen.

Als nächsten Schritt können wir uns ansehen, wie weit die verschiedenen Knoten in der großen Komponente von Erdős entfernt sind, also die jeweilige Erdőszahl ermitteln. Bei der Durchsicht aller Knoten der großen Komponente zeigt sich, dass die größte existierende Erdőszahl 15 ist; die übrigen Erdőszahlen verteilen sich entsprechend der folgenden Tabelle 6.1.[17]

Der Median dieser Verteilung der Erdőszahlen ist 5, und der Mittelwert 4,69. Außerdem sehen wir, dass mehr als 99% aller Mathematiker der großen Komponente eine Erdőszahl zwischen 2 und 8 besitzen.

Auf Grund dieses Ergebnisses könnte man den Eindruck gewinnen, dass Erdős ungefähr die gleiche Stellung in der großen Komponente einnimmt wie die Sonne im Sonnensystem – dass entweder alles von ihm ausstrahlt oder sich alles um ihn dreht. Dies würde Erdős' Sonderstellung allerdings etwas übertreiben. Wenn ich – in aller Bescheidenheit – die Einführung des Begriffes Häggströmzahl vorschlagen dürfte[18] (analog zur Erdőszahl definiert), würde jeder mit der Erdőszahl k eine Häggströmzahl von höchstens $k+2$ erhalten.[19] Eine Tabelle der Häggströmzahlen würde sehr ähnlich der Tabelle 6.1 der Erdőszahlen sein, wobei einige Zahlen vielleicht etwas nach oben verschoben wären (jedoch höchstens um 2).

Die Tabelle besagt also weniger, dass Erdős der Nabel der Mathematikerwelt ist, sondern stattdessen, dass die große Komponente den Charakter einer kleinen Welt besitzt – denn der Abstand zweier Knoten kann nicht größer

---

[17]Unberücksichtigt bleiben all die Mathematiker, die sich nicht in der großen Komponente befinden; ihre Erdőszahl ist als ∞ definiert.

[18]Leider muss ich einsehen, dass diese Alternative zur Erdőszahl kein allgemeines Gesprächsthema auf mathematischem Cocktailparties werden kann.

[19]Beweis: Nimm an, dass jemand die Erdőszahl k besitzt. Wenn man im Soziogramm den direkten Weg zu Erdős geht (k Schritte), und anschließende den direkten Weg zu mir (2 Schritte), haben wir einen Weg mit $k+2$ von ihm zu mir gefunden. (Es könnte eventuell auch Abkürzungen geben, die kürzer als $k+2$ Schritte sind; doch diese können nicht kürzer als $k-2$ Schritte werden.)

Tabelle 6.1. Die Verteilung der Erdőszahlen aller Mathematiker der großen Komponente.

Erdőszahl	Anzahl der Knoten
0	1
1	502
2	5 713
3	26 422
4	62 136
5	66 157
6	32 280
7	10 431
8	3 214
9	953
10	262
11	94
12	23
13	4
14	7
15	1
16	0

sein als die Summe der Erdőszahlen der beiden Knoten[20], und wir können unmittelbar aus der Tabelle ablesen, dass kein Paar von Knoten einen Abstand größer als 29 besitzt. Im Vergleich zur Gesamtanzahl der Knoten in der Komponente ist dies eine sehr kleine Zahl. Tatsächlich zeigt eine nähere Untersuchung des Soziogramms, dass der maximale Abstand zwischen zwei Knoten der größten Komponente noch geringer ist, nämlich 27. Außerdem gibt es eine kleine Anzahl an Knoten – unter anderem der des israelischen Mathematikers Noga Alon – die noch zentraler als Erdős liegen. Mit *zentraler* ist dabei gemeint, dass die größte Alon-Zahl im Vergleich zur größten Erdőszahl kleiner ist: 14 versus 15.

Betrachten wir jetzt auch noch die Knoten im Soziogramm, die der großen Komponente nicht angehören, erhalten wir eine Situation, die dem Bild von Judith Kleinfeld für das Netzwerk der sozialen Kontakte in den USA entspricht: Ein großer Anteil der Individuen lebt in einer kleinen Welt, es gibt jedoch auch eine große Anzahl an Individuen, die außerhalb stehen.

Im vorigen Abschnitt hatte ich meine Skepsis gegenüber diesem Bild geäußert. Damit liegt die Beweislast bei mir, und ich sollte erklären, warum ich glaube, dass sich das Netzwerk der sozialen Beziehungen in der Bevölkerung der USA vom Netzwerk der Koautoren der Mathematiker unterscheidet.

---

[20]Der Beweis ist der gleiche wie in Fußnote 19 auf Seite 142: Man startet in einem der Knoten, geht den direkten Weg zu Erdős und von dort den direkten Wege zum zweiten Knoten.

Der Unterschied liegt ganz einfach darin, dass die allermeisten Menschen weit mehr persönliche Bekannte als Mathematiker Koautoren haben – nicht einmal die Anzahl der Koautoren von Erdős, der mehr Koautoren als jeder andere hatte, ist größer als ein Bekanntenkreis mittelmäßiger Größe. Weil Mathematiker sehr oft keinen, einen oder höchstens zwei Koautoren haben, kann man sich sehr leicht vorstellen, dass kleine Komponenten ohne jede Verbindung zum Rest der Mathematikergesellschaft entstehen. Bei persönlichen Bekanntschaften ist die Situation eine ganz andere: Die überwiegende Mehrzahl der Individuen hat einen mindestens dreistelligen Bekanntenkreis, und die Anzahl der Bekannten der Bekannten ist mindestens noch eine Größenordnung höher. Es erscheint deshalb unglaubwürdig, dass keiner dieser Bekannten eine Verbindung zur großen zusammenhängenden Komponente der Personen besitzen soll, die den Börsenmakler in Boston längs einer Kette von etwa einem Dutzend Schritte erreichen können.

6.3 Zwei einleitende Modellierungsversuche

Versuchen wir jetzt, realistische mathematische Modelle für das riesige Soziogramm der persönlichen Bekanntschaften der gesamten Welt zu erstellen. Da wir[21] an dieser Stelle davon überzeugt sind, dass das *kleine Welt*-Phänomen der Realität entspricht, sollten wir von unseren Modellen fordern, dass zwei auf gut Glück ausgewählte Knoten des Soziogramms typischerweise durch eine kurze Sequenz von Kanten verbunden sind.

Die Menschen leben auf der Erde im wesentlichen zweidimensional, so dass es vernünftig ist, mit einem zweidimensionalen Gitter als Modell des Soziogramms zu beginnen. Sei n die Anzahl der Individuen der Welt, dann können wir ein quadratisches Gitter entsprechend dem in Abschnitt 5.2 annehmen, das statt aus unendlich vielen, nur aus $\sqrt{n} \cdot \sqrt{n}$ quadratisch angeordneten Knoten besteht[22]; siehe Abb. 6.2.

Wie weit sind zwei Knoten dieses Graphen im Mittel voneinander entfernt? Die Entfernung variiert etwas, doch die Größenordnung wird typischerweise $\sqrt{n}$ sein. Wenn wir jetzt $n \approx 6\,000\,000\,000$ (die Weltbevölkerung) einsetzen, erhalten wir $\sqrt{n} \approx 77\,000$. Die kürzeste Bekanntschaftskette, die zwei Individuen verbindet, wäre also typischerweise eine fünfstellige Zahl. Diese Eigenschaft ist jedoch mit dem *kleine Welt*-Phänomen unvereinbar, so dass das Modell verworfen werden muss.

Das eben betrachtete Gittermodell ist außerdem auf Grund der geringen Anzahl an Nachbarknoten unangemessen: Jeder Knoten besitzt höchstens 4

---

[21]Zumindest ich, doch vielleicht sind kritische Leserinnen und Leser immer noch skeptisch?

[22]Dies setzt voraus, dass n eine Quadratzahl ist, d. h. dass es eine ganze Zahl k gibt, so dass $n = k^2$ gilt. Wenn das nicht der Fall ist, kann man das Gitter dadurch adjustieren, dass man einige Knoten längs einer der Kanten des Gitters entfernt. Um das zu vermeiden, nehmen wir einfach an, dass n eine Quadratzahl ist.

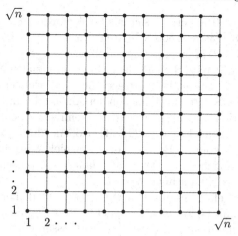

Abb. 6.2. Ein Vorschlag für ein (offenbar recht grobes) mathematisches Modell des weltweiten sozialen Netzwerkes. Im Unterschied zum Gitter in Abb. 5.3 ist dieser Graph endlich (er enthält insgesamt $\sqrt{n} \cdot \sqrt{n} = n$ Knoten), während sich der Graph in Abb. 5.3 in alle Richtungen unendlich weit ausbreitet.

Nachbarn[23], was einem sehr begrenzten Bekanntenkreis von 4 Personen entspricht. Um diese Limitierung zu überwinden, müssen wir die Anzahl der Kanten, die von jedem Knoten ausgehen, vergrößern. Wir können uns die Knoten als ganzzahlige Punkte (i, j) der Ebene vorstellen, wobei i und j alle ganzen Zahlen von 1 bis $\sqrt{n}$ durchlaufen. Erweitern wir den Graphen so, dass jeder Knoten nicht nur mit den vier nächsten ganzzahligen Punkten verbunden ist, sondern zu allen ganzzahligen Punkten in einer größeren Umgebung in Verbindung steht. Zum Beispiel können wir festlegen, dass jeder Knoten v_1 eine Kante zu jedem Knoten v_2 besitzt, wenn sich die x- und y-Koordinaten um höchstens 15 Einheiten unterscheiden. Das bedeutet, dass ein Knoten v mit allen Knoten innerhalb eines Quadrates von $31 \cdot 31$ Knoten mit v im Zentrum verbunden ist. Die meisten Knoten (die nicht zu nah am Rand des Gitters liegen) erhalten somit $31 \cdot 31 - 1 = 960$ Nachbarn. Dies entspricht der Größenordnung realer Bekanntenkreise sehr viel besser als das vorherige Modell.

Wie lang ist die Länge der kürzesten Bekanntschaftskette zwischen zwei Knoten dieses modifizierten Gitters im Mittel? Die x-Koordinaten zweier beliebig gewählter Knoten unterscheiden sich im Mittel um $\sqrt{n}/2$. Da man sich in einem Schritt nicht weiter als 15 Längeneinheiten in x-Richtung fortbewegen kann, benötigt man circa $\sqrt{n}/30$ Schritte in der Bekanntschaftskette. (Die Größenordnung des Unterschieds der y-Koordinaten ist gleich. In diesen groben Abschätzungen können wir jedoch davon absehen, weil man sich durch diagonale Schritte gleichzeitig in x- und in y-Richtung bewegen kann.)

---

[23]Die Knoten am Rand des Gitters besitzen nur 3 oder 2 Nachbarn.

Bei $n \approx 6\,000\,000\,000$ ergibt sich als Größenordnung der Länge der Bekanntschaftskette $\sqrt{n}/30 \approx 2\,500$ Schritten, was nach wie vor viel zu groß ist, um
das *kleine Welt*-Phänomen zu beschreiben.

Bei der mathematischen Modellierung von sozialen Netzwerken mit *kleiner
Welt*-Eigenschaft sollte als Faustregel die gewährleistet sein, dass der mittlere
Abstand zweier Knoten als Funktion der Anzahl der Individuen n nicht schneller als proportional zu $\log(n)$ wächst.[24] Wenn wir wieder von $n \approx 6\,000\,000\,000$
ausgehen, ergibt sich $\log(n) \approx 22{,}5$ als Größenordnung, die für eine kleine Welt
akzeptabel sein könnte. Beachte, dass beispielsweise die Wurzelfunktion $\sqrt{n}$,
die man sich üblicherweise als relativ langsam wachsende Funktion vorstellt,
in diesem Fall viel zu schnell wächst.

Zusammengefasst ergibt sich aus diesem Modellierungsversuch, dass das
zweidimensionale Gitter nicht geeignet ist, das Phänomen der *kleinen Welt* ad-
äquat zu beschreiben. Man benötigt stattdessen einen grundsätzlich anderen
Modellierungsansatz.

Eine ganz andere Art, ein Modell für das weltumspannende Soziogramm
zu erstellen, sind *Erdős–Rényi-Zufallsgraphen*, die – wie der Name andeutet
– durch Erdős & Rényi (1959) eingeführt wurden. Ein solcher Zufallsgraph
besitzt zwei Parameter: eine positive ganze Zahl n, die für die Anzahl der
Knoten steht, und eine Zahl p zwischen 0 und 1, die die Wahrscheinlichkeit
dafür angibt, dass zwei Knoten durch eine Kante verbunden sind. Erdős–
Rényi-Zufallsgraphen mit diesen Parametern werden mit $G(n, p)$ bezeichnet,
und man erhält sie auf die folgende Art und Weise:

1. Die Knotenmenge $v_1, \ldots, v_n$ besitzt n Knoten.
2. Zwei Knoten v_i und v_j mit $i < j$ werden mit Wahrscheinlichkeit p durch
   eine Kante verbunden. Für verschiedene Paare von Knoten geschieht dies
   unabhängig.

Äquivalent kann man einen Erdős–Rényi-Zufallsgraphen durch eine Kantenperkolation mit der Kantenwahrscheinlichkeit p aus einem vollständigen Graphen mit n Knoten erzeugen. Ein vollständiger Graph ist dadurch gekennzeichnet, dass *jedes* Paar von Knoten durch eine Kante verbunden ist.

Beginnen wir damit uns anzusehen, was mit dem Erdős–Rényi-Zufallsgraphen geschieht, wenn p festgelegt wird und n gegen ∞ wächst. Eine solche
Asymptotik zu untersuchen, ist bei der Analyse mathematischer Modelle üblich.

Natürlich kann man kann sich fragen, wozu diese Betrachtung, wenn das
interessierende n ($n = 6\,000\,000\,000$) endlich ist? Der Grund ist einfach: Gewöhnlich ist es leichter festzustellen, was für den Grenzübergang $n \to \infty$
geschieht, als für ein festes großes n. Das Verhalten für $n \to \infty$ gibt in der

---

[24]Mit $\log(n)$ ist der natürliche Logarithmus von n gemeint, d. h. die Zahl, mit der
$e = 2{,}718\,28...$ potenziert werden muss, um n zu erhalten.

Regel auch darüber Aufschluss, wie sich das Modell für feste, aber große n verhält.

Betrachten wir zwei Knoten v_i und v_j. Die Wahrscheinlichkeit, dass eine Verbindung zwischen beiden besteht ist p, unabhängig von der Anzahl der Knoten n. Im Gegensatz dazu ist die Wahrscheinlichkeit, dass es einen Weg der Länge 2 gibt, von n abhängig, weil die Anzahl der möglichen Wege mit n wächst. Insgesamt existieren $n - 2$ solcher Wege (je Knoten einer, außer v_i und v_j). Für jeden dieser Wege beträgt die Wahrscheinlichkeit, dass sich beide Kanten im Zufallsgraphen befinden, p^2. Die Wahrscheinlichkeit, dass sich *keiner* dieser $n - 2$ möglichen Wege im Zufallsgraphen befindet, ist

$$(1 - p^2)^{n-2} \,. \tag{6.1}$$

Dieser Term geht für $n \to \infty$ gegen 0. Demzufolge strebt die Wahrscheinlichkeit, dass ein gegebenes Paar von Knoten im Erdős–Rényi-Zufallsgraphen durch mindestens einen Weg der Länge 2 verbunden ist, für $n \to \infty$ gegen 1. Das heisst, man kann wirklich von einer kleinen Welt sprechen: Fast[25] alle Paare von Individuen besitzen einen gemeinsamen Bekannten. Das ist bereits zu viel des Guten!

Außerdem spricht gegen den Erdős–Rényi-Zufallsgraphen mit festem p und großem n, dass die erwartete Anzahl an Kanten, die von einem gegebenen Knoten ausgehen, gleich $(n - 1) p$ ist (dies folgt aus der Tatsache, dass es n mögliche Kanten gibt, von denen jede mit Wahrscheinlichkeit p im Graphen verbleibt). Für $n \to \infty$ geht die erwartete Anzahl an Kanten folglich gegen ∞. Auch diese Eigenschaft des Modells ist für soziale Netzwerke unrealistisch: die Anzahl der Nachbarn sollte nicht *zu* groß werden und sich etwa in der Größenordnung von 1000 Nachbarn bewegen.

Statt p könnten wir beispielsweise $p = \frac{c}{n}$ festhalten, wobei $c > 0$ eine positive Konstante ist.[26] Die erwartete Anzahl an Nachbarn eines Knoten wäre dann

$$(n - 1) p = \frac{(n - 1) c}{n}$$

und weil für $n \to \infty$ der Term $\frac{n-1}{n}$ gegen 1 strebt, wird die erwartete Anzahl an Nachbarn für große n ungefähr c; sehen wir im Folgenden vom Faktor $\frac{n-1}{n}$ ab

---

[25]Praktisch nicht nur *fast* alle, sondern (für $n \to \infty$ mit überwältigender Wahrscheinlichkeit) *alle*. Beweis: Die erwartete Anzahl der Knotenpaare, die nicht durch eine Kante verbunden werden können, erhält man durch Multiplikation von (6.1) mit der Gesamtanzahl der Knoten, was auf $\frac{n(n-1)}{2}(1 - p^2)^{n-2}$ führt. Dies geht für $n \to \infty$ gegen 0. Deshalb muss die Wahrscheinlichkeit, dass es überhaupt solche Knotenpaare gibt, auch gegen 0 gehen.

[26]Hierbei nehmen wir natürlich implizit an, dass $n \geq c$ ist, um nicht den Kardinalfehler zu begehen, größere Wahrscheinlichkeiten als 1 zu verwenden. (Wenn ich die schriftlichen Arbeiten meiner Studenten in Wahrscheinlichkeitsrechnung korrigiere, und dabei in einer Lösung eine Wahrscheinlichkeit von z. B. 14 oder -1 angegeben wurde, gebe ich immer Null Punkte, auch wenn der Lösungsweg teilweise richtig ist.)

und sagen, dass die erwartete Anzahl an Nachbarknoten c sei. Wenn wir z. B. $c = 1\,000$ setzen, wird der typische Bekanntenkreis im Soziogramm die gewünschte Größe besitzen. Untersuchen wir, ob das Modell auch andere Eigenschaften besitzt, die es als geeignet für die Beschreibung sozialer Netzwerke werden lassen.

Erdős und Rényi bewiesen den folgenden, sehr berühmten Satz, dass der Zufallsgraph $G(n, \frac{c}{n})$ für den Grenzübergang $n \to \infty$ einen Schwellenwert besitzt, ähnlich dem Schwellenwert der Perkolationsmodelle in Kapitel 5.

Satz 6.1 (Erdős und Rényi). *Sei $c > 0$ und sei X_n die Anzahl der Knoten im Zufallsgraphen $G(n, \frac{c}{n})$, die sich in der größten zusammenhängenden Komponente befinden. Sei X_n' der Anteil der Knoten im Zufallsgraphen $G(n, \frac{c}{n})$, die sich in der zweitgrößten zusammenhängenden Komponente befinden. Dann gilt Folgendes:*

(i) *Es existiert eine Funktion $g(c)$, so dass*

$$\mathbf{P}\left(\lim_{n\to\infty} X_n = g(c)\right) = 1$$

ist, wobei

$$g(c) \begin{cases} = 0 & \text{für } c \leq 1 \\ > 0 & \text{für } c > 1 \end{cases}$$

gilt.

(ii) *Unabhängig von c gilt $\lim_{n\to\infty} X_n' = 0$ mit Wahrscheinlichkeit 1.*

Wir nennen eine zusammenhängende Komponente im Zufallsgraphen $G(n, \frac{c}{n})$ **gigantisch**, wenn die Anzahl der Knoten der Komponente von der gleichen Größenordnung ist wie die Anzahl der Knoten des gesamten Graphen.[27] Teil (i) des Erdős–Rényi-Satzes besagt für große n, dass eine gigantische Komponente genau dann auftritt, wenn der Erwartungswert der Anzahl der Nachbarknoten im Zufallsgraphen größer als 1 ist. Teil (ii) besagt, dass es nicht mehr als eine gigantische Komponente gibt – dieses Eindeutigkeitsergebnis erinnert uns an die Perkolation im Abschnitt 5.5 und zusätzlich an das reale Soziogramm der Mathematiker-Koautorenschaft in Abschnitt 6.2, das aus einer einzigen riesengroßen Komponente und sonst nur vergleichsweise winzigen Komponenten besteht.

Der Satz 6.1 ist für die Theorie der Erdős–Rényi-Zufallsgraphen fundamental, in den letzten 40 Jahren seit dem Artikel von Erdős & Rényi (1959) hat sich diese Theorie zu einem bedeutenden Forschungsgebiet entwickelt. Ein besonderes Augenmerk lag dabei auf der Verbesserung der Ergebnisse zur

---

[27]Vielleicht erscheint diese Definition von *gigantisch* etwas ungenau, da nicht genau gesagt wird, was mit „gleicher Größenordnung" gemeint ist. Für ein festes n müssen wir mir dieser Ungenauigkeit leben, doch für den Grenzwert $n \to \infty$ ist die genaue Definition: Der Anteil der Knoten des gesamten Graphen darf für $n \to \infty$ nicht gegen Null gehen.

Größe und Struktur zusammenhängender Komponenten für den Fall $c = 1$ bzw. in der unmittelbaren Umgebung dieses Schwellenwertes.[28]

Wir werden Satz 6.1 an dieser Stelle nicht beweisen, sondern wollen stattdessen eine intuitive Erklärung angeben, warum der Schwellenwert gerade bei $c = 1$ liegt. Diese Erklärung ist der des Abschnitts 5.4 sehr ähnlich, wo der kritische Wert $p_c = \frac{1}{d}$ der Perkolation auf dem Baum $\mathbf{T}_d$ im Mittelpunkt der Untersuchungen stand. Wir können uns einen Knoten v im Zufallsgraphen als „Ahnvater" eines Verzweigungsprozesses vorstellen, die Nachbarn von v als seine Kinder, und die Enkel alle Knoten mit dem Abstand 2, usw. Die erwartete Anzahl an Kindern ist höchstens c, die erwartete Anzahl an Enkeln höchstens c^2 usw. Wenn $c < 1$ ist, geht die erwartete Anzahl an Kindern mit wachsender Generation k relativ schnell gegen 0, so dass der Baum der Verwandten von v sehr schnell nicht weiter wächst. Das bedeutet, dass die Komponente klein bleibt. Gilt stattdessen $c > 1$, wächst c^k mit wachsendem k, was uns anscheinend das gewünschte Ergebnis liefert. Allerdings gibt es eine Schwierigkeit, auf die wir achten müssen: Weil immer mehr Knoten zur Komponente von v hinzugefügt werden, sinkt die Anzahl der potentiellen neuen Knoten, die in der nächsten Generation hinzugefügt werden können, so dass sich die erwartete Anzahl der Kinder der nächsten Generation verringert. Um mit diesem Problem geeignet umzugehen, führen wir eine neue Konstante d ein, die durch

$$d = \frac{c - 1}{2\,c}$$

definiert ist. Für $c > 1$ liegt d zwischen 0 und $\frac{1}{2}$. So lange höchstens $d\,n$ Knoten in den Verzweigungsprozess von v eingehen, verbleiben mindestens $(1 - d)\,n$ Knoten als „Kandidaten" für den Zusammenschluss im Verzweigungsprozess. Weil jeder dieser Knoten mit Wahrscheinlichkeit $\frac{c}{n}$ ein Kind eines gegebenen Individuums im Verzweigungsprozess ist, beträgt die erwartete Anzahl von Kindern in jeder Generation mindestens

$$
\begin{aligned}
(1 - d)\,n \cdot \tfrac{c}{n} &= (1 - d)\,c \\
&= \left(1 - \frac{c - 1}{2\,c}\right) c \\
&= \left(\frac{2\,c - c + 1}{2\,c}\right) c \\
&= \frac{c + 1}{2} > 1 .
\end{aligned}
$$

Deshalb hat der Verzweigungsprozess eine gute Chance, sich zumindest so lange zu vergrößern, bis er $d\,n$ Knoten umfasst. Das heisst, dass v eine gute Chance hat, in einer Komponente mit mindestens $d\,n$ Knoten zu liegen, die wir als eine gigantische Komponente ansehen.

---

[28]Einen guten Überblick über dieses nach wie vor aktuelle Forschungsgebiet kann man durch die zusammenfassenden Artikel von Bollobás (2001) und Janson et al. (2000) erhalten.

Damit ist der Schwellenwert in Satz 6.1 mehr oder weniger erklärt. Aus den Überlegung zu Verzeigungsprozessen kann man weitere Folgerungen ableiten, die uns bei der Modellierung des *kleine Welt*-Phänomens von Nutzen sein können. Wir bleiben beim Fall $c > 1$ und untersuchen, wie viele Generationen m benötigt werden, bevor die Komponente die Größe $d\,n$ erreicht. Eine etwas pessimistische Schätzung kann man mit Hilfe der erwarteten Kinderanzahl der nächsten Generation erhalten. Je Generation ist die erwartete Anzahl an Kindern $\frac{c+1}{2}$, bis die gewünschte Größe der Komponente erreicht wird, so dass in der Generation k mindestens

$$\left(\frac{c+1}{2}\right)^k$$

Individuen erwartet werden. Für ein k, das die Bedingung

$$k \geq \frac{\log(d\,n)}{\log\left(\frac{c+1}{2}\right)}$$

erfüllt, ergeben sich somit mindestens $d\,n$ Individuen. Die rechte Seite dieses Ausdrucks wächst für $n \to \infty$ wie die Logarithmusfunktion $\log n$. Deshalb können wir schlussfolgern, dass ein typischer Knoten v eine gute Chance hat, von einem beträchtlichen Anteil der Knoten des gesamten Graphen maximal den Abstand der Größenordnung $\log n$ zu besitzen. Somit ist das folgende Ergebnis motiviert, das in der Theorie der Zufallsgraphen eine zentrale Stellung einnimmt.[29]

Lemma 6.2. *Betrachte den Erdős–Rényi-Zufallsgraphen $G(n, \frac{c}{n})$ für $c > 1$ und große n. Es existieren positive Zahlen $a > 0$ und $b > 0$ (die von c abhängen können, jedoch nicht von n), so dass gilt:*

$$\lim_{n \to \infty} \mathbf{P}(\text{mindestens } a \cdot n \text{ Knoten von } G(n, \tfrac{c}{n}) \text{ besitzen}$$

$$\text{voneinander höchstens den Abstand } b \log(n) \ ) = 1\,.$$

Wenn wir, wie oben vorgeschlagen, einen Abstand proportional zu $\log(n)$ im Graphen als hinreichend kleinen Abstand akzeptieren, um das *kleine Welt*-Phänomen widerzuspiegeln, dann deutet das Lemma 6.2 an, dass der Erdős–Rényi-Zufallsgraph $G(n, \frac{c}{n})$ zur Modellierung des weltweiten Soziogramms geeignet sein könnte. Möglicherweise kann man Einwände dagegen haben, dass das Lemma nur garantiert, dass ein fester Anteil von Individuen „gut vernetzt" ist, und dass wir uns nicht mit weniger zufrieden geben, als dass dieser Anteil nahe 1 sein soll. Man kann jedoch mit etwas genaueren Überlegungen zeigen, dass, wenn die erwartete Anzahl c von Nachbarn einen Wert von 1000 annimmt, der Anteil der gut vernetzten Individuen der 1 sehr nahe kommen wird.

---

[29]Siehe z. B. Bollobás (2001). Unsere Betrachtung kann zu einem vollständigen Beweis des Lemmas 6.2 ausgebaut werden.

Leider gibt es jedoch einen bedeutend ernsteren Einwand gegen den Erdős–Rényi-Zufallsgraphen als Modell sozialer Netzwerke. Betrachte den Zufallsgraphen $G(n, \frac{c}{n})$ mit $c = 1000$ und $n = 6\,000\,000\,000$ als Modell für ein soziales Netzwerk. Dann hat jedes Paar von Individuen die Wahrscheinlichkeit

$$\frac{c}{n} = \frac{1}{6\,000\,000}$$

einander zu kennen. Weiterhin hat eine typische Person A circa 1000 Bekannte; sagen wir aus gründen der Einfachheit genau 1000. Unter diesen 1000 Personen hat man

$$\frac{1000 \cdot 999}{2} \approx 500\,000$$

verschiedene Möglichkeiten, zwei Personen auszuwählen. Jedes von diesen 500 000 Paaren hat die Wahrscheinlichkeit 1 zu 6 000 000, einander zu kennen. Die erwartete Anzahl der Bekannten von A, die auch einander kennen, ist deshalb $\frac{500\,000}{6\,000\,000}$, also etwas weniger als ein Zehntel. Eine typische Person hätte also weniger als 10% Wahrscheinlichkeit, dass sich zwei seiner Bekannten untereinander kennen. Denkt man sich das Modell des wirklichen Lebens, so ist dieses Ergebnis völlig widersinnig – denn wir alle haben ja viele Bekannte, die einander kennen.

Der Klasse der Erdős–Rényi-Zufallsgraphen $G(n, \frac{c}{n})$ besitzt also viel zu wenige *Dreiecke*, wobei wir unter Dreieck drei Knoten verstehen, die alle paarweise miteinander verbunden sind. Darum sind diese Graphen nicht realistisch genug, um als Modell für soziale Netzwerke von Menschen verwendet werden zu können.[30]

6.4 Die *kleine Welt*-Graphen von Watts und Strogatz

In den ersten 30 Jahren, nachdem Milgram seine *kleine Welt*-Untersuchungen[31] veröffentlichte, beschäftigte man sich nur wenig mit der mathematischen Modellierung dieses Phänomens. Die beiden naheliegendsten Standardmodelle (das zweidimensionale Gitter beziehungsweise die Erdős–Rényi-Zufallsgraphen), die wir im vorangegangenen Abschnitt untersucht hatten, erwiesen sich aus verschiedenen Gründen für die Modellierung von sozialen Netzwerken nicht realistisch genug. Diejenigen Soziologen, die sich für dieses Phänomen interessierten, hatten einen zu geringen mathematischen Hintergrund, um diese

---

[30]Jonasson (1999) hat einen Versuch unternommen, die Erdős–Rényi-Zufallsgraphen durch gewichtete Wahrscheinlichkeiten für jede Realisierung (ein mögliches Ergebnis) zu modifizieren, mit einem bestimmten Faktor für jedes Dreieck der Realisierung. Das Hauptergebnis in Jonassons Artikel kann man jedoch so auffassen, dass dieses Modell noch zu wenig vom Erdős–Rényi-Zufallsgraphen abweicht, als dass es ein wirklicher Durchbruch bei der Suche nach geeigneten Modellen von sozialen Netzwerken sein könnte.

[31]Milgram (1967).

Modelle weiterentwickeln zu können, und Mathemtiker hatten aus irgendwelchen Gründen kein ernsthaftes Interesse an dieser Fragestellung.

Erst Ende der 90er Jahre des letzten Jahrhunderts untersuchte der junge australische Physiker Duncan Watts der Cornell University (USA) das *kleine Welt*-Phänomen im Rahmen seiner Dissertation näher. Watts besaß eine natürliche Neigung für die Mathematik und stand gleichzeitig physikalischen Phänomen sehr aufgeschlossen gegenüber. In einem viel beachteten Artikel der renommierten Zeitschrift *Nature* schlug er zusammen mit seinem Mentor Steven Strogatz das bis dahin vielversprechendste Modell für soziale Netzwerke vor, dass Milgrams Ergebnisse widerspiegeln konnte.[32] Danach explodierte das Interesse für das *kleine Welt*-Phänomen unter Mathematikern, theoretischen Physikern und Informatikern förmlich. Das hatte sehr viel mit Watts' geschickter Art zu tun, seine Ergebnisse zu vermarkten: Seine Dissertation *Small Worlds* von 1999 erreichte große Verbreitung, und auch sein folgendes, populärwissenschaftlich gehaltenes Buch *Six Degrees* von 2003 wurde ein Bestseller.[33]

Watts und Strogatz schlugen eine zweidimensionales Gittermodell[34] vor, das sie modifizieren, indem sie einen (relativ geringen) Anteil der Kanten auf gut Glück aus dem Gitter entfernten und diese durch ganz zufällige Kanten im Graphen zu ersetzen. Unter „ganz zufälligen" Kanten versteht man an dieser Stelle, dass ein Paar von Knoten u und v unabhängig von ihrer Lage und Entfernung im Gitter die gleiche Chance[35] haben, eine neue Kante zu erhalten.

Wir können uns die Modelle von Watts und Strogatz folgendermaßen vorstellen: Das Gitter zu Beginn repräsentiert die geographische Ausbreitung von Individuen, und die Kanten im Gitter entsprechen den sogenannten nächsten Nachbarn. Darüber hinaus existieren jedoch auch Kontakte über große Abstände hinweg: Herr Andersson, der in unserer Straße wohnt, kennt den Barkeeper im Restaurant, das er während seines Mallorca-Urlaubs besuchte, und Frau Lundström nebenan kennt einen Bürgerrechtler in Bolivien, mit dem sie durch ihre ehrenamtliche Tätigkeit bei Amnesty International in Kontakt gekommen ist.

Diese Modelle, mit einer Mischung aus kurzen (ursprünglichen zum Gitter gehörenden) Kanten und langen (neu eingefügten) Kanten, wurde im Englischen *small world graphs* genannt. Da es noch keine bessere Übersetzung gibt, nenne ich sie im Folgenden *kleine Welt*-Graphen. Die *kleinen Welt*-Graphen besitzen eine Reihe von Eigenschaften, die sie zu einem zu aussichtsreichen Kandidaten für die Modellierung des weltweiten Soziogramms machen:

---

[32]Watts & Strogatz (1998).

[33]Watts (1999, 2003). Eine weitere aktuelle Übersicht über das Gebiet gibt Newman (2003).

[34]Mann kann ähnliche Ergebnisse erhalten, indem man von einem Gitter in der Dimension $d = 1$ oder Dimension $d \geq 3$ ausgeht, doch im soziologischen Zusammenhang erscheint der zweidimensionale Fall besonders relevant zu sein.

[35]sofern u und v noch nicht durch eine Kante verbunden sind

1. Die zweidimensionale Gitterstrukturen spiegelt (zumindest teilweise) die Geometrie bzw. Geographie dieser Welt wider.

2. Wenn das Gitter geeignet gewählt wird (d. h, dass es Dreiecke enthält) wird der Graph auch die Eigenschaft besitzen, die beim Erdős–Rényi-Zufallsgraphen fehlt: dass auch die Bekannten einer Person untereinander bekannt sein können.

3. Man kann aus diesen Modellen die *kleine Welt* ableiten: Wenn die Anzahl der Knoten des Gitters n ist, wird die Länge der kürzesten Kette zwischen zwei zufällig gewählten Knoten typischerweise in der Größenordnung $\log(n)$ liegen.

Die ersten beiden Eigenschaften dieser Aufzählung sind offensichtlich, die dritte wurde durch Watts und Strogatz bewiesen.[36]

Sehen wir uns an, ob wir (mit Hilfe eines konkreten Beispiels) feststellen können, weshalb die Bekanntschaftsketten der *kleine Welt*-Graphen so kurz werden. Wir gehen dazu vom modifizierten Quadratgitter aus, das wir im Abschnitt 6.3 betrachtet haben. Dort befinden sich die Knoten in den ganzzahligen Punkten (i,j) der Ebene, wobei i und j Werte zwischen 1 und $\sqrt{n}$ annehmen, und zwei Knoten genau dann durch eine Kante verbunden werden, wenn sich ihre x- und y-Koordinaten um höchstens den Wert 15 unterscheiden. Damit erhält jeder Knoten, wie zuvor festgestellt, 960 Nachbarn (außer den Knoten am Rand des Gitters). Zu diesen „lokalen" Kanten fügen wir noch „Weitstreckenkanten" hinzu, so dass jedes Paar von Knoten – unabhängig von ihrer Lage im Gitter – mit Wahrscheinlichkeit p durch eine Kante

---

[36] Bei vielen der Arbeiten von Watts und seinen Mitarbeitern ist es Geschmackssache, ob man ihre Ergebnisse als *bewiesen* ansieht – oder vielmehr beruht eine solche Einschätzung vor allem auf der eigenen wissenschaftlichen Tradition. Watts hat große Computerexperimente durchgeführt und sie mit heuristischen Überlegungen verbunden, die sehr überzeugende Hinweise für eine Reihe komplexer Phänomene geben; jedoch kann man als Mathematiker diese Hinweise nicht als wirklichen Beweis anerkennen. Mathematisch schlüssige Beweise verschiedener Versionen der Behauptungen von Watts und seinen Mitarbeitern wurden in der Zwischenzeit von eher formal ausgerichteten Mathematikern erarbeitet, die dabei auch das Eine oder Andere zeigen konnten, was die Physiker nicht vorausgesehen hatten; siehe z. B. Barbour & Reinert (2001) und Benjamini & Berger (2001).
Dies ist für das Verhältnis von Mathematikern und Physikern ziemlich typisch, und ich bin davon überzeugt, dass beide Arbeitsweisen – das wilde Suchen versus das genaue Beweisen – für die Entwicklung der Wissenschaft wichtig sind, und dass die größten Fortschritte oftmals dort entstehen, wo beide Kulturen in direkten Kontakt miteinander treten. Der Nobelpreisträger in Physik, Steven Weinberg, drückt das Verhältnis zwischen beiden treffend aus: „Du hörst an dem Punkt Deiner wissenschaftlichen Karriere auf, Dir über die Beweisbarkeit sorgen zu machen, wenn Du Physiker und nicht Mathematiker wirst" (Weinberg, 2001).

verbunden wird. Dies geschieht unabhängig davon, wie weit sie im Gitter voneinander entfernt sind, und unabhängig für jedes Paar von Kanten.[37] (Wenn
zwei Knoten so nah beieinander liegen, dass sie bereits durch eine Kante des
Gitters verbunden sind, dann ändert sich durch die eventuelle Hinzunahme
einer Weitstreckenkante nichts; jedes Paar von Knoten soll höchstens durch
eine Kante verbunden sein.) In Analogie zur Betrachtung des Erdős–Rényi-
Zufallsgraphen wählen wir p in Abhängigkeit von n, so dass die erwartete
Anzahl von Weitstrecken-Bekanntschaften eines Individuums konstant bleibt:
Konkret könnten wir

$$p = \frac{0{,}1}{n} \tag{6.2}$$

setzen. Durch diese Wahl von p wird die erwartete Anzahl von Weitstreckenkanten (außer den Kanten, die sich bereits im ursprünglichen Gitter befinden)
etwa

$$(n - 960)\, p = \frac{0{,}1\,(n - 960)}{n} \approx 0{,}1$$

wobei die Näherung für große n besser wird. Man könnte behaupten, dass 0,1
(speziell hier in Schweden) eine ziemlich kleine Anzahl von globalen Bekanntschaften ist. Ich verwende diesen Wert, weil ich zeigen möchte, dass man
nicht viele solcher zusätzlichen Bekanntschaften benötigt, damit das *kleine
Welt*-Phänomen auftritt.[38]

Wir bezeichnen diesen *kleine Welt*-Graphen mit G_n. Bereits früher hatten wir im Zusammenhang mit den Gittermodellen die wenig einschränkende
Annahme eingeführt, dass n eine Quadratzahl ist (so dass $\sqrt{n}$ eine ganz Zahl
wird). Hier wollen wir der Einfachheit halber zusätzlich annehmen, dass n
durch 10 teilbar ist. Dann kann man die Knoten des Gitters auf natürliche
Weise in $\frac{\sqrt{n}}{10} \times \frac{\sqrt{n}}{10} = \frac{n}{100}$ „Karos" von 10×10 Knoten unterteilen.

Als Hilfsmittel für die Untersuchung von G_n führen wir jetzt einen neuen
Graphen H_n mit $\frac{n}{100}$ Knoten ein, der den $\frac{n}{100}$ Karos von G_n entspricht. Zwei
Knoten von H_n werden genau dann durch eine Kante miteinander verbun-
den, wenn die entsprechenden Karos von G_n durch eine Weitstreckenkante
verbunden sind. Zwischen zwei Karos gibt es $100^2 = 10\,000$ mögliche Weitstreckenkanten, wobei jede mit der Wahrscheinlichkeit $\frac{0{,}1}{n}$ eingefügt wurde.
Die Wahrscheinlichkeit, dass die Kante zwischen den Karos existiert, ist deshalb

---

[37]Im Unterschied zu den ursprünglichen Modellen von Watts und Strogatz nehmen wir keine Kanten aus dem Gitter heraus. Die Eigenschaften des Modells werden
dadurch kaum verändert, jedoch wird die Schlussweise vereinfacht.

[38]Tatsächlich kann man 0,1 gegen ein beliebiges $c' > 0$ austauschen (d. h., wir können die Gleichung (6.2) in $p = \frac{c'}{n}$ abändern), und die nachfolgende Argumentation
wird weiterhin Bestand behalten. Im Großen und Ganzen muss man bei dieser Argumentation nur die (10×10)-Karos durch $(k \times k)$-Karos ersetzen, wobei k genügend
groß ist, damit $k^2 c' > 1$ gilt.

$$1 - \mathbf{P}(\text{keine der 10 000 Kanten ist vorhanden}) = 1 - \left(1 - \frac{0,1}{n}\right)^{10\,000}$$

$$\approx 10\,000 \cdot \frac{0,1}{n} = \frac{1000}{n},$$

diese Näherung ist wieder für große n gut. Aus der Annahme der Unabhängigkeit von Weitstreckenkanten im Modell folgt, dass das Ereignis „ein Paar von Karos ist mindestens durch eine Weitstreckenkante verbunden" unabhängig von entsprechenden Ereignissen anderer Karos ist.

Welche Auswirkungen haben diese Eigenschaften von G_n auf H_n? Es wird deutlich, dass die Kanten in H_n unabhängig voneinander sind, wobei jede Kante mit der Wahrscheinlichkeit von (approximativ) $\frac{1000}{n}$ vorhanden ist. H_n ist somit ein Erdős–Rényi-Zufallsgraph mit $\frac{n}{100}$ Knoten und der Kantenwahrscheinlichkeit $p \approx \frac{1000}{n}$. Mit den Bezeichnungen des Satzes 6.1 und Lemma 6.2 ergibt sich, dass die durchschnittliche Anzahl c an Kanten pro Knoten

$$c \approx \left(\frac{n}{100} - 1\right) \cdot \frac{1000}{n} \approx 10,$$

beträgt – wiederum eine gute Approximation für große n. Weil $c > 1$ ist, garantiert das Lemma 6.2, dass es positive Zahlen $a, b > 0$ gibt, so dass mit einer Wahrscheinlichkeit von nahezu 1 mindestens ein Anteil a der Knoten von H_n im Abstand von höchstens $b\log(n)$ voneinander liegen. Diese Knoten von H_n nennen wir **gut vernetzt**, ebenso die entsprechenden Karos in G_n.

Seien jetzt u und v zwei beliebige Knoten im *kleine Welt*-Graphen G_n. Eine gute Strategie um einen kurzen Weg von u nach v zu finden, ist die folgende: Gehe von u aus entlang lokaler Kanten zum nächsten gut vernetzten Karo. Von dort nimm den kürzesten Weg zu dem gut vernetzten Karo, dass v am nächsten liegt; längs diesem müssen wir eventuell lokale Schritte innerhalb der Karos machen, in denen wir „zwischenlanden", doch dazu reicht immer ein Schritt, weil alle Knoten innerhalb des Karos durch Kanten miteinander verbunden sind. Im letzten gut vernetzten Karo geht man wieder längs lokaler Kanten bis zu v.

Wie lang wird dieser Weg? Wenn z. B. $a = \frac{1}{5}$ ist, ist durchschnittlich jedes fünfte Karo gut vernetzt, so dass mit akzeptabler Wahrscheinlichkeit eines der 5 Karos, die u am nächsten liegen, gut vernetzt sind; und dieses Karo kann mit höchstens 5 Schritten erreicht werden. Analog erhält man auch für andere Werte von a eine entsprechend große Wahrscheinlichkeit, dass eines der a^{-1} nächsten Karos gut vernetzt ist, und dieses kann mit höchstens a^{-1} Schritten erreicht werden.[39] Lemma 6.2 garantiert, dass die Anzahl der benötigten Weitstreckenkanten nicht größer als $b\log(n)$ ist, um sich zum gut vernetzten Karo zu bewegen, dass v am nächsten liegt; genauso viele lokale Kanten innerhalb der Zwischenlande-Karos müssen wir hinzurechnen. Schließlich bewegen wir uns mit positiver Wahrscheinlichkeit vom gut vernetzten Karo bei v mit

---

[39] Da die Karos in einem zweidimensionalen Muster liegen, reichen eigentlich $\sqrt{a^{-1}}$ Schritte, doch wir brauchen jetzt mit unseren Abschätzungen nicht so geizig zu sein.

etwa a^{-1} Schritten zu v selbst. Insgesamt ergibt sich damit eine Weglänge von u nach v von $2\,b\log(n) + 2\,a^{-1}$, was für $n \to \infty$ proportional zu $\log(n)$ ist. Damit haben wir bewiesen, dass G_n für große n ein *kleine Welt*-Phänomen aufweist.

Im Nachhinein erscheint der Vorschlag der *kleine Welt*-Graphen von Watts und Strogatz ziemlich offensichtlich: Man vereinigt ganz einfach das beste aus den Gittermodellen (die für die lokalen Bekanntschaften stehen) und die Erdős–Rényi-Zufallsgraphen (die die globalen Bekanntschaften darstellen). Doch für dieses Ergebnis war es notwendig, dass jemand in seinem Denken hinreichend flexibel ist, um sich eine solche Kombination von lokalen und globalen Kanten als gutes Modell für soziale Netzwerke vorzustellen – und anscheinend ist dies niemand in den ersten 30 Jahren nach Milgrams Untersuchungen gelungen.

Was können wir mit diesen *kleine Welt*-Graphen anfangen? Seit Watts & Strogatz (1998) entstanden sehr viele Forschungsgruppen zur Studie von Modellen von unterschiedlichen Typen der Dynamik auf solchen Netzwerken. Wie breiten sich beispielsweise Epidemien in einer kleinen Welt aus? Und was geschieht, wenn wir zu den Wettbewerben rund um das Gefangenen-Dilemma in Abschnitt 3.3 zurückgehen, doch statt eines Turniers „Jeder gegen Jeden" das Problem als soziologisch realistischer auffassen, indem sich die Individuen in einer *kleine Welt* befinden und nur gegen ihre Bekannten spielen? In Watts (1999, 2003) werden derartige Projekte vorgestellt.

Eine andere interessante Forschungsrichtung besteht darin, Graphen zu finden, die noch realistischer Modelle für soziale Netzwerke abgeben können, denn auch die bisher betrachteten *kleine Welt*-Graphen haben Eigenschaften, die kritisiert werden können. Die zweidimensional Geographie ist ziemlich grob modelliert, mit der impliziten doch völlig unrealistischen Annahme dass die Bevölkerung homogen über die Erdoberfläche verteilt ist und die Soziologie überall ungefähr ähnlich aussieht. Tatsächlich sehen die sozialen Netzwerke in New York und Junosuando (ein kleines Dorf im Pajala-Bezirk in Nordschweden) völlig verschieden aus. In Junosuando kennen sich im Prinzip alle Einwohner untereinander, so dass sich besonders viele Dreiecke im Graphen befinden. In New York kann man anderseits auf Grund der viel größeren Anzahl *möglicher* Personen, die man kennen lernen könnte, mit viel weiter verbreiteten sozialen Kontakten rechnen, so dass wiederum weniger Bekanntschaftsdreiecke auftreten.[40] Die *kleine Welt*-Graphen von Watts und Strogatz nehmen ebenso wenig auf diese geographischen Inhomogenitäten wie auf individuelle Variationen der Größe von Bekanntenkreisen Rücksicht; solche Variationen sind zweifellos größer als es das Modell andeutet. Watts (2003) beschreibt eine

---

[40]An und für sich ist es aber auch in New York wahrscheinlich, dass es spezielle Subkulturen oder sogar „Ghettos" gibt, deren Netzwerke eher denen in Junosuando ähneln.

Reihe neuerer Modelle von sozialen Netzwerken, die seit 1998 vorgeschlagen wurden, inklusive dem, das wir im nächsten Abschnitt kennenlernen wollen.

6.5 Navigation durch soziale Netzwerke

Einige Jahre nach dem bahnbrechenden Artikel von Watts und Strogatz betrachtete der amerikanische Informatiker Jon Kleinberg die Milgramschen Briefketten aus einer etwas anderen Perspektive. Wenn eine Briefkette von jemanden in Omaha gestartet wird und die Zielperson in Boston in, sagen wir, 8 Schritten erreicht, so zeigt sich, dass der Abstand (die Länge des kürzesten Weges im Soziogramm) zwischen Start- und Zielperson *höchstens* 8 ist. Doch es zeigt sich noch mehr, nämlich dass das soziale Netzwerk **navigierbar** ist, mit der Bedeutung, dass es für die Absender verhältnismäßig leicht ist, einen kurzen Weg *tatsächlich zu finden.*

Um diesen Unterschied herauszuheben, betrachten wir einen Augenblick lang eine (etwas unrealistische) Variante des Milgramschen Briefketten-Experiments. Nehmen wir an, dass die Startperson gebeten wurde, *all* ihren Freunden und Bekannten zu schreiben, und diese wiederum gebeten werden *all* ihren Freunden und Bekannten zu schreiben, und so weiter. Nehmen wir weiterhin an, dass der Abstand von der Start- zur Zielperson 6 Schritte beträgt. Wenn keine einzige Person diese weitverzweigte Briefkette bricht, erhalten wir garantiert einen Weg zur Zielperson mit 6 Schritten.

Die wirklichen Milgramschen Briefketten waren deutlich restriktiver. Jeder Teilnehmer sollte nur *einem* Bekannten den Brief weiterleiten. Der Absender sollte natürlich versuchen, die Wahl des Empfängers optimal zu gestalten – d. h. den aus dem Bekanntenkreis auszuwählen, bei dem er die größte Chance vermutet, mit Hilfe einer kurzen Kette in Kontakt mit der Zielperson zu kommen – doch diese Optimierung wird mit äußerst unvollständiger Information durchgeführt. Kein Absender kennt das große Soziogramm vollständig, sondern weiß nur, wer sich im eigenen Bekanntenkreis befindet, teilweise vielleicht auch noch, welchen Bekanntenkreis die Bekannten ihrerseits haben. Ist es wirklich möglich, dass man mit so wenig und so lokal begrenztem Wissen einen richtigen Weg durch das große Soziogramm finden kann? Wir verlangen dabei nicht, dass man *den* optimalen, kürzesten Weg findet, sondern nur einen Weg, der eine akzeptable Länge besitzt.

Eine Möglichkeit, dies als mathematisches Modell zu formalisieren, ist anzunehmen, dass sich die Briefketten auf den *kleine Welt*-Graphen von Watts und Strogatz bewegen. Wie können wir dabei den Zugang des Absenders zur Information modellieren? Wir können annehmen, dass der Absender das zu Grunde liegende Gitter in groben Zügen kennt (er also z. B. eine Karte der USA hat), dass er weiß, wo sich die verschiedenen Bekannten innerhalb des Gitters befinden (inklusive die, mit denen er Weitstreckenkanten teilt) und er weiß auch, wo sich die Zielperson befindet. Kann man mit dieser sparsamen

Informationen auf einem *kleine Welt*-Graphen mit n Knoten eine Briefkette zur Zielperson finden, deren Länge die Größenordnung[41] $\log(n)$ besitzt?
Kleinbergs überraschende Antwort ist „nein"! Er zeigte, dass man bedeutend
mehr Schritte zum Ziel benötigt.[42] Die Navigation auf *kleine Welt*-Graphen
ist also schwer.

Kleinbergs Resultat stellt die Modellierung des großen Soziogramms von
Watts und Strogatz somit stark in Frage, denn ihr Modell kann trotz allem
nicht erklären, was es eigentlich erklären sollte, nämlich die Kürze der Briefketten im Milgramschen Versuch. Das bedeutet, dass man andere Modelle des
Soziogramms suchen muss, die die Ergebnisse von Milgrams Untersuchungen
besser erklären können. Wir wollen dieses Kapitel damit beschließen, Kleinbergs eigenen Vorschlag eines solchen verfeinerten Modells vorzustellen, doch
zuvor wollen wir verstehen, weshalb man auf den *kleine Welt*-Graphen von
Watts und Strogatz so schwer navigieren kann.

Wie können wir, mit der begrenzten Information wie Kleinberg sie vorschlägt, in einem kleine Welt-Graphen mit n Knoten einen Weg von einem
Knoten u zu einem anderen Knoten v weitab von u finden? Auf primiti-
ve Weise könnten wir einfach die Weitstreckenkanten ignorieren und uns im
Gitter nur längs lokaler Kanten auf v zu bewegen. Damit würde man die Größenordnung von $\sqrt{n} = n^{1/2}$ Schritten benötigen, was (wie im Abschnitt 6.3
ausgeführt) viel zu viel ist.

Wenn wir auch die Weitstreckenkanten einbeziehen, kann man die Schritt-
anzahl zwar verringern, doch wir werden feststellen, dass man die Länge der
Briefkette nicht wesentlich kürzer als auf circa $n^{1/3}$ beschränken kann. Für
$n = 200\,000\,000$ (was ungefähr die Einwohnerzahl der USA zu Zeiten des
Milgramschen Versuchs war) wird $n^{1/3} \approx 585$, was eine ganz andere Größenordnung als die kurzen Briefketten ist, die Milgram beobachtete.

Wenn wir einen Weg von u nach v von höchstens der Größenordnung $n^{1/3}$
finden wollen, müssen wir irgendwann während des Weges eine Weitstreckenkante finden, die (im Gitter) einen Abstand von v von höchstens circa $n^{1/3}$
besitzt. Weil des Gitter zweidimensional ist, ist die Anzahl der Knoten, die ein
geeigneter Landepunkt sein könnten, von der Größenordnung $(n^{1/3})^2 = n^{2/3}$.

---

[41]Wenn wir an dieser Stelle und im Folgenden von „Größenordnung" und „circa"
sprechen, so bedeutet dies, dass wir uns nicht darum kümmern, dass die jeweiligen Werte mit einer festen Konstante multipliziert werden müssen, so lange diese
Konstante nicht von n abhängt.

[42]Man kann sich vorstellen, dass man im Modell das Wissen des Absenders so
erweitert, dass er auch weiß, welche Bekannten seine Bekannten haben, und wo sich
diese im Gitter befinden. Doch Kleinfelds Antwort – dass man weit mehr als $\log(n)$
Schritte in der Briefkette benötigt, um zum Ziel zu gelangen – bleibt selbst mit
diesem größeren Informationszugang bestehen.

Jedesmal wenn wir entlang der Briefkette auf einen Knoten stoßen, der eine Weitstreckenkante besitzt, gibt es circa n verschiedene Knoten, auf die diese Weitstreckenkante führen kann, von denen circa $n^{2/3}$ für unserer Zwecke geeignet sind (d. h. hinreichend nahe bei v landen). Die Wahrscheinlichkeit, dass eine bestimmte Weitstreckenkante geeignet ist, ist deshalb von der Größenordnung

$$\frac{n^{2/3}}{n} = \frac{1}{n^{1/3}}.$$

Wenn wir nach einigen Schritten mit unserer Briefkette auf beispielsweise k Weitstreckenkanten gestoßen sind, ist die Wahrscheinlichkeit nicht größer als circa

$$\frac{k}{n^{1/3}}$$

dass einer von ihnen hinreichend nahe bei v liegt, und damit diese Wahrscheinlichkeit nicht zu Null wird, muss k von der Größenordnung von mindestens $n^{1/3}$ sein.

Damit haben wir gezeigt, dass man mindestens circa $n^{1/3}$ Weitstreckenkanten aufsuchen muss (sofern man nicht besonderes Glück hat), um v in circa $n^{1/3}$ Schritte zu erreichen, so dass man wiederum mindestens circa $n^{1/3}$ Knoten besuchen muss. Damit ist die Chance nicht besonders groß, dass die Briefkette den Zielknoten v deutlich schneller als mit circa $n^{1/3}$ Schritten erreicht.[43]

Diese Analyse zeigt also, dass das Ergebnis des Milgramschen Briefketten-Experiments unmöglich wäre, wenn das Modell von Watts und Strogatz für große soziale Netzwerke eine richtige Beschreibung der Wirklichkeit wäre.

◇   ◇   ◇   ◇

Mit Hilfe der bisherigen Erfahrungen in diesem Kapitel sollten wir jetzt versuchen, noch andere Modelle zu finden, die besser als die *kleine Welt*-Graphen von Watts und Strogatz die Existenz von Milgrams kurzen Briefketten erklären können.

Der Fehler der *kleine Welt*-Graphen ist der folgende: So lange wir uns im Gitter nicht innerhalb eines ziemlich engen Abstands – beispielsweise $\log(n)$ – von der Zielperson v befinden, müssen wir eine Weitstreckenkante finden, die uns in die Nähe von v führt. Doch weil die Weitstreckenkanten über das gesamte Gitter gleichverteilt sind, helfen sie uns genau genommen nichts, so lange sie uns nicht *sehr* nahe (d. h. einen Abstand der Größenordnung $\log(n)$) an die Zielperson heranführen. Mit anderen Worten: Wenn sich die Zielperson in Vansbro befindet, haben wir keine größere Chance, eine Weitstreckenkante

---

[43]Doch wir können auch feststellen, dass man tatsächlich Briefketten mit der Größenordnung von $n^{1/3}$ Schritten finden kann, indem man systematisch längs lokaler Kanten zu neuen Knoten wandert, bis man auf einen Knoten trifft, von dem eine Weitstreckenkante ausgeht, die innerhalb des Abstands von $n^{1/3}$ von v landet.

in die Nachbarschaft der Zielperson zu finden, wenn wir uns in Borlänge 60 km entfernt befinden, verglichen damit dass wir uns in Melbourne auf der anderen Seite der Welt befinden!

Es scheint also, dass die *kleine Welt*-Graphen die Kanten allzu streng in *lokal* und *global* einteilen, und man vielleicht Kanten auf verschiedenen „regionalen" Niveaus einführen sollte. Wenn sich die Startperson der Briefkette in Melbourne und die Zielperson in Vansbro befindet, könnte man sich sinnvollerweise eine Art geographisches „Einkreisen" vorstellen: Die Startperson kennt keinen einzigen Schweden, aber doch wohl einen Europäer – z. B. einen Griechen in Tessaloniki – und schickt ihm den Brief. Er kennt zwar auch keinen Schweden, doch eine Dänin in Aarhus. Die Dänin kennt einen Schweden in Stockholm, der Einwohner in Borlänge kennt – und der wiederum hat Bekannte in Vansbro. Ein solches „Einkreisen" kann man sich etwa für Briefketten in den Milgramschen Experimenten vorstellen, doch sie ist für die *kleine Welt*-Graphen von Watts Strogatz äußerst unwahrscheinlich, weil es nicht ausreichend viele „halblange" Kanten gibt.

Kleinbergs Rezept für ein besseres Modell schließt solche regionalen oder halblangen Kanten ein. Man geht dabei wieder (wie bei den Modellen von Watts und Strogatz) von einem Gitter aus und fügt Extrakanten hinzu, wobei aber eine Extrakante von einem Knoten u verglichen mit einem nahen Knoten eine geringere Wahrscheinlichkeit besitzt, am anderen Ende des Gitters zu landen (dies steht im Widerspruch zu den Modellen von Watts und Strogatz, bei denen die Extrakanten eine gleich große Wahrscheinlichkeit haben, an einer beliebigen Stelle im Gitter zu landen). Speziell wählte Kleinberg die Wahrscheinlichkeit, dass eine Extrakante u in v landet, proportional zu

$$(\text{dist}(u,v))^{-\gamma} \tag{6.3}$$

wobei $\text{dist}(u,v)$ den Gitter-Abstand zwischen u und v bezeichnet, und $\gamma \geq 0$ eine feste Zahl ist. Wenn diese Gewichte bestimmt sind, und man eine gewünschte Anzahl von Kanten a von eine, typischen Knoten u erwartet werden, setzt man die Wahrscheinlichkeit für eine Weitstreckenkante zwischen u und v gleich

$$\frac{1}{Z_\gamma} \, (\text{dist}(u,v))^{-\gamma}$$

wobei die Konstante Z_γ so gewählt wird, dass die erwartete Anzahl von Weitstreckenkanten von einem gegebenen Knoten die gewünschte Zahl a ergibt. Wenn $\gamma = 0$ ist, wird der Ausdruck in (6.3) unabhängig von u und v gleich 1, was den Graphen von Watts und Strogatz entspricht. Wenn $\gamma > 0$ gesetzt wird, wird eine Kante zwischen u und v wahrscheinlicher, je näher u und v beieinander liegen, und dieser Effekt wird umso größer, je größer γ ist.

In diesem Modell sind für $\gamma = 0$ die Kontakte einer Person in z. B. Vansbro außerhalb der Heimatstadt über die gesamte Welt gleich verbreitet, während sie sich für wachsendes γ immer stärker um die Gebiete Europa, Schweden, die Landschaft Dalarna, und das Gebiet um den Västerdal-Fluss (in dieser Reihenfolge) konzentrieren.

Kleinberg zeigte, dass die Existenz von kurzen Bekanntschaftsketten und der Möglichkeit sie tatsächlich zu finden, stark vom Wert von γ abhängig ist. Wenn $\gamma < 2$ ist, erweist sich die Situationen im wesentlichen gleich zum Watts-Strogatz-Fall mit $\gamma = 0$: Es gibt kurze Bekanntschaftsketten, doch man kann sie in der Praxis kaum finden. Wenn $\gamma > 2$ ist, konzentrieren sich die Bekanntenkreise so stark um den eigenen Heimatort dass sie Situationen eher dem reinen Gittermodell ähnelt: Die kurzen Bekanntschaftketten von Menschen in verschiedenen Gebieten der Erde verschwinden im Prinzip vollständig. Es verbleibt der Grenzfall $\gamma = 2$, und es zeigt sich, dass gerade in diesem Fall kurze Briefketten zwischen typischen Individuen existieren, auch wenn sie einen großen Abstand voneinander haben, und dass man diese Briefketten auch tatsächlich finden kann.[44]

Das von Kleinberg vorgeschlagene Modell mit $\gamma = 2$ ist also im Unterschied zu früheren Modellen mit den Ergebnissen des Milgramschen Experiments vereinbar. Doch ist Kleinbergs Modell auch im Übrigen realistisch? Wie alle mathematischen Modelle ist auch dieses natürlich nur eine Approximation der Wirklichkeit, und es wurden auch dafür schon Verbesserungen vorgeschlagen (siehe z. B. Watts (2003)). Doch auch wenn dieses Modell nicht perfekt ist, so kann es sich trotzdem erweisen, dass Kleinberg die Modellierung der Grundgedanken des *kleine Welt*-Phänomens gelungen ist. Damit dies überzeugen kann, müssen jedoch für Kleinbergs Modell die Ergebnisse mit einer Erklärung vervollständigt werden, weshalb mittlere und lange Weitstreckenkanten im sozialen Netzwerk gerade dem Wert $\gamma = 2$ entsprechen. Warum ist die Wahrscheinlichkeit, dass sich zwei Personen kennen, eine Funktion des Abstandes und nimmt gerade mit dem Abstand *im Quadrat* ab? Warum nicht die dritte Potenz oder ein Abstand hoch 1,73, oder irgend etwas anderes? Auf diese Fragen gibt es heute wohl noch keine gute Antwort, doch wer weiß, was die Forschungen der der Zukunft ergeben? Die Untersuchung der mathematischen Modelle für soziale Netzwerke hat gerade erst begonnen. und es wird spannend sein, ihre Fortsetzung in den nächsten Jahren zu verfolgen.

---

[44]Dass der kritische Wert von γ gerade bei 2 liegt, hängt damit zusammen, dass das Gitter zweidimensional ist.

Irrfahrten und Gleichstromkreise

In diesem Kapitel werden wir sehen, wie sich zwei Probleme, die zunächst nichts gemeinsam zu haben scheinen – Eintreffwahrscheinlichkeiten von Irrfahrten und Spannungen und Ströme in elektrischen Stromkreisen – bei näherer Betrachtung als mathematisch äquivalent erweisen.[1] Diese Brücke zwischen der Wahrscheinlichkeitstheorie und der Theorie von Stromkreisen dient beiden Seiten: Die Argumente aus der Elektrotechnik können bei der Analyse gewisser Irrfahrten genutzt werden, und die wahrscheinlichkeitstheoretischen Interpretationen vereinfachen die Untersuchungen von Gleichstromkreisen. Der Zusammenhang zwischen beiden Problemstellungen wurde vor allem durch das Buch *Random Walks and Electric Networks* von Doyle & Snell (1984) allgemein bekannt, das zweifellos zu den Klassikern der Wahrscheinlichkeitstheorie gehört. Es hat alle späteren Präsentationen dieses Gebietes nachhaltig beeinflusst[2]; dies gilt auch für die folgende Darstellung.

Im Abschnitt 7.1 wollen wir uns mit Irrfahrten auf Graphen vertraut machen. Danach beschäftigen wir uns im Abschnitt 7.2 mit elektrischen Stromkreisen, und wir werden die angesprochene Äquivalenz beider Probleme herausarbeiten. In Abschnitt 7.3 diskutieren wir eine Verallgemeinerung auf die Klasse der so genannten **Markovketten**. Danach werden wir in den Abschnitten 7.4 und 7.5 einige Beispiele kennenlernen, wie Ideen der Elektrotechnik bei Untersuchungen von Irrfahrten zur Anwendung kommen. (Das bedeutendste Beispiel einer solchen Anwendung heben wir uns jedoch für das nächste Kapitel auf.)

---

[1]Dieselbe Theorie kann auf mindestens einem weiteren Gebiet angewendet werden: bei statistischen Schätzungen in so genannten Blockversuchen. Wir können in diesem Buch nicht näher darauf eingehen, sondern verweisen stattdessen auf Tjur (1991).

[2]Hierzu gehören u. a. Pemantle (1995) und mein eigener früherer Versuch (Häggström, 2000) einer kurzgefassten Präsentation der grundlegenden Ideen auf Schwedisch.

7.1 Irrfahrten auf einem Graphen

Aus Abschnitt 5.1 wissen wir, dass ein Graph aus einer Anzahl von Knoten $v_1, \dots, v_n$ und einer Anzahl an Kanten $e_1, \dots, e_m$ besteht, wobei jede Kante eine Verbindung zweier Knoten darstellt. Abb. 7.1 zeigt ein Beispiel. Darüber hinaus wurden bereits in Abschnitt 5.1 eine Reihe von Vorschlägen für die Interpretation von Graphen angegeben. An dieser Stelle soll eine weitere ergänzt werden: Der Graph könnte eine Stadt repräsentieren, wobei die Kanten die Straßen der Stadt repräsentieren und die Knoten die Kreuzungen sind, an denen die Kanten zusammenlaufen.

Eine **Irrfahrt** auf dem Graphen kann man sich als den Weg einer Person vorstellen, die im Straßennetz umherirrt. Jedes Mal, wenn sie an eine Kreuzung kommt, wählt sie auf gut Glück eine der Straßen aus (inklusive derjenigen, auf der sie zur Kreuzung gelangte), um dort ihre Wanderung fortzusetzen. Ein solcher „Zufallswanderer", der sich im Knoten v_2 (Abb. 7.1) befindet, kann sich z. B. im nächsten Schritt mit jeweils der Wahrscheinlichkeit $\frac{1}{3}$ entscheiden, zu einem der Knoten v_1, v_3 oder v_6 zu gehen.

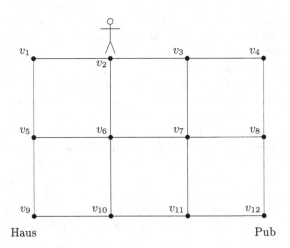

Abb. 7.1. Ein Graph G mit 12 Knoten $v_1, \dots, v_{12}$. Im Knoten v_2 steht ein Zufallswanderer, der seine Wanderung fortsetzt, bis er v_9 oder v_{12} erreicht.

Mit $X(0), X(1), X(2), \dots$ bezeichnen wir die Folge der Kreuzungen, die der Zufallswanderer sukzessive besucht. Wenn er in v_2 startet, gilt demzufolge

$$X(0) = v_2\,,$$

und $X(1)$ wird auf gut Glück unter den Nachbarn von $X(0)$ ausgewählt (d. h. jeder der Nachbarknoten wird mit gleicher Wahrscheinlichkeit gewählt). Das heißt, es gilt:

$$X(1) = \begin{cases} v_1 \text{ mit Wahrscheinlichkeit } \frac{1}{3} \\ v_3 \text{ mit Wahrscheinlichkeit } \frac{1}{3} \\ v_6 \text{ mit Wahrscheinlichkeit } \frac{1}{3} \, . \end{cases}$$

Wenn $X(1)$ feststeht, wählen wir $X(2)$ zufällig unter der Nachbarn von $X(1)$ aus, und so weiter.

Wenn man will, kann man dies in alle Ewigkeit fortsetzen. Alternativ könnte man eine bestimmte Stoppregel einführen; beispielsweise könnte die Irrfahrt abbrechen, sobald sie einen zuvor ausgewählten Knoten erreicht. Wenn der Graph zusammenhängend und außerdem endlich ist (so dass jeder Knoten von jedem anderen aus in einer endlichen Anzahl von Schritten erreicht werden kann), kann man beweisen, dass die Irrfahrt früher oder später den gewählten Knoten erreicht.[3]

Um das Ganze etwas spannender zu machen, könnten wir die Irrfahrt abbrechen lassen, wenn der Zufallswanderer einen von *zwei* gewählten Knoten – sagen wir v_9 und v_{12} im Graphen G – erreicht. Wir können uns z. B. denken, dass er bei v_9 wohnt, dass bei v_{12} ein Pub liegt, und die Fortsetzung des Abends dadurch entschieden wird, ob er (in seinem bereits etwas benebelten Zustand) zuerst sein Haus (v_9) oder den Pub (v_{12}) erreicht.

Sei A das Ereignis, dass die Irrfahrt v_{12} vor v_9 erreicht, und sei p_i die Wahrscheinlichkeit von A, wenn die Irrfahrt in v_i beginnt. Wenn wir beispielsweise verlangen, dass die Irrfahrt in v_2 beginnt, so setzen wir $\mathbf{P}(A) = p_2$. Als nächstes können wir fragen, wohin der Zufallswanderer bei seinem ersten Schritt geht; dabei ergibt sich

$$\begin{aligned} p_2 &= \mathbf{P}(A) \\ &= \mathbf{P}(A, X(1) = v_1) + \mathbf{P}(A, X(1) = v_3) + \mathbf{P}(A, X(1) = v_6) \\ &= \tfrac{1}{3}\mathbf{P}(A \,|\, X(1) = v_1) + \tfrac{1}{3}\mathbf{P}(A \,|\, X(1) = v_3) \\ &\quad + \tfrac{1}{3}\mathbf{P}(A \,|\, X(1) = v_6) \, . \end{aligned} \tag{7.1}$$

---

[3]Betrachte z. B. den Graphen in Abb. 7.1, und die Wahrscheinlichkeit, dass der Zufallswanderer früher oder später den Knoten v_{12} erreicht. Definiere Y als ersten Zeitpunkt k, wenn $X(k) = v_{12}$ ist (mit der Konvention, dass $Y = \infty$ gesetzt wird, wenn die Irrfahrt den Knoten v_{12} *nie* erreicht). Kein Knoten des Graphen G ist weiter als 5 Schritte von v_{12} entfernt, und kein Knoten hat mehr als 4 Nachbarn; hieraus folgt, dass bei jeder beliebigen Startposition des Zufallswanderers die Wahrscheinlichkeit $\mathbf{P}(Y \leq 5)$ für das Eintreffen von v_{12} nach spätestens 5 Schritten die Ungleichung $\mathbf{P}(Y \leq 5) \geq (\frac{1}{4})^5$ erfüllt. Die Wahrscheinlichkeit, v_{12} in 5 Schritten zu vermeiden, ist also höchstens $1 - (\frac{1}{4})^5$. Und wenn das geschieht, so ist aus gleichem Grund die bedingte Wahrscheinlichkeit v_{12}, *die nächsten* 5 Schritte zu vermeiden, höchstens $1 - (\frac{1}{4})^5$. Hieraus folgt, dass $\mathbf{P}(Y > 10) = \mathbf{P}(Y > 5)\,\mathbf{P}(Y > 10 \,|\, Y > 5) \leq (1 - (\frac{1}{4})^5)^2$ ist. Durch n-malige Iteration erhalten wir $\mathbf{P}(Y > 5\,n) \leq (1 - (\frac{1}{4})^5)^n$, was für $n \to \infty$ gegen 0 geht. Deshalb gilt $P(Y = \infty) = 0$, so dass der Zufallswanderer mit Wahrscheinlichkeit 1 früher oder später auf den Knoten v_{12} trifft. Das Argument weist große Ähnlichkeit mit dem von Fußnote 4 auf Seite 66 auf und kann ohne Probleme auf beliebige endliche, zusammenhängende Graphen verallgemeinert werden.

Wenn der Zufallswanderer durch seinen ersten Schritt zu v_1 gelangt, befinden wir uns in derselben Situation, als wenn die Irrfahrt in v_1 *gestartet* wäre, so dass die bedingte Wahrscheinlichkeit $\mathbf{P}(A \mid X(1) = v_1)$ im oben stehenden Ausdruck exakt p_1 wird. Auf die gleiche Weise erhalten wir $\mathbf{P}(A \mid X(1) = v_3) = p_3$ und $\mathbf{P}(A \mid X(1) = v_6) = p_6$, und für (7.1) ergibt sich

$$p_2 = \tfrac{1}{3}(p_1 + p_3 + p_6). \tag{7.2}$$

Demzufolge kann die Wahrscheinlichkeit p_2 als der Mittelwert der p_i aller Nachbarn v_i des Knotens v_2 gedeutet werden.

Wenn die Irrfahrt stattdessen in v_1 beginnt, gelangt sie im nächsten Schritt jeweils mit der Wahrscheinlichkeit $\tfrac{1}{2}$ entweder nach v_2 oder v_5, und analog zur obigen Überlegung zur Beziehung (7.2) ergibt sich

$$p_1 = \tfrac{1}{2}(p_2 + p_5)$$

wieder als Mittelwert der Wahrscheinlichkeiten aller Nachbarknoten. Auf die gleiche Weise können wir den Start der Irrfahrt in jedem anderen Knoten behandeln, mit zwei Ausnahmen: v_9 (beim Start in v_9 tritt A nicht ein, so dass $p_9 = 0$ ist) und v_{12} (beim Start in v_{12} trifft A sicher ein, so dass $p_{12} = 1$ ist). Somit erhalten wir für $p_1, \ldots, p_{12}$ das folgende Gleichungssystem:

$$
\begin{cases}
p_1 = \tfrac{1}{2}(p_2 + p_5) \\
p_2 = \tfrac{1}{3}(p_1 + p_3 + p_6) \\
p_3 = \tfrac{1}{3}(p_2 + p_4 + p_7) \\
p_4 = \tfrac{1}{2}(p_3 + p_8) \\
p_5 = \tfrac{1}{3}(p_1 + p_6 + p_9) \\
p_6 = \tfrac{1}{4}(p_2 + p_5 + p_7 + p_{10}) \\
p_7 = \tfrac{1}{4}(p_3 + p_6 + p_8 + p_{11}) \\
p_8 = \tfrac{1}{3}(p_4 + p_7 + p_{12}) \\
p_9 = 0 \\
p_{10} = \tfrac{1}{3}(p_6 + p_9 + p_{11}) \\
p_{11} = \tfrac{1}{3}(p_7 + p_{10} + p_{12}) \\
p_{12} = 1.
\end{cases}
\tag{7.3}
$$

Dies ist ein Gleichungssystem mit 12 Gleichungen und 12 Unbekannten (oder 10 Gleichungen und 10 Unbekannten, wenn p_9 und p_{12} als bekannt angesehen werden). Das hört sich ganz gut an; wir müssen uns jedoch noch vergewissern, dass dieses System eine eindeutige Lösung besitzt.

Lemma 7.1. *Das Gleichungssystem* (7.3) *besitzt genau eine Lösung.*

Beweis. Dass das System *mindestens* eine Lösung hat, folgt aus der obigen Diskussion, denn die Wahrscheinlichkeiten $p_1, \ldots, p_{12}$ erfüllen die Beziehung (7.3), und sind somit wohldefiniert.

Damit muss nur noch gezeigt werden, dass es *höchstens* eine Lösung gibt. Seien dazu $(a_1, \ldots, a_{12})$ und $(b_1, \ldots, b_{12})$ zwei (a priori möglicherweise verschiedene) beliebige Lösungen des Gleichungssystems. Für $i = 1, \ldots, 12$ definieren wir $c_i = a_i - b_i$. Wenn wir beweisen können, dass $c_i = 0$ für jedes i gilt, dann haben wir $(a_1, \ldots, a_{12}) = (b_1, \ldots, b_{12})$ gezeigt, und da diese Lösungen beliebig waren, kann man folgern, dass es nur eine einzige Lösung gibt.

Was c_9 und c_{12} betrifft, ist die Situation klar: $c_9 = a_9 - b_9 = 0 - 0 = 0$ und $c_{12} = a_{12} - b_{12} = 1 - 1 = 0$. Die übrigen Variablen behandeln wir wiefolgt. Mit Hilfe der ersten Zeile von (7.3) und der Annahme, dass $(a_1, \ldots, a_{12})$ und $(b_1, \ldots, b_{12})$ Lösungen des Gleichungssystems sind, erhalten wir

$$a_1 = \tfrac{1}{2}(a_2 + a_5) \tag{7.4}$$

und

$$b_1 = \tfrac{1}{2}(b_2 + b_5). \tag{7.5}$$

Wenn wir jetzt (7.5) von (7.4) subtrahieren, erhalten wir

$$a_1 - b_1 = \tfrac{1}{2}((a_2 - b_2) - (a_5 - b_5))$$

oder anders ausgedrückt

$$c_1 = \tfrac{1}{2}(c_2 + c_5).$$

Auf entsprechende Weise können wir die zweite Zeile von (7.3) ausnutzen, um zu zeigen, dass $c_2 = \tfrac{1}{3}(c_1 + c_3 + c_6)$ ist, und so weiter für die Zeilen 3–8 sowie 10 und 11, so dass das Gleichungssystem

$$\begin{cases} c_1 = \tfrac{1}{2}(c_2 + c_5) \\ c_2 = \tfrac{1}{3}(c_1 + c_3 + c_6) \\ c_3 = \tfrac{1}{3}(c_2 + c_4 + c_7) \\ c_4 = \tfrac{1}{2}(c_3 + c_8) \\ c_5 = \tfrac{1}{3}(c_1 + c_6 + c_9) \\ c_6 = \tfrac{1}{4}(c_2 + c_5 + c_7 + c_{10}) \\ c_7 = \tfrac{1}{4}(c_3 + c_6 + c_8 + c_{11}) \\ c_8 = \tfrac{1}{3}(c_4 + c_7 + c_{12}) \\ c_9 = 0 \\ c_{10} = \tfrac{1}{3}(c_6 + c_9 + c_{11}) \\ c_{11} = \tfrac{1}{3}(c_7 + c_{10} + c_{12}) \\ c_{12} = 0 \end{cases} \tag{7.6}$$

entsteht. Eine Lösung dieses Gleichungssystems ist offenbar $(c_1, c_2, \ldots, c_{12}) = (0, 0, \ldots, 0)$. Wir wollen jetzt noch zeigen, dass $(0, 0, \ldots, 0)$ die *einzige* Lösung ist.

Sei M der *größte* der Werte $c_1, c_2, \ldots, c_{12}$, und sei v_i ein Knoten, bei dem dieses Maximum angenommen wird. Wir wollen zeigen, dass $M = 0$ ist.

Für $i = 9$ oder $i = 12$ ist die Lage klar, so dass wir annehmen wollen, dass v_i ein anderer Knoten ist. Dann ist c_i ($= M$) gleich dem Mittelwert der c_j der Nachbarknoten, und weil deren Werte sämtlich *höchstens* gleich M sind, müssen sie tatsächlich *genau* gleich M sein, damit der Mittelwert den Wert M erreicht. Wenn einer der Nachbarn v_9 oder v_{12} ist, dann muss $M = 0$ sein, und die Sache ist wieder klar. Anderenfalls können wir den gleichen Gedankengang auf die Nachbarn von v_i anwenden und somit einsehen, dass die c_j *ihrer* Nachbarn gleich M sind. Durch Wiederholung dieses Verfahrens bis man auf entweder v_9 oder v_{12} stößt – was früher oder später geschehen wird, weil der Graph zusammenhängend ist – erreichen wir zum Schluss eine Situation, bei der wir feststellen müssen, dass $M = 0$ ist. Damit wissen wir, dass für alle i gilt

$$c_i \leq 0. \tag{7.7}$$

Auf die gleiche Weise (sei m der *kleinste* der Werte $c_1, c_2, \ldots, c_{12}$, usw.) zeigen wir, dass für alle i die Ungleichung $c_i \geq 0$ gilt, was in Verbindung mit (7.7) die Gleichung $(c_1, c_2, \ldots, c_{12}) = (0, 0, \ldots, 0)$ ergibt. Damit haben wir $(a_1, \ldots, a_{12}) = (b_1, \ldots, b_{12})$ gezeigt, und der Beweis ist abgeschlossen.[4]
□

Wir können also durch Lösen des Gleichungssystems (7.3) die Wahrscheinlichkeiten für die verschiedenen Startpositionen der Irrfahrt berechnen, dass der Knoten v_9 vor dem Knoten v_{12} erreicht wird. Es gibt dazu eine Reihe numerischer Methoden (und sogar fertige Programmpakete); siehe Problem C.15 im Anhang C für eine wahrscheinlichkeitstheoretisch besonders ansprechende Methode. Für den Zufallswanderer in Abb. 7.1, der im Knoten v_2 startet, erhalten wir z. B. die Wahrscheinlichkeit $p_2 = \frac{117}{267} \approx 0{,}438$, den Pub ($v_{12}$) vor dem eigenen Haus ($v_9$) zu erreichen. Die übrigen Wahrscheinlichkeiten p_i sind in Abb. 7.2 angegeben.

Wie mancher vielleicht bereits vermutet, ist der Gedankengang in diesem Abschnitt nicht nur auf den Graphen in Abb. 7.1 anwendbar, sondern kann noch wesentlich stärker verallgemeinert werden. Sei G ein beliebiger endlicher Graph mit den Knoten $v_1, v_2, \ldots, v_n$, und seien p_i die Wahrscheinlichkeiten, dass eine Irrfahrt mit Start in v_j den Knoten v_1 vor v_2 erreicht. Dann erhalten wir ein Gleichungssystem analog zu (7.3), bei dem $p_1 = 1$ und $p_2 = 0$ sind, und für die übrigen Knoten $v_3, v_4, \ldots, v_n$ erhält v_i eine Wahrscheinlichkeit p_i, die

---

[4]Weil die Gleichungssysteme (7.3) und (7.6) so gut wie identisch sind (nur die letzte Zeile, $p_{12} = 1$ versus $c_{12} = 0$, unterscheidet sich), kann man sich fragen, was bei Übertragung des Beweises von $(c_1, c_2, \ldots, c_{12}) = (0, 0, \ldots, 0)$ auf $(p_1, p_2, \ldots, p_{12})$ statt auf $(c_1, c_2, \ldots, c_{12})$ geschieht: Hierbei werden sowohl der größte wie der kleinste der Werte p_i für $i = 9$ bzw. $i = 12$ angenommen, so dass alle p_i zwischen 0 und 1 liegen (was auch in Ordnung ist, da sie Wahrscheinlichkeiten repräsentieren).

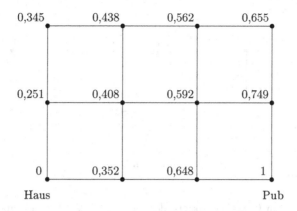

Abb. 7.2. Die Wahrscheinlichkeit p_i für einen Zufallswanderer, den Pub zu erreichen, bevor er nach Hause kommt, als Funktion der Startposition v_i. Die angegebenen Werte sind Näherungswerte; die exakte Lösung des Gleichungssystems (7.3) lautet: $p_1 = \frac{92}{267}$, $p_2 = \frac{117}{267}$, $p_3 = \frac{150}{267}$, $p_4 = \frac{175}{267}$, $p_5 = \frac{67}{267}$, $p_6 = \frac{109}{267}$, $p_7 = \frac{158}{267}$, $p_8 = \frac{200}{267}$, $p_9 = 0$, $p_{10} = \frac{94}{267}$, $p_{11} = \frac{173}{267}$, $p_{12} = 1$.

dem Mittelwert ihrer Nachbarn entspricht. Wenn G zusammenhängend ist, ergibt das Gleichungssystem eine eindeutige Lösung, was analog zum Beweis von Lemma 7.1 gezeigt werden kann.

7.2 Gleichstromkreise

In diesem Abschnitt wollen wir die elektrischen Stromkreise einzuführen, die den Irrfahrten des vorhergehenden Abschnitts entsprechen.[5] Einer der einfachsten denkbaren Stromkreise ist in Abb. 7.3 dargestellt. Die Knoten v_1 und v_2 kann man sich als Metallspitzen vorstellen, an denen die ankommenden Leitungen zusammengelötet sind. Die Spitzen sind einerseits an eine Spannungsquelle in Form einer 5-Voltbatterie geschlossen (mit dem Minuspol an v_1 und dem Pluspol an v_2), und andererseits an einen Widerstand mit einem Widerstandswert von 10 Ohm. Daraus resultiert ein Strom durch den Stromkreis, der im Widerstand vom Plus- zum Minuspol fließt, und der mit Hilfe des **Ohmschen Gesetzes** berechnet werden kann. Dieses Gesetz besagt: wird an einen Widerstand mit dem Wert R eine Spannung U angelegt, fließt ein Strom I, der durch

$$I = \frac{U}{R} \tag{7.8}$$

---

[5]Um ausführlichere Informationen über Gleichstromkreise, das Ohmsche Gesetz und die Kirchhoffschen Regeln zu erhalten, empfehlen wir Doyle & Snell (1984) sowie z. B. Davidson & Hofvenschiöld (2001).

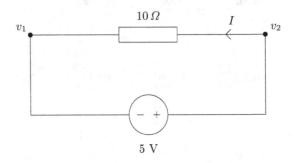

Abb. 7.3. Ein Gleichstromkreis, der aus einer 5-Voltbatterie und einem 10-Ohm-Widerstand besteht. Der Strom I durch den Widerstand kann durch die Spannung U geteilt durch den Widerstand R berechnet werden, d. h. $I = \frac{U}{R} = \frac{5}{10} = 0{,}5$ Ampere.

berechnet werden kann. In Abb. 7.3 beträgt der Strom durch den Widerstand deshalb $\frac{5}{10} = 0{,}5$ Ampere.

Etwas komplizierter ist es, die Ströme in einem größeren Stromkreis, wie dem in Abb. 7.4, zu bestimmen. Hierbei muss für jeden Widerstand ein separater Stromfluss berechnet werden. Wenn die Knoten v_i und v_j Nachbarn im Stromkreis sind (d. h. wenn es einen Widerstand zwischen ihnen gibt), dann bezeichnen wir den Strom durch den Widerstand von v_i nach v_j mit $I_{i,j}$. (Der Strom kann positiv oder negativ sein, wobei das Vorzeichen von der betrachteten Richtung abhängt: $I_{i,j} = -I_{j,i}$.)

Am Widerstand zwischen v_i und v_j liegt auch eine Spannung $U_{i,j}$ an, und wenn wir sowohl die Spannung als auch den Widerstandswert kennen, können wir den Strom mit Hilfe des Ohmschen Gesetzes berechnen. Die Schwierigkeit des Stromkreises in Abb. 7.4 ist, verglichen mit dem in Abb. 7.3, dass die Widerstände nicht direkt mit der Spannungsquelle verbunden sind. Die Spannungen $U_{i,j}$ im Stromkreis kann man deshalb nicht direkt wie zwischen v_1 und v_2 in Abb. 7.3 ableiten, sondern sie müssen berechnet werden. Dazu ist es zweckmäßig, von den Spannungen $U_{i,j}$ zu den so genannten (elektrischen) **Potenzialen** der einzelnen Knoten überzugehen. Das Potenzial im Knoten v_i wird mit V_i bezeichnet, und die Spannung $U_{i,j}$ zwischen zwei Knoten erhält man als Differenz zwischen V_i und V_j:

$$U_{i,j} = V_i - V_j \,. \tag{7.9}$$

Unter der Bedingung, dass die Spannungen physikalisch sinnvolle Werte annehmen, sind die Potenziale bis auf eine additive Konstante wohldefiniert: Wenn wir zu jedem Potenzial ein und dieselbe Konstante K hinzufügen, so werden die paarweisen Potenziale, d. h. $U_{i,j} = (V_i + K) - (V_j + K) = V_i - V_j$, genau wie in (7.9) nicht verändert. Die Konstante K kann deshalb beliebig

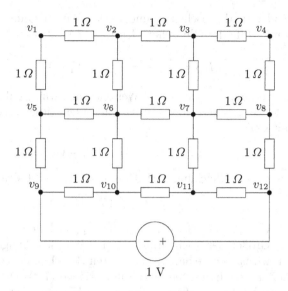

Abb. 7.4. Ein Gleichstromkreis mit mehreren Ein-Ohm-Widerständen. (Die Struktur gleicht dem Graphen in Abb. 7.1, was kein Zufall ist.)

gewählt werden.[6] In Gleichstromkreisen, die uns im Folgenden interessieren, kommt niemals mehr als eine Spannungsquelle vor. Wir können deshalb K so wählen, dass der Minuspol der Spannungsquelle immer das Potenzial 0 erhält.[7]

Sehen wir uns Abb. 7.4 an. Dort ist der Knoten v_9 an den Minuspol der Spannungsquelle angeschlossen, so dass er das Potenzial $V_9 = 0$ erhält. Weil die Spannungsquelle 1 Volt liefert, besitzt der an den Pluspol angeschlossene Knoten v_{12} das Potenzial $V_{12} = 1$. Wie können wir die übrigen Potenziale $V_1, \ldots, V_8$ sowie V_{10} und V_{11} bestimmen?

Das ist mit Hilfe der so genannten **ersten Kirchhoffschen Regel** (Knotenregel) möglich. Diese Regel besagt, dass sich an einem Knoten die zufließenden und abfließenden Ströme zu Null addieren. Physikalisch bedeutet das, dass sich keine Elektronen in einem Knoten akkumulieren dürfen: Die Elektronen, die in den Knoten hinein fließen, müssen auch wieder herauskommen. Angewendet z. B. auf den Knoten v_2 in Abb. 7.4 heißt das, dass sich die zufließenden Ströme $I_{1,2}$, $I_{3,2}$ und $I_{6,2}$ zu 0 addieren:

$$I_{1,2} + I_{3,2} + I_{6,2} = 0. \tag{7.10}$$

---

[6]Dies entspricht in der Differentialrechnung der Tatsache, dass eine Stammfunktion $F(x)$ einer Funktion $f(x)$ (d. h. eine Funktion $F(X)$, deren Ableitung $f(x)$ ist), bis auf eine additive Konstante – die beliebig gewählt werden kann – wohldefiniert ist.

[7]Physikalisch kann das so gedeutet werden, dass der Minuspol geerdet wird.

Weil der Widerstand zwischen v_1 und v_2 den Wert 1 Ohm besitzt, kann der Strom $I_{1,2}$ mit Hilfe des Ohmschen Gesetzes (7.8) als

$$I_{1,2} = \frac{U_{1,2}}{1} = U_{1,2} = V_1 - V_2$$

geschrieben werden. Auf die gleiche Weise können wir $I_{3,2}$ durch $V_3 - V_2$ und $I_{6,2}$ durch $V_6 - V_2$ beschreiben. Durch Einsetzen dieser Zusammenhänge in (7.10) ergibt sich

$$(V_1 - V_2) + (V_3 - V_2) + (V_6 - V_2) = 0,$$

und wenn wir diese Gleichung nach V_2 umstellen, ergibt sich

$$V_2 = \tfrac{1}{3}(V_1 + V_3 + V_6).$$

In Worten bedeutet dies, dass das Potenzial V_2 gleich dem Mittelwert der entsprechenden Größen der Nachbarknoten ist. Diese Beziehung kommt uns sehr bekannt vor; wir hatten sie bereits bei unseren Berechnungen der Eintreffwahrscheinlichkeiten von Irrfahrten hergeleitet – siehe (7.2). Die entsprechenden Berechnungen für die zufließenden Ströme im Knoten v_1 ergeben

$$I_{2,1} + I_{5,1} = 0$$

woraus

$$(V_2 - V_1) + (V_5 - V_1) = 0$$

folgt, so dass

$$V_1 = \tfrac{1}{2}(V_2 + V_5)$$

gilt. Wir sehen also, dass auch das Potenzial im Knoten v_1 durch den Mittelwert der Potenziale seiner Nachbarn gegeben ist. Die gleiche Herleitung können wir für die übrigen Knoten angeben (außer für v_9 und v_{12}, die beide direkt an die Spannungsquelle angeschlossen sind), so dass sich das folgende Gleichungssystem ergibt:

$$\begin{cases} V_1 & = \tfrac{1}{2}(V_2 + V_5) \\ V_2 & = \tfrac{1}{3}(V_1 + V_3 + V_6) \\ V_3 & = \tfrac{1}{3}(V_2 + V_4 + V_7) \\ V_4 & = \tfrac{1}{2}(V_3 + V_8) \\ V_5 & = \tfrac{1}{3}(V_1 + V_6 + V_9) \\ V_6 & = \tfrac{1}{4}(V_2 + V_5 + V_7 + V_{10}) \\ V_7 & = \tfrac{1}{4}(V_3 + V_6 + V_8 + V_{11}) \\ V_8 & = \tfrac{1}{3}(V_4 + V_7 + V_{12}) \\ V_9 & = 0 \\ V_{10} & = \tfrac{1}{3}(V_6 + V_9 + V_{11}) \\ V_{11} & = \tfrac{1}{3}(V_7 + V_{10} + V_{12}) \\ V_{12} & = 1. \end{cases} \qquad (7.11)$$

Dieses Gleichungssystem erkennen wir von unseren Berechnungen der Eintreffwahrscheinlichkeiten in Abschnitt 7.1 wieder: Das Gleichungssystem (7.11)
für Potenziale $V_1, \ldots, V_{12}$ ist genau das gleiche wie das System (7.3) für die
Eintreffwahrscheinlichkeiten $p_1, \ldots, p_{12}$. Aus Lemma (7.1) wissen wir, dass
das Gleichungssystem eine eindeutige Lösung besitzt, und daraus ergibt sich
$V_1 = p_1$, $V_2 = p_2$, etc. Aus Abb. 7.2 können wir deshalb ablesen, dass

$$(V_1, \ldots, V_{12}) = \left(\tfrac{92}{267}, \tfrac{117}{267}, \tfrac{150}{267}, \tfrac{175}{267}, \tfrac{67}{267}, \tfrac{109}{267}, \tfrac{158}{267}, \tfrac{200}{267}, 0, \tfrac{94}{267}, \tfrac{173}{267}, 1 \right),$$

ist, und danach ist es ein Leichtes, die Stromflüsse mit Hilfe des Ohmschen
Gesetzes zu bestimmen.

Den Zusammenhang, den wir hiermit zwischen den Eintreffwahrscheinlichkeiten von Irrfahrten einerseits und Potenzialen in Gleichstromkreisen andererseits hergestellt haben, gilt nicht nur für den Graphen in Abb. 7.1 und den
Stromkreis in Abb. 7.4. Wer den Überlegungen in diesem Kapitel bis hierher
gefolgt ist, wird das folgende Ergebnis sicherlich auch akzeptieren, auch wenn
wir den Beweis hier nicht ausführen.

Satz 7.2. *Sei G ein beliebiger endlicher und zusammenhängender Graph, und
seien v, w und u drei Knoten von G. Auf G wird eine Irrfahrt mit Start im
Knoten v gestartet. Sei p_v die Wahrscheinlichkeit, dass diese Irrfahrt den
Knoten w vor dem Knoten u erreicht.*

Konstruiere andererseits aus dem Graphen G einen Gleichstromkreis durch
(a) das Einfügen von Ein-Ohm-Widerständen längs jeder Kante von G, und
(b) den Anschluss einer Ein-Volt-Spannungsquelle mit dem Pluspol an w und
   dem Minuspol an u.
Bezeichne die daraus entstehenden Potenziale im Knoten v mit V_v. Dann gilt
die Beziehung
$$p_v = V_v.$$

Dieser Satz enthält die zentralen Botschaft dieses Kapitels und ermöglicht, bekannte Eigenschaften von Gleichstromkreisen für die Erweiterung des Wissens
über Irrfahrten auszunutzen – dazu werden wir in den Abschnitten 7.4 und
7.5 Beispiele kennenlernen. Vorher werfen wir einen Blick auf eine Verallgemeinerung.

7.3 Gewichtete Irrfahrten und Markovketten

Der Zusammenhang zwischen Irrfahrten und Gleichstromkreisen, den wir in
den beiden vorangegangenen Abschnitten etabliert haben und der im Satz 7.2
zusammengefasst wurde, beschränkt sich auf eine sehr spezielle Art von
Gleichstromkreisen, bei der die Spannungsquelle exakt 1 Volt und sämtliche

Widerstände exakt 1 Ohm sein müssen. Da diese Anforderung sehr restriktiv und deshalb unbefriedigend ist, geht es als nächstes um die Frage: Was geschieht, wenn man beliebige Spannungen und Stromstärken zulässt? Gibt es für diesen allgemeinen Fall von Gleichstromkreisen eine Variante der Irrfahrten, die der in Satz 7.2 entspricht?

Variieren wir zunächst die Spannungsquelle, indem wir einen Gleichstromkreis mit genau einer Spannungsquelle von 1 Volt durch eine andere von U Volt ersetzen. Dann müssen sämtliche Potenziale und Ströme im Stromkreis exakt mit U multipliziert werden. Einer solchen Veränderung des Stromkreises entspricht ganz einfach, dass man statt der bisherigen Einheit Volt eine neue Einheit definiert, bei der U Volt genau 1 entsprechen. Das wäre ungefähr so, als ob wir die Länge in Fuß statt in Metern messen würden und ist deshalb nicht besonders interessant. Die neue Spannungsquelle bewirkt auch, dass die Potenziale zwischen 0 und U statt zwischen 0 und 1 variieren, so dass (zumindest für $U > 1$) jede Interpretation des Potenzials als Wahrscheinlichkeit ausgeschlossen ist. Aus diesem Grund beschränken wir uns im Folgenden ausschließlich auf Stromkreise mit einer Spannungsquelle von exakt 1 Volt.

Eine gleichermaßen uninteressante Situation ergibt sich in einem Stromkreis mit ausschließlich Ein-Ohm-Widerständen. Werden alle Widerstände durch R-Ohm-Widerstände ersetzt, würden im Vergleich zum ursprünglichen Stromkreis die Potenziale unverändert bleiben, während alle Ströme durch R dividiert werden müssten, um den Ausgangszustand wieder herzustellen.

Im Gegensatz zu dieser sehr speziellen Situation kann man sich vorstellen, dass in einem Gleichstromkreis mit mehr als einem Widerstand nicht unbedingt alle Widerstandswerte denselben Wert annehmen. Lassen wir allerdings verschiedene Widerstände mit unterschiedlichen Widerstandswerten zu, dann gibt es kein einfaches Verfahren durch Umskalieren von Spannungen und Strömen, mit dem man ein Stromkreis erzeugen kann, dessen Widerstände alle genau 1 Ohm betragen. Betrachten wir zum Beispiel den Stromkreis in Abb. 7.5, in dem der Widerstand zwischen zwei angrenzenden Knoten v_i und v_j mit $R_{i,j}$ bezeichnet ist. (Die Potenziale V_i und die Ströme $I_{i,j}$ sind wie im vorhergehenden Abschnitt definiert.) Wenden wir, analog zur Analyse des vorhergehenden Abschnitts, die Kirchhoffsche Knotenregel am Knoten v_1 an, erhalten wir

$$I_{2,1} + I_{4,1} = 0 \, ,$$

was mit Hilfe des Ohmschen Gesetzes auf die Beziehung

$$\frac{V_2 - V_1}{R_{1,2}} + \frac{V_4 - V_1}{R_{1,4}} = 0 \, ,$$

führt. Durch Auflösen dieser Gleichung nach V_1 ergibt sich

$$V_1 = \frac{\frac{V_2}{R_{1,2}} + \frac{V_4}{R_{1,4}}}{\frac{1}{R_{1,2}} + \frac{1}{R_{1,4}}} \, . \tag{7.12}$$

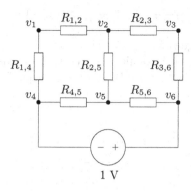

Abb. 7.5. Ein Gleichstromkreis, in dem wir beliebige positive Widerstandswerte $R_{1,2}, R_{2,3}, R_{1,4}, R_{2,5}, R_{3,6}, R_{4,5}$ und $R_{5,6}$ zulassen.

Beschreiben wir die Widerstände mit Hilfe ihrer *Leitfähigkeit* anstatt ihres Widerstandswertes, wird die Bedeutung von Gleichung (7.12) verständlicher. Der Leitwert C eines Widerstandes wird ganz einfach als Kehrwert des Widerstandswertes R definiert:

$$C = \frac{1}{R}.$$

Mit dem Leitwert als physikalischer Größe kann man genauso „natürlich" arbeiten wie mit dem Widerstandswert: Während der Widerstandswert angibt, welche Spannung benötigt wird, damit ein Ampere Strom durch den Widerstand fließt, so gibt der Leitwert an, wie viel Strom pro Volt angelegter Spannung fließt.

Im Stromkreis in Abb. 7.5 bezeichnen wir mit $C_{i,j}$ ($= \frac{1}{R_{i,j}}$) den Leitwert des Widerstands zwischen den Knoten v_i und v_j. Bei Verwendung des Leitwerts anstelle des Widerstandswerts ergibt sich für Gleichung (7.12)

$$V_1 = \frac{C_{1,2}V_2 + C_{1,4}V_4}{C_{1,2} + C_{1,4}}$$
$$= \frac{C_{1,2}}{C_{1,2}+C_{1,4}}\, V_2 + \frac{C_{1,4}}{C_{1,2}+C_{1,4}}\, V_4\,.$$

Diese Gleichung macht deutlich, dass V_1 nicht der *Mittelwert* der benachbarten Potenziale ist (wie im Fall der Ein-Ohm-Widerstände) sondern stattdessen ein *gewichteter* Mittelwert, bei dem V_2 das Gewicht $\frac{C_{1,2}}{C_{1,2}+C_{1,4}}$ und V_4 das Gewicht $\frac{C_{1,4}}{C_{1,2}+C_{1,4}}$ erhält. Der Zähler in den Gewichten gibt an, dass sich die Potenziale proportional zum Leitwert verhalten, während die Nenner garantieren, dass sich die Gewichte zu 1 aufsummieren.

Wendet man die Kirchhoffsche Knotenregel in gleicher Weise auf den Knoten v_2 an, ergibt sich die folgende Gleichung

$$V_2 = \frac{C_{1,2}}{C_{1,2}+C_{2,3}+C_{2,5}}\, V_1 + \frac{C_{2,3}}{C_{1,2}+C_{2,3}+C_{2,5}}\, V_3 + \frac{C_{2,5}}{C_{1,2}+C_{2,3}+C_{2,5}}\, V_5\,,$$

der wiederum ein gewichteter Mittelwert ist. Entsprechendes gilt auch für die Knoten v_3 und v_5 (jedoch nicht für v_4 und v_6, die ja direkt an die Spannungsquelle angeschlossen sind), so dass sich das folgende Gleichungssystem ergibt:

$$
\begin{cases}
V_1 = \dfrac{C_{1,2}}{C_{1,2}+C_{1,4}}\, V_2 + \dfrac{C_{1,4}}{C_{1,2}+C_{1,4}}\, V_4 \\[2mm]
V_2 = \dfrac{C_{1,2}}{C_{1,2}+C_{2,3}+C_{2,5}}\, V_1 + \dfrac{C_{2,3}}{C_{1,2}+C_{2,3}+C_{2,5}}\, V_3 + \dfrac{C_{2,5}}{C_{1,2}+C_{2,3}+C_{2,5}}\, V_5 \\[2mm]
V_3 = \dfrac{C_{2,3}}{C_{2,3}+C_{3,6}}\, V_2 + \dfrac{C_{3,6}}{C_{2,3}+C_{3,6}}\, V_6 \\[2mm]
V_4 = 0 \\[2mm]
V_5 = \dfrac{C_{2,5}}{C_{2,5}+C_{4,5}+C_{5,6}}\, V_2 + \dfrac{C_{4,5}}{C_{2,5}+C_{4,5}+C_{5,6}}\, V_4 + \dfrac{C_{5,6}}{C_{2,5}+C_{4,5}+C_{5,6}}\, V_6 \\[2mm]
V_6 = 1\,.
\end{cases}
\tag{7.13}
$$

Dieses Gleichungssystem – bei dem die Leitwerte als bekannt angesehen werden und somit nur $V_1, \dots, V_6$ unbekannt sind – hat eine eindeutige Lösung. Wir überspringen den Beweis dieser Behauptung: man kann ihn durch eine einfache Anpassung des Beweises von Lemma 7.1 ableiten. Wir werden jetzt eine modifizierte Irrfahrt auf dem Graphen G in Abb. 7.6 definieren, mit der Eigenschaft, dass für jeden Knoten v_i des Graphen das Folgende gilt: Wenn die modifizierte Irrfahrt in v_i startet, und wir mit p_i die Wahrscheinlichkeit bezeichnen, dass Knoten v_6 vor v_4 erreicht wird, so soll diese Wahrscheinlichkeit dieselbe sein wie das entsprechende Potenzial im Kreis in Abb. 7.5, so dass

$$p_i = V_i\,. \tag{7.14}$$

gilt. Gleichung (7.14) gilt automatisch für $i = 4$ und $i = 6$, da $V_4 = 0$ und $V_6 = 1$ ist; doch wie können wir erreichen, dass Gleichung (7.14) auch für für die anderen i erfüllt ist?

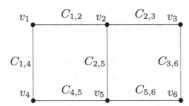

Abb. 7.6. In diesem Graphen wollen wir eine modifizierte Irrfahrt mit der Eigenschaft definieren, dass bei Start der Irrfahrt im Knoten v_i, die Wahrscheinlichkeit p_i, dass Knoten v_6 vor v_4 erreicht wird, gleich dem entsprechenden Potenzial V_i des Stromkreises in Abb. 7.5 ist.

Weil die Potenziale $V_1, \ldots, V_6$ das Gleichungssystem (7.13) erfüllen, und auch die Wahrscheinlichkeiten $p_1, \ldots, p_6$ die Gleichung (7.14) erfüllen sollen, können wir aus der ersten Zeile des Gleichungssystems schließen, dass p_1, p_2 und p_4 zusammen die Gleichung

$$p_1 = \frac{C_{1,2}}{C_{1,2}+C_{1,4}} \, p_2 + \frac{C_{1,4}}{C_{1,2}+C_{1,4}} \, p_4 \, . \tag{7.15}$$

erfüllen müssen.

Diese Gleichung motiviert uns, die folgende Modifikation der gewöhnlichen Irrfahrt zu definieren: Jemand, der sich in v_1 befindet, geht im nächsten Schritt zu einem der Nachbarn v_1 oder v_4, jedoch nicht mit Wahrscheinlichkeit $\frac{1}{2}$ für beide Nachbarn, wie bei der gewöhnlichen Irrfahrt, sondern mit Wahrscheinlichkeiten proportional zu den Leitwerten, die den Kanten zugeordnet sind: mit Wahrscheinlichkeit $\frac{C_{1,2}}{C_{1,2}+C_{1,4}}$ nach v_2 und mit Wahrscheinlichkeit $\frac{C_{1,4}}{C_{1,2}+C_{1,4}}$ nach v_4.

Auf die gleiche Weise verfahren wir mit den übrigen Kanten: die Wahrscheinlichkeit, zum einen oder anderen Nachbarn zu gehen, wird proportional zu den jeweiligen Leitwerte gesetzt. Jemand, der sich in einem Knoten v_i befindet, geht mit den jeweiligen Wahrscheinlichkeiten

$$\frac{C_{i,j_1}}{C_i}, \, \ldots, \, \frac{C_{i,j_n}}{C_i} \tag{7.16}$$

zu einem der Nachbarn $v_{j_1}, \ldots, v_{j_n}$, wobei $C_i = \sum_{l=1}^{n} C_{i,j_l}$ die Summe der Leitwerte der Widerstände bezeichnet, die an v_i angeschlossen sind. Die Leitwerte können somit als das Gewicht der Kanten angesehen werden, und wir nennen diese Modifikation der gewöhnlichen Irrfahrt eine **gewichtete Irrfahrt**.

Wir starten jetzt eine gewichtete Irrfahrt im Knoten v_1 und bezeichnen die nacheinander erreichten Positionen mit $X(0), X(1), \ldots$, so dass $X(0) = v_1$ gilt. Sei A das Ereignis, dass v_4 vor v_6 erreicht wird. Wenden wir die entsprechende Bedingung wie im Zusammenhang mit der gewöhnlichen Irrfahrt in (7.1) an, so ergibt sich

$$\begin{aligned} p_1 = \mathbf{P}(A) &= \frac{C_{1,2}}{C_{1,2}+C_{1,4}} \, \mathbf{P}(A \mid X(1) = v_2) + \frac{C_{1,4}}{C_{1,2}+C_{1,4}} \, \mathbf{P}(A \mid X(1) = v_4) \\ &= \frac{C_{1,2}}{C_{1,2}+C_{1,4}} \, p_2 + \frac{C_{1,4}}{C_{1,2}+C_{1,4}} \, p_4 \, , \end{aligned}$$

und der Zusammenhang mit (7.15) ist gezeigt. Die entsprechenden Wahrscheinlichkeiten für die übrigen Knoten ergeben das Gleichungssystem

$$\begin{cases} p_1 = \frac{C_{1,2}}{C_{1,2}+C_{1,4}}\, p_2 + \frac{C_{1,4}}{C_{1,2}+C_{1,4}}\, p_4 \\[2mm] p_2 = \frac{C_{1,2}}{C_{1,2}+C_{2,3}+C_{2,5}}\, p_1 + \frac{C_{2,3}}{C_{1,2}+C_{2,3}+C_{2,5}}\, p_3 + \frac{C_{2,5}}{C_{1,2}+C_{2,3}+C_{2,5}}\, p_5 \\[2mm] p_3 = \frac{C_{2,3}}{C_{2,3}+C_{3,6}}\, p_2 + \frac{C_{3,6}}{C_{2,3}+C_{3,6}}\, p_6 \\[2mm] p_4 = 0 \\[2mm] p_5 = \frac{C_{2,5}}{C_{2,5}+C_{4,5}+C_{5,6}}\, p_2 + \frac{C_{4,5}}{C_{2,5}+C_{4,5}+C_{5,6}}\, p_4 + \frac{C_{5,6}}{C_{2,5}+C_{4,5}+C_{5,6}}\, p_6 \\[2mm] p_6 = 1\,. \end{cases} \qquad (7.17)$$

Dieses System ist identisch mit (7.13), und hat deshalb die gleiche (eindeutige) Lösung, so dass die gewünschte Beziehung (7.14) folglich in jedem Knoten gilt.

Wie in den vorhergehenden beiden Abschnitten ist der erhaltene Zusammenhang natürlich nicht nur für die beiden untersuchten Beispiele richtig (in diesem Fall der Stromkreis in Abb. 7.5 und die gewichtete Irrfahrt auf dem Graphen in Abb. 7.6), sondern wesentlich allgemeiner richtig. Wir können sogar jeden beliebigen Stromkreis des Typs nehmen, den wir in Abschnitt 7.2 untersucht haben, und die Ein-Ohm-Widerstände durch beliebige Leitwerte ersetzen. Analog zu Satz 7.2 würden wir dabei feststellen, dass die elektrischen Potenziale im modifizierten Stromkreis gleich den Eintreffwahrscheinlichkeiten der gewichteten Irrfahrt sind, bei der die Gewichte der Kanten durch die Leitwerte des Stromkreises gegeben sind.

Irrfahrten und gewichtete Irrfahrten sind Beispiele für so genannte **Markovketten**. Markovketten sind spezielle zufällige Prozesse, und ihr Studium ist eines der größten und wichtigsten Teilgebiete der modernen Wahrscheinlichkeitstheorie.

Eine Markovkette mit Zustandsraum $\{v_1, v_2, \ldots, v_n\}$ ist eine Folge von Zufallsgrößen[8] $X(0), X(1), X(2), \ldots$, bei der jede einzelne einen der Werte $v_1, \ldots, v_n$ annimmt, und die auf folgende Weise erzeugt wird: Wenn die Ausprägungen der $X(0), X(1), \ldots, X(k)$ gegeben sind, d. h. wie sich die Markovkette bis zur Zeit k entwickelt, dann wird der nächste Zustand $X(k+1)$ gemäß einer Verteilung über dem Zustandsraum $\{v_1, v_2, \ldots, v_n\}$ gewählt, die allein auf $X(k)$ beruht; *die früheren Zufallsgrößen* $X(0), X(1), \ldots, X(k-1)$ *dürfen nicht berücksichtigt werden*.

Eine Irrfahrt ist ein Beispiel einer Markovkette, weil sie die richtige Art der „Vergesslichkeit" besitzt: Wenn sich ein Zufallswanderer zur Zeit k in einem gewissen Knoten v befindet, wird er zum nächsten Zeitpunkt $k+1$ zu einem auf gut Glück ausgewählten Nachbarn von v gelangen. Dabei spielt es keine Rolle, wo sich der Zufallswanderer vor der Zeit k befand. Entsprechendes gilt auch für gewichtete Irrfahrten.

---

[8]Oder genauer gesagt: ein stochastischer Prozess.

Die Parameter einer Markovkette werden in der so genannten **Übergangs-matrix** zusammenfasst:

$$
M = \begin{bmatrix}
M_{1,1} & M_{1,2} & \cdots & M_{1,n} \\
M_{2,1} & M_{2,2} & \cdots & M_{2,n} \\
\vdots & \vdots & & \vdots \\
M_{n,1} & M_{n,2} & \cdots & M_{n,n}
\end{bmatrix}
$$

bei der ein Element $M_{i,j}$ die bedingte Wahrscheinlichkeit beschreibt, dass die Markovkette im nächsten Zeitpunkt in den Zustand v_j gelangt, vorausgesetzt, sie befindet sich „jetzt" in v_i. Wenn $X(k) = v_i$ gilt, gibt die Zeile i der Übergangsmatrix die bedingte Verteilung für $X(k+1)$ an (gegeben alles, was bis zur Zeit k geschehen ist), die dann entsprechend

$$
X(k+1) = \begin{cases}
v_1 \text{ mit Wahrscheinlichkeit } M_{i,1} \\
v_2 \text{ mit Wahrscheinlichkeit } M_{i,2} \\
\vdots \\
v_n \text{ mit Wahrscheinlichkeit } M_{i,n}
\end{cases}
\tag{7.18}
$$

gewählt wird. Die Elemente $M_{i,j}$ der Übergangsmatrix müssen zwischen 0 und 1 liegen, da sie Wahrscheinlichkeiten repräsentieren; außerdem müssen die Zeilensummen der Matrix 1 ergeben, so dass sich die Wahrscheinlichkeiten in (7.18) zu 1 summieren.

Als Beispiel betrachten wir die Übergangsmatrix der Irrfahrt in Abb. 7.1.

$$
M = \begin{bmatrix}
0 & \frac{1}{2} & 0 & 0 & \frac{1}{2} & 0 & 0 & 0 & 0 & 0 & 0 & 0 \\
\frac{1}{3} & 0 & \frac{1}{3} & 0 & 0 & \frac{1}{3} & 0 & 0 & 0 & 0 & 0 & 0 \\
0 & \frac{1}{3} & 0 & \frac{1}{3} & 0 & 0 & \frac{1}{3} & 0 & 0 & 0 & 0 & 0 \\
0 & 0 & \frac{1}{2} & 0 & 0 & 0 & 0 & \frac{1}{2} & 0 & 0 & 0 & 0 \\
\frac{1}{3} & 0 & 0 & 0 & 0 & \frac{1}{3} & 0 & 0 & \frac{1}{3} & 0 & 0 & 0 \\
0 & \frac{1}{4} & 0 & 0 & \frac{1}{4} & 0 & \frac{1}{4} & 0 & 0 & \frac{1}{4} & 0 & 0 \\
0 & 0 & \frac{1}{4} & 0 & 0 & \frac{1}{4} & 0 & \frac{1}{4} & 0 & 0 & \frac{1}{4} & 0 \\
0 & 0 & 0 & \frac{1}{3} & 0 & 0 & \frac{1}{3} & 0 & 0 & 0 & 0 & \frac{1}{3} \\
0 & 0 & 0 & 0 & \frac{1}{2} & 0 & 0 & 0 & 0 & \frac{1}{2} & 0 & 0 \\
0 & 0 & 0 & 0 & 0 & \frac{1}{3} & 0 & 0 & \frac{1}{3} & 0 & \frac{1}{3} & 0 \\
0 & 0 & 0 & 0 & 0 & 0 & \frac{1}{3} & 0 & 0 & \frac{1}{3} & 0 & \frac{1}{3} \\
0 & 0 & 0 & 0 & 0 & 0 & 0 & \frac{1}{2} & 0 & 0 & \frac{1}{2} & 0
\end{bmatrix}
$$

Die zweite Zeile der Matrix besagt zum Beispiel, dass ein Zufallswanderer, der sich in v_2 befindet, im nächsten Schritt jeweils mit Wahrscheinlichkeit $\frac{1}{3}$ nach v_1, v_3 oder v_6 gelangt.

Offenbar kann jede gewichtete Irrfahrt als Markovkette beschrieben werden. Als nächstes wollen wir die Frage stellen, inwiefern die Umkehrung dieser Aussage gilt:

Kann jede Markovkette durch eine gewichtete Irrfahrt repräsentiert werden?

Die Antwort ist „nein", und zwar aus zwei Gründen. Der erste von beiden ist trivial und kann leicht behoben werden, während der andere fundamentaler ist.

Der erste Einwand dagegen, dass jede Markovkette auch eine gewichtete Irrfahrt ist, liegt in der Tatsache begründet, dass Markovketten auch Bewegungen von einem Zustand zu sich selbst zulassen, während dies bei Irrfahrten, wie sie oben definiert sind, nicht möglich ist. Das kann man jedoch dadurch korrigieren, dass man im Graphen, der der gewichteten Irrfahrt zu Grunde liegt, auch so genannte „Loops" zulässt: Kanten, die in ein und demselben Knoten beginnen und enden. So kann zum Beispiel die Markovkette mit einer Übergangsmatrix

$$M = \begin{bmatrix} \frac{1}{5} & \frac{2}{5} & \frac{2}{5} \\ \frac{2}{5} & 0 & \frac{3}{5} \\ \frac{2}{5} & \frac{3}{5} & 0 \end{bmatrix} \tag{7.19}$$

(die zulässt, dass man in der Markovkette einen Schritt von v_1 nach v_1 geht) als gewichtete Irrfahrt gemäß Abb. 7.7 repräsentiert werden.

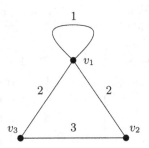

Abb. 7.7. Der Graph einer gewichteten Irrfahrt die einer Markovkette mit der Übergangsmatrix M in (7.19) entspricht. Die Ziffern an den Kanten – inklusive dem Loop bei v_1 – geben ihre Gewichte an.

Nun zum zweiten und bedeutenderen Einwand: Es gibt Markovketten, die sich von gewichteten Irrfahrten wesentlich unterscheiden. Betrachten wir z. B. die Markovkette mit dem Zustandsraum $\{v_1, v_2, v_3, v_4\}$ und der Übergangsmatrix

$$M = \begin{bmatrix} 0 & \frac{2}{3} & 0 & \frac{1}{3} \\ \frac{1}{3} & 0 & \frac{2}{3} & 0 \\ 0 & \frac{1}{3} & 0 & \frac{2}{3} \\ \frac{2}{3} & 0 & \frac{1}{3} & 0 \end{bmatrix} . \tag{7.20}$$

Diese Markovkette kann als Wanderung auf dem Graphen in Abb. 7.8 gedeutet werden: in welchem Knoten man sich auch befindet, geht man mit Wahrscheinlichkeit $\frac{2}{3}$ einen Schritt in Uhrzeigersinn und mit Wahrscheinlichkeit $\frac{1}{3}$ einen Schritt gegen den Uhrzeigersinn.

Versuchen wir jetzt, den Kanten der Graphen in Abb. 7.8 geeignete Gewichte $C_{1,2}$, $C_{2,3}$, $C_{3,4}$ und $C_{1,4}$ zu geben, so dass die gewichtete Irrfahrt der Übergangsmatrix (7.20) entspricht. In der ersten Zeile in M sehen wir dass derjenige, der in v_1 steht, mit einer doppelt so großen Wahrscheinlichkeit den nächsten Schritt nach v_2 als nach v_4 geht, so dass $C_{1,2}$ doppelt so groß sein muss wie $C_{1,4}$. Also gilt $C_{1,2} = 2\,C_{1,4}$. Geht man in gleicher Weise mit der zweiten, dritten und vierten Zeile in (7.20) vor, ergibt sich $C_{2,3} = 2\,C_{1,2}$, $C_{3,4} = 2\,C_{2,3}$ und $C_{1,4} = 2\,C_{3,4}$. Zusammengefasst führen diese Beziehungen auf

$$C_{1,4} = 2\,C_{3,4} = 4\,C_{2,3} = 8\,C_{1,2} = 16\,C_{1,4}\,.$$

Damit die rechte Seite mit der linken übereinstimmt, muss $C_{1,4} = 0$ gelten, was dazu führt, dass die übrigen Leitfähigkeiten auch 0 werden. Demzufolge ergibt sich, dass die Übergangswahrscheinlichkeiten (die für gewichtete Irrfahrten durch (7.16)) gegeben sind) vom Typ 0/0 sind, und wir stellen fest, dass eine Markovkette mit einer Übergangsmatrix wie in (7.20) nicht durch eine gewichtete Irrfahrt dargestellt werden kann.

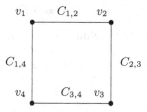

Abb. 7.8. Welche Gewichte $C_{1,2}$, $C_{2,3}$, $C_{3,4}$ und $C_{1,4}$ sollten den Kanten zugeordnet werden, damit dies eine gewichtete Irrfahrt wird, die der Übergangsmatrix in (7.20) entspricht?

◇ ◇ ◇ ◇

Markovketten, die durch eine gewichtete Irrfahrt im obigen Sinne dargestellt werden können, werden als **reversible** Markovketten bezeichnet, während die anderen Markovketten **irreversibel** genannt werden. Irreversible Markovketten sprengen den Rahmen dessen, was mit Hilfe von Gleichstromkreisen analysiert werden kann – und liegen damit außerhalb des Stoffes von Doyle & Snell (1984).[9]

---

[9]Reversibel ist hier eine Abkürzung für **zeitreversibel**. Diese Bezeichnung beruht (grob gesagt) auf folgender Eigenschaft: Filmt man den Verlauf der Markov-

Sowohl reversible als auch irreversible Markovketten sind Gegenstand sehr umfassender mathematischer Theorien. Was die Anwendungen betrifft, waren Untersuchungen zu Warteschlangen-Systemen[10] (die unter anderem im Zusammenhang mit der Telekommunikation relevant sind) lange Zeit das wichtigste Gebiet, während im letzten Jahrzehnt andere Anwendungen Aufmerksamkeit fanden. Dazu gehört unter anderem die so genannte **Markov-Ketten Monte Carlo**-Methode[11] für Berechnungen innerhalb der immer populäreren Bayes' Schule (die bereits im Abschnitt 2.5 erwähnt wurde), die statistische Behandlung und bioinformatische[12] Analysen von DNS-Strängen und anderen biologischen Sequenzdaten ermöglicht.

7.4 Leistungsminimierung

Wenn elektrischer Strom durch einen Widerstand fließt, entwickelt sich im Widerstand Wärme, und die elektrische Energie wird in Wärmeenergie umgewandelt. Die Energieumwandlung pro Zeiteinheit wird **Leistung** genannt und mit E bezeichnet. Der Strom I ist ein Maß für die Menge der Ladung (man kann sich darunter die Anzahl der Elektronen[13] vorstellen), die den Widerstand pro Zeiteinheit passiert, und die Spannung U ist ein Ausdruck dafür, wie viel elektrische Energie jede Ladungseinheit pro Zeiteinheit verliert. Die Leistung ist deshalb

$$E = I\,U\,,$$

was unter Verwendung des Ohmschen Gesetzes entweder als

$$E = I^2 R \tag{7.21}$$

oder als

$$E = \frac{U^2}{R} \tag{7.22}$$

---

kette während einer langen Zeit, und sieht sich anschließend diesen Film an, so hat man keine Möglichkeit zu entscheiden, ob der Film vorwärts oder rückwärts gezeigt wird. Diese Eigenschaft besitzen irreversible Markovketten wie die in (7.20) nicht: Vorwärts sieht der Film aus, als ob sich die Markovkette auf dem Graphen in Abb. 7.8 weitgehend im Uhrzeigersinn bewegt; betrachtet man den Film jedoch rückwärts, bewegt sie sich gegen den Uhrzeigersinn.

Für irreversible Markovketten benötigt man so genannte *gerichtete* Graphen, auf die wir in diesem Buch nicht eingehen. Für eine Einführung in die Theorie der Markovketten mit anderen Schwerpunkten als in Doyle & Snell (1984) verweisen wir beispielsweise auf Norris (1997), Enger & Grandell (2000) oder Häggström (2002b).

[10] Asmussen (2003).

[11] Gilks et al. (1996), Häggström (2002b).

[12] Koski (2001).

[13] Ein Stromfluss von einem Ampere entspricht circa $6 \cdot 10^{18}$ Elektronen pro Sekunde.

geschrieben werden kann. Wenn wir jetzt einen Gleichstromkreis wie z. B. den in Abb. 7.4 oder den in Abb. 7.5 betrachten, so ist die gesamte Leistungsentwicklung E_{tot} des Stromkreises gleich der Summe der Leistungen der einzelnen Widerstände:

$$E_{\text{tot}} = \sum_{\langle v_i, v_j \rangle} \frac{U_{i,j}^2}{R_{i,j}} = \sum_{\langle v_i, v_j \rangle} \frac{(V_i - V_j)^2}{R_{i,j}}, \tag{7.23}$$

wobei die Summe über alle Paare $\langle v_i, v_j \rangle$ berechnet wird, die durch einen Widerstand verbunden sind (dabei wird jedes Paar nur einmal gezählt).

In den Abschnitten 7.2 und 7.3 sahen wir, wie sich die Potenziale $V_1, \ldots, V_k$ als Lösungen eines Gleichungssystems ergaben, das mit Hilfe des Ohmschen Gesetzes und der Kirchhoffschen Regeln hergeleitet werden konnte. Wir wollen als nächstes das **Dirichlet-Prinzip** formulieren, mit dem man die Potenziale $V_1, \ldots, V_k$ noch etwas anders charakterisieren kann: Die Potenziale erhalten solche Werte, dass die Gesamtleistung (7.23) des Stromkreises so klein wie möglich wird.

Sei G ein zusammenhängender Graph mit der Knotenmenge $\{v_1, \ldots, v_k\}$ und positiven Größen $R_{i,j}$, die den Kanten des Graphen zugeordnet sind. Für eine beliebige Zuordnung $\mathbf{W} = (W_1, \ldots, W_k)$ reeller Zahlen zu den Knoten können wir $E_{\text{tot}}(\mathbf{W})$ als

$$E_{\text{tot}}(\mathbf{W}) = \sum_{\langle v_i, v_j \rangle} \frac{(W_i - W_j)^2}{R_{i,j}} \tag{7.24}$$

definieren. $E_{\text{tot}}(\mathbf{W})$ ist eine Summe von Quadraten und kann deshalb nicht negativ werden. Allerdings wird diese Summe 0, wenn man $W_1 = W_2 = \ldots = W_k$ setzt, und diese Wahl von $\mathbf{W}$ stellt aus Sicht unserer Zielstellung – E_{tot} zu minimieren – eine optimale Wahl dar. Das Minimierungsproblem wird schwieriger, wenn wir $\mathbf{W}$ in einigen Knoten mit bestimmten Werten festhalten wollen, z. B. $W_1 = 0$ und $W_2 = 1$.

Satz 7.3 (Dirichlet-Prinzip). *Sei G wie oben ein zusammenhängender Graph mit der Knotenmenge $\{v_1, \ldots, v_k\}$ und positiven Zahlen $R_{i,j}$, die den Kanten zugeordnet sind. Sei $\mathcal{W}$ die Klasse aller reellwertigen Tupel $\mathbf{W} = (W_1, \ldots, W_k)$, so dass $W_1 = 0$ und $W_2 = 1$ ist. Dann gilt*

$$\min_{\mathbf{W} \in \mathcal{W}} E_{\text{tot}}(\mathbf{W}) = E_{\text{tot}}(\mathbf{V})$$

wobei $\mathbf{V} = (V_1, \ldots, V_k)$ die elektrischen Potenziale der Knoten $v_1, \ldots, v_k$ sind, wenn man längs jeder Kante $\langle v_i, v_j \rangle$ des Graphen einen Widerstand mit dem Wert $R_{i,j}$ anschließt und außerdem eine Ein-Volt-Spannungsquelle mit dem Minuspol an v_1 und dem Pluspol an v_2 anlegt.

Viele physikalische Systeme tendieren zu einem Zustand, bei dem die Energie bzw. die Leistung des Systems minimiert wird. Das gilt auch für Gleichstromkreise, deren Potenziale $V_1, \ldots, V_k$ sich entsprechend dem Dirichlet-Prinzip so einstellen, dass die Leistung des Stromkreises minimal ist.

Beweis (von Satz 7.3). Wir können die Werte $W_3, W_4, \ldots, W_k$ variieren, so dass die Minimierung von $E_{\text{tot}}(\mathbf{W})$ ein $(k-2)$-dimensionales Minimierungsproblem wird. Um das Problem am Anfang einfacher zu gestalten, wollen wir damit beginnen, die Werte $W_1, W_2, \ldots, W_{i-1}$ und $W_{i+1}, W_{i+2}, \ldots, W_k$ als fest anzusehen, und annehmen, dass wir den Wert von W_i finden wollen, der $E_{\text{tot}}(\mathbf{W})$ minimiert – ein eindimensionales Minimierungsproblem.

Bezeichnen wir die Nachbarn von v_i mit $v_{j_1}, \ldots, v_{j_n}$. Wenn wir durch Variation von W_i die Gesamtleistung $E_{\text{tot}}(\mathbf{W})$ minimieren wollen, entspricht das der Minimierung der Summe

$$\sum_{l=1}^{n} \frac{(W_i - W_{i,j_l})^2}{R_{i,j_l}},\tag{7.25}$$

weil die übrigen Terme der rechten Seite von (7.24) nicht durch die Variation von W_i beeinflusst werden. Sei $f(W_i)$ die Summe in (7.25). Die Ableitung von $f(W_i)$ bezüglich W_i ist durch

$$f'(W_i) = \sum_{l=1}^{n} \frac{2(W_i - W_{j_l})}{R_{i,j_l}}$$
$$= 2 \sum_{l=1}^{n} C_{j_l}(W_i - W_{j_l})$$

gegeben, wobei wir die Bezeichnung der Leitwerte $C_{i,j_l} = \frac{1}{R_{i,j_l}}$ verwenden. Leiten wir diesen Ausdruck noch einmal ab, erhalten wir die zweite Ableitung

$$f''(W_i) = 2 \sum_{l=1}^{n} C_{i,j_l},$$

die positiv ist (weil die Leitwerte positiv sind). Deshalb wäre eine Nullstelle der ersten Ableitung $f'(W_i)$ ein Punkt, an dem $f(W_i)$ minimiert wird. Wenn wir $f'(W_i) = 0$ setzen und nach W_i auflösen, erhalten wir

$$W_i = \frac{C_{i,j_1} W_{j_1} + \cdots + C_{i,j_n} W_{j_n}}{C_{i,j_1} + \cdots + C_{i,j_n}},\tag{7.26}$$

den gewichteten Mittelwert der $W_{j_1}, \ldots, W_{j_n}$, wobei die Gewichte proportional zu den Leitwerten $C_{i,j_1}, \ldots, C_{i,j_n}$ sind.

Nehmen wir jetzt an, dass $\mathbf{W}$ *nicht gleich* der Menge $\mathbf{V} = (V_1, \ldots, V_k)$ der Potenziale ist, die wir im Stromkreis erhalten. Wir wissen, dass $\mathbf{V}$ die eindeutige Lösung des Gleichungssystems ist, bei dem jedes V_i (außer V_1 und V_2) wie in (7.26) ein gewichteter Mittelwert der Nachbarpotenziale ist. Wenn also $\mathbf{W} \neq \mathbf{V}$ gilt, dann gibt es (mindestens) einen Knoten v_i (außer v_1 und v_2), für den Gleichung (7.26) nicht gilt. In diesem Fall können wir E_{tot} jedoch strikt verkleinern, indem wir W_i gleich dem gewichteten Mittelwert in (7.26) setzen. Damit wissen wir, dass $\mathbf{W}$ die Gesamtleistung E_{tot} nicht minimiert.

Weil die einzige Annahme über $\mathbf{W}$ war, dass $\mathbf{W}$ nicht gleich $\mathbf{V}$ ist, kann nur $\mathbf{V}$ die Gesamtleistung E_{tot} minimieren, was den Beweis abschließt.[14] $\square$

Während das Dirichlet-Prinzip eine klare und intuitive elektrotechnische Interpretation besitzt – die Potenziale im Gleichstromkreis verhalten sich so, dass die Gesamtleistung minimiert wird – ist es nicht offensichtlich, wie dieses Prinzip in Bezug auf die Irrfahrten interpretiert werden soll. Nicht desto trotz ist es bei der Untersuchung von Irrfahrten eine große Hilfe, und wir wollen uns jetzt mit einem Beispiel dazu beschäftigen.

Eine spezielle Klasse von Graphen sind die so genannten **Zwei-Etagen-Graphen**, die auf die folgende Weise definiert sind. Man nimmt einen beliebigen Graphen G mit der Knotenmenge $\{v_1, \ldots, v_k\}$. Außerdem sei der Graph G' eine „exakte Kopie" von G. Das bedeutet, dass er die Knotenmenge $\{v'_1, \ldots, v'_k\}$ besitzt, und die Knotenpaare v'_i und v'_j nur dann durch Kanten verbunden sind, wenn die entsprechenden Knoten v_i und v_j in G durch eine Kante verbunden sind. Den Zwei-Etagen-Graphen $G^{(2)}$ erhält man dann durch Zusammenfügen der beiden Graphen G und G', in dem für jedes i die Knoten v_i und v'_i durch eine Kante verbunden werden.

Abb. 7.9 zeigt ein Beispiel eines Graphen G und den zugehörigen Zwei-Etagen-Graphen $G^{(2)}$. Wir können uns $G^{(2)}$ aus zwei exakt gleichen „Etagen" bestehend vorstellen bei der jeder Knoten der einen Etage durch eine „vertikale" Kante des entsprechenden Knoten der anderen Etage verbunden ist. Wir bezeichnen die Knoten $v_1, \ldots, v_k$ als das „Erdgeschoss" von $G^{(2)}$ und $v'_1, \ldots, v'_k$ als „Obergeschoss".

Bollobás & Brightwell (1997) untersuchten die Irrfahrt auf Zwei-Etagen-Graphen[15], und insbesondere das folgende Problem der Eintreffwahrscheinlichkeiten. Betrachten wir eine Irrfahrt, bis sie entweder einen gegebenen Knoten v_1 im Erdgeschoss oder den entsprechenden Knoten v'_1 im Obergeschoss

---

[14]Letzteres ist noch nicht ganz richtig – wirklich abgeschlossen ist der Beweis nicht, bevor wir auch nachweisen, dass ein Minimum von E_{tot} existieren muss. Das ist auf die folgende Weise möglich: Zunächst können wir uns auf solche $\mathbf{W}$ beschränken, bei denen W_i für jedes i im Intervall $[0,1]$ liegt. Dies folgt aus der Tatsache, dass, wenn wir jedes W_i das größer als 1 ist, auf 1 verringern und jedes negative $W_i < 0$ auf 0 erhöhen, sich dann alle Terme von (7.24) verringern, so dass auch E_{tot} verringert wird. Wenn wir uns auf $\mathbf{W} \in [0,1]^k$ beschränken, können wir feststellen, dass $E_{\text{tot}}(\mathbf{W})$ eine stetige Funktion von $\mathbf{W}$ ist, und schließlich den allgemeinen Satz (siehe z. B. Persson und Böiers (1988), S. 33) ausnutzen, der besagt, dass stetige Funktionen auf kompakten Mengen ($[0,1]^k$ ist kompakt) einen größten und einen kleinsten Wert besitzen.

[15]Sie befassten sich mit einer allgemeineren Klasse von Produktgraphen (siehe Fußnote 45 auf Seite 130); ein Zwei-Etagen-Graph $G^{(2)}$ kann als das kartesische Produkt von G und dem Graphen angesehen werden, der nur zwei Knoten und eine Kante besitzt.

erreicht. Wenn wir die Irrfahrt in einem Knoten v_2 im Erdgeschoss starten, ist dann die Wahrscheinlichkeit, dass v_1 vor v_1' erreicht wird, mindestens so groß wie die Wahrscheinlichkeit, zuerst auf v_1' zu treffen?

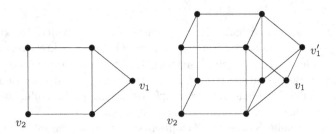

Abb. 7.9. Ein Graph G (links) und der entsprechende Zwei-Etagen-Graph $G^{(2)}$ (rechts).

Es erscheint offensichtlich, dass die Antwort auf diese Frage ja sein muss, denn der Startknoten v_2 sollte in jedem Fall näher an v_1 als an v_1' liegen.[16] Es zeigt sich jedoch, dass ähnliche Fragen, für die eine positive Antwort zunächst genauso offensichtlich erscheint, überraschenderweise verneint werden müssen.[17] Deshalb muss diese Sache näher untersucht werden. Wir werden folgenden Satz zeigen, der besagt, dass eine Irrfahrt tatsächlich eine größere Wahrscheinlichkeit besitzt, vor v_1' zunächst auf v_1 zu treffen, als umgekehrt.

Satz 7.4. *Sei $G^{(2)}$ ein zusammenhängender Zwei-Etagen-Graph mit der Knotenmenge $\{v_1, \ldots, v_k, v_1', \ldots, v_k'\}$. Betrachte zwei Knoten v_1 und v_2 im Erdgeschoss, und den Knoten v_1', der der Nachbar von v_1 im Obergeschoss ist. Starte eine Irrfahrt $X(0), X(1), \ldots$ mit $X(0) = v_2$ und definiere T_{v_1} und $T_{v_1'}$ als Zeitpunkte des ersten Eintreffens der Irrfahrt in v_1 beziehungsweise in v_1'.*

---

[16]Diese Intuition liegt auch einer Reihe anderer Probleme zu Grunde, die verschiedene Typen von stochastischen Modellen auf Zwei-Etagen-Graphen betreffen; siehe Häggström (2002d) für eine Einführung.

[17]Bollobás & Brightwell (1997) geben folgendes Beispiel an. Nehmen wir an, dass wir eine Irrfahrt zur Zeit 0 in v_i starten, und seien T_{v_j} und $T_{v_j'}$ die Zeitpunkte der ersten Ankunft bei v_j beziehungsweise v_j'. 'Ist dann, unabhängig von n, die Wahrscheinlichkeit $\mathbf{P}(T_{v_j} \leq n)$ der Ankunft in v_j spätestens zur Zeit n mindestens genauso groß wie die entsprechende Wahrscheinlichkeit $\mathbf{P}(T_{v_j'} \leq n)$ der Ankunft in v_j' spätestens zur selben Zeit n? Dies ist nicht immer so. Betrachten wir z. B. den Fall, dass G aus den drei Knoten v_1, v_2 und v_3 besteht, die in einer Reihe verbunden sind (die Kanten von G sind also $\langle v_1, v_2 \rangle$ und $\langle v_2, v_3 \rangle$) und sei $G^{(2)}$ der entsprechende Zwei-Etagen-Graph. Für eine Irrfahrt, die in v_3 gestartet wird, gilt dann – was man mit etwas Aufwand nachprüfen kann – dass die Wahrscheinlichkeit $\mathbf{P}(T_{v_1} \leq 3)$ des Eintreffens in v_1 nach spätestens 3 Zeiteinheiten gleich $\frac{1}{6}$ ist, während $\mathbf{P}(T_{v_1'} \leq 3) = \frac{2}{9}$ ist, und wir sehen, dass die Ungleichung $\frac{1}{6} < \frac{2}{9}$ in eine unerwartete Richtung zeigt!

Dann gilt

$$\mathbf{P}(T_{v_1} < T_{v_1'}) \geq \frac{1}{2}. \tag{7.27}$$

Der folgende elegante Beweis, der auf dem Dirichlet-Prinzip aufbaut, ist Bollobás & Brightwell (1997) entnommen.

Beweis (von Satz 7.4). Mit Bezeichnungen, wie denen im Abschnitt 7.1, sei p_i (beziehungsweise p_i') die Wahrscheinlichkeit, dass ein Zufallswanderer, der sich in v_i (bzw. v_i') befindet, v_1 vor v_1' erreicht. Aus Symmetriegründen stimmt die Wahrscheinlichkeit, dass ein Zufallswanderer, der in v_i startet und v_1 vor v_1' erreicht, mit der Wahrscheinlichkeit überein, dass ein Zufallswanderer, der in v_i' startet, v_1' vor v_1 erreicht. Die letztgenannte Wahrscheinlichkeit ist jedoch gleich $1 - p_i'$, so dass wir die Beziehung

$$p_i = 1 - p_i' \tag{7.28}$$

für jedes i erhalten.

Bilden wir jetzt in üblicher Weise einen Gleichstromkreis, in dem wir längs der Kanten von $G^{(2)}$ Ein-Ohm-Widerstände einfügen sowie die Knoten v_1 und v_1' an den Plus- beziehungsweise Minuspol einer Spannungsquelle von 1 Volt anschließen. Der Zusammenhang zwischen den Eintreffwahrscheinlichkeiten und Potenzialen führt dazu, dass die Potenziale $V_1, \ldots, V_k$ und $V_1', \ldots, V_k'$ des Stromkreises die Beziehungen

$$V_i = p_i \tag{7.29}$$

und

$$V_i' = p_i'$$

für jedes i erfüllen.

Wir wollen zeigen, dass das Tupel $\mathbf{V} = (V_1, \ldots, V_k, V_1', \ldots, V_k')$ von Potenzialen die Eigenschaft besitzt, dass

$$V_i \geq \frac{1}{2} \text{ für jedes } i \tag{7.30}$$

gilt. Wenn wir die Beziehung (7.30) zeigen können, dann wissen wir insbesondere, dass $V_2 \geq \frac{1}{2}$ gilt, was zusammen mit (7.29) auf $p_2 \geq \frac{1}{2}$ führt. Weil p_2 gleich der linken Seite von (7.27) ist, folgt Satz 7.4 unmittelbar.

Somit müssen wir noch (7.30) zeigen und tun dies mit einem Widerspruchsbeweis. Um einen Widerspruch zu erzeugen nehmen wir an, dass (7.30) *nicht* gilt, d. h. dass

$$V_i < \frac{1}{2} \text{ für irgendein } i \tag{7.31}$$

gilt. Wir wollen jetzt ein neues Tupel von Zahlen

$$\mathbf{W} = (W_1, \ldots, W_k, W_1', \ldots, W_k')$$

bilden, die den Knoten von $G^{(2)}$ zugeordnet sind, so dass $W_1 = 1$ und $W_1' = 0$ gilt. Das Dirichlet-Prinzip besagt, dass die Leistungsentwicklung $E_{\text{tot}}(\mathbf{V})$ des Stromkreises die Beziehung

$$E_{\text{tot}}(\mathbf{V}) \; < \; E_{\text{tot}}(\mathbf{W}) \tag{7.32}$$

für jedes dieser Tupel $\mathbf{W}$ ($\neq \mathbf{V}$) erfüllt ist. Wenn wir also zeigen können, dass die Ungleichung für irgendein $\mathbf{W}$ in die falsche Richtung weist, haben wir den gewünschten Widerspruch.

$\mathbf{W}$ bilden wir auf die folgende Weise. Für jedes i bestimmen wir, welches der Potenziale V_i und V_i' am größten ist, und

- wenn $V_i \geq V_i'$ gilt, dann weisen wir $W_i = V_i$ und $W_i' = V_i'$ zu,
- ansonsten, wenn $V_i < V_i'$ gilt, vertauschen wir V_i und V_i' und setzen $W_i = V_i'$ und $W_i' = V_i$.

Weil

$$V_i = 1 - V_i' \tag{7.33}$$

gilt (was wir wegen (7.28) wissen), bedeutet das, dass beide Potenziale ihren Platz in $\mathbf{W}$ genau dann wechseln, wenn $V_i < \frac{1}{2}$ ist. Die Annahme (7.31) bedeutet, dass dies an mindestens einer Stelle geschieht; insbesondere können wir feststellen, dass $\mathbf{W} \neq \mathbf{V}$ gilt.

Um $E_{\text{tot}}(\mathbf{W}) \leq E_{\text{tot}}(\mathbf{V})$ zu zeigen, genügt es zu zeigen, dass die Leistungsentwicklung *längs jeder einzelnen Kante* für $\mathbf{W}$ kleiner als für $\mathbf{V}$ wird. Betrachten wir eine Kante $e = \langle x, y \rangle$ von $G^{(2)}$, deren Knoten x und y die V-Werte a und b besitzen. Sei $E_e(\mathbf{V})$ die Leistungsentwicklung in e, dann wissen wir, dass

$$E_e(\mathbf{V}) \; = \; (a - b)^2$$

gilt. Wenn e eine vertikale Kante des Zwei-Etagen-Graphen ist, dann ist die einzig mögliche Veränderung bezüglich der Potenziale an den Endpunkten von e, wenn wir von $\mathbf{V}$ nach $\mathbf{W}$ übergehen, dass a und b den Platz miteinander wechseln. Die neue Leistungsentwicklung $E_e(\mathbf{W})$ wird dann

$$\begin{aligned} E_e(\mathbf{W}) &= (b - a)^2 \\ &= (a - b)^2 \; = \; E_e(\mathbf{V}) \,. \end{aligned}$$

Die Leistungen in den vertikalen Kanten ist für $\mathbf{W}$ wie für $\mathbf{V}$ somit immer gleich. Gehen wir deshalb zu den horizontalen Kanten über, wobei wir zunächst annehmen, dass e im Erdgeschoss von $G^{(2)}$ liegt. Dadurch ergeben sich drei mögliche Fälle,

(i) $a \geq \frac{1}{2}$, $b \geq \frac{1}{2}$,

(ii) $a < \frac{1}{2}$, $b < \frac{1}{2}$, und

(iii) *genau* eine der Zahlen a und b (sagen wir a) ist mindestens gleich $\frac{1}{2}$.

Im Fall (i) gibt es keinen Unterschied zwischen $\mathbf{V}$ und $\mathbf{W}$ bezüglich der Kante e, so dass wir $E_e(\mathbf{W}) = E_e(\mathbf{V})$ erhalten. Im Fall (ii) werden a und b als Konsequenz von (7.33) durch $(1 - a)$ beziehungsweise $(1 - b)$ ersetzt, weshalb sich

$$E_e(\mathbf{W}) = ((1 - a) - (1 - b))^2$$
$$= (b - a)^2 = E_e(\mathbf{V})$$

ergibt. Schließlich wird im Fall (iii) das Potenzial a beibehalten, während b gegen $(1 - b)$ ausgetauscht wird, so dass

$$E_e(\mathbf{W}) = (a - (1 - b))^2$$
$$\leq (a - b)^2 = E_e(\mathbf{V}),$$

gilt. Die Ungleichung folgt aus Annahme (iii), nach der die Ungleichungen $a \geq \frac{1}{2}$ und $b < \frac{1}{2}$ gelten (oder etwa nicht?). Für alle drei Fälle konnten wir also feststellen, dass $E_e(\mathbf{W}) \leq E_e(\mathbf{V})$ gilt. Entsprechende Rechnungen für das Obergeschoss zeigen, dass auch dort $E_e(\mathbf{W}) \leq E_e(\mathbf{V})$ gilt. Zusammenfassend haben wir somit festgestellt, dass *alle* Kanten von $G^{(2)}$ für $\mathbf{W}$ höchstens gleich große Leistungsentwicklung wie für $\mathbf{V}$ ergeben, und die Summation gemäß (7.24) auf

$$E_{\text{tot}}(\mathbf{W}) \leq E_{\text{tot}}(\mathbf{V})$$

führt. In Verbindung mit (7.32) zeigt sich darin der gesuchte Widerspruch, und wir können somit feststellen, dass die Annahme (7.31) falsch war. Demzufolge gilt (7.30) für alle i, woraus wiederum (7.27) folgt, und der Beweis ist abgeschlossen. $\qquad\qquad\square$

7.5 Ein Vergleich zweier Graphen

In diesem Abschnitt werden wir uns ein Beispiel dafür ansehen, wie Argumente der Elektrotechnik für den Vergleich von Irrfahrten auf verschiedenen Graphen genutzt werden können.

Betrachten wir den Graphen G auf der linken Seite der Abb. 7.10. Nehmen wir an, dass wir eine Irrfahrt im Knoten v_1 starten, und beobachten wir ihren Verlauf bis sie entweder v_{20} erreicht oder zurück zu v_1 gelangt. Die Wahrscheinlichkeit, dass die Irrfahrt v_{20} erreicht, bevor sie das erste Mal zu v_1 zurückkehrt, bezeichnen wir mit q und nennen sie die **Fluchtwahrscheinlichkeit**.

Darüber hinaus können wir eine entsprechende Irrfahrt auf dem modifizierten Graphen G^* auf der rechten Seite von Abb. 7.10 betrachten, der sich nur dadurch von G unterscheidet, dass eine zusätzliche Kante $\langle v_2, v_{19} \rangle$ zwischen den Knoten v_2 und v_{19} eingefügt wurde. Für diesem Graphen erhalten wir eine (möglicherweise verschiedene) Fluchtwahrscheinlichkeit q^*, die wieder als

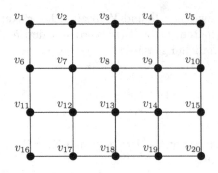 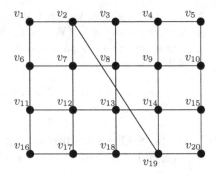

Abb. 7.10. Zwei Graphen G und G^*, die sich nur dadurch unterscheiden, dass G^* eine zusätzliche Kante zwischen den Knoten v_2 und v_{19} besitzt. Wenn wir in beiden Graphen Irrfahrten im Knoten v_1 starten, für welchen ist die Wahrscheinlichkeit größer, v_{20} vor der ersten Rückkehr zu v_1 zu erreichen?

Wahrscheinlichkeit definiert wird, dass eine Irrfahrt, die in v_1 gestartet wurde, v_{20} vor ihrer Rückkehr nach v_1 erreicht.

Denken wir einen Augenblick über die folgende Frage nach:

Welche der Fluchtwahrscheinlichkeiten q und q^* ist die größere? (7.34)

Die erste spontane Antwort bei der Betrachtung beider Graphen ist vermutlich, dass die Fluchtwahrscheinlichkeit in G^* größer ist, weil die eingefügte Kante $\langle v_2, v_{19} \rangle$ für den Zufallswanderer die Möglichkeit bietet, sich in einem Schritt vom Knoten v_2 (der in unmittelbarer Nähe von v_1 liegt) bis zu v_{19} (von wo es nur einen Schritt bis zu v_{20} ist) zu bewegen. Dies sollte die Wahrscheinlichkeit deutlich erhöhen, dass der Zufallswanderer v_{20} erreicht, bevor er zu v_1 zurückkehrt. Deshalb vermuten wir, dass $q^* \geq q$ gilt.

Soweit ist alles in Ordnung, bis wir an ein anderes mögliches Szenario denken: Ein Zufallswanderer, der sich mühsam durch den Graphen gearbeitet hat und nach v_{19} gelangt – nur einen Schritt vom Ziel entfernt – von dort jedoch direkt nach v_2 zurück geworfen wird! Diese Möglichkeit würde die Fluchtwahrscheinlichkeit ganz klar verringern, was möglicherweise dafür spricht, dass $q^* \leq q$ ist.

Die Kante $\langle v_2, v_{19} \rangle$ übt deshalb zwei gegensätzliche Einflüsse auf die Fluchtwahrscheinlichkeit aus: Einerseits ergibt sich so die Möglichkeit, „nach vorne" (von v_2 nach v_{19}) zu springen, so dass sich Fluchtwahrscheinlichkeit erhöhen würde; andererseits besteht das Risiko, (von v_{19} nach v_2) „zurückgeworfen" zu werden, was die Fluchtwahrscheinlichkeit vermindern würde. Bei der Antwort auf die Frage (7.34) muss man also Stellung nehmen, welcher dieser Effekte größer ist.

Wir wollen zeigen, dass die erste Vermutung richtig war:

Satz 7.5. *Die Fluchtwahrscheinlichkeit von v_1 nach v_{20} ist im Graphen G^* mindestens genauso groß wie in G, so dass gilt:*

$$q^* \geq q \,.$$

Wie können wir die Fluchtwahrscheinlichkeit q abschätzen? Mit Eintreffwahrscheinlichkeiten haben wir bereits in den früheren Abschnitten dieses Kapitels gearbeitet. Wir definieren deshalb die Eintreffwahrscheinlichkeiten p_i für $i = 1, \ldots, 20$, dass ein Zufallswanderer, der in v_i startet, v_{20} vor v_1 erreicht.

Der Spezialfall p_1 ist die Eintreffwahrscheinlichkeit bei Start in v_1, was an die Fluchtwahrscheinlichkeit erinnert. Dies ist jedoch nicht genau das Gleiche: Es gilt $p_1 = 0$, weil ein Zufallswanderer, der in v_1 steht, bereits als Treffer gezählt wird. Im Gegensatz dazu nimmt die Definition der Fluchtwahrscheinlichkeit darauf keine Rücksicht, sondern zählt einen Besuch in v_1 erst dann als Treffer, wenn der Zufallswanderer dorthin *zurückkehrt*.

Doch sobald wir einen Schritt der Irrfahrt $X(0), X(1), \ldots$ gehen und die Startposition $X(0) = v_1$ verlassen, besteht dieser Unterschied nicht mehr. Wenn A das Ereignis bezeichnet, dass v_{20} vor der Rückkehr nach v_1 erreicht wird, erhalten wir

$$
\begin{aligned}
q = \mathbf{P}(A) &= \mathbf{P}(A, X(1) = v_2) + \mathbf{P}(A, X(1) = v_6) \\
&= \mathbf{P}(X(1) = v_2)\,\mathbf{P}(A \mid X(1) = v_2) \\
&\quad + \mathbf{P}(X(1) = v_6)\,\mathbf{P}(A \mid X(1) = v_6) \\
&= \tfrac{1}{2}\mathbf{P}(A \mid X(1) = v_2) + \tfrac{1}{2}\mathbf{P}(A \mid X(1) = v_6) \\
&= \tfrac{1}{2}(p_2 + p_6)\,.
\end{aligned}
\tag{7.35}
$$

Jetzt könnten wir den nächsten Schritt gehen und das vollständige Gleichungssystem für $p_1, \ldots, p_{20}$ (analog zum Gleichungssystem in (7.3)) aufstellen, lösen und p_2 und p_6 in (7.35) einsetzen, um somit einen Wert für q zu erhalten. Ein analoges Vorgehen wäre auch für G^* möglich, um q^* zu erhalten und anschließend q und q^* zu vergleichen. Dadurch würden wir eine Antwort auf die Frage (7.34) und einen Beweis des Satzes 7.5 erhalten. Allerdings wäre dies keine besonders aufschlussreiche Methode und könnte uns kaum eine klares Verständnis davon vermitteln, *weshalb* Satz 7.5 wahr ist. Deshalb wählen wir stattdessen eine indirekte, doch gleichzeitig lehrreiche Methode, die die Frage (7.34) beantwortet, ohne dass wir dazu q und q^* *berechnen* müssen.

Dazu gehen wir jetzt zu den entsprechenden elektrischen Stromkreisen über. Schließen wir einen Ein-Ohm-Widerstand zwischen sämtliche Kanten von G an sowie eine Ein-Volt-Spannungsquelle mit dem Minuspol bei v_1 und dem Pluspol bei v_{20}. Die dabei entstehenden Potenziale werden dann (siehe Satz 7.2) für $i = 1, \ldots, 20$ die Gleichung $V_i = p_i$ erfüllen. Gleichung (7.35) kann damit zu

$$
\mathbf{P}(A) = \tfrac{1}{2}(V_2 + V_6)
\tag{7.36}
$$

übersetzt werden. Formulieren wir dies jetzt in Strömen statt in Potenzialen: Wie im Abschnitt 7.2 sei der Strom von einem Knoten v_i zu einem Nachbarknoten v_j mit $I_{i,j}$ bezeichnet. Weil der Widerstand 1 Ohm beträgt, erhalten wir mit Hilfe des Ohmschen Gesetzes,

$$
I_{2,1} = \frac{V_2 - V_1}{1} = V_2 - V_1 = V_2 - 0 = V_2
$$

und auf die gleiche Weise
$$I_{6,1} = V_6$$
so dass (7.36) zu
$$\mathbf{P}(A) = \tfrac{1}{2}(I_{2,1} + I_{6,1}) \tag{7.37}$$

wird. Die Summe $I_{2,1} + I_{6,1}$ auf der rechten Seite ist eine besonders interessante Größe. Die Kirchhoffsche Knotenregel, auf den Knoten v_1 angewendet, sagt uns nämlich, dass dies genau der Strom ist, der von v_1 in den Minuspol der Spannungsquelle fließt. Weil die Kirchhoffsche Regel auch in allen anderen Knoten gilt (was bedeutet, dass keine Ladung in G verbleibt), muss der Strom, der von der Spannungsquelle nach v_{20} fließt, genauso groß sein wir der, der von v_1 in die Spannungsquelle zurück fließt. Wir nennen diesen Strom den *Gesamtstrom* des Stromkreises, und bezeichnen ihn mit I_{tot}. Mir dieser Bezeichnung ergibt sich
$$I_{\text{tot}} = I_{2,1} + I_{6,1}\,.$$

Mit Hinweis auf das Ohmsche Gesetz ($I = \frac{U}{R}$) ist es naheliegend, den **effektiven Widerstand**[18] $R_{\text{eff}} = R_{\text{eff}}(G)$ zu definieren: Wenn eine Spannungsquelle von 1 Volt angelegt wird, beträgt R_{eff} gleich 1 dividiert durch den Gesamtstrom I_{tot} des Stromkreises. Würde man stattdessen die Spannung U anlegen, müssten alle Potenziale und Ströme mit U multipliziert werden, was auf die Gleichung
$$I_{\text{tot}} = \frac{U}{R_{\text{eff}}} \tag{7.38}$$

führt – eine Beziehung, die stark an das Ohmsche Gesetz erinnert.

Jetzt können wir mit (7.37) fortsetzen und $\mathbf{P}(A)$ als
$$\mathbf{P}(A) = \tfrac{1}{2}(I_{2,1} + I_{6,1}) = \tfrac{1}{2}I_{\text{tot}}$$
$$= \frac{1}{2\,R_{\text{eff}}(G)} \tag{7.39}$$

ausdrücken. Die entsprechende Schlussfolgerung für eine Irrfahrt auf dem modifizierten Graphen G^* ergibt, dass sein Fluchtereignis A^* die Wahrscheinlichkeit
$$\mathbf{P}(A^*) = \frac{1}{2\,R_{\text{eff}}(G^*)} \tag{7.40}$$

besitzt. Ein Blick auf (7.39) und (7.40) sagt uns, dass es zum Beweis des Satzes 7.5 (d. h. $\mathbf{P}(A^*) \geq \mathbf{P}(A)$) ausreicht zu zeigen, dass der effektive Widerstand $R_{\text{eff}}(G^*)$ von G^* höchstens gleich $R_{\text{eff}}(G)$ ist.

Dass $R_{\text{eff}}(G^*) \leq R_{\text{eff}}(G)$ gilt, ist physikalisch mehr oder weniger „selbstverständlich", wenn wir berücksichtigen, dass der effektive Widerstand gleich 1 dividiert durch den Strom beträgt, den eine Spannungsquelle von 1 Volt erzeugt. Durch das Einfügen der Kante $\langle v_2, v_{19}\rangle$ ergibt sich für den Strom ein zusätzlicher Weg, durch den er fließen kann – wie sollte dies vernünftigerweise

---

[18]Auch **Ersatzwiderstand** ist eine häufig verwendete Bezeichnung.

zu einem *verminderten* Gesamtstrom durch den Stromkreis führen? Diese physikalisch intuitive Erklärung kann auch mathematisch präzesiert werden, und in einer allgemeineren Fassung wird sie Rayleighs Monotonieprinzip genannt:

Satz 7.6 (Rayleighs Monotonieprinzip). *Wenn man in einem Gleichstromkreis den Wert eines oder mehrerer Widerstände verringert, wird der effektive Widerstand höchstens so groß wie vor der Änderung.*

Das Hinzufügen der Kante $\langle v_2, v_{19}\rangle$ zu G, so dass G^* entsteht, kann alternativ so aufgefasst werden, dass es in G bereits einen Widerstand zwischen v_2 und v_{19} mit dem Wert $R = \infty$ gab (was einer perfekten Isolierung gleichkommt), der in G^* zu $R = 1$ verringert wird. Als Spezialfall von Satz 7.6 erhalten wir damit

$$R_{\mathrm{eff}}(G^*) \le R_{\mathrm{eff}}(G)$$

was mit (7.39) und (7.40) auf die Beziehung $\mathbf{P}(A^*) \ge \mathbf{P}(A)$, d. h. $q^* \ge q$, führt. Somit folgt *Satz 7.5 aus Rayleighs Monotonieprinzip.*[19]

Auch wenn Rayleighs Monotonieprinzip physikalisch offensichtlich ist, können wir als gewissenhafte Mathematiker die Sache nicht auf sich beruhen lassen – wir fordern einen Beweis! Der im Folgenden betrachtete Beweis wird auch noch zwei weitere Resultate zeigen, die beide von einem gewissen physikalischen Interesse sind. Das erst betrifft die Leistungsentwicklung E_{tot} eines Stromkreises; wir erinnern uns an (7.23), wo E_{tot} als Summe der Leistungen der einzelnen Widerstände definiert ist.

Lemma 7.7. *Wenn man an einen Stromkreis mit dem effektiven Widerstand R_{eff} eine Spannung U legt, beträgt die Gesamtleistungsentwicklung*

$$E_{\mathrm{tot}} = \frac{U^2}{R_{\mathrm{eff}}} . \tag{7.41}$$

Die Formel (7.41) erinnert an die entsprechende Beziehung (7.22) für einen einzelnen Widerstand. Lemma 7.7 erscheint aus folgendem Grund physikalisch sinnvoll. Der Gesamtstrom durch den Stromkreis beträgt

---

[19]Eine gute Frage ist, ob auch die *strikte* Ungleichung $q^* < q$ gilt. Wir sehen, dass diese Frage dazu äquivalent ist, dass $R_{\mathrm{eff}}(G^*) < R_{\mathrm{eff}}(G)$ gilt, was uns zur Frage führt, inwieweit eine echte Verringerung des Widerstands des Stromkreises auch zu einer echten Verringerung des effektiven Widerstands führt. Normalerweise ist die Antwort ja; es gibt jedoch eine Ausnahme: Wenn die beiden Knoten, die der veränderte Widerstand verbindet, im ursprünglichen Stromkreis das gleiche Potenzial besitzen, so wird kein Strom durch diesen Widerstand fließen, und eine Änderung seines Wertes ist irrelevant. Im Graphen G von Abb. 7.10 kann man durch ziemlich grobe Abschätzungen zeigen, dass $V_2 < V_{19}$ gilt, was somit die gesuchte strenge Ungleichung $q^* < q$ ergibt.

$$I_{\text{tot}} = \frac{U}{R_{\text{eff}}},$$

so dass von der Spannungsquelle $\frac{U}{R_{\text{eff}}}$ Ladungseinheiten pro Zeiteinheit durch den Stromkreis geschickt werden, von der jede einzelne die elektrische Energie U verliert, weshalb der Verbrauch von elektrischer Energie pro Zeiteinheit gleich $\frac{U^2}{R_{\text{eff}}}$ ist. Diese Energie muss irgendwohin abfließen, sie wird zur Wärme in den Widerständen des Stromkreises. Zeigen wir nun diesen physikalische Gedankengang in mathematischer Strenge.

Beweis (von Lemma 7.7). Die Knoten, die an den Minus- bzw. Pluspol der Spannungsquelle angeschlossen sind, seien mit v_1 und v_2 bezeichnet, und die übrigen Knoten mit $v_3, v_4, \ldots, v_k$. Die Widerstandswerte im Stromkreis werden wie oben mit $R_{i,j}$ bezeichnet, mit der Konvention, dass $R_{i,j} = \infty$ gesetzt wird, wenn die beiden Knoten v_i und v_j nicht durch einen Widerstand verbunden sind. Die Potentiale und Ströme im Stromkreis werden mit V_i und $I_{i,j}$ bezeichnet. Die Gesamtleistungsentwicklung E_{tot} ist (per Definition) gleich der Summe der Leistungen der einzelnen Widerstände. Damit erhalten wir

$$E_{\text{tot}} = \sum_{\langle v_i, v_j \rangle} \frac{(V_i - V_j)^2}{R_{i,j}}$$

$$= \sum_{\langle v_i, v_j \rangle} (V_i - V_j)\, I_{i,j} \tag{7.42}$$

$$= \tfrac{1}{2} \sum_{i=1}^{k} \sum_{j=1}^{k} (V_i - V_j)\, I_{i,j} \tag{7.43}$$

wobei der Faktor $\frac{1}{2}$ in der letzten Zeile dadurch entsteht, dass jede Kante $\langle v_i, v_j \rangle$ zwei Mal in der Doppelsumme auftritt – sowohl als $\langle v_i, v_j \rangle$ als auch als $\langle v_j, v_i \rangle$.[20] Die Doppelsumme in Gleichung (7.43) kann wie folgt umformuliert werden

$$E_{\text{tot}} = \frac{1}{2} \left[\sum_{i=1}^{k} \left(V_i \sum_{j=1}^{k} I_{i,j} \right) - \sum_{j=1}^{k} \left(V_j \sum_{i=1}^{k} I_{i,j} \right) \right]. \tag{7.44}$$

Sehen wir uns zunächst die erste Summe $\sum_{i=1}^{k}(V_i \sum_{j=1}^{k} I_{i,j})$ auf der rechten Seite an. Für $i = 1$ ist $V_i = 0$, so dass der Summand 0 wird. Für $i = 3, 4, \ldots, k$ ergibt die Kirchhoffsche Knotenregel, dass $\sum_{j=1}^{k} I_{i,j} = 0$ gilt, so dass auch diese Summanden 0 sind. Bleibt noch $i = 2$, wobei $V_i = U$ und $\sum_{j=1}^{k} I_{i,j} = I_{\text{tot}}$ gilt. Die erste Summe auf der rechten Seite von (7.44) wird damit zu $U\,I_{\text{tot}}$. Die entsprechende Rechnung für die andere Summe zeigt, dass sie gleich $-U\,I_{\text{tot}}$ wird. Setzen wir dies in (7.44) ein, ergibt sich

---

[20] Die Terme, die $i = j$ in der Doppelsumme (7.42) entsprechen, treten zwar nicht doppelt auf, doch das ist kein Problem, weil diese Terme 0 sind.

$$E_{\text{tot}} = \tfrac{1}{2}(U\,I_{\text{tot}} - (-U\,I_{\text{tot}})) = U\,I_{\text{tot}}\,,$$

und weil $I_{\text{tot}} = \frac{U}{R_{\text{eff}}}$ ist, erhalten wir $E_{\text{tot}} = \frac{U^2}{R_{\text{eff}}}$, und das Lemma ist bewiesen.   □

Für das nächste Resultat benötigen wir den Begriff **Stromquelle**. Während eine Spannungsquelle eine definierte Spannung U an den Stromkreis liefert, so soll eine Stromquelle einen definierten Strom I durch den Stromkreis schicken. Wir wollen uns konkret mit einer 1-Ampere-Stromquelle befassen, die unabhängig vom der Gestalt des Stromkreises einen Strom $I_{\text{tot}} = 1$ liefert. Wenn dies etwas mystisch erscheint (zumindest mystischer als eine Spannungsquelle), können wir sie uns auf die folgende Weise vorstellen: Zunächst beobachten wir den effektiven Widerstand R_{eff} des Stromkreises durch Anlegen einen 1-Volt-Spannungsquelle und lesen ab, wie viel Strom durch den Stromkreis fließt. Tausche die 1-Volt-Spannungsquelle gegen eine andere aus, deren Spannung $U = R_{\text{eff}}$ beträgt, was dazu führt, dass der Strom, der durch den Stromkreis fließt, gleich $I_{\text{tot}} = \frac{U}{R_{\text{eff}}} = \frac{R_{\text{eff}}}{R_{\text{eff}}} = 1$ ist. Diese neue Spannungsquelle fungiert nun als unsere 1-Ampere-Stromquelle!

Wenn v_1 und v_2 die Knoten sind, die an den Minus- bzw. Pluspol dieser Stromquelle angeschlossen sind, dann erfüllen die verschiedenen Ströme im Stromkreis, Dank der Kirchhoffschen Knotenregel, die Gleichungen

$$\begin{cases} \sum_{j=1}^{k} I_{1,j} = -1 \\ \sum_{j=1}^{k} I_{2,j} = 1 \\ \sum_{j=1}^{k} I_{i,j} = 0 \quad \text{für } i = 3,4,\ldots,k\,. \end{cases} \tag{7.45}$$

Das Tupel $\mathbf{I} = (I_{1,1}, I_{1,2}, \ldots, I_{k,k})$ kann als ein Beispiel eines **Einheitsflusses** von v_2 nach v_1 angesehen werden. Allgemeiner kann solch ein Einheitsfluss durch ein Tupel

$$\mathbf{J} = (J_{1,1}, J_{1,2}, \ldots, J_{k,k})$$

definiert werden, so dass $J_{i,j} = -J_{j,i}$ für alle i und j sowie die Entsprechung zu (7.45) gilt:

$$\begin{cases} \sum_{j=1}^{k} J_{1,j} = -1 \\ \sum_{j=1}^{k} J_{2,j} = 1 \\ \sum_{j=1}^{k} J_{i,j} = 0 \quad \text{für } i = 3,4,\ldots,k\,. \end{cases} \tag{7.46}$$

Auf die gleiche Weise, wie die Ströme $\mathbf{I} = (I_{1,1}, I_{1,2}, \ldots, I_{k,k})$ die Leistungsentwicklung

$$E_{\text{tot}} = E_{\text{tot}}(\mathbf{I}) = \sum_{i=1}^{k} \sum_{j=1}^{k} I_{i,j}^2\, R_{i,j}$$

verursachen (siehe (7.21)), können wir für beliebige Einheitsflüsse $\mathbf{J}$ die Beziehung

$$E_{\text{tot}}(\mathbf{J}) = \sum_{i=1}^{k} \sum_{j=1}^{k} J_{i,j}^2 \, R_{i,j}$$

definieren. Das folgende Ergebnis kann als eine Entsprechung zum Dirichlet-Prinzip (Satz 7.3) angesehen waren.

Satz 7.8 (Thomson-Prinzip). *Die Leistungsentwicklung $E_{\text{tot}}(\mathbf{I})$, die entsteht, wenn eine 1-Ampere-Stromquelle mit dem Pluspol an v_2 und dem Minuspol an v_1 angeschlossen wird, erfüllt die Beziehung*

$$E_{\text{tot}}(\mathbf{I}) \leq E_{\text{tot}}(\mathbf{J})$$

für jeden Einheitsfluss von v_2 nach v_1.

Analog dazu, dass sich Potentiale so einstellen, dass die Leistungsentwicklung minimiert wird, wenn man eine Spannungsquelle anschließt (das Dirichlet-Prinzip), besagt das Thomson-Prinzip, dass der Anschluss einer Stromquelle dazu führt, dass sich die Ströme im Stromkreis so einstellen, dass die Leistungsentwicklung minimiert wird.

Beweis (von Satz 7.8). Sei $\mathbf{J}$ ein beliebiger Einheitsfluss von v_2 nach v_1, und sei der **Differenzfluss** $\mathbf{D} = (D_{1,1}, D_{1,2}, \ldots, D_{1,k}, D_{2,1}, \ldots, D_{k,k})$ durch

$$D_{i,j} = J_{i,j} - I_{i,j}$$

für alle i und j definiert. Die Subtraktion der Gleichung (7.45) von Gleichung (7.46) ergibt, dass $\mathbf{D}$ die Gleichung

$$\sum_{j=1}^{k} D_{i,j} = 0 \tag{7.47}$$

für *sämtliche* i erfüllt. Die Leistungsentwicklung $E_{\text{tot}}(\mathbf{J})$ von $\mathbf{J}$ kann jetzt durch folgende Gleichungen beschrieben werden

$$\begin{aligned}
E_{\text{tot}}(\mathbf{J}) &= \sum_{i=1}^{k} \sum_{j=1}^{k} J_{i,j}^2 \, R_{i,j} \\
&= \sum_{i=1}^{k} \sum_{j=1}^{k} (I_{i,j} + D_{i,j})^2 \, R_{i,j} \\
&= \sum_{i=1}^{k} \sum_{j=1}^{k} I_{i,j}^2 \, R_{i,j} + 2 \sum_{i=1}^{k} \sum_{j=1}^{k} I_{i,j} \, R_{i,j} \, D_{i,j} + \sum_{i=1}^{k} \sum_{j=1}^{k} D_{i,j}^2 \, R_{i,j} \, .
\end{aligned}$$

Die mittlere Doppelsumme in der letzten Zeile wird, auf Grund des Ohmschen Gesetzes, gleich

$$\sum_{i=1}^{k}\sum_{j=1}^{k}(V_i - V_j)\,D_{i,j} = \sum_{i=1}^{k} V_i \left(\sum_{j=1}^{k} D_{i,j}\right) - \sum_{j=1}^{k} V_j \left(\sum_{i=1}^{k} D_{i,j}\right)$$

was nach (7.47) zu $0 - 0 = 0$ wird, so dass

$$E_{\text{tot}}(\mathbf{J}) = \sum_{i=1}^{k}\sum_{j=1}^{k} I_{i,j}^2\, R_{i,j} + \sum_{i=1}^{k}\sum_{j=1}^{k} D_{i,j}^2\, R_{i,j}$$

$$\geq \sum_{i=1}^{k}\sum_{j=1}^{k} I_{i,j}^2\, R_{i,j}$$

$$= E_{\text{tot}}(\mathbf{I})\,,$$

gilt. Das ist das angestrebte Ergebnis. □

Mit Hilfe von Lemma 7.7 und Satz 7.8 können wir nun Rayleighs Monotonieprinzip sehr schnell beweisen.

Beweis (von Satz 7.6). Seien Stromquellen von je 1 Ampere an beide Stromkreise angeschlossen. Die Widerstandswerte und die resultierenden Potentiale und Ströme des ursprünglichen Kreises seien mit $R_{i,j}$, V_i und $I_{i,j}$ bezeichnet, während die Größen des modifizierten Stromkreises mit $R_{i,j}^*$, V_i^* und $I_{i,j}^*$ bezeichnet werden; die Annahme des Satzes ist die Gültigkeit von

$$R_{i,j}^* \leq R_{i,j} \tag{7.48}$$

für alle i und j. Die resultierenden Spannungen U bzw. U^*, die an beiden Stromkreisen anliegen, erfüllen die Gleichung

$$U = R_{\text{eff}} \tag{7.49}$$

und

$$U^* = R_{\text{eff}}^* \tag{7.50}$$

was aus Gleichung (7.38) für einen Strom von 1 Ampere folgt.

Für die Leistung im ursprünglichen Stromkreis mit dem Einheitsfluss $\mathbf{J}$ reservieren wir die Bezeichnung $E_{\text{tot}}(\mathbf{J})$, wobei die Widerstandswerte mit $R_{1,1}, R_{1,2}, \ldots, R_{k,k}$ bezeichnet werden, während $E_{\text{tot}}^*(\mathbf{J})$ die Leistung für die Widerstände $R_{1,1}^*, R_{1,2}^*, \ldots, R_{k,k}^*$ ist. Die Ströme $\mathbf{I} = (I_{1,1}, I_{1,2}, \ldots, I_{k,k})$ und $\mathbf{I}^* = (I_{1,1}^*, I_{1,2}^*, \ldots, I_{k,k}^*)$ sind beide Einheitsströme, woraus sich

$$E_{\text{tot}}(\mathbf{I}) = \sum_{\langle v_i, v_j \rangle} \frac{(V_i - V_j)^2}{R_{i,j}}$$

$$= \sum_{\langle v_i, v_j \rangle} (I_{i,j})^2\, R_{i,j} \geq \sum_{\langle v_i, v_j \rangle} (I_{i,j})^2\, R_{i,j}^* \geq \sum_{\langle v_i, v_j \rangle} (I_{i,j}^*)^2\, R_{i,j}^* = E_{\text{tot}}^*(\mathbf{I}^*)$$

ergibt. Dabei folgt die erste Ungleichung aus (7.48), während sich die zweite aus Thomsons Prinzip (Satz 7.8), angewendet auf den modifizierten Stromkreis, ergibt.

Aus Lemma 7.7 folgt in Verbindung mit (7.49) und (7.50) der Beziehung

$$E_{\text{tot}}(\mathbf{I}) = R_{\text{eff}} \tag{7.51}$$

und

$$E_{\text{tot}}^*(\mathbf{I}^*) = R_{\text{eff}}^* \,,$$

was zusammen mit (7.51) auf

$$R_{\text{eff}}^* = E_{\text{tot}}^*(\mathbf{I}^*) \leq E_{\text{tot}}(\mathbf{I}) = R_{\text{eff}}$$

führt, was zu zeigen war. $\square$

$$\diamond \quad \diamond \quad \diamond \quad \diamond$$

Runden wir das Kapitel ab, indem wir kurz über die Beziehung (7.39) nachdenken. Auf der einen Seite steht die Wahrscheinlichkeit $\mathbf{P}(A)$, dass ein Zufallswanderer nach Start in v_1 den Knoten v_{20} erreicht, bevor er zu v_1 zurückkehrt und auf der anderen Seite der effektive Widerstand R_{eff} im entsprechenden Stromkreis. Es gilt demnach

$$\mathbf{P}(A) = \frac{1}{2\,R_{\text{eff}}(G)} \,, \tag{7.52}$$

was auf sehr elegante Weise die Fluchtwahrscheinlichkeit mit dem effektiven Widerstand verknüpft. Doch was besagt der Faktor 2 im Nenner von (7.52)?

Sehen wir uns den Beweis von (7.52) genauer an: der Faktor 2 entsteht dadurch, dass der Knoten v_1 genau 2 Nachbarn besitzt. Wenn der Knoten v_1 insgesamt n Nachbarn hätte, würde die Beziehung (7.52) stattdessen

$$\mathbf{P}(A) = \frac{1}{n\,R_{\text{eff}}} \tag{7.53}$$

lauten. Oder allgemeiner, wenn die Irrfahrt eine *gewichtete* Irrfahrt mit den Gewichten $C_{i,j}$ (gleich der Leitwerte im Stromkreis) längs der Kanten wäre, so würde die rechte Seite von (7.52) zu $\frac{1}{C\,R_{\text{eff}}}$, wobei C die Summe der Gewichte ist, die sich in v_1 treffen.

Dies hat Konsequenzen dafür, wie allgemein man Rayleighs Monotonieprinzips verwenden kann, um zu zeigen, dass sich die Fluchtwahrscheinlichkeit vergrößert, wenn man dem Graphen G Kanten hinzufügt (oder dort Widerstandswerte verringert). Wenn wir Kanten hinzufügen, die v_1 nicht als Endpunkt haben (oder wenn wir die Widerstandswerte längs solcher Kanten verringern), dann verringert sich der effektive Widerstand R_{eff}, ohne dass der andere Faktor im Nenner von (7.52) davon berührt wird, und es ist klar, dass die Fluchtwahrscheinlichkeit $\mathbf{P}(A)$ dann niemals kleiner werden kann.

Schwieriger wird es hingegen, wenn wir z. B. dem Graphen G in Abb. 7.10 eine Kante $\langle v_1, v_{10} \rangle$ hinzufügen. Dann wird R_{eff} zwar verringert, was dazu führt, dass sich die Fluchtwahrscheinlichkeit erhöht; doch andererseits erhöht sich die Anzahl der Kanten, die sich in v_1 treffen, von 2 auf 3, was die Fluchtwahrscheinlichkeit in die entgegengesetzte Richtung zieht. Welcher dieser Effekte den größten Einfluss besitzt, ist schwierig zu entscheiden – und variiert von Fall zu Fall. Wer möchte, kann als lehrreiche Übung Beispiele dafür zu finden, dass ein solches Hinzufügen von Kanten[21] die Fluchtwahrscheinlichkeit sowohl erhöhen als auch vermindern kann.

---

[21] Nicht notwendigerweise nur im Graphen G in Abb. 7.10.

8

Findet ein Zufallswanderer zum Ausgangspunkt zurück?

In diesem Kapitel wollen wir unser Studium der Irrfahrten fortsetzen und uns dabei speziell mit der Frage beschäftigen, ob ein Zufallswanderer immer zu seiner Ausgangsposition zurückfindet. Wenn der zu Grunde liegende Graph endlich ist – was im vorigen Kapitel durchgehend der Fall war – kann sich der Zufallswanderer nie weiter als einen festen begrenzten Abstand vom Startknoten entfernen, so dass er immer wieder zum Ausgangspunkt zurückkehren muss.[1] Komplizierter ist die Situation, wenn der Graph unendlich ist: In diesem Fall ist es leicht vorstellbar, dass sich der Zufallswanderer immer weiter vom Startknoten entfernt und es für ihn immer schwerer wird, zu ihm zurückzufinden, bis es ihm schließlich vielleicht *nie* mehr gelingt. Für Irrfahrten auf einem d-dimensionalen Gitter zeigt sich, dass die Antwort von der Dimension d abhängt: Bei gewissen Werten von d findet der Zufallswanderer früher oder später sicher zum Ausgangspunkt zurück, während er sich in anderen Dimensionen d in die Unendlichkeit verirrt.

Im nächsten Abschnitt formulieren wir den berühmten **Satz von Pólya**, der darauf diese Antwort gibt. In den drei darauf folgenden Abschnitten werden wir elektrotechnischen Argumente aus dem vorigen Kapitel anwenden, um diesen Satz für die Dimensionen eins, zwei und drei zu beweisen. Im Abschnitt 8.5 wird die erwartete Zeit bis zur ersten Rückkehr kurz diskutiert. Anschließend werden wir in Abschnitt 8.6 die Irrfahrt mit der Perkolationstheorie (siehe Kapitel 5) verknüpfen und untersuchen, was geschieht, wenn der Zufallswanderer nicht auf dem vollständigen Gitter $\mathbf{Z}^d$, sondern auf der unendlichen zusammenhängenden Komponente wandert, die bei einer superkritischen Perkolation auf $\mathbf{Z}^d$ entsteht.

---

[1]Dies kann man mit dem Argument von Fußnote 3 auf Seite 165 beweisen.

8.1 Der Satz von Pólya

Sei G ein unendlicher Graph, bei dem jeder Knoten nur eine endliche Anzahl von Nachbarn besitzt. Auf einem solchen Graphen können wir auf die gleiche Weise wie für endliche Graphen (siehe Kapitel 7) eine Irrfahrt $X(0), X(1), X(2), \ldots$ definieren. Zunächst wird ein Knoten v des Graphen als Startzustand bestimmt, so dass $X(0) = v$ ist. Danach wird $X(1)$ auf gut Glück unter den Nachbarn von $X(0)$ (d. h. mit gleicher Wahrscheinlichkeit für jeden) ausgewählt, anschließend $X(2)$ zufällig aus den Nachbarn von $X(1)$ und so weiter.

Im Folgenden befassen wir uns vor allem mit d-dimensionalen Gittern $\mathbf{Z}^d$ (mit $d = 1, 2, 3, \ldots$). Wir wissen aus Abschnitt 5.2, dass das Gitter $\mathbf{Z}^d$ als Graph definiert wird, dessen Knotenmenge aus allen Punkten des d-dimensionalen Raumes $\mathbf{R}^d$ mit ganzzahligen Koordinaten $(i_1, \ldots, i_d)$ besteht, und bei dem genau dann eine Kante zwischen zwei Knoten u und v liegt, wenn sie den Abstand 1 voneinander haben. Für $d = 1$ entsteht eine unendliche Sequenz von Knoten, die in einer Reihe liegen (siehe Abb. 5.6), während sich für $d = 2$ ein quadratisches (Abb. 5.3) und für $d = 3$ ein kubisches Gitter ergibt.

Die Frage, ob eine Irrfahrt auf einem unendlichen Graphen G notwendigerweise zum Startpunkt zurückkehrt, wird in der Wahrscheinlichkeitstheorie gewöhnlich mit den Begriffen **Rekurrenz** und **Transienz** diskutiert, die auf die folgende Weise definiert werden.

Definition 8.1. *Eine Irrfahrt auf einem unendlichen Graphen G mit Start im Knoten $X(0) = v$ wird* **rekurrent** *genannt, wenn*

$$\mathbf{P}(X(n) = v \text{ für ein } n \geq 1) = 1 \tag{8.1}$$

gilt. Anderenfalls, d. h. wenn

$$\mathbf{P}(X(n) = v \text{ für ein } n \geq 1) < 1 \tag{8.2}$$

gilt, wird die Irrfahrt **transient** *genannt.*

Rekurrenz bedeutet also, dass man sicher sein kann, dass der Zufallswanderer früher oder später zum Ausgangspunkt zurückkehrt, während Transienz bedeutet, dass das Risiko besteht, dass er nie mehr zurückkehrt. Das folgende Lemma gibt eine äquivalente Charaktesierung der Rekurrenz und der Transienz.

Lemma 8.2. *Wenn eine Irrfahrt $X(n)$ auf G mit Start in v rekurrent ist, dann gilt*

$$\mathbf{P}(X(n) = v \text{ für unendlich viele } n) = 1. \tag{8.3}$$

Wenn die Irrfahrt dagegen transient ist, gilt

$$\mathbf{P}(X(n) = v \text{ für unendlich viele } n) = 0. \tag{8.4}$$

Beweis. Nehmen wir an, dass die Irrfahrt rekurrent ist. Damit wissen wir, dass sie ein erstes Mal zu v zurückkehrt. Wenn der Zufallswanderer jedoch zurückgekehrt ist, sind die Zukunftsaussichten der Irrfahrt genau die gleichen wie in der Ausgangssituation, so dass wir wiederum die Rekurrenz (8.1) nutzen können, um zu schlussfolgern, dass die Irrfahrt noch einmal zu v zurückkehren wird. Dieses Argument kann wiederholt werden, so dass der Zufallswanderer immer wieder zu v zurückkehren wird. Daraus folgt, dass er mit Wahrscheinlichkeit 1 unendlich oft zurückkehrt, was (8.3) gerade besagt.

Ist die Irrfahrt andererseits transient, ist Wahrscheinlichkei ε, dass sie nie mehr zu v zurückkehrt, größer als 0. Die Wahrscheinlichkeit für die Rückkehr ist deshalb $1 - \varepsilon$. Wenn die Irrfahrt zurückgekehrt ist, befinden wir uns wieder in der Ausgangssituation, so dass die bedingte Wahrscheinlichkeit ein zweites Mal zurückzukehren (unter der Bedingung, dass sie einmal zurück gekehrt ist) wieder $(1 - \varepsilon)$ beträgt, und die entsprechende nicht bedingte Wahrscheinlichkeit

$$\mathbf{P}(\text{kehrt mindestens 2 Mal zu } v \text{ zurück}) = (1 - \varepsilon)^2$$

wird. Wenn wir dieses Argument n Mal wiederholen, erhalten wir

$$\mathbf{P}(\text{kehrt mindestens } n \text{ Mal zu } v \text{ zurück}) = (1 - \varepsilon)^n .$$

Dies strebt für $n \to \infty$ gegen 0, so dass (8.4) folgt.[2]   □

Ist der Graph G zusammenhängend (so dass jeder Knoten von jedem anderen Knoten in einer endlichen Anzahl von Schritten erreicht werden kann), dann kann man mit Hilfe von Lemma 8.2 zeigen, dass eine rekurrente Irrfahrt mit Wahrscheinlichkeit 1 *jeden* Knoten des Graphen unendlich oft besuchen wird. Umgekehrt gilt, dass eine transiente Irrfahrt jeden Knoten des Graphen höchstens endlich oft besuchen wird (und einige überhaupt nicht). Für zusammenhängende Graphen ist die Frage, ob eine Irrfahrt rekurrent oder transient ist, vom Startpunkt im Graphen unabhängig.

◇   ◇   ◇   ◇

Wie verhält es sich mit Irrfahrten auf dem Gitter $\mathbf{Z}^d$ – sind sie rekurrent oder transient? Die Antwort wird durch den folgenden Satz gegeben, der bereits zu Beginn der 20er Jahre des vorigen Jahrhunderts vom ungarischen Mathematiker George Pólya bewiesen wurde.[3]

Satz 8.3 (Pólya). *Eine Irrfahrt auf dem Gitter $\mathbf{Z}^d$ ist*

$$\begin{cases} \text{rekurrent für } d = 1 \text{ und } d = 2 \\ \text{transient für } d \geq 3. \end{cases} \tag{8.5}$$

---

[2]Wie schon einige Male zuvor ist dieses Argument im Prinzip das gleiche wie das von Fußnote 4 auf Seite 66.

[3]Pólya (1921).

Mit anderen Worten: ein Zufallswanderer in einer oder zwei Dimensionen wird mit Sicherheit zum Ausgangspunkt zurückkehren, während ein Zufallswanderer in drei (oder mehr) Dimensionen riskiert, nie mehr zurückzukehren. Den Unterschied zwischen zwei und drei Dimensionen kann man durch einen bildhaften Vergleich veranschaulichen, der dem japanischen Mathematiker Shizuo Kakutani zugeschrieben wird:

> Ein betrunkener Mensch kann sich sicher sein, zu seinem Ausgangsort früher oder später zurükzukehren, während sich ein betrunkener Vogel für immer verirren kann.[4]

In den folgenden drei Abschnitten wollen wir sehen, wie man Pólyas Satz unter Anwendung der Beziehungen in elektrischen Stromkreisen à la Doyle & Snell (1984) beweisen kann. Heutzutage gibt es eine Reihe verschiedener Ansätze zum Beweis von Pólyas Satz, die alle mehr oder weniger kompliziert sind. Auf der Basis der elektrotechnischen Relationen erhält man – meiner Meinung nach – das beste intuitive Verständnis dafür, *warum* der Satz wahr ist.

Aus Satz 8.3 können wir erkennen, dass es in geringeren Dimensionen mindestens genauso einfach ist zurückzukehren wie in höheren. Dies ist nicht schwer zu beweisen. Um z. B. $d = 1$ mit $d = 2$ zu vergleichen, betrachten wir eine Irrfahrt auf $\mathbf{Z}^2$ mit Start im Nullpunkt. Wenn wir die Position des Zufallswanderers nur zu den Zeitpunkten beobachten, zu denen er einen Schritt in x-Richtung getan hat, dann wird sich die sukzessive Folge von x-Koordinaten genau so verhalten wie eine Irrfahrt auf $\mathbf{Z}^1$ mit Start im Nullpunkt. Wenn die zweidimensionale Irrfahrt zum Nullpunkt zurückkehrt, dann wird die entsprechende eindimensionale Irrfahrt automatisch zu Null zurückkehren. Die Rekurrenz in zwei Dimensionen hat also die Rekurrenz in einer Dimension zur Folge. Ebenso kann eine Irrfahrt in d Dimensionen mindestens so einfach zum Ausgangspunkt zurück finden wie eine Irrfahrt in $d + 1$ Dimensionen.

Daraus folgt, dass wir Pólyas Satz nur für $d = 2$ und $d = 3$ zeigen müssen, denn aus der Rekurrenz für $d = 2$ folgt die Rekurrenz für $d = 1$, und aus der Transienz für $d = 3$ folgt die Transienz für $d \geq 4$. Den Fall mit zwei und drei Dimensionen werden wir in den Abschnitten 8.3 und 8.4 behandeln. Um für die schwierigen Fälle $d = 2$ und $d = 3$ die Gedanken in die richtigen Bahnen zu lenken, wollen wir in Abschnitt 8.2 zunächst mit dem etwas einfacheren eindimensionalen Fall beginnen.

8.2 Eine Dimension

Betrachten wir eine Irrfahrt $X(0), X(1), X(2), \ldots$ auf dem Gitter $\mathbf{Z}^1$ mit Start im Nullpunkt: , d. h. $X(0) = 0$. Dann wird $X(1)$ gleich -1 oder $+1$ (mit jeweils

---

[4]Zitiert aus Durrett (1991). Durrett schreibt weiter, dass Pólya gemäß der Überlieferung auf dieses Problem stieß, als er durch einen Park bei Zürich spazierte, wo er mehrfach einem jungen Paar begegnete, das ebenfalls dort spazierte.

der Wahrscheinlichkeit $\frac{1}{2}$), und allgemein erhält man $X(n+1)$ von $X(n)$ durch Subtrahieren oder Addieren von 1 mit jeweils der Wahrscheinlichkeit $\frac{1}{2}$.

Um Pólyas Satz (Satz 8.3) für eine Dimension zu beweisen, wollen wir zeigen, dass die Irrfahrt mit Wahrscheinlichkeit 1 zum Nullpunkt zurückkehrt:

$$\mathbf{P}(X(n) = 0 \text{ für ein } n \geq 1) = 1. \tag{8.6}$$

Wir definieren eine Zufallsgröße Y, die den Wert *des größten Abstands der Irrfahrt von 0* erhält, bevor die Irrfahrt zum ersten Mal zum Nullpunkt zurückkehrt. Außerdem legen wir fest, dass Y den Wert des größten Abstands von 0 erhält, den die Irrfahrt je erreicht, falls sie nie mehr zum Nullpunkt zurückkehrt. Wir setzen $Y = \infty$, wenn sich die Irrfahrt unendlich weit vom Nullpunkt entfernt.

Zunächst behaupte ich, dass die Irrfahrt notwendigerweise zum Startknoten zurückkehrt, wenn Y endlich ist. Um das einzusehen, nehmen wir an, dass Y endlich ist und dass die Irrfahrt nie zu Null zurückkehrt. Dann wird der Zufallswanderer also in einem begrenzten Gebiet nahe 0 umhergehen. Doch dass das geschieht, ohne dass der Zufallswanderer früher oder später auf 0 stößt, ist genauso wenig möglich, wie im Fall der Irrfahrt auf endlichen Graphen: Wenn z. B. $Y = 10$ ist, dann existiert zu jedem Zeitpunkt eine gewisse feste Wahrscheinlichkeit (genau gesagt 2^{-10}), dass der Zufallswanderer in den nächsten 10 Schritten in ein und dieselbe Richtung geht, insbesondere zunächst in Richtung des Nullpunktes, der auf diesem Weg erreicht wird. Dies muss früher oder später geschehen.[5]

Somit wissen wir, dass der Zufallswanderer die Rückkehr zum Nullpunkt nur dann vermeiden kann, wenn $Y = \infty$ ist. Das bedeutet, dass er sich unendlich weit vom Ausgangspunkt entfernt, ohne irgendwann zurückzukehren. Um (8.6) zu zeigen, müssen wir nur noch

$$\mathbf{P}(Y = \infty) = 0 \tag{8.7}$$

nachweisen. Wir können (8.7) in zwei Fälle aufteilen, abhängig davon, ob die Irrfahrt ihren ersten Schritt nach rechts oder nach links macht:

$$\mathbf{P}(Y = \infty) = \mathbf{P}(X(1) = 1, Y = \infty) + \mathbf{P}(X(1) = -1, Y = \infty). \tag{8.8}$$

Aus Symmetriegründen sind die beiden Terme auf der rechten Seite gleich – denn es ist gleich wahrscheinlich, dass sich die Irrfahrt nach recht oder links bewegt. Wir können uns deshalb darauf konzentrieren, die Gleichung

$$\mathbf{P}(X(1) = 1, Y = \infty) = 0. \tag{8.9}$$

zu beweisen. Halten wir eine positive ganze Zahl k fest, und betrachten wir das Ereignis $\{X(1) = 1, Y \geq k\}$ – dies ist äquivalent dazu, dass der Zufallswanderer den Knoten k erreicht, bevor er zu 0 zurückkehrt.

---

[5]Im Detail kann man so argumentieren wie in Fußnote 3 auf Seite 165.

Nehmen wir an, dass $X(1) = 1$ ist. Wir sind jetzt an der bedingten Wahrscheinlichkeit (unter der Bedingung $X(1) = 1$) interessiert, dass der Zufallswanderer den Knoten k vor dem Knoten 0 erreicht. Bis zu dem Zeitpunkt, zu dem die Irrfahrt einen von beiden Knoten erreicht, können wir sie als Irrfahrt ansehen, die auf einem *endlichen* Teilgraphen stattfindet, der nur aus den Knoten $0, 1, \ldots, k$ besteht. Weil dieser Teilgraph endlich ist, haben wir damit wieder eine Irrfahrt des Typs, den wir in Kapitel 7 untersucht haben. Für $i = 0, 1, \ldots, k$ sei p_i die bedingte Wahrscheinlichkeit, dass der Zufallswanderer den Knoten k **vor** dem Knoten 0 erreicht, unter der Bedingung, dass er im Knoten i steht. Insbesondere ist p_1 gleich der gewünschten bedingten Wahrscheinlichkeit $\mathbf{P}(k$ wird vor 0 erreicht $\mid X(1) = 1)$.

Dank des Zusammenhangs zwischen Irrfahrten und Gleichstromkreisen, den wir im Kapitel 7 kennen gelernt haben (siehe speziell Satz 7.2), gilt für jedes i

$$p_i = V_i. \tag{8.10}$$

Dabei ist V_i das elektrische Potenzial im Knoten i, wenn ein Ein-Ohm-Widerstand längs jeder Kante angeschlossen wird und eine Spannungsquelle von 1 Volt mit dem Minuspol an den Knoten 0 und dem Pluspol an den Knoten k angeschlossen wird. Abb. 8.1 verdeutlicht dies am Beispiel von $k = 6$.

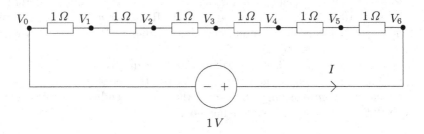

Abb. 8.1. Der elektrische Stromkreis, der einer Irrfahrt auf dem Intervall $\{0, 1, 2, 3, 4, 5, 6\}$ entspricht, bis einer der Endpunkte erreicht wird. Der Strom I fließt durch jeden der Ein-Ohm-Widerstände, und in jedem der Knoten entsteht ein Potential V_i. Die Spannungsquelle liefert 1 Volt, so dass $V_0 = 0$ und $V_k = 1$ ist. Wie groß sind die übrigen Potenziale?

Bei diesem Spezialfall eines elektrischen Stromkreises, bei dem die Widerstände in einer Reihe liegen[6], sind die Potenziale und Ströme besonders einfach zu berechnen. Zunächst ergibt sich aus dem Kirchhoffschen Knotengesetz, dass durch alle Widerstände der gleiche Strom I fließt – denn der Strom, der durch einen Widerstand fließt, kann keinen anderen Weg einschlagen als zum nächsten Widerstand. Die Spannung $V_{i+1} - V_i$, die zwischen den Knoten

---

[6]In der üblichen elektrischen Fachsprache werden diese als **Serienschaltung** oder **Reihenschaltung** bezeichnet.

i und $i+1$ anliegt, erfüllt auf Grund des Ohmschen Gesetzes die Beziehung

$$V_{i+1} - V_i = I\,R_{i,i+1} = I \qquad (8.11)$$

wobei $R_{i,i+1} = 1$ der Wert des Widerstands ist, der sich zwischen den Knoten i und $i+1$ befindet. Somit ist die Spannung zwischen allen k Widerständen gleich. Außerdem sehen wir, dass die Spannung zwischen den Knoten 0 und k gleich der Summe der Spannungen ist, die an den einzelnen Widerständen anliegen, weil sich alle Terme außer dem ersten und dem letzten jeweils paarweise zu Null addieren. Somit entsteht die folgende Gleichung:

$$V_k - V_0 = (V_k - V_{k-1}) + (V_{k-1} - V_{k-2}) + \cdots + (V_2 - V_1) + (V_1 - V_0). \quad (8.12)$$

Wenn wir (8.11) für $i = 0, 1, \ldots, k-1$ in (8.12) einsetzen, erhalten wir

$$V_k - V_0 = k\,I. \qquad (8.13)$$

Andererseits ergeben sich durch die Wahl der Spannungsquelle von 1 Volt die Spannungen $V_0 = 0$ und $V_1 = 1$, die in (8.13) eingesetzt werden können. Wir erhalten dann $k\,I = 1$, und der Strom I wird gleich $\frac{1}{k}$. Setzen wir diesen Stromfluss in (8.11) ein und bringen V_i auf die andere Seite, erhalten wir:

$$V_{i+1} = V_i + \tfrac{1}{k} \quad \text{für } i = 0, 1, \ldots, k-1.$$

Da $V_0 = 0$ ist, ergibt das die Potenziale

$$(V_0, V_1, \ldots, V_k) = \left(0, \tfrac{1}{k}, \tfrac{2}{k}, \ldots, \tfrac{k-1}{k}, 1\right).$$

Speziell wird $V_1 = \frac{1}{k}$, und mit Hilfe der Beziehung (8.10) zwischen Potenzialen und Eintreffwahrscheinlichkeiten erhalten wir die gewünschte Eintreffwahrscheinlichkeit $\mathbf{P}(k$ wird vor 0 erreicht $\mid X(1) = 1)$ als

$$\mathbf{P}(k \text{ wird vor 0 erreicht} \mid X(1) = 1) = p_1$$
$$= V_1 = \tfrac{1}{k}.$$

Weil $X(1)$ mit jeweils der Wahrscheinlichkeit $\frac{1}{2}$ gleich -1 oder 1 ist, ergibt dies

$$\mathbf{P}(X(1) = 1,\ k \text{ wird vor 0 erreicht}) =$$
$$= \mathbf{P}(X(1) = 1)\,\mathbf{P}(k \text{ wird vor 0 erreicht} \mid X(1) = 1)$$
$$= \tfrac{1}{2} \cdot \tfrac{1}{k} = \tfrac{1}{2k},$$

Mit Hilfe der Definition von Y ergibt sich daraus

$$\mathbf{P}(X(1) = 1,\ Y \geq k) = \tfrac{1}{2k}.$$

und es folgt insbesondere

$$\mathbf{P}(X(1) = 1,\ Y = \infty) \leq \mathbf{P}(X(1) = 1,\ Y \geq k)$$
$$= \tfrac{1}{2k}.$$

Wenn k groß gewählt wird, kann die rechte Seite beliebig klein werden, woraus

$$\mathbf{P}(X(1) = 1, Y = \infty) = 0$$

folgt. Aus den Symmetriegründen, die wir im Zusammenhang mit (8.8) erwähnt hatten, wird auch die Wahrscheinlichkeit $\mathbf{P}(X(1) = -1, Y = \infty)$ gleich 0. Wir können somit schlussfolgern, dass $\mathbf{P}(Y = \infty) = 0$ ist. Aus der Definition von Y folgt, dass sich der Zufallswanderer nicht unendlich weit vom Ausgangspunkt entfernen kann, bevor er zum Startknoten 0 zurückkehrt. Wie wir zu Beginn des Abschnitts gesehen hatten, heißt das, dass die Irrfahrt früher oder später zu 0 zurückkehren muss. Damit haben wir gezeigt, dass die Irrfahrt auf $\mathbf{Z}^1$ rekurrent ist.

8.3 Zwei Dimensionen

Im letzten Abschnitt haben wir uns mit der Irrfahrt auf $\mathbf{Z}^1$ beschäftigt, jetzt werden wir den Beweis des entsprechenden Ergebnisses für Irrfahrten auf dem Gitter $\mathbf{Z}^2$ in Angriff nehmen. Der zweidimensionale Fall ist etwas komplizierter, wir wollen jedoch versuchen, einige Teile der Untersuchung des eindimensionalen Falles wieder zu verwenden.

Im eindimensionalen Fall hatten wir eine Zufallsgröße Y definiert, die den größten Abstand des Zufallswanderers vom Startknoten angibt, bevor er das erste Mal zu ihm zurückkehrt. Bei zwei Dimensionen wollen wir eine ähnliche Definition für Y verwenden, die auf dem maximalen Abstand von waagerechter und senkrechter Richtung basiert. Um dies zu präzisieren, definieren wir, wie im Abschnitt 5.3, die rechteckige Menge

$$\Lambda_n = \{(i,j) \in \mathbf{Z}^2 : -n \le i \le n, -n \le j \le n\}.$$

die aus allen Knoten den Gitters $\mathbf{Z}^2$ besteht, deren beide Koordinaten zwischen $-n$ und n liegen. Weiterhin sei mit

$$\partial\Lambda_n = \{(i,j) \in \Lambda_n : \text{mindestens eine der Koordinaten } i \text{ und } j \text{ ist genau } -n \text{ oder } n\}$$

der Rand von Λ_n bezeichnet. Wir definieren Y als den größten Wert von n, für den der Zufallswanderer bei seiner Irrfahrt $X(0), X(1), X(2), \ldots$ auf dem Gitter $\mathbf{Z}^2$ mit Start im Nullpunkt (d. h. $X(0) = \mathbf{0} = (0,0)$) den Rand $\partial\Lambda_n$ vor seiner ersten Rückkehr zum Ausgangspunkt erreicht. Für den Fall, dass der Zufallswanderer nie zurückkehrt, sei der Wert von Y durch den äußersten Rand $\partial\Lambda_n$ bestimmt, den er *irgendwann* erreicht. Mit dem gleichen Argument wie im eindimensionalen Fall sehen wir leicht, dass der Zufallswanderer sicher zurückkehrt, wenn

$$\mathbf{P}(Y = \infty) = 0$$

ist.

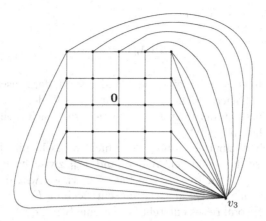

Abb. 8.2. Der Graph G_n im Fall $n = 3$.
Beachte, dass die vier Eck-Knoten des Netzes jeweils durch *doppelte* Kanten mit v_3 verbunden sind. Jeder von ihnen ist im ursprünglichen Gitter $\mathbf{Z}^2$ mit dem Rand $\partial \Lambda_3$ sowohl durch eine waagerechte als auch eine senkrechte Kante verbunden. Im neuen Graphen bedeutet dies, dass ein Zufallswanderer in einem solchen Eck-Knoten, mit Wahrscheinlichkeit $\frac{2}{4}$ nach v_3 und zu den beiden anderen Nachbarn nur mit jeweils der Wahrscheinlichkeit $\frac{1}{4}$ geht.

Für jedes n gilt
$$\mathbf{P}(Y = \infty) \leq \mathbf{P}(Y \geq n),$$
so dass wir nur zeigen müssen, dass $\mathbf{P}(Y \geq n)$ für $n \to \infty$ gegen 0 geht.

$\mathbf{P}(Y \geq n)$ ist jedoch genau die Wahrscheinlichkeit, dass der Zufallswanderer $\partial \Lambda_n$ erreicht, bevor er zu **0** zurückkehrt. Diese Wahrscheinlichkeit läßt sich einfacher untersuchen, wenn wir statt der Irrfahrt auf dem *ganzen* Gitter $\mathbf{Z}^2$ eine Irrfahrt betrachten, die sich auf dem Teilgraphen mit den Knoten von Λ_n bewegt. Damit haben wir es wieder mit einem *endlichen* Graphen zu tun, den wir mit Hilfe der elektrischen Stromkreise des letzten Kapitels behandeln können.

Wir erkennen, dass die Bestimmung von $\mathbf{P}(Y \geq n)$ ein ähnliches Problem wie die Bestimmung der Fluchtwahrscheinlichkeit in Abschnitt 7.5 ist. Allerdings kommt als Schwierigkeit hinzu, dass das „Fluchtziel" $\partial \Lambda_n$ an Stelle eines einzigen Knotens jetzt eine ganze Menge von Knoten ist. Dieses Problem können wir lösen, indem wir alle Knoten von $\partial \Lambda_n$ zu *einem einzigen* verschmelzen, den wir v_n nennen. Dies führt zum Graphen G_n, der in Abb. 8.2 dargestellt ist. Die gesuchte Wahrscheinlichkeit $\mathbf{P}(Y \geq n)$ entspricht genau der Fluchtwahrscheinlichkeit von G_n; d. h. der Wahrscheinlichkeit, dass beim Start im Nullpunkt (**0**) der Knoten v_n vor der Rückkehr zu **0** erreicht wird.

Betrachten wir eine solche Irrfahrt auf G_n mit Start in **0**, und sei A_n das Fluchtereignis, dass v_n vor der ersten Rückkehr nach **0** erreicht wird. Aus den Überlegungen zu Fluchtwahrscheinlichkeiten im Abschnitt 7.5 und speziell aus

Formel (7.53) erhalten wir

$$\mathbf{P}(A_n) = \frac{1}{4\,R_{\text{eff}}}\,. \tag{8.14}$$

Dabei bezeichnet R_{eff} den effektiven Widerstand, der zwischen Knoten **0** und Knoten v_n des Gleichstromkreises mit Ein-Ohm-Widerständen längs der Kanten von G_n entsteht; der Faktor 4 im Nenner ergibt sich, weil der Startknoten **0** genau 4 Nachbarn besitzt.

Ein Schlüssel zur Behandlung der Fluchtwahrscheinlichkeit $\mathbf{P}(A_n)$ scheint in der Analyse des effektiven Widerstand R_{eff} zwischen **0** und v_n zu liegen. Aus Formel (7.51) im Beweis von Satz 7.6 wissen wir, dass dieser effektive Widerstand gleich der Gesamtleistungsentwicklung E_{tot} ist, die in den Widerständen des Stromkreises entsteht, wenn eine Stromquelle von 1 Ampere mit dem Minuspol an **0** und dem Pluspol an v_n angeschlossen wird. Wir wollen jetzt eine untere Grenze für diese Leistungsentwicklung E_{tot} herleiten.

Für $k = 1, 2, \ldots, n$ besitzt der Graph G_n insgesamt $8\,k - 4$ Kanten zwischen den beiden „Rändern" $\partial \Lambda_{k-1}$ und $\partial \Lambda_k$ (der äußere Rand $\partial \Lambda_n$ wird hier durch den Knoten v_n repräsentiert). Der Strom von 1 Ampere, der durch den Stromkreis fließt, muss alle Ränder passieren. Wir wollen zunächst die Leistungsentwicklung in jedem dieser Ränder einzeln abschätzen. Die Leistungsentwicklung in einem Widerstand im Stromkreis ist (weil sein Wert 1 Ohm beträgt) gleich dem Strom durch den Widerstand im Quadrat. Wir wollen deshalb das folgende Lemma anwenden.

Lemma 8.4. *Seien $a_1, a_2, \ldots, a_m$ reelle Zahlen, die sich zu 1 summieren:*

$$\sum_{i=1}^{m} a_i = 1\,.$$

Dann gilt

$$\sum_{i=1}^{m} a_i^2 \geq \frac{1}{m}\,. \tag{8.15}$$

Beweis. Für $i = 1, \ldots, m$ definieren wir $b_i = a_i - \frac{1}{m}$ und erhalten dadurch

$$\sum_{i=1}^{m} b_i = \sum_{i=1}^{m} a_i - \sum_{i=1}^{m} \frac{1}{m}$$
$$= 1 - \frac{m}{m} = 0\,. \tag{8.16}$$

Daraus folgt

$$
\begin{aligned}
\sum_{i=1}^{m} a_i^2 &= \sum_{i=1}^{m} \left(b_i + \tfrac{1}{m} \right)^2 \\
&= \sum_{i=1}^{m} b_i^2 + 2 \sum_{i=1}^{m} b_i \cdot \tfrac{1}{m} + \sum_{i=1}^{m} \left(\tfrac{1}{m} \right)^2 \qquad (8.17) \\
&= \sum_{i=1}^{m} b_i^2 + \sum_{i=1}^{m} \left(\tfrac{1}{m} \right)^2 \\
&= \sum_{i=1}^{m} b_i^2 + \tfrac{1}{m} \\
&\geq \tfrac{1}{m},
\end{aligned}
$$

wobei der mittlere Term von (8.17) wegen (8.16) Null ist. Das Lemma ist damit bewiesen.[7]   □

Der Gesamtstrom durch die $8\,k - 4$ Kanten, die die Ränder $\partial \Lambda_k$ und $\partial \Lambda_{k-1}$ verbinden ist 1 (unter Berücksichtigung des Stroms von $\partial \Lambda_k$ nach $\partial \Lambda_{k-1}$). Mit Hilfe von Lemma 8.4 erhalten wir, dass die Gesamtleistungsentwicklung in diesen Kanten mindestens $\frac{1}{8\,k-4}$ beträgt. Durch Summation über k von 1 bis n ergibt sich die Gesamtleistungsentwicklung von mindestens $\sum_{k=1}^{n} \frac{1}{8\,k-4}$, so dass der effektive Widerstand des Stromkreises die Gleichung

$$
R_{\text{eff}} \geq \sum_{k=1}^{n} \frac{1}{8\,k-4} \qquad (8.18)
$$

erfüllt. Verbinden wir dies mit (8.14), erhalten wir eine obere Grenze für die Fluchtwahrscheinlichkeit in Form von

$$
\mathbf{P}(A_n) \leq \frac{1}{4 \sum_{k=1}^{n} \frac{1}{8\,k-4}}.
$$

Um dieses Ergebnis der Irrfahrt auf G_n auf die Irrfahrt auf dem Gitter $\mathbf{Z}^2$ übertragen zu können, erinnern wir uns, dass $\mathbf{P}(Y \geq n) = \mathbf{P}(A_n)$ ist, so dass

$$
\begin{aligned}
\mathbf{P}(Y = \infty) &\leq \mathbf{P}(Y \geq n) = \mathbf{P}(A_n) \\
&\leq \frac{1}{4 \sum_{k=1}^{n} \frac{1}{8\,k-4}} \qquad (8.19)
\end{aligned}
$$

gilt. Schließlich können wir die bekannte Tatsache nutzen, dass die so genannte harmonische Reihe $\sum_{k=1}^{\infty} \frac{1}{k}$ gegen unendlich strebt (siehe Anhang A):

---

[7]Wir können auch feststellen, dass die Ungleichung (8.15) strikt gilt, außer für die Wahl $a_1 = \cdots = a_m = \frac{1}{m}$, mit der man die Gleichheit erhält.

$$\sum_{k=1}^{\infty} \frac{1}{k} = \infty \, .$$

Hieraus folgt, dass auch die Reihe $\sum_{k=1}^{\infty} \frac{1}{8\,k-4}$ unendlich wird (oder etwa nicht?). Die Summe $\sum_{k=1}^{n} \frac{1}{8\,k-4}$ kann beliebig groß werden, indem n entsprechend groß gewählt wird. Somit kann die rechte Seite von (8.19) beliebig klein werden. Aus (8.19) folgt deshalb, dass

$$\mathbf{P}(Y = \infty) = 0$$

ist. Das mussten wir zeigen, um zu beweisen, dass eine Irrfahrt auf $\mathbf{Z}^2$ mit Wahrscheinlichkeit 1 zum Startknoten zurückkehrt. Die Irrfahrt auf $\mathbf{Z}^2$ ist also rekurrent!

8.4 Drei Dimensionen

Jetzt wissen wir, dass eine Irrfahrt in einer oder zwei Dimensionen sicher zum Ausgangspunkt zurück findet. Als nächstes zeigen wir, dass dies in drei Dimensionen *nicht* der Fall ist. Um den entscheidenden Unterschied zwischen zwei und drei Dimensionen zu verstehen, sehen wir uns zunächst noch einmal den Beweis der Rekurrenz auf dem Gitter $\mathbf{Z}^2$ an. Wir wollen feststellen, was bei Übertragung dieses Beweises auf das Gitter $\mathbf{Z}^3$ geschieht. Auf Grund von Pólyas Satz ahnen wir, dass eine solche Übertragung der Argumentation vom zweidimensionalen zum dreidimensionalen Fall nicht gelingen wird. Der für uns entscheidende Punkt wird jedoch sein zu erkennen, *an welcher Stelle* diese Übertragung scheitert.

Sehen wir uns also eine Irrfahrt auf dem Gitter $\mathbf{Z}^3$ mit Start im Nullpunkt (**0**) an. In Analogie mit dem zweidimensionalen Fall können wir Λ_n als Menge der Knoten von $\mathbf{Z}^3$ definieren, deren drei Koordinaten zwischen $-n$ und n liegen, und den Rand $\partial\Lambda_n$ als Menge der Knoten von Λ_n, bei der mindestens eine der Koordinaten *genau* $-n$ oder n ist. Dann können wir einen Graphen G_n als dreidimensionale Entsprechung zu dem in Abb. 8.2 definieren, bei dem sämtliche Knoten von $\partial\Lambda_n$ zu einem einzigen Knoten v_n zusammengefasst werden.

Genau wie im zweidimensionalen Fall ist die Frage der eventuellen Rekurrenz der Irrfahrt die gleiche wie die Frage, ob der effektive Widerstand R_{eff} zwischen **0** und v_n für $n \to \infty$ gegen unendlich strebt. Wenn wir die zweidimensionale Argumentation fortsetzen, können wir in drei Dimensionen feststellen, dass zwischen den Rändern $\partial\Lambda_k$ und $\partial\Lambda_{k-1}$ insgesamt $6\,(2\,k-1)^2$ Kanten verlaufen. Mit Hilfe von Lemma 8.4 können wir folgern, dass bei Anschluss einer Stromquelle von 1 Ampere an **0** und v_n die Gesamtleistungsentwicklung in den Kanten zwischen den Rändern $\partial\Lambda_k$ und $\partial\Lambda_{k-1}$ mindestens $\frac{1}{6\,(2\,k-1)^2}$ wird. Die Gesamtleistungsentwicklung im gesamten Stromkreis wird deshalb mindestens $\sum_{k=1}^{n} \frac{1}{6\,(2\,k-1)^2}$, so dass sich als dreidimensionale Entsprechung von (8.18) die Beziehung

$$R_{\text{eff}} \geq \sum_{k=1}^{n} \frac{1}{6\,(2\,k-1)^2} \tag{8.20}$$

ergibt. Im zweidimensionalen Fall strebte die rechte Seite von (8.18) für $n \to \infty$ gegen unendlich. Gilt dasselbe auch für die rechte Seite von (8.20)? Die Antwort ist nein, denn es gilt

$$\sum_{k=1}^{\infty} \frac{1}{6\,(2\,k-1)^2} < \infty,$$

was aus der bekannten Beziehung $\sum_{k=1}^{\infty} \frac{1}{k^2} < \infty$ (siehe Anhang A) folgt.

Somit können wir nicht folgern, dass R_{eff} für $n \to \infty$ gegen unendliche geht, und das ist der wesentliche Unterschied zwischen Dimension zwei und Dimension drei .

Können wir daraus bereits schließen, dass die Irrfahrt auf $\mathbf{Z}^3$ transient ist? Nein, denn auch wenn die obige Analyse einen Hinweis auf die Transienz der Irrfahrt gibt, haben wir diese Eigenschaft jedoch noch nicht bewiesen, den die Ungleichung in (8.20) zeigt in die falsche Richtung. Um die *Transienz* zu zeigen, benötigen wir statt einer *unteren* eine *obere* Grenze von R_{eff}.

Ein hervorragendes Werkzeug zur Bestimmung der oberen Grenzen von R_{eff} ist das Thomson-Prinzip (Satz 7.8). Der effektive Widerstand R_{eff} ist gleich der Leistungsentwicklung im Stromkreis, wenn eine Ein-Ampere-Stromquelle an $\mathbf{0}$ und v_n angeschlossen wird. Dann besagt das Thomson-Prinzip: Wenn wir die Leistungsentwicklung bei beliebigem Einheitsfluss $\mathbf{J}$ von v_n nach $\mathbf{0}$ berechnen (siehe (7.46) für die Definition des Einheitsflusses), dann ist die Leistungsentwicklung von $\mathbf{J}$ eine obere Grenze für die Leistungs-entwicklung der wirklichen Ströme $\mathbf{I}$.

Es gibt mehrere Möglichkeiten, den Einheitsfluss zu konstruieren, aus dem obere Grenzen von R_{eff} von gleicher Größenordnung wie der in (8.20) entstehen; hier wollen wir eine wahrscheinlichkeitstheoretische Konstruktion skizzieren.[8]

Nehmen wir an, dass wir einen Knoten v zufällig (mit gleicher Wahrscheinlichkeit für jeden Knoten) aus den Knoten von $\partial \Lambda_{n-1}$ auswählen. Weiter nehmen wir an, dass wir in $\mathbf{R}^3$ eine gerade Linie L von v nach $\mathbf{0}$ ziehen. Dann erzeugen wir im Graphen G_n einen Weg L^* von v_n nach $\mathbf{0}$, indem wir zuerst direkt von v_n zum ausgewählten Knoten v gehen und anschließend von v nach $\mathbf{0}$ längs einem „Zick-Zack-Weg" im kubischen Gitter, der sich so nahe wie möglich an die Linie L anlehnt. Zum Schluss definieren wir den Einheitsfluss $\mathbf{J}$ von v_n nach $\mathbf{0}$: Für eine beliebige Kante ($e = \langle x, y \rangle$) von G_n definieren wir

---

[8] Doyle & Snell (1984) verwenden ein alternatives Verfahren, basierend auf einem bestimmten Typ von Bäumen, die in das Gitter $\mathbf{Z}^3$ eingebettet sind.

den Fluss $J_{x,y}$ von x nach y längs der Kante e als Wahrscheinlichkeit, dass der Weg L^* längs e von x nach y geht, *minus* der Wahrscheinlichkeit, dass L^* längs e in die entgegengesetzte Richtung von y nach x geht.

Mit etwas Aufwand – die Details sollen hier den Leserinnen und Lesern überlassen bleiben – kann man zeigen, dass die Definition von $\mathbf{J}$ wirklich das der Kirchhoffschen Knotenregel entsprechende Kriterium (7.46) erfüllt und somit einen Einheitsfluss darstellt. Mit noch mehr Aufwand kann man zeigen, dass es Konstanten C und D gibt – konstant in dem Sinne, dass sie weder von k noch von n abhängen – so dass gilt[9]

(i) Die Anzahl der Kanten in der Menge $\partial \Lambda_k$ und zwischen den Mengen $\partial \Lambda_k$ und $\partial \Lambda_{k-1}$ überschreitet den Wert $C\,k^2$ nicht, und

(ii) der Stromfluss $\mathbf{J}$ längs jeder dieser Kanten überschreitet den Wert $\frac{D}{k^2}$ nicht.

Die Gesamtleistungsentwicklung unter $\mathbf{J}$ in diesen Kanten wird damit höchstens

$$C\,k^2\left(\frac{D}{k^2}\right)^2 = \frac{C\,D^2}{k^2}\,,$$

und wenn wir über k von 1 bis n summieren, erhalten wir, dass die Gesamtleistungsentwicklung des Stromkreises unter dem Fluss $\mathbf{J}$ die Beziehung

$$E_{\text{tot}}(\mathbf{J}) \leq \sum_{k=1}^{n} \frac{C\,D^2}{k^2} \tag{8.21}$$

erfüllt. Der effektive Widerstand zwischen $\mathbf{0}$ und v_n ist gleich der Leistungsentwicklung mit den wirklichen Strömen $\mathbf{I}$, und das Thomson-Prinzip garantiert, dass diese Leistungsentwicklung höchstens gleich der ist, die mit dem Stromfluss $\mathbf{J}$ erzeugt wird. Aus (8.21) können wir somit ableiten, dass

$$R_{\text{eff}} \leq \sum_{k=1}^{n} \frac{C\,D^2}{k^2} \tag{8.22}$$

gilt. Die rechte Seite von (8.22) ist durch $C\,D^2 \sum_{k=1}^{\infty} \frac{1}{k^2}$ beschränkt, und da die Summe $\sum_{k=1}^{\infty} \frac{1}{k^2}$ einen endlichen Wert besitzt, strebt R_{eff} für $n \to \infty$ *nicht* gegen unendlich. Genau dies wollten wir nachweisen, damit die Irrfahrt transient ist. Damit haben wir (bis auf die Details, die wir im Zusammenhang mit den Punkten (i) und (ii) übersprungen haben) Pólyas Satz für drei Dimensionen gezeigt.

---

[9]Die Behauptung (i) bezüglich C kann am einfachsten gezeigt werden, indem man die Anzahl der Kanten von $\partial \Lambda_k$ ($48\,k^2$ Kanten) und zwischen $\partial \Lambda_k$ und $\partial \Lambda_{k-1}$ ($6\,(2\,k-1)^2$ Kanten) zählt. Die Behauptung (ii) ist etwas schwieriger zu zeigen, doch ist sie intuitiv einleuchtend, wenn man bedenkt, dass L^* nicht mehr als höchstens zwei, drei Knoten von Λ_k durchläuft, und dass jeder ungefähr die gleiche Wahrscheinlichkeit besitzt, eingeschlossen zu werden.

8.5 Die mittlere Zeit, um zum Ausgangspunkt zurückzufinden

Wie zuvor, sei $X(0), X(1), \ldots$ eine Irrfahrt auf dem Gitter $\mathbf{Z}^d$ mit Start im Nullpunkt. Unabhängig von der Dimension d können wir eine Zufallsgröße T als den Zeitpunkt definieren, an dem der Zufallswanderer das erste Mal zum Nullpunkt zurückkehrt. Wenn der Zufallswanderer zurückkehrt, ist T gleich dem Zeitpunkt der ersten Rückkehr; wenn er nicht zurückkehrt, müssen wir unendlich lange warten und setzen $T = \infty$. Drückt man Pólyas Satz (Satz 8.3) durch T aus, gilt für $d = 1$ und $d = 2$ $\mathbf{P}(T = \infty) = 0$, während für $d \geq 3$ die Wahrscheinlichkeit $\mathbf{P}(T = \infty)$ größer als 0 ist.

Eine andere naheliegende Frage ist die nach dem Erwartungswert von T besitzt. Für $d \geq 3$ ist $T = \infty$ mit positiver Wahrscheinlichkeit und wir erhalten deshalb auch als Erwartungswert $\mathbf{E}[T] = \infty$. Wie groß ist $\mathbf{E}[T]$ jedoch für die Dimensionen $d = 1$ und $d = 2$? Dieser Abschnitt ist der Bestimmung des Erwartungswertes $\mathbf{E}[T]$ gewidmet. Die Antwort wird möglicherweise den Einen oder Anderen überraschen, und genau wie im Kapitel 2 möchte ich den Leserinnen und Lesern an dieser Stelle vorschlagen, einen Moment innezuhalten und zu raten, wie groß $\mathbf{E}[T]$ beispielsweise für die Dimension $d = 1$ ist.

$$\diamond \quad \diamond \quad \diamond \quad \diamond$$

Beginnen wir mit dem eindimensionalen Fall. Sei μ_0 der Erwartungswert $\mathbf{E}[T]$, und sei μ_i allgemeiner der Erwartungswert der Zeit bis zum ersten Besuch im Knoten 0 bei Start im Knoten i. Wir interessieren uns also für μ_0, doch damit wir diesen Wert bestimmen können, müssen wir auch μ_i für eine Reihe anderer Knoten i berechnen.

Aus Symmetriegründen ist $\mu_1 = \mu_{-1}$, denn unabhängig davon, ob der Zufallswanderer im Knoten 1 oder -1 startet, ist die erwartete Zeit bis zum ersten Besuch von 0 die gleiche. Startet der Zufallswanderer im Knoten 0, so gelangt er mit dem ersten Schritt zu -1 oder zu 1. Danach benötigt er im Durchschnitt μ_1 Schritte (außer dem einleitenden Schritt) um den Knoten 0 zu erreichen, und wir erhalten

$$\mu_0 = \mu_1 + 1. \tag{8.23}$$

Nehmen wir jetzt an, dass sich der Zufallswanderer stattdessen im Knoten 2 befindet. Um zum Knoten 0 zu gelangen, muss er zuerst zum Knoten 1 gehen und von dort aus zum Knoten 0. Die mittlere Zeit, um von 2 zu 1 zu gelangen ist natürlich genauso groß wie die mittlere Zeit, um von 1 zu 0 zu kommen, so dass wir

$$\mu_2 = \mu_1 + \mu_1 \tag{8.24}$$
$$= 2\mu_1,$$

erhalten, wobei das erste μ_1 in der Gleichung (8.24) die mittlere Zeit repräsentiert, um von 2 zu 1 zu gelangen, und das zweite die mittlere Zeit, von dort nach 0 zu gelangen.

Betrachten wir schließlich die Situation, bei der der Zufallswanderer im Knoten 1 startet. Dann macht er seinen ersten Schritt zur 0 oder zur 2 mit jeweils der Wahrscheinlichkeit $\frac{1}{2}$. Die erwartete Anzahl der ausstehenden Schritte (über den ersten hinaus) ist 0, wenn er das Glück hat, direkt zum Knoten 0 zu gehen, während sie μ_2 ist, wenn er zum Knoten 2 geht. Also kann der Erwartungswert μ_1 der Zeit, um von 1 zu 0 zu gelangen, wie folgt geschrieben werden:

$$\mu_1 = 1 + \frac{0 + \mu_2}{2}$$

und wenn wir nach μ_2 auflösen, erhalten wir

$$\mu_2 = 2\mu_1 - 2\,. \tag{8.25}$$

Damit haben wir in den rechten Seiten von (8.24) und (8.25) zwei verschiedene Ausdrücke für μ_2, so dass wir sie gleich setzen können und sich

$$2\,\mu_1 = 2\,\mu_1 - 2 \tag{8.26}$$

ergibt. Das scheint ein Widerspruch zu sein. Haben wir irgendetwas falsch gemacht?

Nein. Für ein endliches μ_1 ergäbe (8.26) natürlich einen Widerspruch. Wenn wir jedoch $\mu_1 = \infty$ annehmen, dann sind die linke und die rechte Seite unendlich, und der Widerspruch verschwindet.[10] $\mu_1 = \infty$ ist tatsächlich der einzige mit 8.26 verträgliche Wert, und aus (8.23) folgt, auch μ_0 den Wert ∞ annehmen muss. Somit gilt

Proposition 8.5. *Für eine Irrfahrt auf dem Gitter* $\mathbf{Z}^1$ *beträgt der Erwartungswert der Zeit* T *bis zur ersten Rückkehr zum Startknoten*

$$\mathbf{E}[T] = \infty\,.$$

Auf Grund der im Abschnitt 8.2 bewiesene Rekurrenz von Irrfahrten auf $\mathbf{Z}^1$ ist die Rückkehrzeit T mit Wahrscheinlichkeit 1 endlich, doch trotzdem ist ihr Erwartungswert $\mathbf{E}[T]$ unendlich. Wer früher noch nicht auf ein solches Phänomen gestoßen ist – eine Zufallsgröße, deren Erwartungswert unendlich ist, obwohl sie nur endliche Werte annimmt –, den mag dieses Ergebnis überraschen.[11] (Für einen Wahrscheinlichkeitstheoretiker ist dies etwas mehr oder weniger Alltägliches.)

Was geschieht dann in zwei Dimensionen? Wird der Erwartungswert $\mathbf{E}[T]$ der Zeit bis zur ersten Rückkehr zum Startknoten auch für den zweidimensionalen Fall $d = 2$ unendlich? Die Antwort ist ja, und dass wir bereits den

---

[10]Es gibt keinen Unterschied zwischen solchen „Zahlen" wie z. B. ∞, $2 \cdot \infty$ und $2 \cdot \infty - 2$.

[11]Ein anderes Beispiel geben wir im Anhang C mit Problem C.3 an.

eindimensionalen Fall gelöst haben, ist der einfachste Weg, dies einzusehen. Ein Vergleich der Fälle $d = 1$ und $d = 2$ erfolgt zum Ende des Abschnitts 8.1. Dieser Vergleich ergibt, dass die mittlere Zeit bis zur Rückkehr für $d = 2$ unmöglich kleiner sein kann als für $d = 1$. Da wir von Proposition 8.5 wissen, dass der Erwartungswert für die Dimension $d = 1$ unendlich ist, muss das gleiche für $d = 2$ gelten.

8.6 Irrfahrt und Perkolation

In diesem letzten Abschnitt wollen wir die Untersuchungen von Irrfahrten mit der Perkolationstheorie aus Kapitel 5 verknüpfen. Irrfahrten und Perkolationen können als zwei verschiedene Möglichkeiten aufgefasst werden, die stochastische Ausbreitung z. B. bestimmter Teilchen zu modellieren. Es gibt prinzipiell zwei unterschiedliche Arten, den Zufall in Modellen für Ausbreitungsphänomene einzuführen: Entweder kann man das „Medium" bzw. „Umwelt" in der sich die Teilchen bewegen, zufällig gestalten, oder die Teilchen selbst unterliegen dem Zufall. Die Irrfahrten, die wir bisher in diesem und im vorigen Kapitel untersucht hatten, sind Beispiele für Modelle der zweiten Art. Bei ihnen ist die Umwelt, die hier durch die zu Grunde liegende Graphen- oder Gitterstruktur gebildet wird, vollkommen deterministisch, während die Teilchen (der Zufallswanderer) zufällig agieren. Bei der Perkolation liegt der gesamte Zufall hingegen in der Umwelt selbst, die durch die zusammenhängenden Komponenten gebildet wird. Ist diese Umwelt gegeben, dann stell man sich vor, dass eine Substanz (z. B. Wasser oder einen Krankheitserreger) durch *alle* Wege vordringt, die das Medium zulässt, óhne dass eine weitere Zufälligkeit vorliegt.

In vielen Anwendungssituationen erhält man besonders realistische Modelle, wenn man beide Möglichkeiten verbindet, also *sowohl* die Umwelt *als auch* die einzelnen Teilchen zufällig agieren lässt. In diesem Sinne wollen wir die Perkolation mit der Irrfahrt mit Hilfe der folgenden Zweischrittprozedur verbinden.

Schritt 1. Wir beginnen mit dem Gitter $\mathbf{Z}^d$ und wählen ein p zwischen 0 und 1. Jede Kante e des Gitters bleibt mit Wahrscheinlichkeit p bestehen und wird mit Wahrscheinlichkeit $1 - p$ gelöscht. Dies geschieht für alle Kanten unabhängig voneinander.

Schritt 2. Beginne eine Irrfahrt in einem beliebigen Knoten (z. B. dem Nullpunkt) auf dem im Schritt 1 entstandenen zufälligen Graphen.

Beispiele für den entstehenden Graphen im Schritt 1 im zweidimensionalen Fall sind in den Abb.en 5.4 und 5.5 dargestellt.

Für die Irrfahrt aus Schritt 2 können wir wieder die gleiche Frage wie für die anderen Irrfahrten stellen, die wir zuvor in diesem Kapitel untersucht hatten: Wird sie mit Sicherheit zum Startknoten zurückkehren? Oder mit anderen Worten: Ist die Irrfahrt rekurrent?

Man kann sich vorstellen, dass die Antwort von der Gestalt der zusammenhängenden Komponente abhängt, in der die Irrfahrt startet. Wenn diese Komponente endlich ist, dann ist die Irrfahrt automatisch rekurrent – wir wissen ja bereits, dass eine Irrfahrt auf endlichen Graphen früher oder später zum Startknoten zurückkehrt. Eine Irrfahrt auf einer endlichen Komponente einer Perkolationskonfiguration verhält sich genau so, als würde der Graph nur aus gerade dieser Komponente bestehen.

Der einzig interessante Fall entsteht deshalb, wenn der Startknoten in einer unendlichen zusammenhängenden Komponente liegt. Aus Abschnitt 5.2 wissen wir, dass die Existenz von unendlichen zusammenhängenden Komponenten davon abhängt, ob die Kantenwahrscheinlichkeit p oberhalb oder unterhalb eines gewissen kritischen Wertes p_c liegt: Für $p < p_c$ gibt es nur endliche zusammenhängende Komponenten. Dies bedeutet, dass wir unser Studium auf die superkritische Perkolation beschränken können, d. h. auf den Fall $p > p_c$. Damit können wir auch den eindimensionalen Fall unberücksichtigt lassen, denn wir hatten im Abschnitt 5.2 festgestellt, das der kritische Wert des Gitters $\mathbf{Z}^1$ gleich $p_c = 1$ ist, was die Perkolation auf $\mathbf{Z}^1$ ziemlich uninteressant macht.

Beginnen wir mit der Betrachtung des Falles mit zwei Dimensionen. Von Pólyas Satz (Satz 8.3) wissen wir, dass eine Irrfahrt auf dem vollständigen Gitter $\mathbf{Z}^2$ rekurrent ist. Im Beweis im Abschnitt 8.3 sahen wir, dass die Rekurrenz daraus folgt, dass der effektive Widerstand R_{eff} eines gewissen Graphen G_n für $n \to \infty$ gegen unendlich geht. Wenn wir stattdessen eine Irrfahrt auf einem Teilgraphen des Gitters $\mathbf{Z}^2$ betrachten, der dadurch entsteht, dass gewisse Kanten weggenommen wurden, dann ist ihre Rekurrenz äquivalent dazu, dass der effektive Widerstand von G_n^* für $n \to \infty$ gegen unendlich geht, wenn G_n^* der Graph ist, den man erhält, wenn man G_n die Kanten entnimmt, die den entfernten Kanten des Gitters $\mathbf{Z}^2$ entsprechen. Aus Rayleighs Monotonieprinzip (Satz 7.6) folgt, dass G_n^* keinen geringeren Effektivwiderstand als G_n haben kann, so dass der effektive Widerstand von G_n^* mit wachsendem n unendlich wird. Damit wissen wir, dass eine Irrfahrt auf jedem denkbaren Teilgraphen des Gitters $\mathbf{Z}^2$ rekurrent ist, und als Spezialfall erhalten wir das folgende Ergebnis:

Proposition 8.6. *Die Irrfahrt auf der zusammenhängenden Komponente einer superkritischen Perkolation des Gitters* $\mathbf{Z}^2$ *ist rekurrent.*

Bedeutend schwieriger ist der Fall der Perkolation in drei oder mehr Dimensionen. Dann hilft das Argument, das zu Proposition 8.6 führte, nicht weiter, denn die Irrfahrt auf dem Gitter $\mathbf{Z}^d$ ist für $d \geq 3$ transient (wieder Pólyas Satz), und das Entfernen von Kanten aus einem Graphen, bei dem die Irrfahrt transient ist, könnte sowohl zu einem Graphen mit transienter als auch rekurrenter Irrfahrt führen (die Ungleichung in Rayleighs Monotonieprinzip geht für unser Problem in die falsche Richtung).

Nichts desto trotz wurde in einem Artikel von Grimmett, Kesten & Zhang (1993) das folgende tief liegende Ergebnis bezüglich einer Irrfahrt auf der unendlichen Perkolationskomponente für $d \geq 3$ Dimensionen bewiesen. Der Beweis baut teilweise auf Argumenten aus der Elektrotechnik auf, ähnlich denen, die wir in diesem Kapitel besprochen hatten, doch als Ganzes ist er zu kompliziert, um hier auch nur skizziert zu werden.

Satz 8.7 (Grimmett, Kesten und Zhang). *Für $d \geq 3$ ist eine Irrfahrt auf der unendlichen zusammenhängenden Komponente einer superkritischen Perkolation des Gitters $\mathbf{Z}^d$ transient.*

Beachte, dass das für jedes $p > p_c$ gilt, unabhängig davon, wie nahe p dem kritischen Wert p_c kommt. Dieses Ergebnis macht besonders bemerkenswert, weil es zeigt, eine Irrfahrt auf einer Perkolationskonfiguration von $\mathbf{Z}^3$ (oder höheren Dimensionen) *ausschließlich* dann rekurrent ist, wenn der Startknoten in einer endlichen zusammenhängende Komponente liegt.[12]

Später wurden sowohl alternative Beweise als auch Verallgemeinerungen von Satz 8.7 vorgestellt, wobei die Verallgemeinerungen unter anderem die Perkolation auf verschiedenen Typen von Teilgraphen des Gitters $\mathbf{Z}^3$ behandeln; siehe beispielsweise Benjamini et al. (1998), Häggström & Mossel (1998) und Angel et al. (2004).

Bis jetzt haben wir in diesem Kapitel nur Irrfahrten des einfachsten Typs untersucht, bei dem ein Zufallswanderer, der im Knoten v steht, sich *mit gleicher Wahrscheinlichkeit für jede* der von v ausgehenden Kanten als weiteren Weg entscheidet. Wir erinnern uns jedoch (siehe Abschnitt 7.3), dass es auch möglich ist, Irrfahrten so zu gewichten, dass unterschiedliche Kanten mit verschiedener Wahrscheinlichkeit gewählt werden.

Wenn wir uns statt eines Zufallswanderers auf dem Gitter $\mathbf{Z}^d$ ein geladenes Teilchen denken, das in einem Medium umher wandert, dann können wir uns auch vorstellen, dass an diesem Medium ein elektrisches Feld anliegt, welches das Teilchen in eine bestimmte Richtung zieht. Dies kann man auf natürliche Weise modellieren, indem das Teilchen eine höhere Wahrscheinlichkeit besitzt, in diese Richtung zu gehen (unabhängig davon, an welcher Stelle es sich im Gitter befindet).

Wir wollen uns im Folgenden auf den Fall des Gitters $\mathbf{Z}^2$ beschränken, und stellen uns vor, dass das elektrische Feld eine Kraft auf das Teilchen von rechts ausübt. Dann können wir festlegen, dass das Teilchen, das sich im Knoten (i, j)

---

[12]Streng genommen ist das nur fast richtig. Der Satz sagt nämlich nichts darüber aus, was *genau für* den kritischen Wert $p = p_c$ geschieht. Wie wir gegen Ende des Abschnitts 5.2 gesehen haben, sind die Fachleute auf dem Gebiet der Perkolation einhellig davon überzeugt, dass die Perkolation auf $\mathbf{Z}^d$ für $p = p_c$ zu keiner unendlichen zusammenhängenden Komponente führt. Doch für $3 \leq d \leq 18$ ist dies noch nicht bewiesen, so dass es in diesen Dimensionen im Prinzip weiterhin möglich wäre, dass eine unendliche zusammenhängende Komponente für den kritischen Wert entsteht, und dass eine Irrfahrt auf dieser Komponente rekurrent ist.

befindet – i und j sind hier die x- bzw. y-Koordinaten des Knotens – mit den folgenden Wahrscheinlichkeiten zu den vier Nachbarknoten springt:

$$\begin{cases} \text{nach } (i+1, j) \text{ mit Wahrscheinlichkeit } \frac{1}{4} + \beta \\ \text{nach } (i-1, j) \text{ mit Wahrscheinlichkeit } \frac{1}{4} - \beta \\ \text{nach } (i, j+1) \text{ mit Wahrscheinlichkeit } \frac{1}{4} \\ \text{nach } (i, j-1) \text{ mit Wahrscheinlichkeit } \frac{1}{4} \,, \end{cases} \qquad (8.27)$$

wobei β eine Zahl zwischen 0 und $\frac{1}{4}$ ist, die **Driftparameter** genannt wird. Wenn $\beta = 0$ ist, springt das Teilchen zu jedem seiner Nachbarn mit jeweils der Wahrscheinlichkeit $\frac{1}{4}$, was uns auf den Fall der gewöhnlichen Irrfahrt zurück führt. Für $\beta > 0$ hat das Teilchen eine erhöhte Wahrscheinlichkeit, nach rechts zu gehen, und auf entsprechende Weise eine verringerte Wahrscheinlichkeit, sich nach links zu bewegen. Was passiert dann auf lange Sicht mit einer solchen Irrfahrt, die zum Zeitpunkt 0 z. B. im Nullpunkt gestartet wurde?

Wie zuvor bezeichnen wir mit $X(n)$ die Position des Teilchens zur Zeit n. Weiterhin seien $X_x(n)$ und $X_y(n)$ seine x- beziehungsweise y-Koordinate zur Zeit n, so dass folglich

$$X(n) = (X_x(n), X_y(n))$$

gilt. Wenn das Teilchen einen Schritt geht, erhöht sich die x-Koordinate entweder um -1, 0 oder $+1$ mit den entsprechenden Wahrscheinlichkeiten $\frac{1}{4} - \beta$, $\frac{1}{2}$ und $\frac{1}{4} + \beta$. Der erwartete Zuwachs in x-Richtung wird somit

$$-1 \cdot (\tfrac{1}{4} - \beta) + 0 \cdot \frac{1}{2} + 1 \cdot (\tfrac{1}{4} + \beta) = 2\,\beta\,.$$

Die x-Koordinate $X_x(n)$ des Teilchens ist gleiche der Summe der ersten n dieser Zuwächse, und aus dem Gesetz der großen Zahlen (Satz 4.3) folgt, dass $\frac{X_x(n)}{n}$ für $n \to \infty$ gegen $2\,\beta$ strebt:

$$\mathbf{P}\left(\lim_{n \to \infty} \frac{X_x(n)}{n} = 2\beta\right) = 1\,. \qquad (8.28)$$

Hierbei kann $\frac{X_x(n)}{n}$ als Durchschnittsgeschwindigkeit des Teilchens nach rechts während der ersten n Schritte aufgefasst werden, und $2\,\beta$ ist die asymptotische Durchschnittsgeschwindigkeit, die das Teilchen auf lange Sicht erreicht. Für $\beta > 0$ folgt aus (8.28), dass $X_x(n) \to \infty$ für $n \to \infty$ gilt, so dass die Irrfahrt mit Drift transient ist (obwohl sie auf dem zweidimensionalen Gitter wandert, auf dem die gewöhnliche, ungewichtete Irrfahrt rekurrent ist).

Aus (8.28) können wir außerdem ableiten, dass mit wachsendem Driftparameter auch die asymptotische Geschwindigkeit wächst. Eigentlich ist das nicht besonders überraschend, doch wir werden gleich ein Beispiel einer Irrfahrt kennenlernen, die sich in dieser Beziehung anders verhält.

◇   ◇   ◇   ◇

Gehen wir jetzt noch einen Schritt weiter und betrachten eine ähnliche Irrfahrt mit Driftparameter, doch dieses Mal auf einer Perkolationskomponente von $\mathbf{Z}^2$. Wir halten die Kantenwahrscheinlichkeit p mit $p > p_c$ fest, und erzeugen einen Teilgraphen des Gitters $\mathbf{Z}^2$ gemäß des gewöhnlichen Kantenperkolationsmodells auf dem $\mathbf{Z}^2$ Gitter mit Kantenwahrscheinlichkeit p. Danach starten wir im Nullpunkt eine Irrfahrt mit Drift nach rechts entsprechend (8.27), jedoch mit der folgenden Modifikation: Ein Zufallswanderer, der sich im Knoten (i, j) befindet, wählt einen der vier Nachbarknoten entsprechend der Verteilung (8.27) zufällig aus. Wenn die Kante zwischen (i, j) und dem gewählten Nachbarn in der Perkolationskonfiguration existiert, geht der Zufallswanderer zum gewählten Knoten, während er anderenfalls eine Zeiteinheit im Knoten (i, j) stehen bleibt – um beim nächsten Zeitpunkt einen neuen Versuch zu unternehmen, zu einem der Nachbarknoten zu gehen.

Für diese Irrfahrt auf einer Perkolationskomponente mit Drift können wir uns die Frage stellen, was mit der Durchschnittsgeschwindigkeit $\frac{X_x(n)}{n}$ für $n \to \infty$ geschieht. Wenn der Startknoten zu einer endlichen zusammenhängenden Komponente gehört, kann $X_x(n)$ nicht über eine bestimmte Grenze wachsen, und es ist offensichtlich, dass $\frac{X_x(n)}{n} \to 0$ für $n \to \infty$ gilt. Interessanter ist der Fall, wenn der Startknoten zur unendlichen zusammenhängenden Komponente gehört. In diesem Fall kann man zeigen, dass es eine Zahl $\mu_{p,\beta}$ gibt (die von p und β abhängen kann), so dass

$$\lim_{n \to \infty} \frac{X_x(n)}{n} = \mu_{p,\beta}$$

gilt. Wir nennen $\mu_{p,\beta}$ die **asymptotische Geschwindigkeit**, die für die Kantenwahrscheinlichkeit p und den Driftparameter β entsteht. Für $p = 1$ (was der Irrfahrt mit Drift direkt auf dem Gitter $\mathbf{Z}^2$ entspricht) gilt nach (8.28) die Beziehung $\mu_{p,\beta} = 2\beta$. Für $p < 1$ (aber natürlich weiterhin $p > p_c$) lässt sich die asymptotische Geschwindigkeit nicht so einfach berechnen, und im Allgemeinen ist dies nicht explizit möglich. Doch wir können auch etwas einfachere Fragen zu $\mu_{p,\beta}$ stellen, wie die folgende, scheinbar harmlose Problemstellung:

Wächst die asymptotische Geschwindigkeit $\mu_{p,\beta}$ (für ein festes $p > p_c$) als Funktion des Driftparameters β?

Wie wir gesehen haben, kann diese Frage für $p = 1$ bejaht werden, was unmittelbar aus (8.28) hervor geht. Es könnte zunächst so aussehen, als ob die Frage auch für $p < 1$ selbstverständlich bejaht werden kann, doch hier ergibt sich eine Überraschung. Als man in Physikerkreisen begann, Irrfahrten mit Drift auf Perkolationskomponenten zu simulieren[13], deutete das Ergebnis darauf hin, dass die asymptotische Geschwindigkeit $\mu_{p,\beta}$ als Funktion nicht überall

---

[13]Siehe z. B. Barma & Dhar (1983).

für wachsendes β wächst. Arbeiten von Berger, Gantert & Peres (2003) und Sznitman (2003) bestätigten dies kürzlich:[14]

Satz 8.8 (Berger, Gantert und Peres; Sznitman). *Betrachte eine Kantenperkolation auf dem Gitter $\mathbf{Z}^2$ mit einem p, so dass $p_c < p < 1$ ist. Für eine Irrfahrt auf der unendlichen zusammenhängenden Komponente mit Drift existieren zwei Werte β_1 und β_2, so dass $0 < \beta_1 \leq \beta_2 < \frac{1}{4}$ ist und*

$$\mu_{p,\beta} \begin{cases} > 0 & \text{für} \quad 0 < \beta < \beta_1 \\ = 0 & \text{für} \quad \beta_2 < \beta < \frac{1}{4} \end{cases} \tag{8.29}$$

gilt.

Für den Vergleich, eines Wertes β mit $0 < \beta < \beta_1$ mit einem anderen Wert $\hat{\beta}$ mit $\beta_2 < \hat{\beta} < \frac{1}{4}$, sehen wir aus Satz 8.8, dass eine Erhöhung des Driftparameters zu einer Verringerung der asymptotischen Geschwindigkeit führen kann. Um das Teilchen so schnell wie möglich nach rechts zu drängen, lohnt es sich also nicht immer, den Driftparameter zu erhöhen!

Ähnlich wie Satz 8.7 ist Satz 8.8 zu kompliziert, um hier bewiesen zu werden. Doch vielleicht kann man zumindest eine Art intuitive Erklärung für dieses überraschende Phänomen finden, dass die Erhöhung des Driftparameters zu einer Verringerung der asymptotischen Geschwindigkeit führen kann? Eine solche Erklärung erhalten wir, wenn wir Abb. 8.3 betrachten.

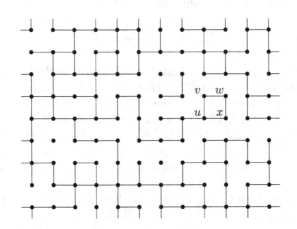

Abb. 8.3. Wenn die Drift nach rechts stark ist, wird ein Teilchen, dass sich zum Knoten v bewegt, vermutlich sehr lange auf der dargestellten Halbinsel der Perkolationskonfiguration mit den Knoten u, v, w und x aufhalten.

---

[14]Hin und wieder geschieht es in der Mathematik, dass zwei unterschiedlichen Forscher oder Forschergruppen unabhängig voneinander den gleichen Durchbruch erreichen, was in diesem Fall geschah. Man könnte behaupten, dass die Zeit für den Satz 8.8 ganz einfach reif war.

Hier und da entstehen in der unendlichen zusammenhängenden Komponente Gebiete, die man „nach links offene Halbinseln" nennen könnte, beispielsweise wie die in Abb. 8.3, auf der sich die Knoten u, v, w und x befinden. Damit ein Teilchen, das sich beispielsweise nach v verirrt hat, seinen Weg weiter nach rechts fortsetzen kann, muss es zunächst die Halbinsel rückwärts verlassen, um dann einen anderen Weg vorwärts einzuschlagen. Wenn die Drift nach rechts jedoch sehr stark ist, dann wird das Teilchen vermutlich eine lange Zeit auf der Halbinsel (in den Knoten u bis x) festhängen, bevor es diese verlassen kann. Je größer β ist, desto schwerer ist es für das Teilchen, die Halbinsel zu verlassen, und desto länger bleibt es im Mittel bei u, v, w und x hängen.

Aus Sicht der Beziehung (8.29) von Satz 8.8 könnte man vermuten, dass für eine feste Kantenwahrscheinlichkeit p mit $p_c < p < 1$ ein kritischer Wert β_c existieren sollte, so dass

$$
\mu_{p,\beta}
\begin{cases}
> 0 & \text{für } 0 < \beta < \beta_c \\
= 0 & \text{für } \beta_c < \beta < \frac{1}{4}
\end{cases}
\tag{8.30}
$$

gilt. Dies ist gleichbedeutend damit, dass man in Gleichung (8.29) $\beta_1 = \beta_2$ setzt, was nicht aus Satz 8.8 folgt (zumindest nicht offensichtlich!). Gleichung (8.30) zu beweisen – oder möglicherweise zu widerlegen – ist vielleicht das größte offene Problem auf diesem Gebiet. Mit gutem Erinnerungsvermögen erkennt man dieses Problem als Monotonieproblem ähnlich der so genannten Eindeutigkeitsmonotonie wieder, die am Ende von Abschnitt 5.5 diskutiert wurde.

Die Entdeckungsreise durch die Wahrscheinlichkeitstheorie, zu der ich im ersten Kapitel eingeladen hatte, ist an dieser Stelle beendet. Ich hoffe, dass es die Leserinnen und Leser auch so empfinden, dass wir auf eine Reihe interessanter „Sehenswürdigkeiten" gestoßen sind. Darüber hinaus gibt es in der Wahrscheinlichkeitstheorie unzählige weitere faszinierende Objekte und Phänomene, die noch weit außerhalb der Sichtweite dieser Reise liegen. Ich hoffe, dass mein Buch für viele ein Anstoß ist, sich auf die Suche nach ihnen zu begeben, und vielleicht sogar neue Phänomene zu entdecken. Die umfangreichen Fußnoten und das Literaturverzeichnis könnten bei der Fortsetzung der Reise eine erste Hilfe sein.

Anhang A

Summen

Wie der Leser allenfalls bereits bemerkt hat, kommt die Addition in diesem Buch sehr häufig vor. Deshalb habe ich mich entschlossen, in diesem Anhang etwas Material über Summen zusammen zu stellen. Wir erklären zunächst die gängige $\sum$-Notation für Summen, um später zu zeigen, wie man entscheiden kann, ob eine Summe mit unendlich vielen Termen endlich oder unendlich ist.

Die Summe

$$a_1 + a_2 + \cdots + a_k \tag{A.1}$$

mit k Termen, kann ebenso – häufig eleganter – durch das Symbol

$$\sum_{i=1}^{k} a_i \tag{A.2}$$

bezeichnet werden. Ein konkretes Beispiel wäre

$$\sum_{i=1}^{5} \frac{1}{i^2},$$

diese Summe steht für $\frac{1}{1} + \frac{1}{4} + \frac{1}{9} + \frac{1}{16} + \frac{1}{25}$.

Eine Summe muss nicht unbedingt mit $i = 1$ beginnen; beispielsweise bezeichnet $\sum_{i=3}^{6} a_i$ die Summe $a_3 + a_4 + a_5 + a_6$.

Die einzelnen Terme einer Summe können selbst wieder Summen sein. Nehmen wir z. B. an, dass jedes a_i eine Summe von l Termen ist (mit $i = 1, \ldots, k$), so dass

$$a_i = b_{i,1} + b_{i,2} + \cdots + b_{i,l}$$

gilt. Die Summen in (A.1) und (A.2) können dann zu

$$a_1 + a_2 + \cdots + a_k = \sum_{i=1}^{k} a_i$$

$$= \sum_{i=1}^{k} (b_{i,1} + b_{i,2} + \cdots + b_{i,l})$$

$$= \sum_{i=1}^{k} \sum_{j=1}^{l} b_{i,j} \tag{A.3}$$

umgestellt werden. Der Ausdruck in (A.3) ist eine so genannte **Doppelsumme** – eine einfachere und kompaktere Notation für die Summe der folgenden $k \times l$ Terme:

$$
\begin{array}{ccccc}
b_{1,1} & b_{1,2} & b_{1,3} & \cdots & b_{1,l} \\
b_{2,1} & b_{2,2} & b_{2,3} & \cdots & b_{2,l} \\
\vdots & \vdots & \vdots & & \vdots \\
b_{k,1} & b_{k,2} & b_{k,3} & \cdots & b_{k,l}
\end{array}
$$

Für eine Summe $a_1 + a_2 + \cdots$ von unendlich vielen Termen wird die Bezeichnung

$$\sum_{i=1}^{\infty} a_i \tag{A.4}$$

verwendet. Eine solche Summe unendlich vieler Terme wird oft als **Reihe** bezeichnet. Was bedeutet dies? Für eine Summe von Termen mit endlicher Anzahl, beispielsweise k Termen, ist die Sache sonnenklar: Wir beginnen mit dem ersten Element, legen dann das zweite dazu, dann das dritte, und so weiter bis alle k Terme in der Summe enthalten sind und uns die Endsumme vorliegt. Aber mit einer Summe von unendlich vielen Termen, wie in (A.4), ist die Sache nicht ganz so einfach, weil die skizzierte Prozedur nie zum Ende kommt. Um die Summe in (A.4) zu definieren, müssen wir den *Grenzwertbegriff* der Mathematik zu Hilfe nehmen (siehe die Einleitung des Abschnitts 4.2 für die Definition des Grenzwertes).

Um eine vorläufige Vorstellung von der Summe in (A.4) zu erhalten, führen wir die Bezeichnung S_k für die *Teilsumme* (oder *Partialsumme*) der k ersten Terme ein:

$$S_k = \sum_{i=1}^{k} a_i .$$

Danach können wir $k \to \infty$ streben lassen und den Grenzwert

$$S = \lim_{k \to \infty} S_k \tag{A.5}$$

betrachten (vorausgesetzt, der Grenzwert existiert). Die Summe in (A.4) wird dann als dieser Grenzwert S definiert.

In einigen Fällen führt das zu keinem sinnvollen Ergebnis, z. B. wenn wir die Terme a_i in der Summe als

$$a_i = \begin{cases} 1 & \text{für } i \text{ ungerade} \\ -1 & \text{für } i \text{ gerade} \end{cases}$$

definieren. Dann ergibt sich

$$\begin{aligned} S_1 &= & 1 \\ S_2 &= 1 + (-1) & = 0 \\ S_3 &= 1 + (-1) + 1 & = 1 \\ S_4 &= 1 + (-1) + 1 + (-1) &= 0 \end{aligned} \tag{A.6}$$

und so weiter: die Teilsummen werden bis in alle Ewigkeit zwischen 0 und 1 pendeln, so dass der Grenzwert in (A.5) nicht existiert, und der Summe $\sum_{i=1}^{\infty} a_i$ kein Wert zugewiesen werden kann.

Die meisten in diesem Buch auftretenden Summen haben jedoch ausschließlich positive Terme[1], und für solche Summen kann diese Art des Pendelns, wie sie bei (A.6) vorliegt, nicht entstehen. Wenn $a_i \geq 0$ für sämtliche i gilt, erhalten wir

$$S_1 \leq S_2 \leq S_3 \leq \cdots$$

wobei zwei unterschiedliche Szenarien denkbar sind: Entweder

a) wächst S_k für $k \to \infty$ über alle Schranken, so dass wir den Grenzwert $S = \infty$ erhalten,

oder

b) wächst S_k (notwendigerweise immer langsamer) gegen eine gewisse endliche Schranke, und der Grenzwert S wird dabei gleich dieser Schranke.

In beiden Fällen ist die Summe $\sum_{i=1}^{\infty} a_i = S = \lim_{k\to\infty} S_k$ wohldefiniert; der Unterschied ist, dass sie im Fall a) unendlich wird, während sie bei b) eine endliche Zahl ergibt.[2] Es ist oft wichtig zu entscheiden, welcher der Fälle a) oder b) vorliegt. (Beispiele dafür enthalten unter anderem die Abschnitte 4.3, 8.3 und 8.4.) Wir wollen uns in den folgenden Diskussionen der Frage widmen, wie diese Entscheidung in einigen grundlegenden Fällen getroffen wird.

Sei $c \geq 0$ eine Konstante, für die $a_i = c^i$ für jedes i gilt. Dann erhalten wir die so genannte **geometrische Reihe**

---

[1]Das hängt unter anderem damit zusammen, dass Wahrscheinlichkeiten niemals negativ sein können.

[2]Oft spricht man im Fall a) davon, dass die Summe **bestimmt divergent** ist, während sie im Fall b) als **konvergent** bezeichnet wird.

$$\sum_{i=1}^{\infty} c^i = c + c^2 + c^3 + \cdots .$$

Wenn $c > 1$ ist, wird $\lim_{i \to \infty} c^i = \infty$, und die Summe muss selbstverständlich unendlich werden. Im Fall $c = 1$ ist der Grenzwert ganz einfach eine Summe von unendlich vielen Einsen, und auch diese muss unendlich werden. Weniger offensichtlich ist, was für $c < 1$ geschieht. Um zu entscheiden, ob die Summe endlich oder unendlich wird, betrachten wir zunächst die Teilsumme

$$S_k = \sum_{i=1}^{k} c^i = c + c^2 + \cdots + c^k .$$

Nun kommt ein raffinierter Trick: Wenn wir S_k mit $1 - c$ multiplizieren, erhalten wir

$$\begin{aligned}
(1 - c)\,S_k &= (1 - c)\,(c + c^2 + \cdots + c^k) \\
&= (c - c^2) + (c^2 - c^3) + (c^3 - c^4) + \cdots + (c^k - c^{k+1}) \qquad \text{(A.7)} \\
&= c - c^{k+1}
\end{aligned}$$

weil alle Terme in (A.7), außer dem ersten und dem letzten, einander paarweise auslöschen. Wenn wir nach S_k auflösen, erhalten wir

$$S_k = \frac{c - c^{k+1}}{1 - c} . \qquad \text{(A.8)}$$

Weil wir angenommen haben, dass $c < 1$ ist, geht der Term c^{k+1} im Zähler von (A.8) gegen 0, wenn $k \to \infty$ geht. Daraus ziehen wir die Schlussfolgerung, dass sich die geometrische Reihe zu

$$\begin{aligned}
\sum_{i=1}^{\infty} c^i &= \lim_{k \to \infty} S_k \\
&= \frac{c}{1 - c}
\end{aligned} \qquad \text{(A.9)}$$

aufsummiert. Somit konnten wir nicht nur entscheiden, dass die Summe $\sum_{i=1}^{\infty}$ *endlich* ist, sondern wir konnten sie sogar *exakt* berechnen.

$$\diamond \quad \diamond \quad \diamond \quad \diamond$$

Ein anderes wichtiges und gut bekanntes Beispiel ist die so genannte **harmonische Reihe**

$$\sum_{i=1}^{\infty} \frac{1}{i} = 1 + \tfrac{1}{2} + \tfrac{1}{3} + \tfrac{1}{4} + \cdots .$$

In dieser Reihe gehen die einzelnen Terme gegen 0, aber es zeigt sich, dass die Summe trotzdem unendlich wird (vielleicht ein wenig überraschend für jemanden, der das noch nie zuvor gesehen hat). Um einzusehen, dass die Summe unendlich wird, verwenden wir eine Methode, bei der die Terme in der Summe gruppiert werden, so dass

$$\sum_{i=1}^{\infty} \frac{1}{i} = 1 + (\tfrac{1}{2} + \tfrac{1}{3}) + (\tfrac{1}{4} + \tfrac{1}{5} + \tfrac{1}{6} + \tfrac{1}{7}) + (\tfrac{1}{8} + \cdots + \tfrac{1}{15}) + \cdots$$

$$= \sum_{j=1}^{\infty} b_j \qquad\qquad (A.10)$$

ist, wobei

$$\begin{cases} b_1 = 1 \\ b_2 = \tfrac{1}{2} + \tfrac{1}{3} \\ b_3 = \tfrac{1}{4} + \tfrac{1}{5} + \tfrac{1}{6} + \tfrac{1}{7} \\ b_4 = \tfrac{1}{8} + \cdots + \tfrac{1}{15} \\ \quad\vdots \\ b_j = \tfrac{1}{2^{j-1}} + \cdots + \tfrac{1}{2^j - 1} \\ \quad\vdots \end{cases}$$

gilt. Für beliebige $j \geq 1$ ist also b_j gleich einer Summe von 2^{j-1} Termen, die alle größer als $\frac{1}{2^j}$ sind. Daraus folgt die Ungleichung

$$b_j > \frac{2^{j-1}}{2^j} = \frac{1}{2}.$$

Dies ergibt in Verbindung mit (A.10), dass

$$\sum_{i=1}^{\infty} \frac{1}{i} = \sum_{j=1}^{\infty} b_j = \infty \qquad\qquad (A.11)$$

gilt, denn eine Summe unendlich vieler Terme, von denen jeder einzelne mindestens $\frac{1}{2}$ ist, muss unendlich werden.

$$\diamond \quad \diamond \quad \diamond \quad \diamond$$

Eine Variante der harmonischen Reihe ist

$$\sum_{i=1}^{\infty} \frac{1}{i^2}.$$

Diese Summe erweist sich als endlich, und um das einzusehen, wollen wir die gleiche Art der Gruppierung von Termen wie die in (A.10) anwenden, nämlich

$$\sum_{i=1}^{\infty} \frac{1}{i^2} = 1 + (\tfrac{1}{4} + \tfrac{1}{9}) + (\tfrac{1}{16} + \tfrac{1}{25} + \tfrac{1}{36} + \tfrac{1}{49}) + (\tfrac{1}{64} + \cdots + \tfrac{1}{225}) + \cdots$$

$$= \sum_{j=1}^{\infty} d_j$$

wobei

$$d_j = \frac{1}{(2^{j-1})^2} + \frac{1}{(2^{j-1}+1)^2} + \cdots + \frac{1}{(2^j - 1)^2}.$$

Hier ist d_j eine Summe von 2^{j-1} Termen, von denen jeder *höchstens* gleich $\frac{1}{(2^{j-1})^2}$ ist, so dass

$$d_j \leq \frac{2^{j-1}}{(2^{j-1})^2} = \frac{1}{2^{j-1}}$$

gilt. Dies ergibt die Abschätzung

$$\sum_{i=1}^{\infty} \frac{1}{i^2} = \sum_{j=1}^{\infty} d_j \leq \sum_{j=1}^{\infty} \frac{1}{2^{j-1}} = 2 \cdot \sum_{j=1}^{\infty} \left(\tfrac{1}{2}\right)^j$$

$$= 2 \cdot \frac{\frac{1}{2}}{1 - \frac{1}{2}} = 2, \qquad (A.12)$$

wobei die vorletzte Gleichheit eine Anwendung unserer Formel (A.9) für die geometrische Reihe ist. Somit können wir festhalten, dass $\sum_{i=1}^{\infty} \frac{1}{i^2}$ endlich ist.[3] Es ist nicht schwer, die obere Schranke 2 in (A.12) zu verbessern, und es ist darüber hinaus sogar möglich, die exakte Summe zu berechnen: $\sum_{i=1}^{\infty} \frac{1}{i^2} = \frac{\pi^2}{6}$.

◇   ◇   ◇   ◇

Man kann natürlich nicht damit rechnen, dass sich alle Summen so behandeln lassen, wie wir es oben getan haben. Für allgemeinere Summen von positiven Termen gibt es glücklicherweise eine Reihe von Standardmethoden, die oft ausreichen, um zu entscheiden, ob eine Summe endlich oder unendlich ist. Eine solche Methode ist es, geschickte Termgruppierungen zu finden, ähnlich denen in (A.10). Eine andere Methode besteht im Vergleich verschiedener Reihen. Nehmen wir an, dass die Summe $\sum_{i=1}^{\infty} a_i$ endlich ist, und wir möchten entscheiden, ob $\sum_{i=1}^{\infty} b_i$ endlich oder unendlich ist. Wenn wir zeigen können, dass für ein k gilt, dass für alle $i \geq k$ die Umgleichung $b_i \leq a_i$ gilt, dann muss auch die Summe $\sum_{i=1}^{\infty} b_i$ endlich sein.[4]

---

[3]Allgemeiner können wir für beliebiges p die Reihe $\sum_{i=1}^{\infty} \frac{1}{i^p}$ betrachten, und mit der gleichen Methode wie für die harmonische Reihe und für $\sum_{i=1}^{\infty} \frac{1}{i^2}$ ist es möglich zu zeigen, dass die Summe $\sum_{i=1}^{\infty} \frac{1}{i^p}$ genau dann endlich ist, wenn $p > 1$ gilt.

[4]Umgekehrt gilt, dass wenn $\sum_{i=1}^{\infty} a_i$ unendlich ist, und $b_i \geq a_i$ für alle $i \geq k$ gilt, dann ist $\sum_{i=1}^{\infty} b_i$ unendlich.

Als Beispiel, wie man diese Vergleichsmethode anwenden kann, betrachten wir die Summe

$$\sum_{i=1}^{\infty} i\, c^i\,, \qquad\qquad (A.13)$$

wobei die Konstanten c die Bedingung $c < 1$ erfüllen. Dies gleicht bis auf den Faktor i den Summanden der geometrischen Reihe. Um zu zeigen, dass die Summe in (A.13) endlich ist, wollen wir zunächst ausnutzen, dass $c < 1$ ist. Deshalb existiert ein d, so dass

$$c < d < 1$$

gilt. Die Summe $\sum_{i=1}^{\infty} d^i$ ist die gewöhnliche geometrische Reihe, und weil $d < 1$ gilt, ist sie endlich. Weiterhin ist

$$\lim_{i\to\infty} \frac{i\, c^i}{d^i} = \lim_{i\to\infty} \frac{i}{(\frac{d}{c})^i} = 0\,,$$

weil $\frac{d}{c} > 1$ gilt. Also ist $i\, c^i \le d^i$ für alle i, die ein gewisses k überschreiten. Weil $\sum_{i=1}^{\infty} d^i < \infty$ ist, können wir weiter folgern, dass auch die Summe in (A.13) endlich ist.

Anhang B

Die Grundlagen der Wahrscheinlichkeitstheorie

In diesem Anhang habe ich einige der grundlegenden Definitionen und Ergebnisse der Wahrscheinlichkeitstheorie zusammen gestellt, die dem Leser als Grundlage dienen sollen. Sie brauchen deshalb nicht von vorne bis hinten durchgelesen werden; dafür ist die Darstellung zu skizzenhaft.

Wer sich mit diesen Grundbegriffen systematischer beschäftigen will, der könnte zunächst Abschnitt 2.1 lesen und danach beispielsweise mit einem grundlegenden Lehrbuch der Wahrscheinlichkeitstheorie fortfahren, wie beispielsweise mit Dehling & Haupt (2005), Büchter & Henn (2005) oder Ross (2001) als englischsprachigem Standardwerk.

$$\diamond \quad \diamond \quad \diamond \quad \diamond$$

Sei Ω eine beliebige Menge, welche wir als **Grundmenge** eines Zufallsexperimentes bezeichnen; die Elemente von Ω werden **Ergebnisse** dieses Experimentes genannt. Sei Σ eine geeignete[1] Klasse von Teilmengen von Ω. Die Elemente von Σ werden **Ereignisse** genannt. Wenn Ω eine endliche (oder abzählbare[2]) Menge ist, dann ist die natürliche Wahl für Σ, *alle* Teilmengen von Ω zu betrachten.[3] Für ein Ereignis $A \subseteq \Omega$ bezeichne A^c das Komplement von A bezeichnet, d.h.

$$A^c = \{\omega \in \Omega : \omega \notin A\}.$$

---

[1] Mit „geeignet" ist hier vor allem gemeint, dass gewisse Mengenoperationen auf den Elementen von Σ wieder auf ein Element von Σ führen.

[2] Eine unendliche Menge S wird abzählbar genannt, wenn man ihre Elemente den natürlichen Zahlen paarweise zuordnen kann, ohne dass ein Element von S übrig bleibt; ansonsten wird sie überabzählbar genannt. Beispiele von abzählbaren Mengen sind $\mathbf{N}$ (die natürlichen Zahlen), $\mathbf{Z}$ (die ganzen Zahlen) und $\mathbf{Q}$ (die rationalen Zahlen), während $\mathbf{R}$ (die reellen Zahlen) überabzählbar sind. Siehe z.B. Conway & Guy (1996).

[3] Wenn dagegen Ω eine überabzählbare Menge ist, wie z.B. das Intervall $[0, 1]$, dann kann diese Wahl von Σ zu unerwarteten Schwierigkeiten führen (siehe z.B. Williams, 1991). Deshalb wählt man als Σ meistens eine begrenzte Klasse von Ereignissen.

Mit einem **Wahrscheinlichkeitsmaß** auf Ω ist eine Funktion $\mathbf{P} : \Sigma \to [0, 1]$ gemeint, die folgende Axiome erfüllt:

(A1) Die leere Menge soll das Maß Null haben, d. h. $\mathbf{P}(\emptyset) = 0$.

(A2) Für jedes Ereignis A soll gelten, dass $\mathbf{P}(A^c) = 1 - \mathbf{P}(A)$.

(A3) Wenn A und B disjunkte Ereignisse sind (d. h. wenn ihre Schnittmenge leer ist: $A \cap B = \emptyset$), dann soll für ihre Vereinigungsmenge $A \cup B$ die Beziehung $\mathbf{P}(A \cup B) = \mathbf{P}(A) + \mathbf{P}(B)$ gelten. Noch allgemeiner, wenn $A_1, A_2, \ldots$ eine abzählbare Folge von disjunkten Ereignissen ist, dann soll die folgende Beziehung erfüllt sein: $\mathbf{P}(\bigcup_{i=1}^{\infty} A_i) = \sum_{i=1}^{\infty} \mathbf{P}(A_i)$.

Ausgehend von diesen Axiomen können weitere Formeln hergeleitet werden: beispielsweise folgt aus (A1) und (A2), dass $\mathbf{P}(\Omega) = 1$, und aus (A3) kann man schlussfolgern, dass $\mathbf{P}(A \cup B) = \mathbf{P}(A) + P(B) - \mathbf{P}(A \cap B)$ für beliebige Ereignisse A und B gilt.

Wenn A und B Ereignisse sind, und $\mathbf{P}(B) > 0$ ist, dann wird die **bedingte Wahrscheinlichkeit für A unter der Bedingung** B, kurz $\mathbf{P}(A \,|\, B)$, durch folgende Formel definiert:

$$\mathbf{P}(A \,|\, B) = \frac{\mathbf{P}(A \cap B)}{\mathbf{P}(B)} .$$

Während $\mathbf{P}(A)$ normalerweise als Ausdruck dafür gedeutet wird, wie wahrscheinlich ein Ereignis A ist, wird $\mathbf{P}(A \,|\, B)$ als Ausdruck dafür interpretiert, wie wahrscheinlich A ist, *wenn wir wissen, dass B eingetroffen ist.*

Mit Hilfe der Axiome (A1)–(A3) und der Definition der bedingten Wahrscheinlichkeit kann eine Reihe wichtiger Zusammenhänge hergeleitet werden. Dazu gehört unter anderem der sogenannte Satz von der **totalen Wahrscheinlichkeit**. Er besagt: Wenn $B_1, \ldots, B_k$ disjunkte Ereignisse sind, deren Vereinigungsmenge die gesamte Grundmenge Ω umfasst, und wenn $\mathbf{P}(B_i) > 0$ für $i = 1, \ldots, k$ ist, dann gilt für jedes Ereignis A

$$\mathbf{P}(A) = \sum_{i=1}^{k} \mathbf{P}(B_i) \, \mathbf{P}(A \,|\, B_i) .$$

Weiterhin kann der **Satz von Bayes** abgeleitet werden. Er besagt, falls dieselben Voraussetzungen erfüllt sind, und wenn außerdem $\mathbf{P}(A) > 0$ gilt, dann ist für $i = 1, \ldots, k$ auch

$$\mathbf{P}(B_i \,|\, A) = \frac{\mathbf{P}(B_i) \, \mathbf{P}(A \,|\, B_i)}{\sum_{j=1}^{k} \mathbf{P}(B_j) \, \mathbf{P}(A \,|\, B_j)} . \tag{B.1}$$

Zwei Ereignisse A und B werden **unabhängig** genannt, falls

$$\mathbf{P}(A \cap B) = \mathbf{P}(A) \, \mathbf{P}(B)$$

gilt.

Allgemeiner werden Ereignisse $A_1, \ldots, A_k$ unabhängig genannt, wenn für jedes $l \leq k$ und jede Teilmenge $i_1, \ldots, i_l \in \{1, \ldots, k\}$, für die $i_1 < i_2 < \cdots < i_l$ gilt, die Beziehung

$$\mathbf{P}(A_{i_1} \cap A_{i_2} \cap \cdots \cap A_{i_l}) = \mathbf{P}(A_{i_1})\mathbf{P}(A_{i_2}) \cdots \mathbf{P}(A_{i_l})$$

erfüllt ist. Eine unendliche Folge $A_1, A_2, \ldots$ von Ereignissen wird unabhängig genannt, wenn für jedes k gilt, dass die Ereignisse $A_1, \ldots, A_k$ unabhängig sind.

Wenn $\mathbf{P}(B) > 0$ ist, dann sind A und B genau dann unabhängig, wenn $\mathbf{P}(A \mid B) = \mathbf{P}(A)$ gilt. Die Unabhängigkeit von A und B kann somit als Kenntnis davon aufgefasst werden, dass das Ereignis B nicht beeinflusst, wie wahrscheinlich das Ereignis A ist.

Eine **Zufallsgröße** (oder Zufallsvariable) kann man sich intuitiv als eine numerische Größe vorstellen, die zufallsbedingt ist. Die mathematische Definition lautet: Eine (reellwertige) Zufallsgröße X ist eine Abbildung $X : \Omega \to \mathbf{R}$, d. h. eine Funktion, die jedem Element $\omega \in \Omega$ einen reellen Wert zuweist. (Allgemeiner kann man über S-wertige Zufallsgröße sprechen, die in der Praxis häufiger auftreten als reellwertige: damit sind Abbildungen $X : \Omega \to S$ gemeint, bei denen S jede beliebige Menge sein kann.)

Zwei wichtige Klassen reellwertiger Zufallsgrößen sind die diskreten und die stetigen Zufallsgrößen.[4] Eine reellwertige Zufallsgröße X wird als **diskret** bezeichnet, wenn es eine endliche oder oder abzählbar unendliche Menge $S \subset \mathbf{R}$ gibt, so dass $\mathbf{P}(X \in S) = 1$ gilt. Oft ist $S = \mathbf{Z}$ (d. h. die ganzen Zahlen) oder eine Teilmenge von $\mathbf{Z}$.

Wenn stattdessen eine Funktion $f : \mathbf{R} \to \mathbf{R}$ mit der Eigenschaft existiert, dass für alle $a, b \in \mathbf{R}$ mit $a < b$ gilt, dass

$$\mathbf{P}(a \leq X \leq b) = \int_a^b f(x)\,dx \tag{B.2}$$

ist, so wird X **stetig** mit **Dichtefunktion**[5] f genannt. Für eine Dichtefunktion f gilt immer

$$\int_{-\infty}^{\infty} f(x)\,dx = 1. \tag{B.3}$$

Außerdem kann f immer so gewählt werden, dass die Bedingung $f(x) \geq 0$ für jedes $x \in \mathbf{R}$ erfüllt ist. Die Formeln (B.2) und (B.3) können so gedeutet werden, dass die Fläche zwischen der Kurve f und der x-Achse die Wahrscheinlichkeitsmasse (mit der totalen Masse 1) repräsentiert. Dann entspricht die Wahrscheinlichkeit $\mathbf{P}(a \leq X \leq b)$ genau der Masse oder Fläche, die von

---

[4] Es gibt auch reellwertige Zufallsgrößen, die weder diskret noch stetig sind.

[5] Die Dichtefunktion wird im Englischen manchmal auch *frequency function* genannt.

der Kurve f und der x-Achse sowie den Linien $x = a$ und $x = b$ eingeschlossen wird; siehe Abb. B.1.

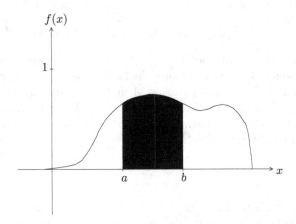

Abb. B.1. Wenn X eine stetige Zufallsgröße mit der Dichtefunktion f ist, dann ist die Wahrscheinlichkeit $\mathbf{P}(a \leq X \leq b)$ gleich der Fläche des schwarzen Gebietes.

Für eine Zufallsgröße X soll ihr **Erwartungswert** $\mathbf{E}[X]$ intuitiv als Wert aufgefasst werden, den man „im Durchschnitt" von X erwartet. Für eine diskrete Zufallsgröße kann der Erwartungswert als

$$\mathbf{E}[X] = \sum_x x\,\mathbf{P}(X = x) \tag{B.4}$$

definiert werden, wobei über alle Werte x summiert wird, bei denen $\mathbf{P}(X = x) > 0$ gilt. Die entsprechende Definition für eine stetige Zufallsgröße mit der Dichtefunktion f ist

$$\mathbf{E}[X] = \int_{-\infty}^{\infty} x\,f(x)\,dx\,.$$

Man kann sagen, dass der Erwartungswert der durchschnittliche Wert der Zufallsgröße ist, er sagt also nichts über ihre Streuung aus. Ein übliches Maß für die Streuung ist stattdessen die **Varianz** $\mathbf{Var}[X]$, die für eine Zufallsgröße X mit Erwartungswert μ als

$$\mathbf{Var}[X] = \mathbf{E}[(X - \mu)^2]$$

definiert ist, d. h. als mittlerer quadratischer Abstand vom Erwartungswert.

Oft spricht man auch von der **Standardabweichung** einer Zufallsgröße, die ganz einfach die Quadratwurzel der Varianz ist.

Für Erwartungswerte und Varianzen gelten eine Reihe von Rechenregeln. Wenn $X_1, \ldots, X_k$ Zufallsgrößen sind und c eine reellwertige Konstante ist, so gilt

$$\mathbf{E}[X_1 + \cdots + X_k] = \mathbf{E}[X_1] + \cdots + \mathbf{E}[X_k] \tag{B.5}$$

und

$$\mathbf{E}[c\,X_i] = c\,\mathbf{E}[X_i]\,. \tag{B.6}$$

Für die Varianz gilt analog zu (B.6)

$$\mathbf{Var}[c\,X_i] = c^2\,\mathbf{Var}[X_i]\,, \tag{B.7}$$

wobei wir beachten müssen, dass die Konstante c *quadriert werden muss*, wenn sie aus der Varianz heraus gezogen wird. Um eine Entsprechung zu (B.5) für Varianzen zu erhalten, müssen wir annehmen, dass die Variablen $X_1, \ldots, X_k$ *unabhängig* sind (siehe die Diskussion vor (B.12) weiter unten). In diesem Fall (aber sonst nicht immer[6]) gilt, dass

$$\mathbf{Var}[X_1 + \cdots + X_k] = \mathbf{Var}[X_1] + \cdots + \mathbf{Var}[X_k]\,.$$

Eine reellwertige Zufallsgröße X wird (nicht überraschend) **positiv** genannt, wenn $\mathbf{P}(X \geq 0) = 1$. Eine oft verwendete Erweiterung positiver Zufallsgrößen ist, den Wert $X = \infty$ zuzulassen.[7] Wenn $\mathbf{P}(X = \infty) > 0$ ist, gilt $\mathbf{E}[X] = \infty$ automatisch. Es ist jedoch auch möglich, dass man einen unendlichen Erwartungswert erhält, obwohl $\mathbf{P}(X = \infty) > 0$ nicht gilt.[8]

Für eine Zufallsgröße X und ein Ereignis B mit $\mathbf{P}(B > 0)$ kann man auch den **bedingten Erwartungswert** von X unter der Bedingung B definieren, der mit $\mathbf{E}[X \mid B]$ bezeichnet wird. Wir begnügen uns hier mit der Definition für den Fall, dass X diskret ist:

$$\mathbf{E}[X \mid B] = \sum_x x\,\mathbf{P}(X = x \mid B)$$

wobei (wie in (B.4)) über alle Werte x summiert wird, für die $\mathbf{P}(X = x) > 0$ gilt.

---

[6]Ein Gegenbeispiel: Wenn X eine Zufallsgröße mit $\mathbf{Var}[X] > 0$ ist, und es gelte $Y = X$, so erhalten wir mit Hilfe von (B.7), dass $\mathbf{Var}[X + Y] = \mathbf{Var}[2\,X] = 4\,\mathbf{Var}[X] \neq 2\,\mathbf{Var}[X] = \mathbf{Var}[X] + \mathbf{Var}[Y]$ gilt.

[7]Ein natürliches Beispiel wird im Abschnitt 8.5 angegeben. Dort wird T als erwartete Zeit definiert, bis der Zufallswanderer zum ersten Mal zu seiner Ursprungsposition zurückfindet; und wenn er *nie* zurück kommt, wird der Erwartungswert unendlich: $T = \infty$.

[8]Siehe wiederum Abschnitt 8.5 für ein Beispiel; ein weiteres wird im Problem C.3 genannt.

Einige der wichtigsten Beispiele für Dichtefunktionen stetiger Zufallsgrößen sind die folgenden:

- **Normalverteilung.** Die berühmteste aller Dichtefunktionen ist die so genannte Gausssche Glockenkurve, die durch die Gleichung

$$f(x) = \tfrac{1}{\sqrt{2\pi}}\, e^{-x^2/2} \qquad (B.8)$$

gegeben ist. Allgemeiner kann man für $\mu \in \mathbf{R}$ und $\sigma > 0$

$$f(x) = \tfrac{1}{\sqrt{2\pi\sigma^2}}\, e^{\frac{-(x-\mu)^2}{2\sigma^2}}, \qquad (B.9)$$

definieren, wobei wir also für den Spezialfall $\mu = 0$ und $\sigma = 1$ wieder die Gleichung (B.8) erhalten, die als **standardisierte** Normalverteilung bezeichnet wird. Allgemein ist (B.9) eine Verschiebung und Skalierung von (B.8). Eine stetige Zufallsgröße mit Dichtefunktion wie in (B.9) wird normalverteilt mit Erwartungswert μ und Standardabweichung σ genannt.[9] Die große Bedeutung der Normalverteilung in der Wahrscheinlichkeitstheorie kommt vor allem daher, dass sie im so genannten zentralen Grenzwertsatz auftritt; siehe (B.13).

- **Exponentialverteilung.** Für $\lambda > 0$ können wir die Dichtefunktion

$$f(x) = \begin{cases} \lambda\, e^{-\lambda x} & \text{für } x \geq 0 \\ 0 & \text{sonst} \end{cases} \qquad (B.10)$$

definieren. Eine stetige Zufallsgröße mit dieser Dichte wird exponentialverteilt mit Erwartungswert $\tfrac{1}{\lambda}$ genannt.

- **Gleichverteilung auf einem Intervall.** Für $a, b \in \mathbf{R}$ mit $a < b$ wird die Gleichverteilung auf dem Intervall $[a, b]$ durch die Dichtefunktion

$$f(x) = \begin{cases} \tfrac{1}{b-a} & \text{für } x \in [a, b] \\ 0 & \text{sonst} \end{cases} \qquad (B.11)$$

definiert. Dies kann so verstanden werden, dass die Zufallsgröße X jeden beliebigen Wert im Intervall $[a, b]$ mit gleicher Wahrscheinlichkeit annehmen kann. Ein in der Praxis wichtiges Beispiel ist der Fall $[a, b] = [0, 1]$, weil die Zufallszahlgeneratoren, die den meisten Computersimulationen zu Grunde liegen, diese Verteilung nachahmen.

Der Begriff Unabhängigkeit ist nicht nur auf Ereignisse, sondern auch auf Zufallsgrößen anwendbar. Ein Ereignis A wird **durch die Zufallsgröße X definiert** genannt, wenn man allein am Wert von X ablesen kann, ob A eingetreten ist oder nicht. Zwei Zufallsgrößen X und Y werden unabhängig

---

[9]Erwartungswert und Varianz können als μ beziehungsweise σ^2 berechnet werden. Eine entsprechende Anmerkung kann auch für die nächste Dichtefunktion in unserer Liste getroffen werden, die Exponentialverteilung.

genannt, wenn für alle Ereignisse A und B, die durch X bzw. Y definiert wurden, gilt, dass A und B unabhängig sind. Allgemeiner werden die Zufallsgrößen $X_1, \ldots, X_k$ unabhängig genannt, wenn die Ereignisse $A_1, \ldots, A_k$ für jede Wahl der $A_1, \ldots, A_k$ unabhängig sind, wobei jedes A_i durch X_i definiert ist. Unendlich viele Zufallsgrößen $X_1, X_2, \ldots$ werden unabhängig genannt, wenn für jedes k die Zufallsgrößen $X_1, \ldots, X_k$ unabhängig sind.

Wenn X und Y diskrete Zufallsgrößen sind, ist Unabhängigkeit von X und Y äquivalent dazu, dass

$$\mathbf{P}(X = x, Y = y) = \mathbf{P}(X = x)\,\mathbf{P}(Y = y) \qquad \text{(B.12)}$$

für alle x und y gilt. Für allgemeinere Zufallsgrößen gilt diese Charakterisierung jedoch nicht.[10] Dagegen gilt allgemein, dass X und Y genau dann unabhängig sind, wenn

$$\mathbf{P}(X \leq x, Y \leq y) = \mathbf{P}(X \leq x)\,\mathbf{P}(Y \leq y)$$

für alle x und y gilt.

Die Zufallsgrößen $X_1, X_2, \ldots$ werden **identisch verteilt** genannt, wenn sie alle die gleiche Verteilung haben, d.h. wenn für alle positiven ganzen Zahlen i und j und alle $x \in \mathbf{R}$ gilt, dass

$$\mathbf{P}(X_i \leq x) = \mathbf{P}(X_j \leq x)$$

ist. Die beiden bekanntesten klassischen Ergebnisse der Wahrscheinlichkeitstheorie, das **Gesetz der großen Zahlen** und der **zentrale Grenzwertsatz**, behandeln die Situation, bei der uns eine Folge von unabhängigen und identisch verteilten Zufallsgrößen $X_1, X_2, \ldots$ vorliegt. Nehmen wir an, dass ihr (notwendigerweise gemeinsamer) Erwartungswert μ beträgt, und dass ihre (ebenso gemeinsame) Standardabweichung σ ist. Mit M_n wird der Mittelwert der ersten n X_i-Variablen bezeichnet:

$$M_n = \tfrac{1}{n} \sum_{i=1}^{n} X_i\,.$$

Das Gesetz der großen Zahlen[11] besagt (in einer seiner Versionen), dass M_n mit Wahrscheinlichkeit 1 gegen den Erwartungswert μ strebt:

$$\lim_{n \to \infty} M_n = \mu\,.$$

---

[10]Ein Gegenbeispiel: Sei X gleichverteilt auf dem Intervall $[0, 1]$, und sei $Y = X$. Dann gilt (B.12) trivialerweise, denn $\mathbf{P}(X = x, Y = y) = 0 = \mathbf{P}(X = x)\mathbf{P}(Y = y)$. Dagegen sind X und Y nicht unabhängig, denn wenn A das Ereignis ist, dass $X \leq \tfrac{1}{2}$ und B das Ereignis ist, dass $Y \leq \tfrac{1}{2}$, so werden A und B abhängig, weil $\mathbf{P}(A \cap B) = \tfrac{1}{2} \neq \tfrac{1}{4} = \mathbf{P}(A)\mathbf{P}(B)$.

[11]Dies haben wir ausführlich im Kapitel 4 diskutiert.

Der zentrale Grenzwertsatz besagt, dass die kleinen Schwankungen um μ, die M_n (auch für große n) aufweist, approximativ normalverteilt und von der Größenordnung $\frac{1}{\sqrt{n}}$ sind, d. h. dass für jedes $a \in \mathbf{R}$ gilt, dass

$$\lim_{n \to \infty} \mathbf{P}\left(\frac{\sqrt{n}(M_n - \mu)}{\sigma} \leq a\right) = \int_{-\infty}^{a} f(x)\, dx \qquad \text{(B.13)}$$

ist, wobei die Dichtefunktion $f(x)$ durch (B.8), d. h. durch die standardisierte Normalverteilung, gegeben ist.

Anhang C

Übungen und Projekte

Die beste Möglichkeit, sich ein Gebiet der Mathematik wirklich *anzueignen*, besteht darin, selbst zu rechnen und Probleme zu lösen. Deshalb habe ich in diesem Anhang für die ambitionierten Leserinnen und Leser eine Anzahl von Übungsaufgaben mit dem Ziel zusammen gestellt, das Verständnis für die verschiedenen Teile der Wahrscheinlichkeitstheorie zu erhöhen, die in den Kapiteln 2–8 behandelt werden.

Diese Übungen bzw. Problemstellungen sind teilweise so umfangreich, dass sie in einzelne Projektaufgaben unterteilt werden könnten. Um einen ungefähren Hinweis zum Umfang und Schwierigkeitsgrad der einzelnen Aufgabe zu geben, verwende ich die Symbole (*), (**) und (***). Dabei markiert (*) eine relativ einfache Übungsaufgabe, während (***) auf ein ganzes Projekt hinweist; (**) kennzeichnet die Zwischenstufe. Zudem wird [in eckigen Klammern] hinter jeder Aufgabe das Kapitel angegeben, dem die Aufgabe zuzuordnen ist.

⋄   ⋄   ⋄   ⋄

Bevor wir uns den Aufgaben zuwenden, möchte ich einige Worte zu Computersimulationen von Zufallsgrößen zu sagen, weil sie in nahezu der Hälfte der Übungen ein wichtiger Bestandteil sind. Neben einem gewissen Maß an Programmierkenntnissen setzen die Aufgaben Kenntnisse zur Simulation von Zufallsgrößen voraus. Im Zusammenhang mit dem Beweis von Lemma 5.8 im Abschnitt 5.3 wurde bereits anhand eines Beispiel verdeutlicht, wie man eine Zufallsgröße mit den möglichen Werten 0 und 1 simuliert. Wir werden daran anknüpfen und die Vorgehensweise verallgemeinern, um Zufallsgrößen mit beliebiger endlicher Anzahl möglicher Werte zu simulieren.

Die meisten Programmiersprachen sind mit einem so genannten (Pseudo-) Zufallszahlengenerator (oder kurz: Zufallsgenerator) ausgestattet, der eine Zahl U zwischen 0 und 1 erzeugt. Zufallsgeneratoren sind so gestaltet, dass U so aussieht, als läge eine auf dem Intervall $[0,1]$ gleichverteilte Zufallsgröße vor, die somit die Dichtefunktion

$$f(x) = \begin{cases} 1 & \text{für } x \in [0,1] \\ 0 & \text{sonst} \end{cases}$$

besitzt, die einen Spezialfall der Dichtefunktion (B.11) im Anhang B darstellt. Eine solche Zufallsgröße hat die Eigenschaft, dass sie für ein beliebiges Teilintervall von $[0,1]$ der Länge a mit Wahrscheinlichkeit a in diesem Teilintervall liegt.

Die Simulationsaufgabe, die im Anschluss an den Beweis des Lemmas 5.8 behandelt wurde, simuliert eine Zufallsgröße X, die die Werte 0 und 1 mit den Wahrscheinlichkeiten annimmt, die durch

$$X = \begin{cases} 1 & \text{mit Wahrscheinlichkeit } p \\ 0 & \text{mit Wahrscheinlichkeit } 1-p \end{cases} \tag{C.1}$$

gegeben sind. Diese Aufgabe wurde dadurch gelöst, dass eine Zufallszahl U erzeugt und X wie folgt definiert wurde:

$$X = \begin{cases} 1 & \text{für } U \le p \\ 0 & \text{für } U > p. \end{cases} \tag{C.2}$$

X besitzt mit dieser Definition die gewünschte Wahrscheinlichkeit (C.1), weil U mit Wahrscheinlichkeit p in das Intervall $[0,p]$ und mit Wahrscheinlichkeit $1-p$ in das Intervall $(p,1]$ fällt.

Darüber hinaus sind Zufallsgeneratoren so konstruiert, dass sie bei mehrfachem Aufruf eine Folge *unabhängiger* Zufallsgrößen $U_1, U_2, \ldots$ simulieren, deren Elemente jeweils auf $[0,1]$ gleichverteilt sind. Wenn wir also eine Folge unabhängiger Zufallsgrößen $X_1, X_2, \ldots$ generieren wollen, so dass jede den Wert 1 mit Wahrscheinlichkeit p und 0 mit Wahrscheinlichkeit $1-p$ annimmt, können wir für jedes i ganz einfach

$$X_i = \begin{cases} 1 & \text{für } U_i \le p \\ 0 & \text{für } U_i > p \end{cases} \tag{C.3}$$

setzen. Nehmen wir jetzt stattdessen an, dass wir eine Folge unabhängiger, identisch verteilter Zufallsgrößen $Y_1, Y_2, \ldots$ simulieren wollen, die die Werte einer endlichen Menge $\{a_1, \ldots, a_k\}$ mit den Wahrscheinlichkeiten

$$Y_i = \begin{cases} a_1 & \text{mit Wahrscheinlichkeit } p_1 \\ a_2 & \text{mit Wahrscheinlichkeit } p_2 \\ \vdots \\ a_k & \text{mit Wahrscheinlichkeit } p_k \end{cases} \tag{C.4}$$

annehmen. Dabei sind $p_1, \ldots p_k$ positive Zahlen, die in ihrer Summe 1 ergeben. Um die Idee von (C.2) und (C.3) verwenden zu können, müssen wir disjunkte Teilintervalle $I_1, \ldots, I_k$ des Intervalls $[0,1]$ mit den zugehörigen Längen $p_1, \ldots, p_k$ (entsprechend der zu $a_1, \ldots, a_k$ gehörigen Wahrscheinlichkeiten) finden. Diese disjunkten Teilintervalle können auf verschiedene Art und Weise erzeugt werden, wobei die natürlichste Vorgehensweise wäre, sie von rechts nach links nacheinander in $[0, 1]$ anzuordnen, so dass

$$Y_i = \begin{cases} a_1 & \text{für } 0 \leq U_i \leq p_1 \\ a_2 & \text{für } p_1 < U_i \leq p_1 + p_2 \\ a_3 & \text{für } p_1 + p_2 < U_i \leq p_1 + p_2 + p_3 \\ \vdots \\ a_k & \text{für } p_1 + p_2 + \cdots + p_{k-1} < U_i \leq 1 \end{cases}$$

gilt und die Variablen Y_i somit die richtige Verteilung besitzen, d. h. die Gleichung (C.4) erfüllen.

Kommen wir jetzt zu den Übungsaufgaben und fügen wir mit den ersten Aufgaben den Paradoxa aus Kapitel 2 drei weitere hinzu.

Problem C.1 (Das Geburtstagsproblem[1]). [Kapitel 2] (∗)

Wie viele Schüler müssen sich in einer Schulklasse befinden, um zu garantieren, dass mindestens zwei von ihnen am selben Tag Geburtstag haben? Die Antwort ist offenbar 367, denn mit 366 Schülern ist es möglich, dass ihre Geburtstage über alle Tage des Jahres verteilt sind, aber wenn der 367. Schüler hinzukommt, so muss es an irgendeinem Tag eine „Dublette" geben.

Eine sehr viel interessantere Frage ist, wie viele Schüler man benötigt, um *mit einer Wahrscheinlichkeit von mindestens 0,5* zwei Schüler zu finden, die am selben Tag Geburtstag haben. Man könnte zunächst auf 183 tippen (einen Schüler für jeden Tag des halben Jahres). Es wird jedoch oft behauptet, die richtige Antwort sei 23. Treffe geeignete Modellannahmen und entscheide dann, ob diese Antwort richtig sein kann.[2]

---

[1]Dies ist eine sehr beliebte Übungsaufgabe der Wahrscheinlichkeitstheorie; siehe z. B. Gut (2002) für eine ausführliche Abhandlung.

[2]Die Antwort ist ja. Zu den geeigneten Modellannahmen gehört (a) anzunehmen, dass sich keine Zwillinge in der Klasse befinden, (b) auszuschließen, dass es jemanden gibt, der am 29. Februar geboren ist, und (c) anzunehmen, dass jeder der ausstehenden 365 Tage ein gleich wahrscheinlicher Geburtstag ist. Man kann sicherlich gegen all diese Annahmen Einwände erheben, aber ich behaupte, dass sie hinreichend gute Approximationen der Wirklichkeit sind, um sinnvolle Werte für die Wahrscheinlichkeit zu erhalten, dass eine Schulklasse mit einer gegebenen Größe mindestens zwei Schüler mit gleichem Geburtstag besitzt.

Problem C.2 (Eine bemerkenswerte Anordnung von Würfeln[3]). [Kapitel 2] (∗)

Bei einem gewöhnlichen sechsseitigen Würfel kommt jede Seiten mit Wahrscheinlichkeit $\frac{1}{6}$ beim Würfeln oben zu liegen. Wir können uns eine Variante des gewöhnlichen Würfels denken, bei der die sechs Seiten zwar weiterhin die gleiche Wahrscheinlichkeit besitzen, die Seiten jedoch mit anderen Zahlen als der gewöhnlichen Zahlenmenge (1, 2, 3, 4, 5, 6) beschriftet sind. Stellen wir uns jetzt ein Spiel vor, bei dem es darum geht, einen so hohen Wert wie möglich zu erreichen. Dann sind gewisse Zahlenkombinationen zur Beschriftung des Würfels besser geeignet als andere. Betrachten wir die drei Würfel A, B und C mit folgenden Beschriftungen:

$$\begin{cases} A \text{ sei mit den Zahlen } 3, 3, 3, 3, 3, 6 \text{ beschriftet,} \\ B \text{ sei mit den Zahlen } 2, 2, 2, 5, 5, 5 \text{ beschriftet,} \\ C \text{ sei mit den Zahlen } 1, 4, 4, 4, 4, 4 \text{ beschriftet.} \end{cases}$$

Diese Würfel können nun paarweise miteinander verglichen werden, um festzustellen, mit welchem von ihnen beim gemeinsamen Werfen beider Würfel die größte Chance hat, das höhere Ergebnis zu erhalten. Zeige, dass

(a) $\mathbf{P}(A \text{ besiegt } B) > \frac{1}{2}$,

(b) $\mathbf{P}(B \text{ besiegt } C) > \frac{1}{2}$,

(c) $\mathbf{P}(C \text{ besiegt } A) > \frac{1}{2}$.

Überraschend, nicht wahr?   □

Problem C.3 (Das Dilemma des Autokäufers). [Kapitel 2] (∗)

Emil möchte seinen ersten Gebrauchtwagen kaufen. Er weiß jedoch nicht viel über den Gebrauchtwagenmarkt und hat sich deshalb für die folgende Strategie entschieden. Das erste Auto sieht er sich nur an, fährt es Probe, kauft es jedoch nicht. Danach prüft er andere verfügbare Autos auf die gleiche Art und Weise, bis er eines findet, das besser als das zuerst getestete Fahrzeug ist. Diesen Wagen kauft er dann.

Wie viele Autos muss Emil im Durchschnitt Probe fahren, bevor er das Fahrzeug findet, das er zum Schluss kauft? Mit anderen Worten: Es soll der Erwartungswert $\mathbf{E}[K]$ ermittelt werden, wobei K die Anzahl der Autos ist, die Emil Probe fährt, bevor er sich zum Kauf des zuletzt getesteten Fahrzeugs entschließt.

Um dieses Problem zu lösen, müssen wir ein Modell ansetzen. Wir denken uns die Qualität der Gebrauchtwagen als Zufallsgrößen, $X_1, X_2, \ldots$, wobei

---

[3]Der hervorragende amerikanische Statistiker Bradley Efron wird gewöhnlich als Erster genannt, der Beispiele von Würfeln mit dieser bemerkenswerten Eigenschaft angegeben hat. Siehe z. B. Gardner (1970).

X_i die Qualität des i. Wagens beschreibt. Es ist natürlich, sich die Variablen $X_1, X_2, \ldots$ als unabhängig und identisch verteilt vorzustellen. Außerdem nehmen wir an, dass ihre gemeinsame Verteilung stetig ist, um die Möglichkeit auszuschließen, dass es ein „totes Rennen" zwischen zwei Autos gibt (d. h. dass sie qualitativ genau gleichwertig sind).

(a) Zeige für beliebige ganze Zahlen k, dass $\mathbf{P}(K = k) = \frac{1}{k(k-1)}$ gilt.[4]

(b) Wende (a) an, um $\mathbf{E}[K] = \infty$ zu zeigen.[5] $\square$

Problem C.4 (Falken und Tauben). [Abschnitt 3.3] (***)

Ähnlich dem WGD (dem wiederholten Gefangenen-Dilemma), das in Abschnitt 3.3 ausführlich behandelt wurde, existiert eine Reihe anderer Spiele, die aus evolutionärer Perspektive interessant sind. Eines ist das folgende:

Zwei Spieler A und B sollen sich ein Essen der Größe 1 teilen. Beide wählen (gleichzeitig und ohne Wissen der Wahl des Anderen) eine Zahl zwischen 0 und 1, mit dem sie ihren Anteil am Essen beanspruchen. Wenn A die Zahl a und B die Zahl b wählt, so beruht die tatsächliche Aufteilung darauf, ob die Summe $a + b$ die Zahl 1 übersteigt oder nicht. Ist $a + b \leq 1$, so ist die Aufteilung in Ordnung, und A erhält den gewünschten Anteil a während B den Anteil b erhält. Gilt hingegen $a + b > 1$, so entsteht ein Konflikt, und beide Spieler gehen leer aus (der „Gewinn" ist 0).

Ein Nash-Gleichgewicht dieses Spieles liegt vor, wenn beide Spieler auf genau die Hälfte des Essen setzen: $a = \frac{1}{2}$ und $b = \frac{1}{2}$. In dieser Situation hat keiner der Spieler etwas davon, von $\frac{1}{2}$ abzuweichen, denn ein geringerer Anspruch führt dazu, dass man weniger Essen bekommt, während ein höherer dazu führt, dass man überhaupt kein Essen erhält.

Es gibt jedoch auch andere Nash-Gleichgewichte: z. B. erhält man ein Nash-Gleichgewicht, wenn sich A für $a = \frac{3}{4}$ und B für $b = \frac{1}{4}$ entscheidet.

Denken wir uns eine Population einer großen Anzahl n von Spielern, die sich alle paarweise zu diesem Spiel treffen. Weiterhin sei jeder Spieler entweder ein **Falke**, womit wir meinen, dass er immer auf $\frac{3}{4}$ setzt, auf wen er auch trifft, oder eine **Taube**, die immer auf $\frac{1}{4}$ setzt.

(a) Weise nach, dass in einer solchen Population die Falken den Tauben gegenüber im Vorteil sind, wenn der Anteil der Tauben $\frac{1}{3}$ übersteigt, es sich sonst jedoch lohnt, als Taube zu agieren.

(b) Simuliere eine Population, bei der jede Generation aus n solchen Spielern besteht, die sich innerhalb der Generation treffen. Die nächste Generation

---

[4]Hinweis: Das Ereignis, dass $K = k$ ist, ist das gleiche, wie wenn unter den ersten k Autos gilt, dass (i) Auto Nr. k das beste, und (ii) dass Auto Nr. 1 das zweitbeste Auto ist.

[5]Hinweis: Nimm die Formeln (B.4) aus Anhang B und (A.11) aus Anhang A zu Hilfe.

besteht aus den Kindern dieser Spieler. Die Spieler, die eine hohe Gesamtpunktzahl im Turnier erhalten, bekommen im Vergleich zu denen mit geringerer Gesamtpunktzahl etwas mehr Nachkommen. Alle Nachkommen
sind vom gleichen Typ (Falken oder Tauben) wie ihre Eltern.

Wenn die programmtechnische Umsetzung dieser Simulation gelungen ist,
sollte man feststellen können, wie sich die Population in Richtung des
Gleichgewichtes stabilisiert, das man aus Aufgabe (a) erraten kann, nämlich ein Drittel Tauben und zwei Drittel Falken.

(c) Simuliere eine Population, die sich entsprechend des gleichen Regelwerkes
wie dem in (b) entwickelt, die jedoch mit einem größeren Artenreichtum
startet. Sie enthält nicht nur Falken und Tauben, sondern beispielsweise
auch Superfalken (die $\frac{9}{10}$ spielen), Meisen (die $\frac{1}{10}$ spielen) und gerechtere
Vögel verschiedener Arten (die z. B. $\frac{1}{2}$ spielen). Wohin strebt die Zusammensetzung einer solchen komplexeren Population mit der Zeit? Probiere
verschiedene Varianten aus, um zu ermitteln, in welcher Art und Weise
die Zusammensetzung der Population zu Beginn den zeitlichen Verlauf
der Population beeinflusst.

Die Simulation kann möglicherweise noch interessanter werden, wenn man
zusätzlich von einer Generation zur nächsten eine gewisse Mutationsfre-
quenz einführt: ein kleiner Teil der Nachkommen soll zu einem anderen –
vielleicht zufällig gewählten – Typ als dem ihrer Eltern werden.   □

Problem C.5 (Ein warnendes Beispiel, das Gesetz der großen Zahlen betreffend). [Kapitel 4] (∗∗)

Es sei eine Zufallsgröße X gegeben, deren Erwartungswert μ wir weder kennen
noch berechnen können. Trotzdem sei es unser Ziel, auf irgend eine andere Art
möglichst zuverlässige Informationen über den Erwartungswert dieser Zufallsgröße zu erhalten.

Nehmen wir außerdem an, dass wir unendlich viele unabhängige Zufallsgrößen $X_1, X_2, \ldots$ generieren können, die alle die gleiche Verteilung wie X (und
damit den gleichen Erwartungswert μ) besitzen. Vom Gesetz der großen Zahlen wissen wir, dass die sukzessiv berechneten Mittelwerte $M_1, M_2, \ldots$ nach
und nach gegen μ streben (wobei $M_n = \frac{1}{n} \sum_{i=1}^{n} X_i$ ist). Deshalb erscheint die
folgende Prozedur zur Schätzung von μ naheliegend:

1. Für ein geeignet großes n werden die Variablen $X_1, \ldots, X_n$ erzeugt.

2. Bilde $M_n = \frac{1}{n} \sum_{i=1}^{n} X_i$, und schätze μ durch den Mittelwert M_n.

Indem wir n hinreichend groß wählen, können wir den Abstand zwischen M_n
und μ beliebig klein werden lassen, so dass die Wahrscheinlichkeit dafür so
nahe bei 1 liegt, wie wir es wünschen (das folgt aus Satz 4.2). Was bedeutet
jedoch n „hinreichend groß"? Eine Nachteil der oben genannten Prozedur ist,
dass es keine generelle Empfehlung dafür gibt, wie groß n gewählt werden
sollte.

Ein Versuch, zum richtigen Ergebnis zu gelangen, besteht darin, die Zufallsgrößen $X_1, X_2, \ldots$ sukzessive zu erzeugen, um anschließend die Mittelwerte $M_1, M_2, \ldots$ zu berechnen und sie graphisch darzustellen. Man setzt das Verfahren solange fort, bis sich der Mittelwert stabilisiert hat, und beendet die Schätzung von μ mit dem letzten beobachteten Mittelwert M_n.

Für gewisse Verteilungen kann dieses Verfahren jedoch zu irreführenden Ergebnissen führen. Nehmen wir z. B. an, die gemeinsame Verteilung der Zufallsgrößen sei die folgende:

$$X = \begin{cases} -1 & \text{mit Wahrscheinlichkeit } 0{,}333\,33 \\ 0 & \text{mit Wahrscheinlichkeit } 0{,}333\,33 \\ 1 & \text{mit Wahrscheinlichkeit } 0{,}333\,33 \\ 1\,000\,000 & \text{mit Wahrscheinlichkeit } 0{,}000\,01 \ . \end{cases}$$

Dann ist der Erwartungswert

$$\mu = (-1) \cdot 0{,}33333 + 0 \cdot 0{,}33333 + 1 \cdot 0{,}33333 + 1000000 \cdot 0{,}00001$$
$$= 10$$

Was geschieht, wenn wir die vorgeschlagene Methode der Schätzung von μ anwenden, indem wir die berechneten Mittelwerte graphisch darstellen und prüfen, ob der Mittelwert gegen einen bestimmten Wert strebt? Demonstriere mit Hilfe von Simulationen, dass dies (typischerweise) zu einer Schätzung von μ führt, die vom tatsächlichen Wert weit entfernt ist.   □

Problem C.6 (Konvergenzgeschwindigkeit beim Gesetz der großen Zahlen). [Abschnitt 4.3] (∗∗∗)

Wiederhole das Beispiel des Münzwurfs, bei dem $X_1, X_2, \ldots$ unabhängig und gleichverteilt sind, und die einzelnen X_i jeweils die Werte 0 oder 1 mit der Wahrscheinlichkeit $\frac{1}{2}$ annehmen. Definiere den Mittelwert wie üblich als $M_n = \frac{1}{n} \sum_{i=1}^{n} X_i$. Führe mehrere Simulationen analog der in Abb. 4.1 durch (gerne mit n größer als 100) um zu sehen, wie M_n dem Grenzwert $\frac{1}{2}$ zustrebt.

Das schwache Gesetz der großen Zahlen (Satz 4.2) besagt, dass für beliebige $\varepsilon > 0$

$$\lim_{n \to \infty} \mathbf{P}\left(\left|M_n - \frac{1}{2}\right| \geq \varepsilon\right) = 0$$

gilt. Wie schnell strebt diese Wahrscheinlichkeit gegen 0? Halte z. B. $\varepsilon = 0{,}05$ fest, und schätze

$$\mathbf{P}\left(\left|M_n - \frac{1}{2}\right| \geq 0{,}05\right) \tag{C.5}$$

indem Du für M_n sehr viele Simulationen entsprechend der obigen Methode durchführst, und mit $\hat{p}(n)$ den Anteil der Simulationen bezeichnest, bei denen M_n die Bedingung in (C.5) nicht erfüllt. Ein Graph über das Verhalten von

$\hat{p}(n)$ als Funktion von n macht deutlich, wie schnell die Wahrscheinlichkeit in (C.5) für $n \to \infty$ gegen 0 strebt.

Vergleiche das Ergebnis mit der oberen Grenze (4.22) im Beweis von Satz 4.2, die im Fall $\varepsilon = 0{,}05$

$$\mathbf{P}\left(\left|M_n - \frac{1}{2}\right| \geq 0{,}05\right) \leq \frac{100}{n}$$

ergibt. Was kannst Du für die Grenze (4.22) schlussfolgern? Sie ist offenbar hinreichend gut, um zu zeigen, dass die Wahrscheinlichkeit in (C.5) gegen Null strebt. Wie gut ist sie jedoch, um zu entscheiden, wie schnell die Wahrscheinlichkeit gegen Null geht?[6]   □

Problem C.7 (Perkolation auf einer unendlichen Leiter).
[Abschnitt 5.2] (∗∗)

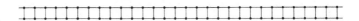

Abb. C.1. Ein Graph $G^{(2)}$, den man „die unendliche Leiter" nennen könnte. Im Problem C.7 soll gezeigt werden, dass die Kantenperkolation auf diesem Graphen den kritischen Wert $p_c = 1$ besitzt.

Der Graph $G^{(2)}$ in Abb. C.1 kann als eine Art Zwischenstufe zwischen dem $\mathbf{Z}^1$-Gitter und dem $\mathbf{Z}^2$-Gitter angesehen werden.[7] Beweise, dass er jedoch eher $\mathbf{Z}^1$ als $\mathbf{Z}^2$ gleicht, was seine perkolationstheoretischen Eigenschaften angeht, denn der kritische Wert p_c einer Kantenperkolation auf $G^{(2)}$ nimmt den Wert $p_c = 1$ an. Schlage außerdem eine geeignete Verallgemeinerung dieser Ergebnisse für eine größere Klasse von Graphen vor.   □

Problem C.8 (Knotenperkolation auf dem $\mathbf{Z}^2$-Gitter). [Abschnitt 5.2] (∗∗∗)

Statt der Kantenperkolation auf dem $\mathbf{Z}^2$-Gitter kann man auch die **Knotenperkolation** auf diesem Gitter untersuchen: Hierbei zieht man für jeden Knoten $x \in \mathbf{Z}^2$ ein Los, ob x (mit Wahrscheinlichkeit p) offen ist oder (mit Wahrscheinlichkeit $1 - p$) geschlossen. Dieses Verfahren wird für jeden Knoten unabhängig durchgeführt. Wird ein Knoten x verworfen, werden auch alle Kanten verworfen, die x als Endpunkt hatten.

---

[6]Es gibt Methoden, mit denen man bessere Schätzungen für die Konvergenzgeschwindigkeit erhalten kann, als die, die durch (4.22) gegeben ist; siehe Fußnote 14 auf Seite 80.

[7]Mit der Terminologie sogenannter Zwei-Etagen-Graphen in Abschnitt 7.4 kann der Graph $G^{(2)}$ auch als Zwei-Etagen-Graph des $\mathbf{Z}^1$-Gitters aufgefasst werden.

Anschließend werden die zusammenhängenden Komponenten des verbleibenden Teilgraphen untersucht. Die Knotenperkolation auf dem $\mathbf{Z}^2$-Gitter führt wieder auf einen kritischen Wert $p_{c,nod}$. Das heißt, dass die Existenz einer unendlichen zusammenhängenden Komponente davon abhängt, ob p unterhalb oder oberhalb des kritischen Wertes $p_{c,nod}$ liegt. Im Unterschied zur Kantenperkolation, bei dem man ja weiß (Satz 5.1), dass der kritische Wert gleich $\frac{1}{2}$ ist, ist der exakte Wert von $p_{c,nod}$ nicht bekannt.

Schätze $p_{c,nod}$ mit Hilfe von Simulationen[8]! $\qquad\qquad$ □

Problem C.9 (Ein anderer Baum für eine Perkolation). [Abschnitt 5.4] (∗∗∗)

Der folgende Baum, der als eine Art „Kompromiss" zwischen dem binären Baum $\mathbf{T}_2$ und dem trinären Baum $\mathbf{T}_3$ angesehen werden. Beginne mit der Wurzel, sie habe 3 Kinder. Diese Kinder sollen je 2 Kinder haben. Die Enkel sollen je 3 Kinder haben, diese Urenkel wieder je 2 Kinder, und so weiter, mit je drei bzw. je zwei Kindern in jeder zweiten Generation.

(a) Beweise durch Modifikation der Methoden des Beweises von Satz 5.9, dass die Perkolation auf diesem Baum auf den kritischen Wert $p_c = \frac{1}{\sqrt{6}}$ führt.

(b) Entstehen unendliche zusammenhängende Komponenten, wenn p exakt den kritischen Wert p_c annimmt? $\qquad\qquad$ □

Problem C.10 (Ein Gegenbeispiel, die Anzahl unendlicher zusammenhängender Komponenten betreffend). [Abschnitt 5.5] (∗∗)

Im Anschluss an (5.32) wurde für gewisse Graphen behauptet, dass die Perkolation mit gegebener Kantenwahrscheinlichkeit p auf eine im Vorfeld bestimmte Anzahl N_p unendlicher zusammenhängender Komponenten führen muss, d. h. dass kein Raum für eine zufällige Variation dieser Anzahl bleibt. Dies gilt für alle sogenannten **homogenen** Graphen, die sich grob gesprochen dadurch auszeichnen, dass der Graph von jedem Punkt aus „ähnlich aussieht". Hingegen ist die Behauptung nicht für alle Graphen richtig, und wir wollen uns im Folgenden mit einem Gegenbeispiel beschäftigen.

Konstruiere einen Graphen G, indem zwei separate Kopien des $\mathbf{Z}^2$-Gitters durch eine *einzige* Extrakante, zwischen dem Nullpunkt des einen Gitters und dem des anderen, verbunden werden. Betrachte die Perkolation auf G mit der

---

[8]Eine Schwierigkeit dabei ist, dass man in einer Simulation nie mit *Bestimmtheit* feststellen kann, ob eine unendliche Komponente entsteht, weil nur ein endlicher Teil des Gitters simuliert werden kann. Deshalb muss man eine Art endliche „Approximation" des Ereignisses, ob eine unendliche zusammenhängende Komponente entsteht, einführen. Für hinreichend große quadratische Teilmengen kann man (zumindest für den Zweck der Schätzung von $p_{c,nod}$) das Ereignis verwenden, dass eine zusammenhängende Komponente von der linken Seite des Quadrates zur rechten reicht.

Kantenwahrscheinlichkeit von z. B. $p = 0{,}7$ (das einzig Wichtige hierbei ist, dass $0{,}5 < p < 1$), und zeige, dass gilt

$$\mathbf{P}(\text{exakt eine unendliche Komponente entsteht}) > 0$$

und

$$\mathbf{P}(\text{exakt zwei unendliche Komponenten entstehen}) > 0. \qquad \square$$

Problem C.11 (Der Erdős–Rényi-Zufallsgraph). [Abschnitt 6.3] (∗∗∗)

Simuliere – für ein so großes n wie möglich, ohne dass sich unhandliche Laufzeiten ergeben – den Erdős–Rényi-Zufallsgraphen $G(n,p)$ beispielsweise für die Kantenwahrscheinlichkeiten

$$p = \frac{1}{100n}, \ \frac{2}{100n}, \ \frac{3}{100n}, \ \ldots, \ \frac{200}{100n}.$$

Die verschiedenen Simulationen können entweder unabhängig oder, (was man vielleicht vorziehen kann) wie in der Simulationsmethode im Anschluss an den Beweis von Lemma 5.8, gekoppelt durchgeführt werden.

Untersuche, wie sich die Größe der *größten* zusammenhängenden Komponente als Funktion von p verhält. Bei welchem p beobachtet man in etwa die stärkste Veränderung? Untersuche auch, wie stark die *zweitgrößte* zusammenhängende Komponente von p abhängt. Stimmen die Simulationsergebnisse mit dem Satz 6.1 überein? $\qquad \square$

Problem C.12 (Simulation von einer Milgramschen Briefkette). [Abschnitte 6.4 und 6.5] (∗∗∗) Simuliere eine eindimensionale Variante von Watts' und Strogatz' *die Welt ist klein*-Graphen, bei dem n Individuen in einer Reihe verkoppelt und zusätzlich zufällige Langdistanz-Kanten eingefügt werden, wobei die erwartete Anzahl von Langdistanz-Kanten, die von einem gegebenen Knoten ausgehen, z. B. $\frac{1}{5}$ ist. Die Größe n der Population sollte so groß wie möglich gewählt werden, ohne dass die Computersimulationen und Berechnungen unhandlich werden.

(a) Schätze die typische Länge der kürzesten Bekanntschaftskette zwischen zwei auf gut Glück ausgewählten Individuen.

(b) Schätze die typische Länge der Milgramschen Briefkette zwischen zwei auf gut Glück ausgewählten Individuen. Damit die Briefkette Kleinbergs Annahme entspricht, was die Individuen vernünftigerweise wissen können, kann man jedes Individuum in der Kette den Brief an diejenige Person weiterschicken lassen, die im kürzesten geographischen Abstand zur Zielperson wohnt. Vergleiche mit dem Ergebnis von (a).

Dies kann natürlich auch in zwei Dimensionen durchgeführt werden (und was vielleicht noch interessanter ist). Dies erfordert jedoch eine größere Anzahl n von Individuen, damit das System eine ausreichend große geographische Ausbreitung erhält. □

Problem C.13 (Symmetrien und Eintreffwahrscheinlichkeiten). [Abschnitt 7.1] (∗)

In Abb. 7.2 sieht es so aus, als ob sich ein Teil der Eintreffwahrscheinlichkeiten $p_1, \ldots, p_{12}$ paarweise zu 1 summieren: unter anderem ist $p_2 + p_3 = 1$. Finde ein Argument, um zu zeigen, es einen Grund für diesen Zusammenhang gibt (er also keine numerische Zufälligkeit ist). □

Problem C.14 (Wiederholtes Glücksspiel). [Kapitel 7] (∗∗)

Zwei Spieler A und B treffen sich wiederholt zu einem Glücksspiel. Jeder Spieldurchgang endet damit, dass der Verlierer dem Gewinner 1 EUR bezahlt. Die beiden Spieler sollen solange spielen, bis einer von ihnen sein gesamtes Geld verloren hat und der andere zum Gesamtsieger ernannt wird.

Wenn zu einer bestimmten Gelegenheit A m EUR und B n EUR besitzt, wie groß ist dann die Wahrscheinlichkeit, dass A Gesamtsieger wird?[9] □

Problem C.15 (Numerische Berechnung der Eintreffwahrscheinlichkeiten). [Kapitel 7] (∗∗∗)

Um Gleichungssysteme für Eintreffwahrscheinlichkeiten wie das in (7.3) zu lösen – oder äquivalent für elektrische Potentiale in Gleichstromkreisen – gibt es verschiedene numerische Standardmethoden. Ich möchte hier die folgende Methode empfehlen, die zwar nicht die effektivste, aber dafür umso lehrreicher ist.

Nehmen wir an, dass uns ein zusammenhängender Graph G mit den Knoten $v_1, v_2, \ldots, v_n$ vorliegt. Auf diesem Graphen denken wir uns einen Zufallswanderer, der so lange umhergeht, bis er v_1 oder v_2 erreicht und dann für immer dort verbleibt.

Für $i = 1, \ldots, n$, bezeichne p_i die Wahrscheinlichkeit, dass ein Zufallswanderer, der in v_i startet, v_1 vor v_2 erreicht. Dann ist $p_1 = 1$ und $p_2 = 0$, während die p_i-Werte der übrigen Knoten gleich dem Mittelwert ihrer Nachbarn sind. Mit Hilfe der folgenden Methode kann man einen Näherungswert für $p_3, \ldots p_n$ erhalten.

---

[9]Hinweis: Das Vermögen von A kann als Irrfahrt auf den Knoten $0, 1, 2, \ldots, n+m$ angesehen werden.

1. Setze $p_{1,0} = 1$, $p_{2,0} = 0$, und gib $p_{3,0}, \ldots, p_{n,0}$ beliebige Startwerte zwischen 0 und 1.[10]

2. Setze $p_{1,1} = 1$, $p_{2,1} = 0$, und für $i = 3, \ldots, n$ sei $p_{i,1}$ der Mittelwert der $p_{j,0}$-Werte, die den Nachbarknoten von v_i entsprechen.

3. Sei $p_{1,2} = 1$, $p_{2,2} = 0$ und für $i = 3, \ldots, n$ sei $p_{i,2}$ der Mittelwert der $p_{j,1}$-Werte, die den Nachbarknoten von v_i entsprechen.

4. Und so weiter ...

Diese Prozedur funktioniert, wie wir gleich zeigen werden, in dem Sinne, dass $p_{3,k}, \ldots, p_{n,k}$ den gewünschten Werten $p_3, \ldots, p_n$ asymptotisch zustreben, d. h.

$$\lim_{k \to \infty} p_{i,k} = p_i \qquad (C.6)$$

für $i = 3, \ldots, k$ gilt. Die Methode sieht umständlich aus. Wenn man sie jedoch auf dem eigenen Rechner programmiert, kommt man relativ schnell zur Lösung. Einige Aufgaben:

(a) Wende die oben skizzierte Methode an, um die Eintrittswahrscheinlichkeiten auf einem geeigneten Graphen zu berechnen. Ein Beispiel könnte die Betrachtung des Königs bei der Irrfahrt auf dem Schachbrett sein, bis er entweder die untere linke Ecke a1 oder die obere rechte Ecke h8 erreicht.

(b) Mit $\check{p}_{i,k}$ sei der $p_{i,k}$-Wert bezeichnet, den wir mit der oben stehenden Prozedur für den Spezialfall der Startwerte $p_{3,0} = \cdots = p_{n,0} = 0$ erhalten. Beweise mit Hilfe der Induktion[11] über k, dass $\check{p}_{i,k}$ gleich der Wahrscheinlichkeit ist, dass sich ein Zufallswanderer, der zur Zeit 0 im Knoten v_i gestartet ist, zur Zeit k in v_1 befindet. (Damit wir dies zeigen können, müssen wir uns daran erinnern, dass der Zufallswanderer für immer stehen bleibt, sobald er v_1 oder v_2 erreicht.)

(c) Bezeichne mit $\hat{p}_{i,k}$ den $p_{i,k}$-Wert, den wir mit obenstehender Prozedur im Spezialfall der Startwerte $p_{3,0} = \cdots = p_{n,0} = 1$ erhalten. Beweise auf ähnliche Weise wie in (b), dass $\hat{p}_{i,k}$ gleich der Wahrscheinlichkeit für einen Zufallswanderer, der zur Zeit 0 im Knoten v_i gestartet ist, dass er sich zur Zeit k *irgendwo anders als in* v_2 befindet.

(d) Wende das Ergebnis von (b) und (c) an, um zu zeigen, dass gilt:

$$\lim_{k \to \infty} (\hat{p}_{i,k} - \check{p}_{i,k}) = 0 \, .$$

---

[10] Wenn man will, kann man die Prozedur dadurch etwas effektiver gestalten, dass man $p_3, \ldots, p_n$ ungefähr errät, und diese den Startwerten $p_{3,0}, \ldots, p_{n,0}$ zuweist.

[11] Das Prinzip des Induktionsbeweises ist das folgende: Nehmen wir an, dass wir eine unendliche Folge $A_0, A_1, A_2 \ldots$ von Behauptungen haben, die wir beweisen wollen. Um dies zu tun, reicht es aus zu beweisen, dass (i) A_0 wahr ist und (ii), dass für jedes k gilt: *Wenn* A_k wahr ist, *dann* ist auch A_{k+1} wahr. Wenn wir (i) und (ii) zeigen können, wissen wir, dass A_0 gilt, was (mit Hilfe von (ii)) dazu führt, dass A_1 gilt, was wiederum dazu führt, dass A_2 gilt, und so weiter. Siehe z. B. Jonasson & Lemurell (2004) für eine Einführung in diese in vielen Fällen sehr schlagkräftige Beweismethode.

(e) Zeige mit Hilfe der Induktion über k, dass für beliebige Startwerte $p_{3,0}, \ldots, p_{n,0}$ zwischen 0 und 1 die Ungleichung

$$\check{p}_{i,k} \leq p_{i,k} \leq \hat{p}_{i,k}$$

erfüllt ist.

(f) Wende die Ergebnisse von (d) und (e) an, um die Konvergenz (C.6) gegen den richtigen p_i-Wert zu beweisen.   □

Problem C.16 (Irrfahrten auf Bäumen). [Kapitel 8] (∗∗)

Entscheide, ob eine Irrfahrt auf dem binären Baum T_2 (siehe Abschnitt 5.4 für seine Definition) mit Start in der Wurzel rekurrent oder transient ist.   □

Problem C.17 (Irrfahrten mit Drift auf einer Perkolationskomponente). [Abschnitt 8.6] (∗∗∗)

Simuliere einen großen Ausschnitt einer superkritischen Kantenperkolation auf dem $\mathbf{Z}^2$-Gitter (z. B. mit Kantenwahrscheinlichkeit $p = 0{,}7$). Starte dann eine Irrfahrt mit Drift auf der Komponente, die wie die unendliche zusammenhängende Komponente aussieht. (Eine solche Irrfahrt hat die Sprungwahrscheinlichkeiten, wie sie im Zusammenhang mit (8.27) eingeführt wurden, wobei Versuche, über gelöschte Kanten zu springen, ignoriert werden.) Wiederhole dies für unterschiedliche Werte des Driftparameters β und schätze für jeden dieser Parameter, welche asymptotische Geschwindigkeit μ der Zufallswanderer erhält. Zeichne μ als Funktion von β, und stelle fest, mit welcher Drift β man μ maximieren kann. Führe das gesamte Experiment für andere Werte von p erneut durch und untersuche, wie sich der Zusammenhang zwischen β und μ verschiebt oder verändert.   □

Literatur

Aizenman, M., Kesten, H. & Newman, C. M. (1987) Uniqueness of the infinite cluster and continuity of connectivity functions for short- and long-range percolation, *Communications in Mathematical Physics* **111**, 502–532.

Albert, D. Z. (1994) Bohm's alternative to quantum mechanics, *Scientific American*, May-Ausgabe, 32–39.

Angel, O., Benjamini, I., Berger, N. & Peres, Y. (2004) Transience of percolation clusters on wedges, kommande i *Electronic Journal of Probability*, preprint verfügbar auf http://arxiv.org/abs/math.PR/0206130

Appel, K. & Haken, W. (1977) The solution of the four-color-map problem, *Scientific American*, April-Ausgabe, 108–121.

Arnér, M. (2001) *På irrfärd i slumpens värld*, Studentlitteratur, Lund.

Asimov, I. (1951) *Foundation*, Gnome Press, New York. Deutsche Ausgabe *Die Foundation-Trilogie*, Heyne, München, 2000.

Asmussen, S. (2003) *Applied Probability and Queues* (zweite Auflage), Springer, New York.

Axelrod, R. (1984) *The Evolution of Cooperation*, Basic Books, New York.

Axelrod, R. (1997) *The Complexity of Cooperation*, Princeton University Press.

Axelrod, R. & Hamilton, W. (1981) The evolution of cooperation, *Science* **211**, 1390–1396.

Barbour, A. D. & Reinert, G. (2001) Small worlds, *Random Structures and Algorithms* **19**, 54–74.

Barma, M. & Dhar, D. (1983) Directed diffusion in a percolation network, *Journal of Physics C: Solid State Physics* **16**, 1451–1458.

Barsky, D. J., Grimmett, G. R. & Newman, C. M. (1991) Percolation in half-spaces: equality of critical densities and continuity of the percolation probability, *Probability Theory and Related Fields* **90**, 111–148.

Bearman P. S., Moody J. & Stovel K. (2004) Chains of affection: The structure of adolescent romantic and sexual networks, *American Journal of Sociology* **100**, 44–91. http://www.sociology.ohio-state.edu/jwm/chains.pdf .

Bell, J. S. (1993) *Speakable and Unspeakable in Quantum Mechanics*, Cambridge University Press.

Benjamini, I. & Berger, N. (2001) The diameter of long-range percolation clusters on finite cycles, *Random Structures and Algorithms* **19**, 102–111.

Benjamini, I., Lyons, R., Peres, Y. & Schramm, O. (1999) Critical percolation on any nonamenable group has no infinite clusters, *Annals of Probability* **27**, 1347–1356.

Benjamini, I., Pemantle, R. & Peres, Y. (1998) Unpredictable paths and percolation, *Annals of Probability* **26**, 1198–1211.

Berger, J. O. (1980) *Statistical Decision Theory*, Springer, New York.

Berger, N., Gantert, N. & Peres, Y. (2003) The speed of biased random walk on percolation clusters, *Probability Theory and Related Fields* **126**, 221–242.

Bernoulli, J. (1713) *Ars Conjectandi*, Thurnisiorum, Basel.

Binmore, K. (1992) *Fun and Games*, D.C. Heath, Lexington, MA.

Binmore, K. (1998) Review of "The Complexity of Cooperation", *Journal of Artificial Societies and Social Simulation* **1**, Ausgabe 1.

Blom, G. (1998) *Sannolikhetsteori och statistikteori med tillämpningar* (4:e upplagan), Studentlitteratur, Lund.

Bollobás, B. (1998) *Modern Graph Theory*, Springer, New York.

Bollobás, B. (2001) *Random Graphs* (zweite Auflage), Cambridge University Press.

Bollobás, B. & Brightwell, G. (1997) Random walks and electrical resistances in products of graphs, *Discrete Applied Mathematics* **73**, 69–79.

Boyd, R. & Lorberbaum, J. P. (1987) No pure strategy is evolutionarily stable in the repeated Prisoner's Dilemma game, *Nature* **327**, 58–59.

Bricmont, J. (1995) Science of chaos or chaos in science?, *Physicalia Magazine* **17**, 159–218. Außerdem auch in *Annals of the New York Academy of Sciences* **775** (1996), 131–175 veröffentlicht.

Bricmont, J. (1999) What is the meaning of the wave function?, *Fundamental Interactions: From Symmetries to Black Holes* (red. J.-M. Frère et al.), Université Libre de Bruxelles, 53–67.

Brightwell, G., Häggström, O. & Winkler, P. (1999) Nonmonotonic behavior in hard-core and Widom–Rowlinson models, *Journal of Statistical Physics* **94**, 415–435.

Brockhaus. Die Encyklopädie. (1972) 17. Auflage, Band 14, Wiesbaden.

Brockhaus. Die Encyklopädie. (1998) 20. Auflage, Band 16, Wiesbaden.

Burton, R. M. & Keane, M. S. (1989) Density and uniqueness in percolation, *Communications in Mathematical Physics* **121**, 501–505.

Chayes, J. T. & Chayes, L. (1986) Critical points and intermediate phases on wedges of $\mathbf{Z}^d$, *Journal of Physics A: Mathematical and General* **19**, 3033–3048.

Christensen, R. & Utts, J. (1992) Bayesian resolution of the "exchange paradox", *American Statistician* **46**, 274–276.

Conway, J. H. & Guy, R. K. (1996) *The Book of Numbers*, Springer, Deutsche Übersetzung *Zahlenzauber*, Birkhäuser, Basel, 1997.

Cramér, H. (1951) *Sannolikhetskalkylen*, Almqvist & Wiksell, Uppsala.

D'Arino, G. M., Gill, R. D., Keyl, M., Kümmerer, B. Maassen, H. & Werner, R. F. (2002) The quantum Monty Hall problem, *Quantum Information and Computing* **2**, 355–366.

Davidson, C. & Hofvenschiöld, P. G. (2001) *Elektriska nät* (zweite Auflage), Studentlitteratur, Lund.

Dawkins, R. (1989) *The Selfish Gene* (zweite Auflage), Oxford University Press. Deutsche Übersetzung *Das egoistische Gen*, Rowohlt, Hamburg, 1989.

Dennett, D. C. (1995) *Darwin's Dangerous Idea*, Simon & Schuster, New York.

Dennett, D. C. (2003) *Freedom Evolves*, Viking Press, New York.

Diestel, R. (2000) *Graph Theory*, Springer, New York. Deutsche Übersetzung *Graphentheorie*, Springer, New York. 2000.

Dodds, P. S., Muhamad, R. & Watts, D. J. (2003) An experimental study in global social networks, *Science* **301**, 827–829.

Doyle, P. G. & Snell, J. L. (1984) *Random Walks and Electric Networks*, Mathematical Association of America. Die Verfasser haben das Manuskript auch für die Allgemeinheit zugänglich gemacht:
http://arxiv.org/abs/math.PR/0001057.

Durrett, R. (1991) *Probability: Theory and Examples*, Wadsworth & Brooks/Cole, Belmont, CA.

Ekeland, I. (1984) *Le calcul, l'imprévu*, Editions du Seuil, Paris. Deutsche Übersetzung *Das Vorhersehbare und das Unvorhersehbare: Die Bedeutung der Zeit von der Himmelsmechanik bis zur Katastrophentheorie*, Ullstein, Frankfurt, 1989.

258   Literatur

Enger, J. & Grandell, J. (2000) *Markovprocesser och köteori*, Vorlesungsskript, Matematische Statistik, KTH, Stockholm.

Erdős, P., Hell, P. & Winkler, P. (1989) Bandwidth versus bandsize, *Graph Theory in Memory of G.A. Dirac* (red. L. D. Andersen et al.), North-Holland, Amsterdam, 117–129.

Erdős, P. & Rényi, A. (1959) On random graphs, *Publicationes Mathematicae Debrecen* **6**, 290–297.

Farrell, J. & Ware, R. (1989) Evolutionary stability in the repeated prisoner's dilemma, *Theoretical Population Biology* **36**, 161–166.

Feller, W. (1957) *An Introduction to Probability Theory and its Applications, Volume I* (zweite Auflage), Wiley, New York.

Firsov, V. (1995) Algebra i olika former, *Nämnaren* **22**, 31–33.

Gardner, M. (1970) Mathematical games: the paradox of the nontransitive dice and the elusive principle of indifference, *Scientific American*, December-Ausgabe, 110–114.

Georgii, H.-O., Häggström, O. & Maes, C. (2001) The random geometry of equilibrium phases, *Phase Transitions and Critical Phenomena*, Volume 18 (red. C. Domb & J.L. Lebowitz), Academic Press, London, 1–142.

Gilks, W., Richardson, S. & Spiegelhalter, D. (1996) *Markov Chain Monte Carlo in Practice*, Chapman & Hall, London.

Gill, R. D. (1998) Critique of "Elements of quantum probability", *Quantum Probability Communications* **X**, 351–361.

Gleick, J. (1987) *Chaos*, Viking Press, New York. Deutsche Übersetzung *Chaos – die Ordnung des Universums: Vorstoss in Grenzbereiche der modernen Physik*, Droemer Knaur, München, 1990.

Gowers, T. (2000) *The Importance of Mathematics*, Vortrag auf der Clay Millennium-Konferenz in Paris; ein Video ist auf http://www.dpmms.cam.ac.uk/~wtg10/papers.html verfügbar.

Gowers, T. (2002) *Mathematics: A Very Short Introduction*, Oxford University Press.

Graham, R. L. & Spencer, J. H. (1990) Ramsey theory, *Scientific American*, Juli-Ausgabe, 80–85.

Granovetter, M. (2003) Ignorance, knowledge, and outcomes in a small world, *Science* **301**, 773–774.

Gribbin, J. (1984) *In Search of Schrödinger's Cat*, Bantam, New York. Deutsche Übersetzung *Auf der Suche nach Schrödingers Katze: Quantenphysik und Wirklichkeit*, Piper, München, 1987.

Grimmett, G. R. (1999) *Percolation* (zweite Auflage), Springer, New York.

Grimmett, G. R., Kesten, H. & Zhang, Y. (1993) Random walk on the infinite cluster of the percolation model, *Probability Theory and Related Fields* **96**, 33–44.

Grimmett, G. R. & Newman, C. M. (1990) Percolation in $\infty + 1$ dimensions, *Disorder in Physical Systems* (red. G. R Grimmett & D. J. A. Welsh), Clarendon Press, Oxford, 167–190.

Grimmett, G. R. & Stirzaker, D. R. (1982) *Probability and Random Processes*, Oxford University Press.

Gritzmann, P. & Brandenberg, R.. (2005) *Das Geheimnis des kürzesten Weges. Ein mathematisches Abenteuer*, Springer, Berlin.

Grossman, J. W. (2002) The evolution of the mathematical research collaboration graph, *Congressus Numerantium* **158**, 201–212.

Grossman, J. W. (2003) *The Erdős Number Project*, Internet-Seite http://www.oakland.edu/~grossman/erdoshp.html

Gut, A. (2002) *Sant eller sannolikt*, Norstedts, Stockholm.

Häggström, O. (1998) Dynamical percolation: early results and open problems, *Microsurveys in Discrete Probability* (red. D. Aldous and J. Propp), American Mathematical Society, Providence, RI, 59–74.

Häggström, O. (2000) Slumpvandringar och likströmskretsar, *Elementa* **83**, 10–14.

Häggström, O. (2002a) Förstånd och missförstånd kring de stora talens lag, *Elementa* **85**, 135–139.

Häggström, O. (2002b) *Finite Markov Chains and Algorithmic Applications*, Cambridge University Press.

Häggström, O. (2002c) KTH-matematiker bakom genombrott i sannolikhetsteorin, *Dagens Forskning*, 4–5 feb.

Häggström, O. (2002d) Sannolikhetsteori på tvåvåningsgrafer, *Normat – Nordisk Matematisk Tidskrift* **50**, 170–180.

Häggström, O. (2003) Uniqueness of infinite rigid components in percolation models: the case of nonplanar lattices, *Probability Theory and Related Fields* **127**, 513–534.

Häggström, O. & Mossel, E. (1998) Nearest-neighbor walks with low predictability profile and percolation in $2 + \varepsilon$ dimensions, *Annals of Probability* **26**, 1212–1231.

Häggström, O. & Peres, Y. (1999) Monotonicity of uniqueness for percolation on Cayley graphs: all infinite clusters are born simultaneously, *Probability Theory and Related Fields* **113**, 273–285.

Hara, T. & Slade, G. (1994) Mean-field behaviour and the lace expansion, *Probability and Phase Transition* (red. G. R. Grimmett), Kluwer, Dordrecht, 87–122.

Harris, T. E. (1960) A lower bound for the critical probability in a certain percolation process, *Proceedings of the Cambridge Philosophical Society* **26**, 13–20.

Hawking, S. W. (1988) *A Brief History of Time*, Bantam, London. Deutsche Übersetzung *Eine kurze Geschichte der Zeit: Die Suche nach der Urkraft des Universums*, Rowolt, Hamburg, 1988.

Hoffman, P. (1998) *The Man Who Loved Only Numbers*, Hyperion, New York.

Hofstadter, D. R. (1985) *Metamagical Themas*, Basic Books, New York.

Holt, J. (2003) A comedy of colors, *New York Review of Books* **50**, no. 9.

Jänich, K. (2005) *Topologie*, Springer, Berlin.

Jagers, P. (1975) *Branching Processes with Biological Applications*, Wiley, New York.

Janson, S., Łuczak, T. & Rucinski, A. (2000) *Random Graphs*, Wiley, New York.

Jonasson, J. (1999) The random triangle model, *Journal of Applied Probability* **36**, 852–867.

Jonasson, J. & Lemurell, S. (2004) *Algebra och diskret matematik*, Studentlitteratur, Lund.

Kesten, H. (1980) The critical probability of bond percolation on the square lattice equals $\frac{1}{2}$, *Communications in Mathematical Physics* **74**, 41–59.

Kleinberg, J. (2000a) The small-world phenomenon: an algorithmic perspective, *Proceedings of the 32nd Annual ACM Symposium on Theory of Computing*, ACM, New York, 163–170.

Kleinberg, J. (2000b) Navigation in a small world, *Nature* **406**, 845.

Kleinfeld, J. (2002) The small world problem, *Society* **39**, 61–66.

Koestler, A. (1978) *Janus*, Random House, New York. Deutsche Übersetzung *Der Mensch, Irrläufer der Evolution: Die Kluft zwischen unserem Denken und Handeln – eine Anatomie der menschlichen Vernunft und Unvernunft*, Goldmann, München, 1981.

Kolmogorov, A. (1933) *Grundbegriffe der Wahrscheinlichkeitsrechnung*, Springer, Berlin.

Koski, T. (2001) *Hidden Markov Models for Bioinformatics*, Kluwer, Dordrecht.

Krengel, U. (2003) *Einführung in die Wahrscheilichkeitstheorie und Statistik*, vieweg, Wiesbaden.

Kümmerer, B. & Maassen, H. (1998) Elements of quantum probability, *Quantum Probability Communications* **X**, 73–100.

de Laplace, P. S. (1814) *Essai Philosophique sur les Probabilités*, Paris. Deutsche Übersetzung *Philosophischer Versuch über die Wahrscheinlichkeit*, Akademische Verlagsgesellschaft, Leipzig, 1932 (in der Reprint-Ausgabe von 1986).

Laptev, A. (2005) *European Congress of Mathematics*, European Mathematical Society Publishing House, Zürich.

Lindgren, K. & Nordahl, M. G. (1994) Evolutionary dynamics of spatial games, *Physica D* **75**, 292–309.

Lindley, D. (1997) *Where Does the Weirdness Go?*, Basic Books, New York. Deutsche Übersetzung *Das Ende der Physik: Vom Mythos der Großen Vereinheitlichten Theorie*, Insel, Frankfurt, 1997.

Lindvall, T. (1992) *Lectures on the Coupling Method*, Wiley, New York.

Lyons, R. (1990) Random walks and percolation on trees, *Annals of Probability* **18**, 931–958.

Lyons, R. (1992) Random walks, capacity, and percolation on trees, *Annals of Probability* **20**, 2043–2088.

Lyons, R. & Schramm, O. (1999) Indistinguishability of percolation clusters, *Annals of Probability* **27**, 1809–1836.

Martin-Löf, A. (1979) *Statistical Mechanics and the Foundations of Thermodynamics*, Springer, New York.

MathSciNet, Internetseite `http://www.ams.org/mathscinet/` .

Meester, R. & Roy, R. (1996) *Continuum Percolation*, Cambridge University Press.

Milgram, S. (1967) The small world problem, *Psychology Today* **2**, 60–67.

Milnor, J. (1998) John Nash and "A Beautiful Mind", *Notices of the American Mathematical Society* **45**, 1329–1332.

Morgan, J. P., Chaganty, N. R., Dahiya, R. C. & Doviak, M. J. (1991) Let's make a deal: the player's dilemma, *American Statistician* **45**, 284–287.

Motwani, R. & Raghavan, P. (1995) *Randomized Algorithms*, Cambridge University Press.

Myers, D. G. (1998) *Social Psychology* (sechste Auflage), McGraw–Hill, New York.

Nasar, S. (1998) *A Beautiful Mind*, Simon & Schuster, New York.

von Neumann, J. & Morgenstern, O. (1944) *Theory of Games and Economic Behavior*, Princeton University Press.

Newman, M. E. J. (2003) The structure and function of complex networks, *SIAM Review* **45**, 167–256.

Norris, J. R. (1997) *Markov Chains*, Cambridge University Press.

Nørretranders, T. (2002) *Den generøse menneske*, People's Press, Kopenhagen. Deutsche Übersetzung *Homo generosus: Warum wir Schönes lieben und Gutes tun*, Rowolt, Hamburg, 2004.

Owen, G. (2001) *Game Theory* (dritte Auflage), Academic Press, San Diego.

Pemantle, R. (1995) Uniform random spanning trees, *Topics in Contemporary Probability and its Applications* (ed. J. L. Snell), CPC Press, Boca Raton, FL, 1–45.

Peres, Y. (1999) Probability on trees: an introductory climb, *Lectures on Probability Theory and Statistics (Saint-Flour, 1997)*, Springer, Berlin, 193–280.

Peres, Y. & Steif, J. E. (1998) The number of infinite clusters in dynamical percolation, *Probability Theory and Related Fields* **111**, 141–165.

Persson, A. & Böiers, L.-C. (1988) *Analys i flera variabler*, Studentlitteratur, Lund.

Pólya, G. (1921) Über eine Aufgabe betreffend die Irrfahrt im Strassennetz, *Mathematische Annalen* **84**, 149–160.

Rosenberg, G. (2003) *Plikten, profiten och konsten att vara människa*, Bonniers, Stockholm.

Ross, S. M. (1994) Comment on "Bayesian resolution of the exchange paradox", *American Statistician* **48**, 267.

Ross, S. M. (2001) *A First Course in Probability* (sechste Auflage), Prentice Hall, New Jersey.

Rothstein, B. (2003) *Sociala fällor och tillitens problem*, SNS, Stockholm.

Savage, L. J. (1954) *The Foundations of Statistics*, Wiley, New York.

Singh, S. (1997) *Fermat's Enigma*, Walker & Co, New York. Deutsche Übersetzung *Fermats letzter Satz: Die abenteuerliche Geschichte eines mathematischen Rätsels*, Hanser, München, 1998.

Slovic, P., Fischof, B. & Lichtenstein, S. (1982) Fact versus fears: understanding preceived risk, *Judgment Under Uncertainty: Heuristics and Biases* (red. D. Kahneman et al.), Cambridge University Press, 463–492.

Smirnov, S. & Werner, W. (2001) Critical exponents for two-dimensional percolation, *Mathematical Research Letters* **8**, 729–744.

Smith, J. M. (1982) *Evolution and the Theory of Games*, Cambridge University Press.

Sokal, A. & Bricmont, J. (1997) *Impostures Intellectuelles*, Odile Jacob, Paris. Deutsche Übersetzung *Eleganter Unsinn: Wie die Denker der Postmoderne die Wissenschaften mißbrauchen*, Beck, München, 1999.

Sznitman, A.-S. (2003) On the anisotropic random walk on the supercritical percolation cluster, *Communications in Mathematical Physics* **240**, 123–148.

Thorisson, H. (2000) *Coupling, Stationarity, and Regeneration*, Spriner, New York.

Tjaden, B. & Wasson, G. (2003) *The Oracle of Bacon at Virginia*, Internetseite http://www.cs.virginia.edu/oracle/.

Tjur, T. (1991) Block designs and electrical networks, *Annals of Statistics* **19**, 1010–1027.

Watson, J. (1998) *Secrets of Modern Chess Strategy*, Gambit, London.

Watts, D. J. (1999) *Small Worlds*, Princeton University Press.

Watts, D. J. (2003) *Six Degrees*, W.W. Norton, New York.

Watts, D. J. & Strogatz, S.H. (1998) Collective dynamics of 'small-world' networks, *Nature* **393**, 440–442.

Weinberg, S. (2001) Can science explain everything? Anything? *New York Review of Books* **48**, no. 9.

Williams, D. (1991) *Probability with Martingales*, Cambridge University Press.

Williams, J. D. (1954) *Compleat Strategyst*, McGraw–Hill, New York. Reprint: Dover, New York, 1987.

Wilson, R. (2003) *Four Colors Suffice: How the Map Problem Was Solved*, Princeton University Press.

Winkler, P. (2003) *Mathematical Puzzles: A Connoisseur's Collection*, A.K. Peters, Natick, MA.

Sachverzeichnis